Numerik linearer Gleichungssysteme

Andreas Meister

Numerik linearer Gleichungssysteme

Eine Einführung in moderne Verfahren. Mit MATLAB®-Implementierungen von C. Vömel

5., überarbeitete Auflage

Springer Spektrum

Andreas Meister
Fachbereich Mathematik
und Naturwissenschaften
Universität Kassel
Kassel, Deutschland

ISBN 978-3-658-07199-8 ISBN 978-3-658-07200-1 (eBook)
DOI 10.1007/978-3-658-07200-1

Die Deutsche Nationalbibliothek verzeichnet diese Publikation in der Deutschen Nationalbibliografie; detaillierte bibliografische Daten sind im Internet über http://dnb.d-nb.de abrufbar.

Springer Spektrum

Gedruckt auf säurefreiem und chlorfrei gebleichtem Papier.

Springer Spektrum ist eine Marke von Springer DE. Springer DE ist Teil der Fachverlagsgruppe Springer Science+Business Media
www.springer-spektrum.de

Für Jonas, Anika, Lara und Jannik

Vorwort

Im Rahmen der Numerik linearer Gleichungssysteme befassen wir uns mit der effizienten Lösung großer, linearer Systeme, wodurch ein wichtiges Teilgebiet der Numerischen Linearen Algebra betrachtet wird, das in den letzten Jahren immer größere Bedeutung gewonnen hat.

Der in den vergangenen zwei Dekaden vollzogene drastische Anstieg der Leistungsfähigkeit von Personal Computern, Workstations und Großrechneranlagen hat zu einer weitverbreiteten Entwicklung numerischer Verfahren zur Simulation praxisrelevanter Problemstellungen in der Medizin, der Physik, den Ingenieurwissenschaften und vielen weiteren Bereichen geführt. Neben der Methode der Finiten Elemente, die inhärent auf ein lineares Gleichungssystem führt, benötigen auch die häufig verwendeten Finite-Differenzen- und Finite-Volumen-Verfahren in Kombination mit einem impliziten Zeitschrittverfahren einen Algorithmus zur Lösung linearer Gleichungssysteme. So ist es nicht verwunderlich, dass die Forschungsaktivitäten auf dem Gebiet der Gleichungssystemlöser einen deutlichen Aufschwung erfahren und zur Entwicklung einer Vielzahl effizienter Verfahren geführt haben.

Das vorliegende Buch basiert auf den Inhalten einer vom Autor am Fachbereich Mathematik der Universität Hamburg gehaltenen vierstündigen Vorlesung, die sich im Kontext der erwähnten Entwicklungen mit der Herleitung und Analyse klassischer sowie moderner Methoden zur Lösung linearer Gleichungssysteme befasste.

Aufgrund der in diesem Gebiet vorliegenden Vielzahl unterschiedlicher direkter und iterativer Verfahren, ist es innerhalb einer vierstündigen Vorlesung sicherlich nicht möglich alle existierenden Algorithmen vorzustellen. Ziel dieses Manuskriptes ist es daher, dem interessierten Leser einen Überblick über weite Bereiche dieses Gebietes zu vermitteln, die für praktische Anwendungen wichtigen Methoden zu diskutieren, verwandte Algorithmen durch Bemerkungen und Literaturhinweise zu integrieren und die Erarbeitung weiterer Verfahren zu erleichtern.

Die vorausgesetzten Grundkenntnisse beschränken sich hierbei gezielt auf übliche Inhalte der Analysis und linearen Algebra mathematischer Vorlesungen in den ersten zwei Semestern eines Hochschulfaches, da die beschriebenen Methoden weit über die Grenzen eines Mathematikstudiums von großem Interesse sind. Zur Unterstützung eines Selbststudiums werden zudem alle benötigten Grundlagen in einem eigenständigen Kapitel bereitgestellt.

Nachdem das Auftreten linearer Gleichungssysteme im ersten Kapitel anhand einiger Modellbeispiele beschrieben wird, stellen wir im zweiten Kapitel die für die folgenden Methoden benötigten Grundlagen der linearen Algebra zur Verfügung. Das dritte Kapitel widmet sich den direkten Verfahren, die häufig in modernen Gleichungssystemlösern involviert sind oder teilweise in unvollständigen Versionen als Vorkonditionierer verwendet werden. Der Schwerpunkt liegt auf der Beschreibung iterativer Verfahren, die im anschließenden vierten Kapitel vorgestellt werden. Hierbei wird stets besonderen Wert auf eine Motivation sowie eine übersichtliche, einheitliche und mathematisch abgesicherte Herleitung der iterativen Gleichungssystemlöser gelegt. Neben den Splitting-Methoden, wie zum Beispiel dem Jacobi- und Gauß-Seidel-Verfahren, der Richardson-Iteration und den Relaxationsverfahren, beschreiben wir zunächst die Zweigittermethode und anschließend das Mehrgitterverfahren sowie dessen vollständige Variante. Die Herleitung des CG-Verfahrens nehmen wir durch eine Kombination der zuvor beschriebenen Verfahren des steilsten Abstiegs und der konjugierten Richtungen vor. Desweiteren betrachten wir vom GMRES-Verfahren über die BiCG-Methode bis zum QMRCGSTAB-Verfahren eine große Bandbreite moderner Krylov-Unterraum-Methoden, die zur Lösung von Gleichungssystemen mit einer unsymmetrischen und indefiniten Matrix geeignet sind. Das abschließende fünfte Kapitel ist einer ausführlichen Beschreibung und Untersuchung möglicher Präkonditionierungstechniken gewidmet, da die dargestellten Verfahren bei praxisrelevanten Problemstellungen in der Regel erst in Kombination mit einem geeigneten Vorkonditionierer eine stabile und effiziente Gesamtmethode liefern.

Die präsentierten Methoden finden ihre Anwendung in unterschiedlichsten numerischen Verfahren, die in verschiedensten Programmiersprachen entwickelt wurden. Daher wurde gezielt eine Darstellung der Algorithmen gewählt, die eine Umsetzung in ein beliebiges Computer Programm ermöglichen, weshalb die Verwendung einer expliziten Programmiersprache vermieden wurde. Viele der präsentierten Verfahren sind bereits in Softwarepaketen wie zum Beispiel LAPACK [3], LINSOL [77], MATLAB [1] und Templates [8] verfügbar.

Bedanken möchte ich mich an dieser Stelle bei Frau Monika Jampert, die weite Teile meines handschriftlichen Manuskriptes in ein LaTeX-Skript verwandelt hat und bei Dipl. Math. Dirk Nitschke für seine Unterstützung bei allen LaTeX-Fragen. Zudem gilt mein Dank Dr. Christoph Bäsler, Dipl. Math. Michael Breuss, Martin Ludwig, Christian Nagel, Dipl. Math. Stefanie Schmidt und Dipl. Math. Christof Vömel für das intensive Korrekturlesen und die vielen konstruktiven Hinweise und Bemerkungen, die sich in vielen Bereichen positiv ausgewirkt haben. Besonders bedanken möchte ich mich an dieser Stelle bei Prof. Dr. Thomas Sonar, der durch seine ermutigende Unterstützung und jahrelange fachliche Begleitung wesentlich zur Entstehung dieses Buches beigetragen hat.

Hamburg, im September 1999 ANDREAS MEISTER

Vorwort zur zweiten Auflage

Innerhalb der zweiten Auflage wurden neben der Korrektur entdeckter Fehler auch textliche Erweiterungen und ergänzende Bemerkungen eingefügt, die hoffentlich eine bessere Lesbarkeit zur Folge haben. Mein Dank gilt hierbei vielen Lesern, die durch zahlreiche Hinweise und konstruktive Kritik wesentlich zur Verbesserung beigetragen haben.

Eine zentrale Erweiterung stellen die im ergänzten Anhang aufgeführten MATLAB-Implementierung zu gängigen Krylov-Unterraum-Methoden dar, die von Dr. C. Vömel entwickelt wurden. Für diese hilfreiche Unterstützung möchte ich mich an dieser Stelle recht herzlich bedanken. Durch diese Ergänzung ergibt sich für den interessierten Anwender eine Möglichkeit zur unmittelbaren Nutzung der diskutierten Verfahren, die einen tieferen Einblick in die jeweiligen Eigenschaften der betrachteten Methode im Kontext individueller Problemstellungen eröffnet.

Über Kommentare, Verbesserungsvorschläge und Korrekturhinweise, die mir bespielsweise über meine Email-Adresse meister@mathematik.uni-kassel.de zugesendet werden können, würde ich mich sehr freuen. Desweiteren besteht unter

`http://www.mathematik.uni-kassel.de/~meister/buch_online`

ein Online-Service zum Buch. Neben aktuellen Informationen und Korrekturhinweisen können dieser Seite auch die angesprochenen MATLAB-Implementierungen entnommen werden.

Kassel, im November 2004 ANDREAS MEISTER

Vorwort zur dritten Auflage

Neben geringfügigen Korrekturen von Tippfehlern wurden im Rahmen dieser Auflage zahlreiche Übungsaufgaben ergänzt, die sich jeweils am Ende der Kapitel 2 bis 5 befinden. Bei einigen Problemstellungen konnte ich dabei auf Übungen aus meinem eigenen Studium zurückgreifen. Den damaligen Aufgabenstellern gilt daher rückwirkend mein herzlicher Dank. Die zugehörigen Lösungen können dem unter

`http://www.vieweg.de/tu/8y`

bereitgestellten Online-Service entnommen werden. Hier findet der interessierte Leser zudem Hinweise zu themenbegleitenden Kompaktkursen sowie die im Buch aufgeführten MATLAB-Implementierungen.

Kassel, im Oktober 2007 ANDREAS MEISTER

Vorwort zur vierten Auflage

Innerhalb dieser Auflage wurde mit dem Verfahren nach Householder eine weitere Möglichkeit zur Berechnung einer QR-Zerlegung aufgenommen. Zudem wurden eine kleine Anzahl an Tippfehler beseitigt und einige Ergänzungen bei den mathematischen Aussagen vorgenommen. Die bereitgestellten Zusatzmaterialien sind unter

`http://www.viewegteubner.de`

zu finden. Gedankt sei an dieser Stelle allen aufmerksamen Lesern, die mit konstruktiven Vorschlägen zur besseren Lesbarkeit beigetragen haben.

Kassel, im Dezember 2010 ANDREAS MEISTER

Vorwort zur fünften Auflage

Neben der Beseitigung kleinerer Tippfehler wurde in dieser Auflage eine deutliche Erweiterung im Bereich der Mehrgitterverfahren vorgenommen. Auf der Basis der Fourier-Moden ergibt sich ein tieferer Einblick in die Wirkungsweise der einzelnen Komponenten, der ein besseres Gesamtverständnis der Methode ermöglichen soll. Mein besonderer Dank gilt dabei Herrn Raphael Hohmann für seine Unterstützung in diesem Gebiet, Herrn Dr. Stefan Kopecz für viele hilfreiche Anmerkungen und die Bereitstellung zahlreicher numerischer Resultate sowie Frau Veronika Diba für das akribische Korrekturlesen. Natürlich verbleiben dennoch alle vorliegenden Fehler in der Verantwortung des Autors. Die verfügbaren Zusatzmaterialien sind unter

`http://www.springer.com/springer+spektrum/mathematik/book/978-3-658-07199-8`

zu finden.

Kassel, im September 2014 ANDREAS MEISTER

Inhaltsverzeichnis

1 Beispiele für das Auftreten linearer Gleichungssysteme

In diesem Kapitel beschäftigen wir uns mit der Entstehung linearer Gleichungssysteme auf der Basis physikalisch relevanter Problemstellungen. Die ausgewählten Beispiele verdeutlichen einerseits das Auftreten schwachbesetzter (Beispiele 1.1 und 1.4) sowie vollbesetzter (Beispiele 1.2 und 1.3) Matrizen und dienen andererseits als Modellprobleme (Beispiele 1.1 und 1.4) für die Analyse der in den folgenden Abschnitten beschriebenen Verfahren.

Beispiel 1.1 Die Poisson-Gleichung

Die Poisson-Gleichung stellt eine elliptische partielle Differentialgleichung zweiter Ordnung dar, die zu einem Standardproblem bei der Untersuchung partieller Differentialgleichungen und deren numerischer Behandlung geworden ist. Sie tritt unter anderem bei der numerischen Simulation inkompressibler reibungsbehafteter Strömungsfelder, das heißt bei der Diskretisierung der inkompressiblen Navier-Stokes-Gleichungen auf [19, 24].

Unter Verwendung des Laplace Operators

$$\Delta = \frac{\partial^2}{\partial x^2} + \frac{\partial^2}{\partial y^2}$$

lässt sich die Poisson-Gleichung als Randwertproblem auf dem Gebiet $\Omega \subset \mathbb{R}^2$ in der Form

$$\begin{aligned} -\Delta u(x,y) &= f(x,y) \text{ für } (x,y) \in \Omega \subset \mathbb{R}^2, \\ u(x,y) &= \varphi(x,y) \text{ für } (x,y) \in \partial\Omega \end{aligned} \tag{1.0.1}$$

schreiben, wobei $\partial\Omega$ den Rand von Ω beschreibt.

Bei gegebener Funktion $f \in C(\Omega;\mathbb{R})$ und gegebenen Randwerten $\varphi \in C(\partial\Omega;\mathbb{R})$ wird folglich eine Funktion $u \in C^2(\Omega;\mathbb{R}) \cap C(\overline{\Omega};\mathbb{R})$ gesucht, die dem Randwertproblem (1.0.1) genügt.

Zur Diskretisierung der Poisson-Gleichung auf dem Einheitsquadrat $\Omega = (0,1) \times (0,1)$ mittels einer zentralen Finite-Differenzen-Methode wird $\overline{\Omega} = \Omega \cup \partial\Omega$ mit einem Gitter Ω_h der Schrittweite $h = 1/(N+1)$ mit $N \in \mathbb{N}$ versehen.

Wir schreiben

$$(x_i,y_j) = (ih,jh) \text{ für } i,j = 0,\ldots,N+1$$

sowie

$$u_{ij} = u(x_i,y_j) \text{ und } f_{ij} = f(x_i,y_j) \text{ für } i,j = 0,\ldots,N+1.$$

Desweiteren approximieren wir

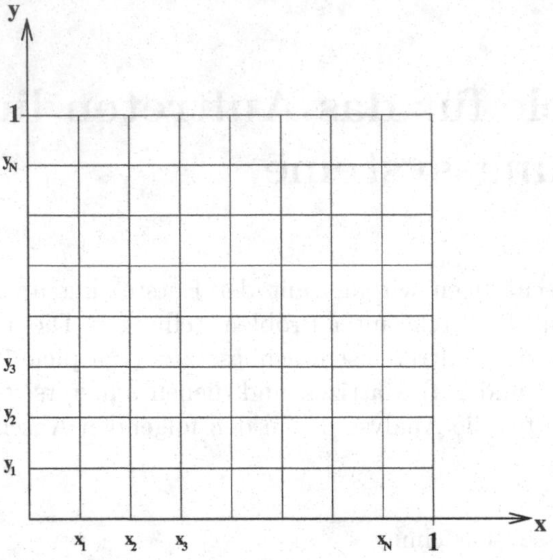

Bild 1.1 Diskretisierung des Einheitsquadrates

$$\begin{aligned}\frac{\partial^2 u}{\partial x^2}(x_i,y_j) &\approx \frac{1}{h}\Bigg(\underbrace{\frac{u_{i+1,j}-u_{i,j}}{h}}_{\approx \frac{\partial u}{\partial x}(x_{i+1/2},y_j)} - \frac{u_{i,j}-u_{i-1,j}}{h}\Bigg) \\ &= \frac{1}{h^2}(u_{i+1,j}-2u_{ij}+u_{i-1,j}). \qquad (1.0.2)\end{aligned}$$

Mit einer analogen Vorgehensweise für $\dfrac{\partial^2 u}{\partial y^2}$ erhalten wir für den Laplace-Operator

$$-\Delta u(x_i,y_j) \approx \frac{1}{h^2}(4u_{ij} - u_{i-1,j} - u_{i+1,j} - u_{i,j-1} - u_{i,j+1})$$

und somit die diskrete Form der Gleichung (1.0.1)

$$\begin{aligned} &4u_{i,j} - u_{i-1,j} - u_{i+1,j} - u_{i,j-1} - u_{i,j+1} = h^2 f_{ij} && \text{für} \quad 1 \le i,j \le N, \\ &u_{0,j} = \varphi_{0,j},\ u_{N+1,j} = \varphi_{N+1,j} && \text{für} \quad j = 0,\dots,N+1, \\ &u_{i,0} = \varphi_{i,0},\ u_{i,N+1} = \varphi_{i,N+1} && \text{für} \quad i = 0,\dots,N+1. \end{aligned}$$

Eine zeilenweise Neunummerierung, die einer lexikographischen Anordnung der inneren Gitterpunkte entspricht, ergibt

$$u_1 = u_{1,1},\ u_2 = u_{2,1},\ u_3 = u_{3,1},\dots,\ u_N = u_{N,1},\ u_{N+1} = u_{1,2},\dots,u_{N^2} = u_{N,N}.$$

Die Neunummerierung wird ebenfalls für f durchgeführt, und wir erhalten somit ein Gleichungssystem $\boldsymbol{Au} = \boldsymbol{g}$ für die Bestimmung des Lösungsvektors $\boldsymbol{u} := (u_1,\dots,u_{N^2})^T$. Hierbei gilt

$$A = \begin{pmatrix} B & -I & & \\ -I & \ddots & \ddots & \\ & \ddots & \ddots & -I \\ & & -I & B \end{pmatrix} \in \mathbb{R}^{N^2 \times N^2} \tag{1.0.3}$$

mit

$$B = \begin{pmatrix} 4 & -1 & & \\ -1 & \ddots & \ddots & \\ & \ddots & \ddots & -1 \\ & & -1 & 4 \end{pmatrix} \in \mathbb{R}^{N \times N} \quad \text{und} \quad I = \begin{pmatrix} 1 & & \\ & \ddots & \\ & & 1 \end{pmatrix} \in \mathbb{R}^{N \times N}.$$

Die rechte Seite weist für den Spezialfall $\varphi \equiv 0$ die Gestalt

$$g = h^2 \begin{pmatrix} f_1 \\ \vdots \\ f_{N^2} \end{pmatrix} \in \mathbb{R}^{N^2} \tag{1.0.4}$$

auf. Im Fall $\varphi \not\equiv 0$ müssen die entsprechenden Randwerte im Vektor der rechten Seite berücksichtigt werden. Für die erste Komponente erhalten wir in diesem Fall

$$g_1 = h^2 f_1 + \varphi_{0,1} + \varphi_{1,0}.$$

Bemerkung:
Die Matrix A ist symmetrisch, positiv definit und schwachbesetzt. Ihre Struktur ist zudem abhängig von der gewählten Anordnung der inneren Gitterpunkte.

Beispiel 1.2 Lineare Integralgleichung zweiter Art

Lineare Integralgleichungen erster und zweiter Art treten zur Festlegung von Dichtefunktionen auf, mittels derer die Lösung einer partiellen Differentialgleichung (zum Beispiel der Helmholtz-Gleichung) in Form eines Einfach- oder Doppelschichtpotentials dargestellt werden kann [45, 37].

Wir betrachten die Integralgleichung zweiter Art

$$u(x) = v(x) + \int_0^1 k(x,y)u(y)dy \text{ für } x \in [0,1]. \tag{1.0.5}$$

Bei gegebenem Integralkern $k : [0,1] \times [0,1] \to \mathbb{R}$ mit $k(x,0) = 0$ und gegebener Funktion $v : [0,1] \to \mathbb{R}$ werden wir im Folgenden ein lineares Gleichungssystem zur Berechnung einer Näherungslösung der gesuchten Funktion $u : [0,1] \to \mathbb{R}$ herleiten.

Zur Diskretisierung der Integralgleichung verwenden wir eine Nyström-Methode. Hierzu unterteilen wir das Intervall $[0,1]$ in N Teilintervalle der Länge $h = 1/N$ mit $N \in \mathbb{N}$. Sei

$$x_j = \frac{j}{N} = jh \text{ für } j = 0, \ldots, N,$$

dann erhalten wir unter Verwendung der numerischen Integration

$$\int_0^1 k(x,y)u(y)dy \approx h\sum_{j=1}^{N} k(x,x_j)u(x_j) = h\sum_{j=0}^{N} k(x,x_j)u(x_j)$$

aus (1.0.5) die approximative Darstellung

$$u(x) = v(x) + \frac{1}{N}\sum_{j=0}^{N} k(x,x_j)u(x_j) \text{ für } x \in [0,1]. \tag{1.0.6}$$

Betrachten wir die Gleichung (1.0.6) an den Stützstellen x_i, $i = 0,\ldots,N$ und definieren $u_i = u(x_i)$, $v_i = v(x_i)$, dann erhalten wir mit $\boldsymbol{v} = (v_0,\ldots,v_N)^T$ das lineare Gleichungssystem $\boldsymbol{Au} = \boldsymbol{v}$ zur Bestimmung des Vektors $\boldsymbol{u} = (u_0,\ldots,u_N)^T$. Hierbei gilt

$$\boldsymbol{A} = (a_{ij})_{i,j=0,\ldots,N} \in \mathbb{R}^{(N+1)\times(N+1)}$$

mit

$$a_{ij} = \delta_{ij} - \frac{1}{N}k(x_i,x_j) \tag{1.0.7}$$

unter Verwendung des Kronecker-Symbols

$$\delta_{ij} = \begin{cases} 0, & i \neq j \\ 1, & i = j. \end{cases}$$

Bemerkung:
Aus der Darstellung der Matrixkoeffizienten (1.0.7) ist unmittelbar ersichtlich, dass die Besetzungsstruktur sowie alle weiteren Eigenschaften der Matrix (Symmetrie, Definitheit) von dem zugrundeliegenden Integralkern abhängen. Im Normalfall ist die Matrix $\boldsymbol{A}$ hierbei vollbesetzt.

Beispiel 1.3 Funktionsdefinition aus Messwerten
Es sei bekannt, dass sich eine physikalische Größe z als Polynom n-ten Grades der Zeit t schreiben lässt:

$$z(t) = \sum_{i=0}^{n} \alpha_i t^i \text{ für } t \in \mathbb{R}_0^+.$$

Aus Messungen ist die physikalische Größe zu den Zeitpunkten $0 \leq t_0 < \ldots < t_N$, $N \geq n$, bekannt. Die zugehörigen Messwerte lauten $z_0,\ldots,z_N$. Die Aufgabe besteht in der Ermittlung der Koeffizienten $\alpha_0,\ldots,\alpha_n$, so dass die Summe der Fehlerquadrate minimal wird (Methode der kleinsten Quadrate). Das bedeutet

$$f(\boldsymbol{\alpha}) = \sum_{j=0}^{N}\left[\sum_{i=0}^{n}\alpha_i t_j^i - z_j\right]^2 = \sum_{j=0}^{N}[z(t_j) - z_j]^2$$

soll über alle $\boldsymbol{\alpha} = (\alpha_0,\ldots,\alpha_n)^T \in \mathbb{R}^{n+1}$ minimiert werden. Der Lösungsvektor $\boldsymbol{\alpha}$ erfüllt somit

$$\frac{\partial f(\boldsymbol{\alpha})}{\partial \alpha_k} = 0 \text{ für } k = 0,\ldots,n.$$

Aufgrund der Gestalt der Funktion f folgt hieraus

$$\begin{aligned}
&\sum_{j=0}^{N} 2[z(t_j) - z_j]\, t_j^k &&= 0 && \text{für } k = 0,\dots,n \\
\Leftrightarrow\quad &\sum_{j=0}^{N} z(t_j)\, t_j^k &&= \sum_{j=0}^{N} z_j\, t_j^k && \text{für } k = 0,\dots,n \\
\Leftrightarrow\quad &\sum_{j=0}^{N} \left(\sum_{i=0}^{n} \alpha_i t_j^i\right) t_j^k &&= \sum_{j=0}^{N} z_j\, t_j^k && \text{für } k = 0,\dots,n \\
\Leftrightarrow\quad &\sum_{i=0}^{n} \left(\sum_{j=0}^{N} t_j^{i+k}\right) \alpha_i &&= \sum_{j=0}^{N} z_j\, t_j^k && \text{für } k = 0,\dots,n.
\end{aligned}$$

Zu lösen bleibt somit das lineare Gleichungssystem $\boldsymbol{A\alpha} = \boldsymbol{b}$ mit

$$\boldsymbol{A} = (a_{ki})_{k,i=0,\dots,n} \in \mathbb{R}^{(n+1)\times(n+1)} \text{ mit } a_{ki} = \sum_{j=0}^{N} t_j^{k+i} \text{ für } k,i = 0,\dots,n$$

und

$$\boldsymbol{b} = (b_0,\dots,b_n)^T \in \mathbb{R}^{n+1} \text{ mit } b_k = \sum_{j=0}^{N} z_j t_j^k \text{ für } k = 0,\dots,n.$$

Bemerkung:
Die resultierende Matrix $\boldsymbol{A}$ ist stets vollbesetzt und symmetrisch. Das vorliegende Gleichungssystem wird üblicherweise als die zum linearen Ausgleichsproblem $\min_{\boldsymbol{\alpha}\in\mathbb{R}^{n+1}} f(\boldsymbol{\alpha})$ gehörende Normalengleichung bezeichnet.

Beispiel 1.4 Die Konvektions-Diffusions-Gleichung

Die Konvektions-Diffusions-Gleichung wird häufig als Modellproblem bei der Entwicklung neuartiger Verfahren innerhalb der Strömungsmechanik genutzt, da sie eine strukturelle Ähnlichkeit zu den Euler- und Navier-Stokes-Gleichungen aufweist. In Anlehnung an die Arbeiten [69] und [52] betrachten wir die stationäre Konvektions-Diffusions-Gleichung auf dem Einheitsquadrat $\Omega = (0,1) \times (0,1)$ in der Form

$$\begin{aligned}
\boldsymbol{\beta} \cdot \nabla u(x,y) - \varepsilon \Delta u(x,y) &= 0 && \text{für} \quad (x,y) \in \Omega \subset \mathbb{R}^2, \\
u(x,y) &= x^2 + y^2 && \text{für} \quad (x,y) \in \partial\Omega
\end{aligned} \tag{1.0.8}$$

mit $\boldsymbol{\beta} = (\cos\alpha, \sin\alpha)^T$, $\alpha = 45°$ und $\varepsilon \in \mathbb{R}_0^+$.

Wir nutzen die in Beispiel 1.1 vorgestellte äquidistante Diskretisierung des Einheitsquadrates. Um im Grenzfall eines verschwindenden Diffusionsparameters ε keine Entkopplung des diskreten Systems in der Form eines Schachbrettmusters zu erhalten, wird der Gradient ∇u innerhalb des konvektiven Anteils mittels einer einseitigen Differenz gemäß

$$\frac{\partial u}{\partial x}(x_{i+1},y_j) \approx \frac{u_{i+1,j} - u_{i,j}}{h} \quad \text{und} \quad \frac{\partial u}{\partial y}(x_i,y_{j+1}) \approx \frac{u_{i,j+1} - u_{i,j}}{h},$$

diskretisiert. Diese Strategie wird innerhalb der Strömungsmechanik als Upwind-Methode bezeichnet. Die Verwendung der Approximation (1.0.2) für den Laplace-Operator ergibt in Kombination mit einer lexikographischen Anordnung ein Gleichungssystem der Form $\boldsymbol{Au} = \boldsymbol{g}$ zur Berechnung des Vektors $\boldsymbol{u} := (u_1, \ldots, u_{N^2})^T$. Die Besetzungsstruktur der Matrix stimmt hierbei mit der Struktur der Matrix innerhalb des Beispiels der Poisson-Gleichung überein. Die explizite Darstellung der Matrix lautet

$$\boldsymbol{A} = \begin{pmatrix} \boldsymbol{B} & -\varepsilon \boldsymbol{I} & & \\ \boldsymbol{D} & \ddots & \ddots & \\ & \ddots & \ddots & -\varepsilon \boldsymbol{I} \\ & & \boldsymbol{D} & \boldsymbol{B} \end{pmatrix} \in \mathbb{R}^{N^2 \times N^2} \tag{1.0.9}$$

mit

$$\boldsymbol{B} = \begin{pmatrix} 4\varepsilon + h(\cos\alpha + \sin\alpha) & -\varepsilon & & \\ -\varepsilon - h\cos\alpha & \ddots & \ddots & \\ & \ddots & \ddots & -\varepsilon \\ & & -\varepsilon - h\cos\alpha & 4\varepsilon + h(\cos\alpha + \sin\alpha) \end{pmatrix} \in \mathbb{R}^{N \times N}$$

und

$$\boldsymbol{D} = \begin{pmatrix} -\varepsilon - h\sin\alpha & & \\ & \ddots & \\ & & -\varepsilon - h\sin\alpha \end{pmatrix} \in \mathbb{R}^{N \times N},$$

wobei $\boldsymbol{I} \in \mathbb{R}^{N \times N}$ wiederum die Einheitsmatrix repräsentiert. Die rechte Seite $\boldsymbol{g}$ hängt in diesem Fall ausschließlich von den über $(1.0.8)_2$ gegebenen Randbedingungen ab.

Bemerkung:
Die Matrix $\boldsymbol{A}$ ist stets unsymmetrisch und schwachbesetzt.

2 Grundlagen der linearen Algebra

Die Herleitung und Analyse der im Folgenden betrachteten Verfahren zur Lösung linearer Gleichungssysteme basiert auf den in diesem Kapitel dargestellten Grundlagen. Wir betrachten hierbei stets Abbildungen zwischen reellen beziehungsweise komplexen linearen Räumen, die oftmals auch als Vektorräume über $\mathbb{R}$ respektive $\mathbb{C}$ bezeichnet werden. Derartige lineare Räume, wie zum Beispiel der $\mathbb{R}^n$ oder $\mathbb{C}^n$ stellen nichtleere Mengen dar, deren Elemente durch eine Addition verknüpft und mit Skalaren $\lambda \in \mathbb{R}$ oder $\mathbb{C}$ multipliziert werden können, die den Vektorraumaxiomen genügen. Diese Axiome garantieren lediglich, dass mit Addition, Subtraktion und Multiplikation wie gewohnt gerechnet werden kann.

2.1 Vektornormen und Skalarprodukt

Notwendige Begriffe wie Orthogonalität, Länge, Abstand und Konvergenz basieren auf Skalarprodukten beziehungsweise Normen. Diese Abbildungen werden wir daher in diesem Abschnitt einführen und einige wesentliche Aussagen präsentieren.

Definition 2.1 Sei X ein komplexer beziehungsweise reeller linearer Raum. Eine Abbildung

$$\|.\| : X \longrightarrow \mathbb{R}$$

mit den Eigenschaften

(N1)	$\|\boldsymbol{x}\| \geq 0$	(Positivität)
(N2)	$\|\boldsymbol{x}\| = 0 \Leftrightarrow \boldsymbol{x} = \boldsymbol{0}$	(Definitheit)
(N3)	$\|\alpha \cdot \boldsymbol{x}\| = \|\alpha\| \cdot \|\boldsymbol{x}\| \quad \forall\, \boldsymbol{x} \in X, \forall\, \alpha \in \mathbb{C}\,(\text{bzw.}\mathbb{R})$	(Homogenität)
(N4)	$\|\boldsymbol{x} + \boldsymbol{y}\| \leq \|\boldsymbol{x}\| + \|\boldsymbol{y}\| \quad \forall\, \boldsymbol{x},\boldsymbol{y} \in X$	(Dreiecksungleichung)

nennt man eine Norm auf X. Ein linearer Raum X mit einer Norm heißt normierter Raum. Falls $X = \mathbb{C}^n$ beziehungsweise $X = \mathbb{R}^n$ gilt, so wird die Norm auch als Vektornorm bezeichnet.

Die Positivität einer Norm kann hierbei auch aus den Axiomen (N3) und (N4) hergeleitet werden und bräuchte daher aus formalen Gründen nicht innerhalb der Definition aufgeführt werden. Wir verwenden dennoch die obige Formulierung, um diese Eigenschaft der Norm explizit vorliegen zu haben.

Auf $\mathbb{C}^n$ beziehungsweise $\mathbb{R}^n$ sind Normen zum Beispiel wie folgt gegeben:

(a) $\|\boldsymbol{x}\|_1 := \sum_{i=1}^{n} |x_i|$ (Betragssummennorm)

(b) $\|\boldsymbol{x}\|_2 := \left(\sum\limits_{i=1}^{n} |x_i|^2\right)^{\frac{1}{2}}$ (Euklidische Norm)

(c) $\|\boldsymbol{x}\|_\infty := \max\limits_{i=1,\dots,n} |x_i|$ (Maximumnorm)

Wir kommen nun zur Einführung des benötigten Konvergenzbegriffs.

Definition 2.2 Eine Folge $\{\boldsymbol{x}_n\}_{n\in\mathbb{N}}$ von Elementen aus einem normierten Raum X heißt konvergent mit dem Grenzelement $\boldsymbol{x} \in X$, wenn zu jedem $\varepsilon > 0$ eine natürliche Zahl $N = N(\varepsilon)$ existiert, so dass

$$\|\boldsymbol{x}_n - \boldsymbol{x}\| < \varepsilon \quad \forall\, n \geq N$$

gilt. Eine Folge, die nicht konvergiert, heißt divergent.

Definition 2.3 Sei X ein normierter Raum. Eine Folge $\{\boldsymbol{x}_n\}_{n\in\mathbb{N}}$ aus X heißt Cauchy-Folge, wenn es zu jedem $\varepsilon > 0$ ein $N = N(\varepsilon) \in \mathbb{N}$ derart gibt, dass

$$\|\boldsymbol{x}_n - \boldsymbol{x}_m\| < \varepsilon \;\; \forall n,m \geq N$$

gilt.

Der anschließende Satz liefert einen generellen Zusammenhang zwischen konvergenten Folgen und Cauchy-Folgen.

Satz 2.4 *Sei X ein normierter Raum. Jede konvergente Folge $\{\boldsymbol{x}_n\}_{n\in\mathbb{N}}$ aus X ist eine Cauchy-Folge.*

Beweis:
Sei $\varepsilon > 0$ gegeben und $\boldsymbol{x}$ das Grenzelement der Folge $\{\boldsymbol{x}_n\}_{n\in\mathbb{N}}$

$\Rightarrow \exists N = N\left(\frac{\varepsilon}{2}\right) \in \mathbb{N}$ mit $\|\boldsymbol{x}_n - \boldsymbol{x}\| < \frac{\varepsilon}{2} \;\; \forall n \geq N$

$\Rightarrow \|\boldsymbol{x}_n - \boldsymbol{x}_m\| \leq \|\boldsymbol{x}_n - \boldsymbol{x}\| + \|\boldsymbol{x} - \boldsymbol{x}_m\| < \varepsilon \;\; \forall n,m \geq N\,.$ □

Definition 2.5 Sei X ein komplexer oder reeller linearer Raum. Eine Abbildung

$$(.,.) : X \times X \longrightarrow \mathbb{C}$$

mit den Eigenschaften

(H1) $(\boldsymbol{x},\boldsymbol{x}) \in \mathbb{R}_0^+ \quad \forall\, \boldsymbol{x} \in X$ (Positivität)

(H2) $(\boldsymbol{x},\boldsymbol{x}) = 0 \Leftrightarrow \boldsymbol{x} = \boldsymbol{0}$ (Definitheit)

(H3) $(\boldsymbol{x},\boldsymbol{y}) = \overline{(\boldsymbol{y},\boldsymbol{x})} \quad \forall\, \boldsymbol{x},\boldsymbol{y} \in X$ (Symmetrie)

(H4) $(\alpha\boldsymbol{x} + \beta\boldsymbol{y},\boldsymbol{z}) = \alpha(\boldsymbol{x},\boldsymbol{z}) + \beta(\boldsymbol{y},\boldsymbol{z}) \quad \forall \boldsymbol{x},\boldsymbol{y},\boldsymbol{z} \in X \;\; \alpha,\beta \in \mathbb{C}$ (Linearität)

heißt Skalarprodukt oder inneres Produkt auf X. Ein linearer Raum X versehen mit einem Skalarprodukt heißt Prä-Hilbert-Raum.

Bemerkung:
Es gilt zudem

$$\text{(H4')} \quad (\boldsymbol{x},\alpha\boldsymbol{y}+\beta\boldsymbol{z}) \overset{(H3)}{=} \overline{(\alpha\boldsymbol{y}+\beta\boldsymbol{z},\boldsymbol{x})} \overset{(H4)}{=} \overline{\alpha(\boldsymbol{y},\boldsymbol{x})+\beta(\boldsymbol{z},\boldsymbol{x})}$$
$$\overset{(H3)}{=} \overline{\alpha}(\boldsymbol{x},\boldsymbol{y})+\overline{\beta}(\boldsymbol{x},\boldsymbol{z}).$$

Diese Eigenschaft wird als Antilinearität bezeichnet.

Satz 2.6 *Auf jedem Prä-Hilbert-Raum X ist durch*

$$\|\boldsymbol{x}\| := \sqrt{(\boldsymbol{x},\boldsymbol{x})}, \quad \boldsymbol{x} \in X$$

eine Norm erklärt.

Beweis:
Die ersten drei Normeigenschaften ergeben sich durch direktes Nachrechnen. Die Eigenschaft (N4) folgt durch Anwendung der Cauchy-Schwarzschen Ungleichung

$$|(\boldsymbol{x},\boldsymbol{y})| \leq \|\boldsymbol{x}\| \, \|\boldsymbol{y}\|.$$

□

Üblicherweise wird auf dem $\mathbb{C}^n$ das euklidische Skalarprodukt gemäß

$$(\boldsymbol{x},\boldsymbol{y})_2 := \sum_{i=1}^{n} x_i \overline{y_i} = \boldsymbol{y}^* \boldsymbol{x}$$

genutzt. Hierbei gilt der Zusammenhang

$$\|\boldsymbol{x}\|_2 := \sqrt{(\boldsymbol{x},\boldsymbol{x})_2}.$$

Satz 2.7 *Sei X ein normierter Raum und $\{\boldsymbol{x}_n\}_{n\in\mathbb{N}}$ eine konvergente Folge in X, dann ist das Grenzelement eindeutig bestimmt.*

Beweis:
Seien $\boldsymbol{x}$ und $\boldsymbol{y}$ zwei Grenzelemente, d. h. gelte $\boldsymbol{x}_n \longrightarrow \boldsymbol{x}$ für $n \longrightarrow \infty$ und $\boldsymbol{x}_n \longrightarrow \boldsymbol{y}$ für $n \longrightarrow \infty$, dann folgt

$$\begin{aligned} 0 \leq \|\boldsymbol{x}-\boldsymbol{y}\| &= \|\boldsymbol{x}-\boldsymbol{x}_n+\boldsymbol{x}_n-\boldsymbol{y}\| \\ &\leq \underbrace{\|\boldsymbol{x}-\boldsymbol{x}_n\|}_{\xrightarrow{n\to\infty} 0} + \underbrace{\|\boldsymbol{x}_n-\boldsymbol{y}\|}_{\xrightarrow{n\to\infty} 0} \xrightarrow{n\to\infty} 0 \end{aligned}$$

$$\Rightarrow \quad 0 \leq \|\boldsymbol{x}-\boldsymbol{y}\| \leq 0$$

$$\Rightarrow \quad \|\boldsymbol{x}-\boldsymbol{y}\| = 0 \overset{(N2)}{\Rightarrow} \boldsymbol{x}-\boldsymbol{y} = 0 \Rightarrow \boldsymbol{x} = \boldsymbol{y}.$$

□

Definition 2.8 Zwei Normen $\|.\|_a$ und $\|.\|_b$ auf einem linearen Raum X heißen äquivalent, wenn jede Folge genau dann bezüglich $\|.\|_a$ konvergiert, wenn sie bezüglich $\|.\|_b$ konvergiert.

Satz und Definition 2.9 *Zwei Normen* $\|.\|_a$ *und* $\|.\|_b$ *auf einem linearen Raum* X *sind genau dann äquivalent, wenn es reelle Zahlen* $\alpha,\beta > 0$ *gibt, so dass*

$$\alpha\|\boldsymbol{x}\|_b \leq \|\boldsymbol{x}\|_a \leq \beta\|\boldsymbol{x}\|_b \quad \forall\, \boldsymbol{x} \in X \tag{2.1.1}$$

gilt. Die größte derartige Zahl α *und die kleinste derartige Zahl* β *werden als Äquivalenzkonstanten bezeichnet.*

Beweis:

„$\Leftarrow$“

Sei $\{\boldsymbol{x}_n\}_{n\in\mathbb{N}}$ eine beliebige Folge mit $\boldsymbol{x}_n \xrightarrow{\|.\|_b} \boldsymbol{x}$ für $n \to \infty$, dann folgt mit (2.1.1)

$$\|\boldsymbol{x}_n - \boldsymbol{x}\|_a \leq \beta\|\boldsymbol{x}_n - \boldsymbol{x}\|_b \to 0 \text{ für } n \to \infty$$

und somit die geforderte Konvergenz der Folge in der Norm $\|.\|_a$. Die zweite Ungleichung in (2.1.1) liefert auf analoge Weise die Konvergenz einer Folge in der Norm $\|.\|_b$ aus der Konvergenz der Folge in der Norm $\|.\|_a$.

„$\Rightarrow$“

Annahme: Es existiert kein $\beta \in \mathbb{R}^+$ mit $\|\boldsymbol{x}\|_a \leq \beta$ für alle $\boldsymbol{x} \in X$ mit $\|\boldsymbol{x}\|_b = 1$. Dann existiert eine Folge $\{\boldsymbol{x}_n\}_{n\in\mathbb{N}}$ mit

$$\|\boldsymbol{x}_n\|_a \geq n^2 \quad \text{und} \quad \|\boldsymbol{x}_n\|_b = 1.$$

Sei

$$\boldsymbol{y}_n := \frac{\boldsymbol{x}_n}{n},$$

dann erhalten wir

$$\|\boldsymbol{y}_n\|_a = \frac{1}{n}\|\boldsymbol{x}_n\|_a \geq n \quad \text{und} \quad \|\boldsymbol{y}_n\|_b = \frac{1}{n}. \tag{2.1.2}$$

Somit folgt $\boldsymbol{y}_n \xrightarrow{\|.\|_b} \boldsymbol{0}$, für $n \to \infty$, wodurch die Folge aufgrund der vorausgesetzten Äquivalenz der Normen $\|.\|_a$ und $\|.\|_b$ auch in der Norm $\|.\|_a$ konvergiert. Hiermit ergibt sich direkt der angestrebte Widerspruch zur Eigenschaft (2.1.2).

Folglich existiert ein $\beta \in \mathbb{R}^+$ mit $\|\boldsymbol{x}\|_a \leq \beta$ für alle $\boldsymbol{x} \in X$ mit $\|\boldsymbol{x}\|_b = 1$. Sei nun $\boldsymbol{y} \in X \setminus \{\boldsymbol{0}\}$, dann erhalten wir durch

$$\|\boldsymbol{y}\|_a = \left\| \|\boldsymbol{y}\|_b \frac{\boldsymbol{y}}{\|\boldsymbol{y}\|_b} \right\|_a = \|\boldsymbol{y}\|_b \left\| \frac{\boldsymbol{y}}{\|\boldsymbol{y}\|_b} \right\|_a \leq \beta\|\boldsymbol{y}\|_b \tag{2.1.3}$$

die Übertragung der Eigenschaft auf alle Vektoren aus $X \setminus \{\boldsymbol{0}\}$. Da das Nullelement stets der Gleichung (2.1.1) genügt, folgt

$$\|\boldsymbol{y}\|_a \leq \beta\|\boldsymbol{y}\|_b \quad \text{für alle} \quad \boldsymbol{y} \in X.$$

Die zweite Abschätzung ergibt sich analog. □

Aufgrund des Satzes 2.9 wird die Definition äquivalenter Normen oftmals auf der Basis der Ungleichungen (2.1.1) vorgenommen. Als direkte Folgerung dieser Ungleichungen erhalten wir die folgende Aussage.

Korollar 2.10 *Die Grenzelemente einer Folge stimmen bezüglich zweier äquivalenter Normen überein.*

Satz 2.11 *Auf einem endlichdimensionalen reellen oder komplexen linearen Raum sind alle Normen äquivalent.*

Beweis:
Für den Nachweis der obigen Behauptung genügt es zu zeigen, dass eine bestimmte Norm äquivalent zu jeder Norm ist. Sei $X := \text{span}\{\boldsymbol{u}_1, \ldots, \boldsymbol{u}_m\}$ ein m-dimensionaler linearer Raum, dann lässt sich jedes $\boldsymbol{x} \in X$ in der Form

$$\boldsymbol{x} = \sum_{i=1}^{m} \alpha_i \boldsymbol{u}_i, \quad \alpha_i \in \mathbb{C}$$

darstellen. Definieren wir auf X die Norm

$$\|\boldsymbol{x}\|_{\max} := \max_{i=1,\ldots,m} |\alpha_i|,$$

dann folgt für jede weitere Norm $\|.\|$ auf X die Abschätzung

$$\begin{aligned} \|\boldsymbol{x}\| &= \left\| \sum_{i=1}^{m} \alpha_i \boldsymbol{u}_i \right\| \overset{(N4)}{\leq} \sum_{i=1}^{m} \|\alpha_i \boldsymbol{u}_i\| \overset{(N3)}{=} \sum_{i=1}^{m} |\alpha_i| \, \|\boldsymbol{u}_i\| \\ &\leq \max_{i=1,\ldots,m} |\alpha_i| \underbrace{\sum_{i=1}^{m} \|\boldsymbol{u}_i\|}_{\beta :=} = \beta \|\boldsymbol{x}\|_{\max}. \end{aligned} \tag{2.1.4}$$

Die zweite Ungleichung werden wir mittels des folgenden Widerspruchsbeweises nachweisen.

Annahme: Es existiert kein $\alpha \in \mathbb{R}^+$ mit $\|\boldsymbol{x}\|_{\max} \leq \alpha \|\boldsymbol{x}\|$ für alle $\boldsymbol{x} \in X$.

Wie wir bereits in Gleichung (2.1.3) gesehen haben, ist diese Eigenschaft äquivalent zur Aussage:

Es existiert kein $\alpha \in \mathbb{R}^+$ mit $\|\boldsymbol{x}\|_{\max} \leq \alpha$ für alle $\boldsymbol{x} \in X$ mit $\|\boldsymbol{x}\| = 1$.

Somit existiert eine Folge $\{\boldsymbol{x}_n\}_{n \in \mathbb{N}}$ mit

$$\|\boldsymbol{x}_n\|_{\max} \geq n \text{ und } \|\boldsymbol{x}_n\| = 1.$$

Sei

$$\boldsymbol{y}_n := \frac{\boldsymbol{x}_n}{\|\boldsymbol{x}_n\|_{\max}}, \quad \text{dann gilt} \quad \|\boldsymbol{y}_n\|_{\max} = 1 \quad \text{für alle} \quad n \in \mathbb{N}. \tag{2.1.5}$$

Wir schreiben

$$\boldsymbol{y}_n = \sum_{i=1}^{m} \alpha_{i,n} \boldsymbol{u}_i$$

und erhalten mit (2.1.5) $\max_{i=1,\dots,m} |\alpha_{i,n}| = 1$ für alle $n \in \mathbb{N}$. Mit $\{\alpha_{1,n}\}_{n\in\mathbb{N}}, \dots, \{\alpha_{m,n}\}_{n\in\mathbb{N}}$ liegen daher m beschränkte Folgen komplexer Zahlen vor, so dass für $i = 1,\dots,m$ aufgrund des Satzes von Bolzano-Weierstraß je eine konvergente Teilfolge

$$\alpha_{i,n(j)} \xrightarrow{j\to\infty} \widetilde{\alpha}_i \text{ mit } n(j+1) > n(j)$$

existiert. Definieren wir

$$\boldsymbol{y} := \sum_{i=1}^{m} \widetilde{\alpha}_i \boldsymbol{u}_i,$$

dann folgt für $\boldsymbol{y}_{n(j)} := \sum_{i=1}^{m} \alpha_{i,n(j)} \boldsymbol{u}_i$

$$\|\boldsymbol{y}_{n(j)} - \boldsymbol{y}\|_{\max} = \max_{i=1,\dots,m} |\alpha_{i,n(j)} - \widetilde{\alpha}_i| \xrightarrow{j\to\infty} 0. \tag{2.1.6}$$

Unter Verwendung der Ungleichung (2.1.4) erhalten wir

$$\boldsymbol{y}_{n(j)} \xrightarrow{\|\cdot\|} \boldsymbol{y} \text{ für } j \to \infty,$$

so dass sich mit (2.1.5)

$$\|\boldsymbol{y}_{n(j)}\| = \left\| \frac{\boldsymbol{x}_{n(j)}}{\|\boldsymbol{x}_{n(j)}\|_{\max}} \right\| = \frac{1}{\|\boldsymbol{x}_{n(j)}\|_{\max}} \leq \frac{1}{n(j)} \xrightarrow{j\to\infty} 0$$

und folglich $\boldsymbol{y} = \boldsymbol{0}$ ergibt. Hierdurch erhalten wir mittels $\|\boldsymbol{y}_{n(j)}\|_{\max} \xrightarrow{j\to\infty} 0$ einen Widerspruch zu $\|\boldsymbol{y}_n\|_{\max} = 1$ für alle $n \in \mathbb{N}$. □

Für die aufgeführten Vektornormen erhalten wir die Äquivalenzkonstanten für $\boldsymbol{x} \in \mathbb{R}^n$ gemäß

$$\|\boldsymbol{x}\|_2 \leq \|\boldsymbol{x}\|_1 \leq \sqrt{n}\|\boldsymbol{x}\|_2, \tag{2.1.7}$$

$$\|\boldsymbol{x}\|_\infty \leq \|\boldsymbol{x}\|_2 \leq \sqrt{n}\|\boldsymbol{x}\|_\infty, \tag{2.1.8}$$

und

$$\frac{1}{n}\|\boldsymbol{x}\|_1 \leq \|\boldsymbol{x}\|_\infty \leq \|\boldsymbol{x}\|_1. \tag{2.1.9}$$

Definition 2.12 Eine Teilmenge V eines normierten Raumes X heißt vollständig, wenn jede Cauchy-Folge aus V gegen ein Grenzelement aus V konvergiert. Ein vollständiger normierter Raum heißt Banach-Raum.

Bei den betrachteten linearen Gleichungssystemen betrachten wir stets endlichdimensionale normierte Räume. Für diese Räume ergibt sich die folgende hilfreiche Eigenschaft.

Satz 2.13 *Jeder endlichdimensionale normierte Raum ist ein Banach-Raum.*

Beweis:
Sei X ein endlichdimensionaler normierter Raum. Laut Satz 2.11 sind auf X alle Normen äquivalent, so dass der Nachweis für eine beliebige Norm erbracht werden kann.

Sei $X := \mathrm{span}\{\boldsymbol{u}_1, \ldots, \boldsymbol{u}_k\}$, dann lässt sich jedes $\boldsymbol{x} \in X$ in der Form

$$\boldsymbol{x} = \sum_{i=1}^{k} \alpha_i \boldsymbol{u}_i \text{ mit } \alpha_i \in \mathbb{C}$$

schreiben. Wir betrachten nun wiederum die Norm

$$\|\boldsymbol{x}\|_{\max} := \max_{i=1,\ldots,k} |\alpha_i|.$$

Sei $\{\boldsymbol{x}_n\}_{n\in\mathbb{N}}$ eine Cauchy-Folge in X, dann schreiben wir

$$\boldsymbol{x}_n = \sum_{i=1}^{k} \alpha_{i,n} \boldsymbol{u}_i \text{ mit } \alpha_{i,n} \in \mathbb{C}$$

und erhalten

$$\max_{i=1,\ldots,k} |\alpha_{i,n} - \alpha_{i,m}| = \|\boldsymbol{x}_n - \boldsymbol{x}_m\|_{\max} \to 0 \text{ für } n,m \to \infty.$$

Folglich stellen die k Koeffizientenfolgen jeweils Cauchy-Folgen in $\mathbb{C}$ dar, so dass aufgrund der Vollständigkeit des Raumes der komplexen Zahlen

$$\alpha_{i,n} \xrightarrow{n\to\infty} \widetilde{\alpha}_i \in \mathbb{C} \text{ für } i = 1, \ldots, k$$

gilt. Mit $\tilde{\boldsymbol{x}} = \sum_{i=1}^{k} \tilde{\alpha}_i \boldsymbol{u}_i$ liegt wegen

$$\|\boldsymbol{x}_n - \tilde{\boldsymbol{x}}\|_{\max} = \max_{i=1,\ldots,k} |\alpha_{i,n} - \widetilde{\alpha}_i| \xrightarrow{n\to\infty} 0$$

der gesuchte Vektor vor. □

2.2 Lineare Operatoren, Matrizen und Matrixnormen

Die Eigenschaften der Matrix eines linearen Gleichungssystem sind wesentlich für die Auswahl eines geeigneten iterativen Verfahrens und bestimmen in der Regel zudem das Konvergenzverhalten der gewählten Methode. Neben der Einführung spezieller Klassen von Matrizen und der Festlegung unterschiedlicher Matrixnormen werden wir in diesem Abschnitt den Spektralradius erläutern und dessen Zusammenhang zu den Matrixnormen diskutieren, der sich als fundamental für Konvergenzaussagen von Splitting-Methoden erweisen wird.

Definition 2.14 Seien X,Y normierte Räume mit den Normen $\|.\|_X$ beziehungsweise $\|.\|_Y$. Ein Operator $\boldsymbol{A} : X \to Y$ heißt

(a) stetig an der Stelle $\boldsymbol{x} \in X$, falls für alle Folgen $\{\boldsymbol{x}_n\}_{n\in\mathbb{N}}$ aus X mit $\boldsymbol{x}_n \xrightarrow{\|.\|_X} \boldsymbol{x}$ für $n \to \infty$

$$\boldsymbol{A}\boldsymbol{x}_n \xrightarrow{\|.\|_Y} \boldsymbol{A}\boldsymbol{x} \text{ für } n \to \infty$$

folgt.

(b) stetig, falls $\boldsymbol{A}$ an allen Stellen $\boldsymbol{x} \in X$ stetig ist.

(c) linear, falls

$$\boldsymbol{A}(\alpha\boldsymbol{x} + \beta\boldsymbol{y}) = \alpha\boldsymbol{A}\boldsymbol{x} + \beta\boldsymbol{A}\boldsymbol{y} \;\; \forall \boldsymbol{x},\boldsymbol{y} \in X \;\; \forall \alpha,\beta \in \mathbb{C}$$

gilt.

(d) beschränkt, wenn $\boldsymbol{A}$ linear ist und ein $C \geq 0$ existiert, so dass

$$\|\boldsymbol{A}\boldsymbol{x}\|_Y \leq C\|\boldsymbol{x}\|_X \;\; \forall \boldsymbol{x} \in \boldsymbol{X}$$

gilt. Jede Zahl C mit dieser Eigenschaft heißt Schranke von $\boldsymbol{A}$.

Wir beschäftigen uns im Weiteren mit sogenannten induzierten Matrixnormen, die jeweils auf der Grundlage einer Vektornorm durch den folgenden Satz festgelegt werden.

Satz und Definition 2.15 *Ein linearer Operator* $\boldsymbol{A} : X \to Y$ *ist genau dann beschränkt, wenn*

$$\|\boldsymbol{A}\| := \sup_{\|\boldsymbol{x}\|_X=1} \|\boldsymbol{A}\boldsymbol{x}\|_Y < \infty$$

gilt. $\|\boldsymbol{A}\|$ *ist die kleinste Schranke von* $\boldsymbol{A}$ *und heißt Norm des Operators.*

Beweis:

„$\Rightarrow$"

Sei $\boldsymbol{A}$ beschränkt, dann existiert insbesondere ein $C \geq 0$ mit

$$\|\boldsymbol{A}\boldsymbol{x}\|_Y \leq C \text{ für alle } \boldsymbol{x} \in X \text{ mit } \|\boldsymbol{x}\|_X = 1$$

und wir erhalten

$$\|\boldsymbol{A}\| = \sup_{\|\boldsymbol{x}\|_X=1} \|\boldsymbol{A}\boldsymbol{x}\|_Y \leq C < \infty.$$

Insbesondere stellt $\|\boldsymbol{A}\|$ demzufolge die kleinste Schranke von $\boldsymbol{A}$ dar.

„$\Leftarrow$"

Sei $\boldsymbol{A}$ linear und gelte $\|\boldsymbol{A}\| < \infty$

Betrachten wir ein beliebiges $\boldsymbol{x} \in X \setminus \{\boldsymbol{0}\}$, dann folgt

$$\begin{aligned}
\|\boldsymbol{A}\boldsymbol{x}\|_Y &= \left\| \|\boldsymbol{x}\|_X \boldsymbol{A}\left(\frac{\boldsymbol{x}}{\|\boldsymbol{x}\|_X}\right)\right\|_Y \\
&= \|\boldsymbol{x}\|_X \left\|\boldsymbol{A}\left(\frac{\boldsymbol{x}}{\|\boldsymbol{x}\|_X}\right)\right\|_Y \\
&\leq \|\boldsymbol{x}\|_X \sup_{\|\boldsymbol{z}\|_X=1} \|\boldsymbol{A}\boldsymbol{z}\|_Y \\
&= \|\boldsymbol{x}\|_X \|\boldsymbol{A}\|.
\end{aligned}$$

Somit ist $\boldsymbol{A}$ beschränkt mit Schranke $\|\boldsymbol{A}\|$. □

Die Eigenschaft

$$\|\boldsymbol{Ax}\| \leq \|\boldsymbol{A}\|\|\boldsymbol{x}\|$$

wird als Verträglichkeitsbedingung bezeichnet.

Stetigkeit und Beschränktheit stellen im Kontext linearer Operatoren äquivalente Begriffe dar. Diese Tatsache wird durch den folgenden Satz nachgewiesen.

Satz 2.16 *Für einen linearen Operator* $\boldsymbol{A} : X \to Y$ *sind die folgenden drei Eigenschaften äquivalent:*

(a) $\boldsymbol{A}$ *ist stetig an der Stelle* $\boldsymbol{x} = \boldsymbol{0}$.

(b) $\boldsymbol{A}$ *ist stetig.*

(c) $\boldsymbol{A}$ *ist beschränkt.*

Beweis:
„ $(a) \Rightarrow (b)$ “

Sei $\boldsymbol{x} \in X$ gegeben und $\{\boldsymbol{x}_n\}_{n\in\mathbb{N}}$ eine beliebige Folge aus X mit $\boldsymbol{x}_n \to \boldsymbol{x}$, $n \to \infty$, dann folgt mit der Stetigkeit an der Stelle $\boldsymbol{x} = \boldsymbol{0}$ und der Linearität des Operators die Gleichung

$$\boldsymbol{Ax}_n = \underbrace{\boldsymbol{A}(\boldsymbol{x}_n - \boldsymbol{x})}_{\xrightarrow{\|\cdot\|_Y} 0,\ n\to\infty} + \boldsymbol{Ax} \xrightarrow{\|\cdot\|_Y} \boldsymbol{Ax} \text{ für } n \to \infty.$$

„ $(b) \Rightarrow (c)$ “
Annahme: $\boldsymbol{A}$ ist stetig und nicht beschränkt.

Dann existiert eine Folge $\{\boldsymbol{x}_n\}_{n\in\mathbb{N}}$ aus X mit $\|\boldsymbol{x}_n\|_X = 1$ und $\|\boldsymbol{Ax}_n\|_Y \geq n$. Wir definieren

$$\boldsymbol{y}_n := \frac{\boldsymbol{x}_n}{\|\boldsymbol{Ax}_n\|_Y}$$

und erhalten hiermit

$$\|\boldsymbol{y}_n\|_X = \frac{\|\boldsymbol{x}_n\|_X}{\|\boldsymbol{Ax}_n\|_Y} = \frac{1}{\|\boldsymbol{Ax}_n\|_Y} \leq \frac{1}{n}.$$

Folglich konvergiert die Folge $\boldsymbol{y}_n$ in der Norm auf X gegen das Nullelement, und es folgt aus der Stetigkeit des Operators

$$\boldsymbol{Ay}_n \xrightarrow{\|\cdot\|_Y} \boldsymbol{A}(\boldsymbol{0}) = \boldsymbol{0} \text{ für } n \to \infty,$$

so dass ein Widerspruch zu

$$\|\boldsymbol{Ay}_n\|_Y = \frac{\|\boldsymbol{Ax}_n\|_Y}{\|\boldsymbol{Ax}_n\|_Y} = 1 \text{ für alle } n \in \mathbb{N}$$

vorliegt.

„ $(c) \Rightarrow (a)$ “

Sei $\boldsymbol{A}$ beschränkt und $\{\boldsymbol{x}_n\}_{n\in\mathbb{N}}$ eine Folge aus X mit $\boldsymbol{x}_n \xrightarrow{\|\cdot\|_X} \boldsymbol{0}$, für $n \to \infty$. Dann folgt

$$\|\boldsymbol{A}\boldsymbol{x}_n\|_Y \leq \|\boldsymbol{A}\| \|\boldsymbol{x}_n\|_X \to 0 \text{ für } n \to \infty$$

und hieraus mit

$$\boldsymbol{A}\boldsymbol{x}_n \xrightarrow{\|\cdot\|_Y} \boldsymbol{0} = \boldsymbol{A}(\boldsymbol{0}) \text{ für } n \to \infty$$

die Stetigkeit des Operators an der Stelle $\boldsymbol{x} = \boldsymbol{0}$. □

Bei der Betrachtung von Kompositionen linearer Abbildungen erweist sich der folgende Satz zur Abschätzung der Norm der Komposition als hilfreich.

Satz 2.17 *Seien* $\boldsymbol{A} : X \to Y$ *und* $\boldsymbol{B} : Y \to Z$ *beschränkte lineare Operatoren, dann ist* $\boldsymbol{BA} : X \to Z$ *beschränkt mit*

$$\|\boldsymbol{BA}\| \leq \|\boldsymbol{B}\| \, \|\boldsymbol{A}\|. \tag{2.2.1}$$

Beweis:
Mit

$$\|\boldsymbol{BA}\boldsymbol{x}\|_Z \leq \|\boldsymbol{B}\| \, \|\boldsymbol{A}\boldsymbol{x}\|_Y \leq \|\boldsymbol{B}\| \, \|\boldsymbol{A}\| \, \|\boldsymbol{x}\|_X$$

folgt der Nachweis direkt aus

$$\|\boldsymbol{BA}\| = \sup_{\|\boldsymbol{x}\|_X=1} \|\boldsymbol{BA}\boldsymbol{x}\|_Z \leq \sup_{\|\boldsymbol{x}\|_X=1} \|\boldsymbol{B}\|\|\boldsymbol{A}\|\|\boldsymbol{x}\|_X = \|\boldsymbol{B}\|\|\boldsymbol{A}\|.$$

□

Die Eigenschaft (2.2.1) wird auch als Submultiplikativität der zugrundeliegenden Norm bezeichnet. Wir werden uns im Folgenden, solange nicht ausdrücklich erwähnt, stets auf Normen beschränken, die auf der Grundlage der Definition 2.15 festgelegt sind. Im Kontext der betrachteten Matrizen sind jedoch auch hiervon abweichende Normen denkbar, die nicht der Ungleichung (2.2.1) genügen.

Jede lineare Abbildung zwischen endlichdimensionalen Vektorräumen kann durch eine Matrix

$$\boldsymbol{A} = \begin{pmatrix} a_{11} & \cdots & a_{1n} \\ \vdots & \ddots & \vdots \\ a_{m1} & \cdots & a_{mn} \end{pmatrix} \in \mathbb{C}^{m \times n}$$

repräsentiert werden. Die Menge aller Matrizen wollen wir nun vorab in unterschiedliche Klassen unterteilen.

Definition 2.18 Zu einer gegebenen Matrix

$$\boldsymbol{A} = \begin{pmatrix} a_{11} & \cdots & a_{1n} \\ \vdots & \ddots & \vdots \\ a_{n1} & \cdots & a_{nn} \end{pmatrix} \in \mathbb{R}^{n \times n}$$

heißt

$$\boldsymbol{A}^T = \begin{pmatrix} a_{11} & \cdots & a_{n1} \\ \vdots & \ddots & \vdots \\ a_{1n} & \cdots & a_{nn} \end{pmatrix} \in \mathbb{R}^{n \times n}$$

die zu $\boldsymbol{A}$ transponierte Matrix.

Definition 2.19 Eine Matrix $\boldsymbol{A} \in \mathbb{R}^{n \times n}$ heißt

(a) symmetrisch, falls $\boldsymbol{A}^T = \boldsymbol{A}$ gilt,

(b) orthogonal, falls $\boldsymbol{A}^T \boldsymbol{A} = \boldsymbol{I}$ gilt.

Definition 2.20 Zu gegebener Matrix

$$\boldsymbol{A} = \begin{pmatrix} a_{11} & \dots & a_{1n} \\ \vdots & \ddots & \vdots \\ a_{n1} & \dots & a_{nn} \end{pmatrix} \in \mathbb{C}^{n \times n}$$

heißt

$$\boldsymbol{A}^* = \begin{pmatrix} \overline{a_{11}} & \dots & \overline{a_{n1}} \\ \vdots & \ddots & \vdots \\ \overline{a_{1n}} & \dots & \overline{a_{nn}} \end{pmatrix} \in \mathbb{C}^{n \times n}$$

die zu $\boldsymbol{A}$ adjungierte Matrix.

Definition 2.21 Eine Matrix $\boldsymbol{A} \in \mathbb{C}^{n \times n}$ heißt

(a) hermitesch, falls $\boldsymbol{A}^* = \boldsymbol{A}$ gilt,

(b) unitär, falls $\boldsymbol{A}^* \boldsymbol{A} = \boldsymbol{I}$ gilt,

(c) normal, falls $\boldsymbol{A}^* \boldsymbol{A} = \boldsymbol{A} \boldsymbol{A}^*$ gilt,

(d) ähnlich zur Matrix $\boldsymbol{B} \in \mathbb{C}^{n \times n}$, falls eine reguläre Matrix $\boldsymbol{C} \in \mathbb{C}^{n \times n}$ mit $\boldsymbol{B} = \boldsymbol{C}^{-1} \boldsymbol{A} \boldsymbol{C}$ existiert,

(e) linke untere Dreiecksmatrix, falls $a_{ij} = 0 \quad \forall j > i$ gilt,

(f) rechte obere Dreiecksmatrix, falls $a_{ij} = 0 \quad \forall j < i$ gilt,

(g) Diagonalmatrix, falls $a_{ij} = 0 \quad \forall j \neq i$ gilt.

Definition 2.22 Sei $X = \mathbb{R}^n$ beziehungsweise $\mathbb{C}^n$. Eine Matrix $\boldsymbol{A} : X \to X$ heißt

(a) positiv semidefinit, falls $(\boldsymbol{A}\boldsymbol{x}, \boldsymbol{x})_2 \geq 0$ für alle $\boldsymbol{x} \in X$ gilt,

(b) positiv definit, falls $(\boldsymbol{A}\boldsymbol{x}, \boldsymbol{x})_2 > 0$ für alle $\boldsymbol{x} \in X \backslash \{\boldsymbol{0}\}$ gilt,

(c) negativ semidefinit, falls $-\boldsymbol{A}$ positiv semidefinit ist,

(d) negativ definit, falls $-\boldsymbol{A}$ positiv definit ist.

Definition 2.23 Zwei Gleichungssysteme heißen äquivalent, wenn ihre Lösungsmengen identisch sind.

Lemma 2.24 *Sei $\boldsymbol{P} \in \mathbb{C}^{n \times n}$ regulär und $\boldsymbol{A} \in \mathbb{C}^{n \times n}$, dann sind die Gleichungssysteme $\boldsymbol{A}\boldsymbol{x} = \boldsymbol{y}$ und $\boldsymbol{P}\boldsymbol{A}\boldsymbol{x} = \boldsymbol{P}\boldsymbol{y}$ äquivalent.*

Beweis:
Aufgrund der Regularität der Matrix $\boldsymbol{P}$ folgt

$$\boldsymbol{Px} = \boldsymbol{0} \quad \Leftrightarrow \quad \boldsymbol{x} = \boldsymbol{0}.$$

Damit erhalten wir die Behauptung direkt aus

$$\boldsymbol{P}(\boldsymbol{Ax} - \boldsymbol{y}) = 0 \quad \Leftrightarrow \quad \boldsymbol{Ax} - \boldsymbol{y} = \boldsymbol{0}.$$

□

Lemma und Definition 2.25 *Das lineare Gleichungssystem* $\boldsymbol{Ax} = \boldsymbol{b}$ *mit* $\boldsymbol{A} \in \mathbb{C}^{m\times n}$ $(\mathbb{R}^{m\times n})$ *ist genau dann lösbar, wenn* $\operatorname{rang}(\boldsymbol{A}) = \operatorname{rang}(\boldsymbol{A},\boldsymbol{b})$ *gilt, wobei* $\operatorname{rang}(\boldsymbol{A})$ *die Dimension des Bildes von* $\boldsymbol{A}$ *darstellt, das heißt*

$$\operatorname{rang}(\boldsymbol{A}) = \dim \operatorname{bild}(\boldsymbol{A})$$

mit

$$\operatorname{bild}(\boldsymbol{A}) = \{\boldsymbol{y} \in \mathbb{C}^m\,(\mathbb{R}^m) \mid \exists\, \boldsymbol{x} \in \mathbb{C}^n\,(\mathbb{R}^n) \text{ mit } \boldsymbol{y} = \boldsymbol{Ax}\}.$$

Beweis:
„$\Rightarrow$“

Sei $\boldsymbol{Ax} = \boldsymbol{b}$, dann gilt $\boldsymbol{b} \in \operatorname{bild}(\boldsymbol{A})$. Hiermit erhalten wir $\operatorname{rang}(\boldsymbol{A}) = \operatorname{rang}(\boldsymbol{A},\boldsymbol{b})$.

„$\Leftarrow$“

Sei $\operatorname{rang}(\boldsymbol{A}) = \operatorname{rang}(\boldsymbol{A},\boldsymbol{b})$, dann lässt sich $\boldsymbol{b}$ in der Form $\boldsymbol{b} = \sum_{i=1}^n x_i \boldsymbol{a}_i$ mit $x_i \in \mathbb{C}$ schreiben, wobei $\boldsymbol{a}_i$ für $i = 1,\ldots,n$ die i-te Spalte der Matrix $\boldsymbol{A}$ darstellt. Hieraus ergibt sich direkt

$$\boldsymbol{Ax} = \boldsymbol{b} \text{ mit } \boldsymbol{x} = (x_1,\ldots,x_n)^T.$$

□

Lemma 2.26 *Seien* $\boldsymbol{L},\widetilde{\boldsymbol{L}} \in \mathbb{C}^{n\times n}$ *linke untere und* $\boldsymbol{R},\widetilde{\boldsymbol{R}} \in \mathbb{C}^{n\times n}$ *rechte obere Dreiecksmatrizen, dann sind*

$$\boldsymbol{L}\widetilde{\boldsymbol{L}} \text{ und } \boldsymbol{R}\widetilde{\boldsymbol{R}}$$

ebenfalls linke untere beziehungsweise rechte obere Dreiecksmatrizen.

Beweis:
Sei $\overline{\boldsymbol{L}} = (\overline{l}_{ij})_{i,j=1,\ldots,n} = \boldsymbol{L}\widetilde{\boldsymbol{L}}$, dann folgt für $j > i$

$$\overline{l}_{ij} = \sum_{m=1}^{n} l_{im}\widetilde{l}_{mj} = \sum_{m=1}^{j-1} l_{im} \underbrace{\widetilde{l}_{mj}}_{=0} + \sum_{m=j}^{n} \underbrace{l_{im}}_{=0} \widetilde{l}_{mj} = 0.$$

Analog ergibt sich die Behauptung für die rechten oberen Dreiecksmatrizen. □

Lemma 2.27 *Seien* $\boldsymbol{Q},\widetilde{\boldsymbol{Q}} \in \mathbb{R}^{n\times n}\,(\mathbb{C}^{n\times n})$ *orthogonale (unitäre) Matrizen, dann ist auch*

$$\boldsymbol{Q}\widetilde{\boldsymbol{Q}}$$

orthogonal (unitär).

Beweis:
Bei dem Beweis beschränken wir uns auf orthogonale Matrizen. Der Nachweis der Behauptung für unitäre Matrizen verläuft analog. Aufgrund der Orthogonalität der Matrizen $\widetilde{\boldsymbol{Q}}$ und $\boldsymbol{Q}$ folgt

$$\left(\boldsymbol{Q}\widetilde{\boldsymbol{Q}}\right)^T \boldsymbol{Q}\widetilde{\boldsymbol{Q}} = \widetilde{\boldsymbol{Q}}^T \boldsymbol{Q}^T \boldsymbol{Q}\widetilde{\boldsymbol{Q}} = \widetilde{\boldsymbol{Q}}^T \boldsymbol{I}\widetilde{\boldsymbol{Q}} = \widetilde{\boldsymbol{Q}}^T \widetilde{\boldsymbol{Q}} = \boldsymbol{I}.$$

□

Dem folgenden Satz können wir eine zentrale Eigenschaft unitärer respektive orthogonaler Matrizen entnehmen.

Satz 2.28 *Sei* $\boldsymbol{Q} \in \mathbb{C}^{n\times n}$ $(\mathbb{R}^{n\times n})$ *eine unitäre (orthogonale) Matrix, dann gilt*

$$\|\boldsymbol{Qx}\|_2 = \|\boldsymbol{x}\|_2 \text{ für alle } \boldsymbol{x} \in \mathbb{C}^{n\times n} \left(\mathbb{R}^{n\times n}\right).$$

Beweis:
Der Nachweis ergibt sich unter Berücksichtigung von $\boldsymbol{Q}^*\boldsymbol{Q} = \boldsymbol{I}$ direkt aus

$$\|\boldsymbol{Qx}\|_2^2 = (\boldsymbol{Qx},\boldsymbol{Qx})_2 = (\boldsymbol{x},\boldsymbol{Q}^*\boldsymbol{Qx})_2 = (\boldsymbol{x},\boldsymbol{x})_2 = \|\boldsymbol{x}\|_2^2.$$

□

Orthogonale wie auch unitäre Matrizen repräsentieren folglich bezüglich der euklidischen Norm stets längenerhaltende Abbildungen.

Wie bereits zuvor erwähnt, kann eine Matrixnorm mittels einer vorliegenden Vektornorm definiert werden. Ist $\boldsymbol{A} \in \mathbb{C}^{n\times n}$ und $\|.\|_a : \mathbb{C}^n \to \mathbb{R}$ eine Norm, dann bezeichnet man

$$\|\boldsymbol{A}\|_a := \sup_{\|\boldsymbol{x}\|_a=1} \|\boldsymbol{Ax}\|_a \tag{2.2.2}$$

als die von der Vektornorm induzierte Matrixnorm. In diesem Sinne gilt für $\boldsymbol{A} \in \mathbb{C}^{n\times n}$:

$$\begin{aligned}
\|\boldsymbol{A}\|_1 &= \max_{k=1,\dots,n} \sum_{i=1}^{n} |a_{ik}| \quad \text{(Spaltensummennorm)},\\
\|\boldsymbol{A}\|_\infty &= \max_{i=1,\dots,n} \sum_{k=1}^{n} |a_{ik}| \quad \text{(Zeilensummennorm)},\\
\|\boldsymbol{A}\|_2 &\le \left(\sum_{i,k=1}^{n} |a_{ik}|^2\right)^{\frac{1}{2}} = \|\boldsymbol{A}\|_F.
\end{aligned}$$

Hierbei wird $\|.\|_F : \mathbb{C}^{n\times n} \to \mathbb{R}$ als Frobeniusnorm bezeichnet. Wegen $\|\boldsymbol{I}\|_F = \sqrt{n}$ ist aus (2.2.2) sofort ersichtlich, dass die Frobeniusnorm keine induzierte Matrixnorm darstellt. Auch die durch $\|\boldsymbol{A}\| := \max_{i,k=1,\dots,n} |a_{ik}|$ gegebene Norm besitzt keine zugehörige Vektornorm. Einfache Beispiele zeigen, dass diese Norm nicht submultiplikativ ist. Es sei an dieser Stelle nochmals betont, dass wir uns bei den folgenden Betrachtungen, solange nicht ausdrücklich erwähnt, stets auf induzierte Matrixnormen beschränken werden, obwohl einige Aussagen (zum Beispiel der Satz 2.29) allgemeine Gültigkeit besitzen. Die einzige Ausnahme bildet die im Abschnitt 5.7 betrachtete Frobenius-Norm bei der Herleitung der unvollständigen Frobenius-Inversen.

Satz 2.29 *Eine Matrix* $\boldsymbol{A} \in \mathbb{C}^{n\times n}$ *ist in jeder Norm beschränkt.*

Beweis:
Sei $\boldsymbol{x} \in X$ beliebig, dann folgt

$$\begin{aligned} \|\boldsymbol{A}\boldsymbol{x}\|_\infty &= \max_{i=1,\ldots,n} |(\boldsymbol{A}\boldsymbol{x})_i| = \max_{i=1,\ldots,n} \left| \sum_{j=1}^n a_{ij}x_j \right| \\ &\leq \max_{i=1,\ldots,n} \sum_{j=1}^n |a_{ij}||x_j| \leq S\|\boldsymbol{x}\|_\infty \end{aligned}$$

mit $S = \max_{i=1,\ldots,n} \sum_{j=1}^n |a_{ij}|$. Diese Aussage gilt durch die Äquivalenz der Normen (Satz 2.11) für jede beliebige Norm. □

Folglich erhalten wir mit Satz 2.29 auch die Stetigkeit jeder Matrix $\boldsymbol{A} \in \mathbb{C}^{n\times n}$.

Definition 2.30 Eine komplexe Zahl $\lambda \in \mathbb{C}$ heißt Eigenwert der Matrix $\boldsymbol{A} \in \mathbb{C}^{n\times n}$, falls ein Vektor $\boldsymbol{x} \in \mathbb{C}^n \setminus \{\boldsymbol{0}\}$ mit

$$\boldsymbol{A}\boldsymbol{x} = \lambda\boldsymbol{x}$$

existiert. Der Vektor $\boldsymbol{x}$ heißt Eigenvektor zum Eigenwert λ.

Die Menge

$$\sigma(\boldsymbol{A}) = \{\lambda \mid \lambda \text{ ist Eigenwert von } \boldsymbol{A}\}$$

wird als Spektrum von $\boldsymbol{A}$ bezeichnet.

Die Zahl

$$\rho(\boldsymbol{A}) = \max\{|\lambda| \mid \lambda \in \sigma(\boldsymbol{A})\}$$

heißt Spektralradius von $\boldsymbol{A}$.

Die Eigenwerte $\lambda \in \sigma(\boldsymbol{A})$ stellen wegen

$$(\boldsymbol{A} - \lambda\boldsymbol{I})\boldsymbol{x} = \boldsymbol{0} \text{ mit } \boldsymbol{x} \in \mathbb{C}^n \setminus \{\boldsymbol{0}\}$$

die Nullstellen des charakteristischen Polynoms

$$p(\lambda) = \det(\boldsymbol{A} - \lambda\boldsymbol{I})$$

dar. Da jedes Polynom über $\mathbb{C}$ nach dem Fundamentalsatz der Algebra in Linearfaktoren zerfällt, das heißt $p(\lambda) = \prod_{i=1}^n(\lambda - \lambda_i)$ gilt, erhalten wir direkt $\sigma(\boldsymbol{A}) \neq \emptyset$ für alle $\boldsymbol{A} \in \mathbb{C}^{n\times n}$.

Der folgende Satz von Schur stellt das wesentliche Hilfsmittel zum Nachweis des Satzes 2.36 dar, wodurch in Kombination mit Satz 2.35 ein direkter Zusammenhang zwischen einer Norm und dem Spektralradius einer Matrix vorliegt. Diese Aussagen werden sich später bei der Konvergenzanalyse von Splitting-Methoden als entscheidend erweisen.

Satz 2.31 *Zu jeder Matrix* $\boldsymbol{A} \in \mathbb{C}^{n\times n}$ ($\mathbb{R}^{n\times n}$ mit $\sigma(\boldsymbol{A}) \subset \mathbb{R}$) *existiert eine unitäre (orthogonale) Matrix* $\boldsymbol{U} \in \mathbb{C}^{n\times n}$ ($\mathbb{R}^{n\times n}$) *derart, dass*

$$\boldsymbol{U}^*\boldsymbol{A}\boldsymbol{U}$$

eine rechte obere Dreiecksmatrix darstellt.

Beweis:
Wir beschränken uns beim Beweis der Behauptung zunächst auf den komplexen Fall.

Der Beweis wird mittels einer vollständigen Induktion geführt.

Für $n = 1$ erfüllt $\boldsymbol{U} = \boldsymbol{I}$ die Behauptung.

Sei die Behauptung für $j = 1, \ldots, n$ erfüllt, dann wähle ein $\lambda \in \sigma(\boldsymbol{A})$ mit zugehörigem Eigenvektor $\widetilde{\boldsymbol{v}}_1 \in \mathbb{C}^{n+1} \backslash \{\boldsymbol{0}\}$. Durch Erweiterung von $\boldsymbol{v}_1 = \widetilde{\boldsymbol{v}}_1 / \|\widetilde{\boldsymbol{v}}_1\|_2$ durch $\boldsymbol{v}_2, \ldots, \boldsymbol{v}_{n+1}$ zu einer Orthonormalbasis des $\mathbb{C}^{n+1}$ ergibt sich mit

$$\mathbb{C}^{(n+1)\times(n+1)} \ni \boldsymbol{V} = (\boldsymbol{v}_1 \ldots \boldsymbol{v}_{n+1})$$

die Gleichung

$$\boldsymbol{V}^* \boldsymbol{A} \boldsymbol{V} \boldsymbol{e}_1 = \boldsymbol{V}^* \boldsymbol{A} \boldsymbol{v}_1 = \boldsymbol{V}^* \lambda \boldsymbol{v}_1 = \lambda \boldsymbol{e}_1,$$

wobei $\boldsymbol{e}_1 = (1,0,\ldots,0)^T \in \mathbb{C}^{n+1}$ gilt. Hiermit folgt

$$\boldsymbol{V}^* \boldsymbol{A} \boldsymbol{V} = \begin{pmatrix} \lambda & \tilde{\boldsymbol{a}}^T \\ 0 & \\ \vdots & \widetilde{\boldsymbol{A}} \\ 0 & \end{pmatrix} \text{ mit } \widetilde{\boldsymbol{A}} \in \mathbb{C}^{n\times n} \text{ und } \tilde{\boldsymbol{a}} \in \mathbb{C}^n.$$

Zu $\widetilde{\boldsymbol{A}}$ existiert laut Induktionsvoraussetzung eine unitäre Matrix $\widetilde{\boldsymbol{W}} \in \mathbb{C}^{n\times n}$ derart, dass $\widetilde{\boldsymbol{W}}^* \widetilde{\boldsymbol{A}} \widetilde{\boldsymbol{W}}$ eine rechte obere Dreiecksmatrix darstellt. Mit $\widetilde{\boldsymbol{W}}$ ist auch

$$\boldsymbol{W} = \begin{pmatrix} 1 & 0 \cdots 0 \\ 0 & \\ \vdots & \widetilde{\boldsymbol{W}} \\ 0 & \end{pmatrix}$$

unitär und wir erhalten mit $\boldsymbol{U} := \boldsymbol{V}\boldsymbol{W} \in \mathbb{C}^{(n+1)\times(n+1)}$ laut Lemma 2.27 eine unitäre Matrix, für die einfaches Nachrechnen zeigt, dass $\boldsymbol{U}^* \boldsymbol{A} \boldsymbol{U}$ eine rechte obere Dreicksmatrix darstellt.

Im Fall einer regulären Matrix $\boldsymbol{A} \in \mathbb{R}^{(n+1)\times(n+1)}$ erhalten wir wegen $\sigma(\boldsymbol{A}) \subset \mathbb{R}$ zu jedem Eigenvektor $\widetilde{\boldsymbol{v}}_1 \in \mathbb{C}^{n+1} \setminus \{\boldsymbol{0}\}$ zum Eigenwert $\lambda \in \mathbb{R}$ wegen $\widetilde{\boldsymbol{v}}_1 = \widetilde{\boldsymbol{x}}_1 + i\widetilde{\boldsymbol{y}}_1$, $\widetilde{\boldsymbol{x}}_1, \widetilde{\boldsymbol{y}}_1 \in \mathbb{R}^{n+1}$ aus

$$\boldsymbol{A}\widetilde{\boldsymbol{x}}_1 + i\boldsymbol{A}\widetilde{\boldsymbol{y}}_1 = \boldsymbol{A}\widetilde{\boldsymbol{v}}_1 = \lambda\widetilde{\boldsymbol{v}}_1 = \lambda\widetilde{\boldsymbol{x}}_1 + i\lambda\widetilde{\boldsymbol{y}}_1$$

die Eigenschaft

$$\boldsymbol{A}\widetilde{\boldsymbol{x}}_1 = \lambda\widetilde{\boldsymbol{x}}_1 \text{ sowie } \boldsymbol{A}\widetilde{\boldsymbol{y}}_1 = \lambda\widetilde{\boldsymbol{y}}_1,$$

so dass mit $\widetilde{\boldsymbol{x}}_1$ oder $\widetilde{\boldsymbol{y}}_1$ ein Eigenvektor aus $\mathbb{R}^{n+1} \backslash \{\boldsymbol{0}\}$ vorliegt. Unter Berücksichtigung dieser Eigenschaft ergibt sich der Nachweis im Fall einer reellen Matrix analog zum obigen Vorgehen. □

Lemma 2.32 *Für jede hermitesche Matrix* $\boldsymbol{A} \in \mathbb{C}^{n\times n}$ *gilt* $\sigma(\boldsymbol{A}) \subset \mathbb{R}$.

Beweis:
Sei $\boldsymbol{x} \in \mathbb{C}^n \setminus \{\boldsymbol{0}\}$ Eigenvektor zum Eigenwert $\lambda \in \sigma(\boldsymbol{A})$. Dann folgt mit

$$\lambda \underbrace{\|\boldsymbol{x}\|_2}_{\in \mathbb{R}^+} = \lambda(\boldsymbol{x},\boldsymbol{x})_2 = (\lambda\boldsymbol{x},\boldsymbol{x})_2 = (\boldsymbol{A}\boldsymbol{x},\boldsymbol{x})_2 = (\boldsymbol{x},\boldsymbol{A}\boldsymbol{x})_2 = (\boldsymbol{x},\lambda\boldsymbol{x})_2 = \overline{\lambda}(\boldsymbol{x},\boldsymbol{x})_2 = \overline{\lambda} \underbrace{\|\boldsymbol{x}\|_2}_{\in \mathbb{R}^+}$$

direkt $\lambda = \overline{\lambda}$ und somit $\lambda \in \mathbb{R}$. □

Als direkte Folgerung des letzten Satzes erhalten wir die anschließende Aussage für hermitesche und wegen Lemma 2.32 somit auch für symmetrische Matrizen.

Korollar 2.33 *Sei* $\boldsymbol{A} \in \mathbb{C}^{n\times n}$ $(\mathbb{R}^{n\times n})$ *hermitesch (symmetrisch), dann existiert eine unitäre (orthogonale) Matrix* $\boldsymbol{U} \in \mathbb{C}^{n\times n}$ $(\mathbb{R}^{n\times n})$, *derart, dass*

$$\boldsymbol{U}^*\boldsymbol{A}\boldsymbol{U} = \mathrm{diag}\{\lambda_1,\ldots,\lambda_n\} \in \mathbb{R}^{n\times n}$$

gilt. Hierbei stellt für $i = 1,\ldots,n$ *jeweils* $\lambda_i \in \mathbb{R}$ *den Eigenwert der Matrix* $\boldsymbol{A}$ *mit der* i *-ten Spalte von* $\boldsymbol{U}$ *als zugehörigen Eigenvektor dar.*

Satz 2.34 *Sei* $\boldsymbol{A} \in \mathbb{C}^{n\times n}$, *dann gilt*

$$\|\boldsymbol{A}\|_2 = \sqrt{\rho(\boldsymbol{A}^*\boldsymbol{A})}. \tag{2.2.3}$$

Beweis:
Da $\boldsymbol{A}^*\boldsymbol{A}$ hermitesch ist, existiert laut Korollar 2.33 eine unitäre Matrix $\boldsymbol{U} \in \mathbb{C}^{n\times n}$, so dass $\boldsymbol{U}^*\boldsymbol{A}^*\boldsymbol{A}\boldsymbol{U} = \mathrm{diag}\{\lambda_1,\ldots,\lambda_n\} \in \mathbb{R}^{n\times n}$ gilt. Jedes $\boldsymbol{x} \in \mathbb{C}^n$ lässt sich daher unter Verwendung der Spalten $\boldsymbol{u}_1,\ldots,\boldsymbol{u}_n$ der unitären Matrix $\boldsymbol{U}$ in der Form $\boldsymbol{x} = \sum_{i=1}^n \alpha_i\boldsymbol{u}_i$ mit $\alpha_i \in \mathbb{C}$ darstellen und es gilt

$$\boldsymbol{A}^*\boldsymbol{A}\boldsymbol{x} = \sum_{i=1}^n \lambda_i\alpha_i\boldsymbol{u}_i.$$

Hiermit erhalten wir

$$\begin{aligned}
\|\boldsymbol{A}\boldsymbol{x}\|_2^2 &= (\boldsymbol{A}\boldsymbol{x},\boldsymbol{A}\boldsymbol{x})_2 = (\boldsymbol{x},\boldsymbol{A}^*\boldsymbol{A}\boldsymbol{x})_2 \\
&= \left(\sum_{i=1}^n \alpha_i\boldsymbol{u}_i, \sum_{i=1}^n \lambda_i\alpha_i\boldsymbol{u}_i\right)_2 = \sum_{i=1}^n (\alpha_i\boldsymbol{u}_i, \lambda_i\alpha_i\boldsymbol{u}_i)_2 \\
&= \sum_{i=1}^n \lambda_i|\alpha_i|^2 \qquad (2.2.4) \\
&\leq \rho(\boldsymbol{A}^*\boldsymbol{A}) \sum_{i=1}^n |\alpha_i|^2 = \rho(\boldsymbol{A}^*\boldsymbol{A})\, \|\boldsymbol{x}\|_2^2.
\end{aligned}$$

Hiermit erhalten wir

$$\frac{\|\boldsymbol{A}\boldsymbol{x}\|_2^2}{\|\boldsymbol{x}\|_2^2} \leq \rho(\boldsymbol{A}^*\boldsymbol{A}).$$

Die Gleichheit ergibt sich durch Betrachtung des Eigenvektors $\boldsymbol{u}_j$ zum betragsgrößten Eigenwert λ_j. Mit (2.2.4) folgt

$$0 \leq \|\boldsymbol{A}\boldsymbol{u}_i\|_2^2 = \lambda_i,\ i = 1,\ldots,n$$

und somit erhalten wir

$$\frac{\|\boldsymbol{A}\boldsymbol{u}_j\|_2^2}{\|\boldsymbol{u}_j\|_2^2} = \frac{\lambda_j\|\boldsymbol{u}_j\|_2^2}{\|\boldsymbol{u}_j\|_2^2} = \lambda_j = \rho\left(\boldsymbol{A}^*\boldsymbol{A}\right).$$

□

Aufgrund der Eigenschaft (2.2.3) wird $\|\boldsymbol{A}\|_2$ auch als Spektralnorm der Matrix $\boldsymbol{A}$ bezeichnet. Die folgenden zwei Sätze sind von entscheidender Bedeutung für die Konvergenzaussagen iterativer Verfahren, die auf einer Aufteilung der Matrix des Gleichungssystems beruhen.

Satz 2.35 *Für jede Matrix* $\boldsymbol{A} \in C^{n\times n}$ *gilt*

(a) $\rho(\boldsymbol{A}) \leq \|\boldsymbol{A}\|$ *für jede induzierte Matrixnorm,*

(b) $\|\boldsymbol{A}\|_2 = \rho(\boldsymbol{A})$ *, falls* $\boldsymbol{A}$ *hermitesch ist.*

Beweis:
Sei $\lambda \in \mathbb{C}$ der betragsgrößte Eigenwert von $\boldsymbol{A}$ zum Eigenvektor $\boldsymbol{u} \in \mathbb{C}^n \setminus \{\boldsymbol{0}\}$ für den o.B.d.A. $\|\boldsymbol{u}\| = 1$ gilt. Dann folgt

$$\|\boldsymbol{A}\| = \sup_{\|\boldsymbol{x}\|=1} \|\boldsymbol{A}\boldsymbol{x}\| \geq \|\boldsymbol{A}\boldsymbol{u}\| = |\lambda|\|\boldsymbol{u}\| = |\lambda|,$$

womit sich direkt $\rho(\boldsymbol{A}) \leq \|\boldsymbol{A}\|$ ergibt.

Mit Korrollar 2.33 erhalten wir für hermitesche Matrizen die Eigenschaft $\rho(\boldsymbol{A}^2) = \rho(\boldsymbol{A})^2$, so dass sich für hermitesche Matrizen unter Verwendung des Satzes 2.34

$$\|\boldsymbol{A}\|_2 = \sqrt{\rho(\boldsymbol{A}^*\boldsymbol{A})} = \sqrt{\rho(\boldsymbol{A}^2)} = \sqrt{\rho(\boldsymbol{A})^2} = \rho(\boldsymbol{A})$$

ergibt. □

Satz 2.36 *Zu jeder Matrix* $\boldsymbol{A} \in \mathbb{C}^{n\times n}$ *und zu jedem* $\varepsilon > 0$ *existiert eine Norm auf* $\mathbb{C}^{n\times n}$*, so dass*

$$\|\boldsymbol{A}\| \leq \rho(\boldsymbol{A}) + \varepsilon$$

gilt.

Beweis:
Für $n = 1$ ist die Aussage ebenso trivial wie für jede Nullmatrix $\boldsymbol{A} \in \mathbb{C}^{n\times n}$. Seien daher $n \geq 2$ und $\boldsymbol{A}$ ungleich der Nullmatrix. Der Satz von Schur liefert die Existenz einer unitären Matrix $\boldsymbol{U} \in \mathbb{C}^{n\times n}$ mit

$$\boldsymbol{R} = \boldsymbol{U}^*\boldsymbol{A}\boldsymbol{U} = \begin{pmatrix} r_{11} & \cdots & r_{1n} \\ & \ddots & \vdots \\ & & r_{nn} \end{pmatrix},$$

wobei $\lambda_i = r_{ii}$, $i = 1,\ldots,n$ die Eigenwerte von $\boldsymbol{A}$ sind. Sei $\alpha := \max_{i,k=1,\ldots,n} |r_{ik}| > 0$, dann definieren wir zu gegebenem $\varepsilon > 0$

$$\delta := \min\left(1, \frac{\varepsilon}{(n-1)\alpha}\right) > 0. \tag{2.2.5}$$

Mit

$$\boldsymbol{D} = \begin{pmatrix} 1 & & & \\ & \delta & & \\ & & \ddots & \\ & & & \delta^{n-1} \end{pmatrix}$$

erhalten wir

$$\boldsymbol{C} := \boldsymbol{D}^{-1}\boldsymbol{R}\boldsymbol{D} = \begin{pmatrix} r_{11} & \delta r_{12} & \dots & \dots & \delta^{n-1} r_{1n} \\ & \ddots & \ddots & & \vdots \\ & & \ddots & \ddots & \vdots \\ & & & \ddots & \delta r_{n-1,n} \\ & & & & r_{n,n} \end{pmatrix}.$$

Unter Verwendung der Definition (2.2.5) folgt

$$\begin{aligned} \|\boldsymbol{C}\|_\infty &\leq \max_{i=1,\dots,n} |r_{ii}| + (n-1)\delta\alpha \\ &= \rho(\boldsymbol{A}) + (n-1)\delta\alpha \\ &\leq \rho(\boldsymbol{A}) + \varepsilon. \end{aligned} \tag{2.2.6}$$

Da $\boldsymbol{D}$ und $\boldsymbol{U}$ reguläre Matrizen darstellen, ist durch

$$\|\boldsymbol{x}\| := \|\boldsymbol{D}^{-1}\boldsymbol{U}^{-1}\boldsymbol{x}\|_\infty$$

eine Norm auf $\mathbb{C}^n$ gegeben. Sei $\boldsymbol{y} := \boldsymbol{D}^{-1}\boldsymbol{U}^{-1}\boldsymbol{x}$, dann folgt mit (2.2.6)

$$\begin{aligned} \|\boldsymbol{A}\| &= \sup_{\|\boldsymbol{x}\|=1} \|\boldsymbol{A}\boldsymbol{x}\| = \sup_{\|\boldsymbol{D}^{-1}\boldsymbol{U}^{-1}\boldsymbol{x}\|_\infty=1} \|\boldsymbol{D}^{-1}\boldsymbol{U}^{-1}\boldsymbol{A}\boldsymbol{x}\|_\infty \\ &= \sup_{\|\boldsymbol{y}\|_\infty=1} \|\boldsymbol{D}^{-1}\boldsymbol{U}^{-1}\boldsymbol{A}\boldsymbol{U}\boldsymbol{D}\boldsymbol{y}\|_\infty \\ &= \sup_{\|\boldsymbol{y}\|_\infty=1} \|\boldsymbol{C}\boldsymbol{y}\|_\infty \\ &= \|\boldsymbol{C}\|_\infty \leq \rho(\boldsymbol{A}) + \varepsilon. \end{aligned}$$

□

Mit den obigen beiden Sätzen ergibt sich somit stets für alle Matrizen $\boldsymbol{A}$ und alle $\varepsilon > 0$ die Existenz einer Norm derart, dass

$$\rho(\boldsymbol{A}) \leq \|\boldsymbol{A}\| \leq \rho(\boldsymbol{A}) + \varepsilon$$

gilt. Hierdurch können Konvergenzaussagen, die auf der Norm einer Matrix basieren und dabei unabhängig von der speziellen Wahl der Norm sind, direkt auf den Spektralradius der Matrix übertragen werden.

Betrachten wir nun normale Matrizen, so werden diese teilweise auch über ihre Diagonalisierbarkeit mittels einer unitären Matrix definiert [25]. Die Möglichkeit einer solchen Definition normaler Matrizen wird durch den folgenden Satz nachgewiesen, der uns im weiteren auch eine spezielle Darstellung der Konditionszahl solcher Matrizen ermöglicht.

Satz 2.37 *Eine Matrix* $\boldsymbol{A} \in \mathbb{C}^{n\times n}$ *ist genau dann normal, wenn eine unitäre Matrix* $\boldsymbol{U} \in \mathbb{C}^{n\times n}$ *existiert, so dass* $\boldsymbol{D} = \boldsymbol{U}^*\boldsymbol{A}\boldsymbol{U}$ *eine Diagonalmatrix darstellt.*

Beweis:
„$\Rightarrow$"

Mit Satz 2.31 existiert eine unitäre Matrix $\boldsymbol{U}$ derart, dass $\boldsymbol{R} = (r_{ij})_{i,j=1,\ldots,n} = \boldsymbol{U}^*\boldsymbol{A}\boldsymbol{U}$ eine rechte obere Dreiecksmatrix darstellt. Mit

$$\boldsymbol{R}^*\boldsymbol{R} = \boldsymbol{U}^*\boldsymbol{A}^*\boldsymbol{U}\boldsymbol{U}^*\boldsymbol{A}\boldsymbol{U} = \boldsymbol{U}^*\boldsymbol{A}^*\boldsymbol{A}\boldsymbol{U} = \boldsymbol{U}^*\boldsymbol{A}\boldsymbol{A}^*\boldsymbol{U} = \boldsymbol{U}^*\boldsymbol{A}\boldsymbol{U}\boldsymbol{U}^*\boldsymbol{A}^*\boldsymbol{U} = \boldsymbol{R}\boldsymbol{R}^*$$

ist $\boldsymbol{R}$ ebenfalls normal. Für die Diagonalelemente der Matrix $\boldsymbol{B} = (b_{ij})_{i,j=1,\ldots,n} = \boldsymbol{R}^*\boldsymbol{R} = \boldsymbol{R}\boldsymbol{R}^*$ gilt

$$\sum_{j=1}^{i} |r_{ji}|^2 = b_{ii} = \sum_{j=i}^{n} |r_{ij}|^2.$$

Eine sukzessive Auswertung dieser Gleichung für $i = 1,\ldots,n$ liefert $r_{ij} = 0$ für alle $i \neq j$. Somit stellt $\boldsymbol{D} = \boldsymbol{R}$ die gesuchte Diagonalmatrix dar.

„$\Leftarrow$"

Sei $\boldsymbol{U} \in \mathbb{C}^{n\times n}$ unitär mit $\boldsymbol{D} = \text{diag}\{d_{11},\ldots,d_{nn}\} = \boldsymbol{U}^*\boldsymbol{A}\boldsymbol{U}$, dann folgt

$$\boldsymbol{A}^*\boldsymbol{A} = \boldsymbol{U}\boldsymbol{D}^*\boldsymbol{D}\boldsymbol{U}^* = \boldsymbol{U}\boldsymbol{D}\boldsymbol{D}^*\boldsymbol{U}^* = \boldsymbol{A}\boldsymbol{A}^*.$$

□

2.3 Konditionszahl und singuläre Werte

Neben dem Spektralradius stellt auch die Konditionszahl einer Matrix eine interessante Größe dar, mit der Fehlereinflüsse wie auch Konvergenzgeschwindigkeiten iterativer Methoden abgeschätzt werden können. Wir werden daher in diesem Abschnitt den Begriff der Konditionszahl einführen und seine Bedeutung hinsichtlich der Lösung linearer Gleichungssysteme studieren. Es wird sich dabei zeigen, dass sich die bezüglich der Spektralnorm gebildete Konditionszahl einer normalen Matrix $\boldsymbol{A} \in \mathbb{R}^{n\times n}$ durch deren Eigenwerte darstellen lässt. Im allgemeinen Fall einer regulären Matrix muss hierzu ihre Singulärwertverteilung betrachtet werden.

Definition 2.38 Sei $\boldsymbol{A} \in \mathbb{C}^{n\times n}$ regulär, dann heißt

$$\text{cond}_a(\boldsymbol{A}) := \|\boldsymbol{A}\|_a \, \|\boldsymbol{A}^{-1}\|_a$$

die Konditionszahl der Matrix $\boldsymbol{A}$ bezüglich der induzierten Matrixnorm $\|.\|_a$.

Es ist leicht ersichtlich, dass die Konditionszahl einer regulären Matrix unabhängig von der zugrundeliegenden induzierten Matrixnorm nach unten beschränkt ist. Den mathematischen Nachweis hierzu liefert das folgende Lemma.

Lemma 2.39 *Sei* $\boldsymbol{A} \in \mathbb{C}^{n\times n}$ *regulär, dann gilt*

$$\text{cond}(\boldsymbol{A}) \geq \text{cond}(\boldsymbol{I}) = 1$$

für $\text{cond}(\boldsymbol{A}) = \|\boldsymbol{A}\|\,\|\boldsymbol{A}^{-1}\|$ *mit einer induzierten Matrixnorm* $\|.\|$.

Beweis:
Der Nachweis ergibt sich direkt aus der folgenden Ungleichung

$$\text{cond}(\boldsymbol{I}) = \|\boldsymbol{I}\|\|\boldsymbol{I}^{-1}\| = 1 = \|\boldsymbol{I}\| = \|\boldsymbol{A}\boldsymbol{A}^{-1}\| \overset{\text{Satz 2.17}}{\leq} \|\boldsymbol{A}\|\|\boldsymbol{A}^{-1}\| = \text{cond}(\boldsymbol{A}).$$

□

Die Relevanz der Konditionszahl hinsichtlich der iterativen Lösung linearer Gleichungssysteme werden wir nun anhand zweier Sätze verdeutlichen. In praktischen Anwendungen ist es üblich, die Norm des Residuenvektors $\boldsymbol{r}_m = \boldsymbol{b} - \boldsymbol{A}\boldsymbol{x}_m$ als Maß für die Güte der vorliegenden Näherungslösung innerhalb eines Iterationsverfahrens zu verwenden, da der Fehlervektor $\boldsymbol{e}_m = \boldsymbol{A}^{-1}\boldsymbol{b}-\boldsymbol{x}_m$ aufgrund der Unkenntnis über die wahre Lösung nicht zur Verfügung steht. Ein Grund hierfür liegt in der Eigenschaft, dass das Residuum analog zum Fehler genau dann identisch verschwindet, wenn die Iterierte mit der exakten Lösung übereinstimmt. Es wird sich zeigen, dass für eine kleine Konditionszahl der Matrix des linearen Gleichungssystems eine Konvergenzabschätzung auf der Basis des Residuums sinnvoll ist. Liegt jedoch eine große Konditionszahl vor, so kann trotz Verringerung des Residuums eine deutlich anwachsende Fehlernorm vorliegen.

Satz 2.40 *Gegeben sei ein Iterationsverfahren zur Lösung von* $\boldsymbol{A}\boldsymbol{x} = \boldsymbol{b}$ *mit einer regulären Matrix* $\boldsymbol{A}$. *Es bezeichne* $\boldsymbol{e}_k = \boldsymbol{A}^{-1}\boldsymbol{b} - \boldsymbol{x}_k$ *den Fehlervektor und* $\boldsymbol{r}_k = \boldsymbol{b} - \boldsymbol{A}\boldsymbol{x}_k$ *den Residuenvektor des k-ten Iterationschritts, dann gilt*

$$\frac{1}{\text{cond}(\boldsymbol{A})}\frac{\|\boldsymbol{r}_k\|}{\|\boldsymbol{r}_0\|} \leq \frac{\|\boldsymbol{e}_k\|}{\|\boldsymbol{e}_0\|} \leq \text{cond}(\boldsymbol{A})\frac{\|\boldsymbol{r}_k\|}{\|\boldsymbol{r}_0\|} \leq \text{cond}(\boldsymbol{A})^2\frac{\|\boldsymbol{e}_k\|}{\|\boldsymbol{e}_0\|}. \tag{2.3.1}$$

Beweis:
Mit

$$\|\boldsymbol{r}_k\| = \|\boldsymbol{b} - \boldsymbol{A}\,\boldsymbol{x}_k\| = \|\boldsymbol{A}\,\boldsymbol{e}_k\| \leq \|\boldsymbol{A}\|\,\|\boldsymbol{e}_k\|$$

und

$$\|\boldsymbol{e}_k\| = \|\boldsymbol{A}^{-1}\boldsymbol{b} - \boldsymbol{x}_k\| \leq \|\boldsymbol{A}^{-1}\|\,\|\boldsymbol{b} - \boldsymbol{A}\boldsymbol{x}_k\| = \|\boldsymbol{A}^{-1}\|\,\|\boldsymbol{r}_k\|$$

ergibt sich der erste Teil der Behauptung aus

$$\frac{1}{\text{cond}(\boldsymbol{A})}\frac{\|\boldsymbol{r}_k\|}{\|\boldsymbol{r}_0\|} = \frac{1}{\|\boldsymbol{A}\|\,\|\boldsymbol{A}^{-1}\|}\frac{\|\boldsymbol{r}_k\|}{\|\boldsymbol{r}_0\|} \leq \frac{1}{\|\boldsymbol{A}\|}\frac{\|\boldsymbol{r}_k\|}{\|\boldsymbol{A}^{-1}\boldsymbol{r}_0\|} = \frac{1}{\|\boldsymbol{A}\|}\frac{\|\boldsymbol{A}\boldsymbol{e}_k\|}{\|\boldsymbol{e}_0\|} \leq \frac{\|\boldsymbol{e}_k\|}{\|\boldsymbol{e}_0\|}.$$

Die weiteren Ungleichungen folgen analog. □

Dem obigen Satz können wir entnehmen, dass im Fall einer orthogonalen Matrix $\boldsymbol{A}$ stets

$$\frac{\|\boldsymbol{e}_k\|_2}{\|\boldsymbol{e}_0\|_2} = \frac{\|\boldsymbol{r}_k\|_2}{\|\boldsymbol{r}_0\|_2}$$

gilt, wodurch eine direkte Konvergenzanalyse auf der Grundlage des Residuums durchgeführt werden kann.

Messdaten aus physikalischen Experimenten weisen in natürlicher Weise Ungenauigkeiten auf. Die Auswirkung solcher oder anderer fehlerhafter Eingangsdaten auf die Lösung können ebenfalls unter Verwendung der Konditionszahl der Matrix abgeschätzt werden. Auch hierbei erweist sich eine kleine Konditionszahl als vorteilhaft, da sich hier kleine relative Fehler in den Daten $\boldsymbol{b}$ auch nur als kleine relative Fehler in den Lösungen $\boldsymbol{x}$ bemerkbar machen.

Satz 2.41 *Seien $\boldsymbol{A}$ regulär, $\boldsymbol{x}$ die Lösung des Gleichungssystems $\boldsymbol{Ax} = \boldsymbol{b}$ und $\boldsymbol{x}+\Delta\boldsymbol{x}$ die Lösung von $\boldsymbol{A}(\boldsymbol{x}+\Delta\boldsymbol{x}) = \boldsymbol{b}+\Delta\boldsymbol{b}$, dann gilt*

$$\frac{\|\Delta\boldsymbol{x}\|}{\|\boldsymbol{x}\|} \leq \operatorname{cond}(\boldsymbol{A})\frac{\|\Delta\boldsymbol{b}\|}{\|\boldsymbol{b}\|}.$$

Beweis:
Aufgrund der Linearität von $\boldsymbol{A}$ folgt

$$\Delta\boldsymbol{b} = (\boldsymbol{b}+\Delta\boldsymbol{b}) - \boldsymbol{b} = \boldsymbol{A}(\boldsymbol{x}+\Delta\boldsymbol{x}) - \boldsymbol{Ax} = \boldsymbol{A}(\Delta\boldsymbol{x}).$$

Hiermit erhalten wir

$$\|\Delta\boldsymbol{x}\| = \|\boldsymbol{A}^{-1}(\Delta\boldsymbol{b})\| \leq \|\boldsymbol{A}^{-1}\|\,\|\Delta\boldsymbol{b}\|,$$

so dass mit

$$\|\boldsymbol{b}\| = \|\boldsymbol{Ax}\| \leq \|\boldsymbol{A}\|\,\|\boldsymbol{x}\|$$

die behauptete Ungleichung mit

$$\frac{\|\Delta\boldsymbol{x}\|}{\|\boldsymbol{x}\|} \leq \frac{\|\boldsymbol{A}^{-1}\|\|\Delta\boldsymbol{b}\|}{\|\boldsymbol{A}\|^{-1}\|\boldsymbol{b}\|} = \operatorname{cond}(\boldsymbol{A})\frac{\|\Delta\boldsymbol{b}\|}{\|\boldsymbol{b}\|}$$

folgt. □

Liegt ein Gleichungssystem vor, bei dem die Matrix eine sehr große Konditionszahl besitzt, dann erweist es sich aufgrund der Sätze 2.40 und 2.41 als sinnvoll, zunächst eine Umformulierung auf ein äquivalentes System $\widetilde{\boldsymbol{A}}\boldsymbol{x} = \widetilde{\boldsymbol{b}}$ mit $\operatorname{cond}(\widetilde{\boldsymbol{A}}) \ll \operatorname{cond}(\boldsymbol{A})$ vorzunehmen und anschließend ein Iterationsverfahren auf das transformierte System anzuwenden. Eine äquivalente Umformulierung kann zum Beispiel durch Multiplikation mit einer regulären Matrix $\boldsymbol{P}$ gemäß Lemma 2.24 durchgeführt werden. Hierbei stellt sich die Frage nach der Wahl der Matrix $\boldsymbol{P}$. Die Matrix sollte aus Rechenzeitgründen einfach berechenbar sein und aus Effektivitätsgründen eine möglichst gute Approximation der Inversen der Matrix $\boldsymbol{A}$ repräsentieren, so dass $\operatorname{cond}(\boldsymbol{PA}) \ll \operatorname{cond}(\boldsymbol{A})$ gilt. Solche äquivalenten Transformationen werden als Präkonditionierungen bezeichnet und ausführlich im Kapitel 5 untersucht. Es sei an dieser Stelle bereits erwähnt, dass die Stabilisierung numerischer Verfahren zwar einen Grund zur Nutzung einer Präkonditionierung darstellt, die wesentliche Zielsetzung derartiger Techniken allerdings in der Beschleunigung iterativer Verfahren liegt.

Der folgende Abschnitt liefert eine Darstellung der durch die Spektralnorm gegebenen Konditionszahl einer regulären Matrix $\boldsymbol{A}$ mittels ihrer singulären Werte beziehungsweise ihrer Eigenwerte. Die Konditionszahlen hinsichtlich der Zeilen- respektive Spaltensummennorm kann anschließend über $\operatorname{cond}_2(\boldsymbol{A})$ abgeschätzt werden.

Satz und Definition 2.42 *Für jede reguläre Matrix $\boldsymbol{A} \in \mathbb{R}^{n\times n}$ existieren orthogonale Matrizen $\boldsymbol{U},\boldsymbol{V} \in \mathbb{R}^{n\times n}$ derart, dass*

$$\boldsymbol{U}^T\boldsymbol{A}\boldsymbol{V} = \operatorname{diag}\{\sigma_1,\dots,\sigma_n\} \tag{2.3.2}$$

mit $0 < \sigma_1 \leq \dots \leq \sigma_n$ gilt. Die aufgeführten reellen Zahlen σ_i $(i = 1,\dots,n)$ heißen singuläre Werte der Matrix $\boldsymbol{A}$ und genügen jeweils der Gleichung

$$\det\left(\boldsymbol{A}^T\boldsymbol{A} - \sigma_i^2\boldsymbol{I}\right) = 0. \tag{2.3.3}$$

Die i-te Spalte von $\boldsymbol{U}$ bzw. $\boldsymbol{V}$ heißt i-ter Links- bzw. Rechtssingulärvektor der Matrix $\boldsymbol{A}$.

Beweis:
Da $\boldsymbol{A}$ regulär ist, liegt mit $\boldsymbol{A}^T\boldsymbol{A}$ eine symmetrische, positiv definite Matrix vor. Somit existiert laut Korollar 2.33 eine orthogonale Matrix $\boldsymbol{V} \in \mathbb{R}^{n\times n}$ derart, dass

$$\boldsymbol{V}^T\boldsymbol{A}^T\boldsymbol{A}\boldsymbol{V} = \operatorname{diag}\{\lambda_1,\dots,\lambda_n\}$$

mit $0 < \lambda_1 \leq \dots \leq \lambda_n$ gilt. Definieren wir $\sigma_i = \sqrt{\lambda_i}$, so erhalten wir $0 < \sigma_1 \leq \dots \leq \sigma_n$ mit $\det\left(\boldsymbol{A}^T\boldsymbol{A} - \sigma_i^2\boldsymbol{I}\right) = 0$. Zum Nachweis der verbleibenden Aussage (2.3.2) definieren wir $\boldsymbol{U} = \boldsymbol{A}\boldsymbol{V}\boldsymbol{D}^{-1}$ mit $\boldsymbol{D} = \operatorname{diag}\{\sigma_1,\dots,\sigma_n\}$. Wegen

$$\boldsymbol{U}^T\boldsymbol{U} = \boldsymbol{D}^{-T}\boldsymbol{V}^T\boldsymbol{A}^T\boldsymbol{A}\boldsymbol{V}\boldsymbol{D}^{-1} = \boldsymbol{D}^{-1}\operatorname{diag}\{\lambda_1,\dots,\lambda_n\}\boldsymbol{D}^{-1} = \boldsymbol{I}$$

repräsentiert $\boldsymbol{U}$ eine orthogonale Matrix, und wir erhalten die behauptete Darstellung durch

$$\boldsymbol{U}^T\boldsymbol{A}\boldsymbol{V} = \boldsymbol{D}^{-T}\boldsymbol{V}^T\boldsymbol{A}^T\boldsymbol{A}\boldsymbol{V} = \boldsymbol{D}^{-T}\operatorname{diag}\{\lambda_1,\dots,\lambda_n\} = \boldsymbol{D}.$$

□

Satz 2.43 *Sei $\boldsymbol{A} \in \mathbb{R}^{n\times n}$, dann gelten mit den Bezeichnungen aus Satz 2.42 die Aussagen*

$$\sup_{\boldsymbol{x}\neq 0} \frac{\|\boldsymbol{A}\boldsymbol{x}\|_2}{\|\boldsymbol{x}\|_2} = \sigma_n$$

und

$$\inf_{\boldsymbol{x}\neq 0} \frac{\|\boldsymbol{A}\boldsymbol{x}\|_2}{\|\boldsymbol{x}\|_2} = \sigma_1.$$

Beweis:
Aus der Definition der euklidischen Norm und der Regularität von $\boldsymbol{V}$ folgt

$$\sup_{\boldsymbol{x}\neq 0} \frac{\|\boldsymbol{A}\boldsymbol{x}\|_2^2}{\|\boldsymbol{x}\|_2^2} = \sup_{\boldsymbol{V}\boldsymbol{x}\neq 0} \frac{\boldsymbol{x}^T\boldsymbol{V}^T\boldsymbol{A}^T\boldsymbol{A}\boldsymbol{V}\boldsymbol{x}}{\boldsymbol{x}^T\boldsymbol{V}^T\boldsymbol{V}\boldsymbol{x}} = \sup_{\boldsymbol{V}\boldsymbol{x}\neq 0} \frac{\boldsymbol{x}^T\boldsymbol{V}^T\boldsymbol{A}^T\boldsymbol{U}\boldsymbol{U}^T\boldsymbol{A}\boldsymbol{V}\boldsymbol{x}}{\boldsymbol{x}^T\boldsymbol{V}^T\boldsymbol{V}\boldsymbol{x}}$$

wegen $\boldsymbol{U}\boldsymbol{U}^T = \boldsymbol{I}$. Hiermit ergibt sich wegen $\boldsymbol{V}^T\boldsymbol{V} = \boldsymbol{I}$ die erste Aussage. Analog schließt man auf die Gültigkeit der zweiten Behauptung. □

Nach diesen Überlegungen können wir die Spektralnorm einer regulären Matrix $\boldsymbol{A}$ und ihrer Inversen durch die singulären Werte der Matrix gemäß

$$\|A\|_2 = \sigma_n \quad \text{und} \quad \|A^{-1}\|_2 = \frac{1}{\sigma_1}$$

ausdrücken. Da normale Matrizen laut Satz 2.37 unitär diagonalisierbar sind, erhalten wir als unmittelbare Folgerung der obigen Gleichung den folgenden Zusammenhang zwischen der Konditionszahl und den singulären Werten, respektive Eigenwerten, einer regulären Matrix in der folgenden Form:

Korollar 2.44 *Sei* $A \in \mathbb{R}^{n\times n}$ *regulär, dann gilt*

$$\text{cond}_2(A) = \frac{\sigma_n}{\sigma_1}, \tag{2.3.4}$$

wenn σ_n *der größte und* σ_1 *der kleinste singuläre Wert der Matrix ist.*
Ist A *zudem normal, so gilt*

$$\text{cond}_2(A) = \frac{|\lambda_n|}{|\lambda_1|}, \tag{2.3.5}$$

falls λ_n *den betragsgrößten und* λ_1 *den betragskleinsten Eigenwert der Matrix bezeichnet.*

Obwohl eine zum Korollar 2.44 äquivalente Aussage bezogen auf eine andere Matrixnorm im Allgemeinen nicht existiert, können Fehlerabschätzungen und Konvergenzaussagen auf die entsprechenden Konditionszahlen übertragen werden. Analog zu den Vektor- und Matrixnormen legen wir hierzu den Begriff der äquivalenten Konditionszahl fest.

Definition 2.45 Seien $\|.\|_a$ und $\|.\|_b$ zwei Vektornormen auf $\mathbb{R}^n$. Dann heißen die Konditionszahlen cond_a und cond_b äquivalent, wenn es reelle Zahlen $\alpha,\beta > 0$ gibt, so dass

$$\alpha\,\text{cond}_b(A) \leq \text{cond}_a(A) \leq \beta\, cond_b(A) \tag{2.3.6}$$

für alle regulären $A \in \mathbb{R}^{n\times n}$ gilt.

Als direkte Folgerung aus den Matrix- respektive Vektornormäquivalenzen erhalten wir für jede reguläre Matrix $A \in \mathbb{R}^{n\times n}$ die Ungleichungen

$$\frac{1}{n}\text{cond}_2(A) \leq \text{cond}_1(A) \leq n\,\text{cond}_2(A), \tag{2.3.7}$$

$$\frac{1}{n}\text{cond}_\infty(A) \leq \text{cond}_2(A) \leq n\,\text{cond}_\infty(A) \tag{2.3.8}$$

und

$$\frac{1}{n^2}\text{cond}_1(A) \leq \text{cond}_\infty(A) \leq n^2\,\text{cond}_1(A). \tag{2.3.9}$$

2.4 Der Banachsche Fixpunktsatz

Viele Iterationsverfahren zur Lösung eines linearen Gleichungssystems $Ax = b$ lassen sich in der Form

$$\boldsymbol{x}_{n+1} = F(\boldsymbol{x}_n) \text{ für } n = 0,1,2,\ldots \tag{2.4.1}$$

schreiben, wobei F eine Abbildung der betrachteten Grundmenge in sich darstellt. Die durch die Vorgehensweise (2.4.1) gesuchte Lösung muss hierbei einen Fixpunkt der Abbildung F darstellen. Die Iterationsvorschrift (2.4.1) wird daher auch als Fixpunktiteration bezeichnet. Für diese Verfahrensklasse liefert der Banachsche Fixpunktsatz Aussagen zur Existenz und Eindeutigkeit eines Fixpunktes sowie eine *a priori* und eine *a posteriori* Fehlerabschätzung. Zunächst führen wir die hierzu notwendigen Begriffe des Fixpunktes und der Kontraktionszahl ein.

Definition 2.46 Ein Element $\boldsymbol{x}$ einer Menge $D \subset X$ heißt Fixpunkt eines Operators $F : D \subset X \to X$, falls

$$F(\boldsymbol{x}) = \boldsymbol{x}$$

gilt.

Definition 2.47 Sei X ein normierter Raum. Ein Operator

$$F : D \subset X \to X$$

heißt kontrahierend, wenn eine Zahl $0 \leq q < 1$ mit

$$\|F(\boldsymbol{x}) - F(\boldsymbol{y})\| \leq q \, \|\boldsymbol{x} - \boldsymbol{y}\| \;\; \forall \boldsymbol{x},\boldsymbol{y} \in D$$

existiert. Die Zahl q heißt Kontraktionszahl des Operators F.

Satz 2.48 *Kontrahierende Operatoren sind stetig und besitzen höchstens einen Fixpunkt.*

Beweis:
Wir betrachten zunächst die Stetigkeit des Operators. Seien X ein normierter Raum, $F : D \subset X \to X$ ein kontrahierender Operator und $\{\boldsymbol{x}_n\}_{n\in\mathbb{N}}$ eine Folge aus D mit $\boldsymbol{x}_n \to \boldsymbol{x} \in D$ für $n \to \infty$, dann folgt mit

$$0 \leq \|F(\boldsymbol{x}_n) - F(\boldsymbol{x})\| \leq q \, \|\boldsymbol{x}_n - \boldsymbol{x}\| \to 0 \text{ für } n \to \infty$$

die Stetigkeit des Operators F.

Seien $\boldsymbol{x},\boldsymbol{y} \in D$ Fixpunkte von F, dann erhalten wir

$$\|\boldsymbol{x} - \boldsymbol{y}\| = \|F(\boldsymbol{x}) - F(\boldsymbol{y})\| \leq q\|\boldsymbol{x} - \boldsymbol{y}\|,$$

so dass mit

$$\underbrace{(1-q)}_{>0} \underbrace{\|\boldsymbol{x} - \boldsymbol{y}\|}_{\geq 0} \leq 0$$

die Gleichung $\|\boldsymbol{x} - \boldsymbol{y}\| = 0$ und somit $\boldsymbol{x} = \boldsymbol{y}$ folgt. □

Satz 2.49 (Banachscher Fixpunktsatz)
Sei D eine vollständige Teilmenge eines normierten Raumes X und

$$F : D \to D$$

ein kontrahierender Operator, dann existiert genau ein Fixpunkt $\boldsymbol{x} \in D$ *von* F, *und die durch*

$$\boldsymbol{x}_{n+1} = F(\boldsymbol{x}_n) \text{ für } n = 0,1,2\ldots$$

gegebene Folge konvergiert für jeden Startwert $\boldsymbol{x}_0 \in D$ *gegen* $\boldsymbol{x}$. *Es gelten zudem die a priori Fehlerabschätzung*

$$\|\boldsymbol{x}_n - \boldsymbol{x}\| \le \frac{q^n}{1-q}\|\boldsymbol{x}_1 - \boldsymbol{x}_0\|$$

und die a posteriori Fehlerabschätzung

$$\|\boldsymbol{x}_n - \boldsymbol{x}\| \le \frac{q}{1-q}\|\boldsymbol{x}_n - \boldsymbol{x}_{n-1}\|,$$

wobei q *die Kontraktionszahl des Operators repräsentiert.*

Beweis:
Mit $\boldsymbol{x}_0 \in D$ ist $\boldsymbol{x}_{n+1} = F(\boldsymbol{x}_n)$, $n = 0,1,\ldots$ wegen $F : D \to D$ wohldefiniert. Es gilt

$$\|\boldsymbol{x}_{n+1} - \boldsymbol{x}_n\| \le q\,\|\boldsymbol{x}_n - \boldsymbol{x}_{n-1}\| \le \ldots \le q^n\,\|\boldsymbol{x}_1 - \boldsymbol{x}_0\|. \tag{2.4.2}$$

Sei $m > n$, dann folgt

$$\begin{aligned}
\|\boldsymbol{x}_n - \boldsymbol{x}_m\| &\le \|\boldsymbol{x}_n - \boldsymbol{x}_{n+1}\| + \|\boldsymbol{x}_{n+1} - \boldsymbol{x}_{n+2}\| + \ldots + \|\boldsymbol{x}_{m-1} - \boldsymbol{x}_m\| \\
&\overset{(2.4.2)}{\le} (q^n + \ldots + q^{m-1})\|\boldsymbol{x}_1 - \boldsymbol{x}_0\| \\
&\le q^n \sum_{i=0}^{\infty} q^i\,\|\boldsymbol{x}_1 - \boldsymbol{x}_0\| \\
&= \frac{q^n}{1-q}\|\boldsymbol{x}_1 - \boldsymbol{x}_0\|.
\end{aligned} \tag{2.4.3}$$

Wegen $|q| < 1$ erhalten wir

$$\|\boldsymbol{x}_n - \boldsymbol{x}_m\| \to 0 \text{ für } n \to \infty,$$

so dass mit $\{\boldsymbol{x}_n\}_{n\in\mathbb{N}}$ eine Cauchy-Folge vorliegt. Aufgrund der Vollständigkeit der Teilmenge D existiert ein $\boldsymbol{x} \in D$ mit $\boldsymbol{x}_n \to \boldsymbol{x}$, für $n \to \infty$. Mit

$$\boldsymbol{x} = \lim_{n\to\infty} \boldsymbol{x}_n = \lim_{n\to\infty} F(\boldsymbol{x}_{n-1}) \overset{\text{Satz 2.48}}{=} F\left(\lim_{n\to\infty} \boldsymbol{x}_{n-1}\right) = F(\boldsymbol{x})$$

ist $\boldsymbol{x}$ ein Fixpunkt von F, der nach Satz 2.48 eindeutig bestimmt ist.

Aus der Gleichung (2.4.3) erhalten wir die *a priori* Fehlerabschätzung

$$\|\boldsymbol{x}_n - \boldsymbol{x}\| = \lim_{m\to\infty} \|\boldsymbol{x}_n - \boldsymbol{x}_m\| \overset{(2.4.3)}{\le} \frac{q^n}{1-q}\|\boldsymbol{x}_1 - \boldsymbol{x}_0\|.$$

Aus

$$\begin{aligned}\|\boldsymbol{x}_n - \boldsymbol{x}\| &= \|F(\boldsymbol{x}_{n-1}) - F(\boldsymbol{x}_n) + F(\boldsymbol{x}_n) - F(\boldsymbol{x})\| \\ &\leq \|F(\boldsymbol{x}_{n-1}) - F(\boldsymbol{x}_n)\| + \|F(\boldsymbol{x}_n) - F(\boldsymbol{x})\| \\ &\leq q\|\boldsymbol{x}_{n-1} - \boldsymbol{x}_n\| + q\|\boldsymbol{x}_n - \boldsymbol{x}\|\end{aligned}$$

ergibt sich durch einfache Umformulierung die behauptete *a posteriori* Fehlerabschätzung

$$\|\boldsymbol{x}_n - \boldsymbol{x}\| \leq \frac{q}{1-q}\|\boldsymbol{x}_{n-1} - \boldsymbol{x}_n\|.$$

□

Beispiel 2.50 Gesucht sei ein $x \in \mathbb{R}$ mit $x = 1 - \sin x$. Wir betrachten mit $D = [\varepsilon,1]$, $0 < \varepsilon \leq 1 - \sin 1 < 1$, eine bezüglich der Norm $\|x\| = |x|$ vollständige Teilmenge des $\mathbb{R}$ und haben mit $f(x) = 1 - \sin x$ eine beliebig oft stetig differenzierbare Funktion vorliegen, die zudem $f : D \to D$ und $|f(x) - f(y)| \leq q|x - y|$ mit der Kontraktionszahl $q = \max_{x\in D} |f'(x)| = |\cos\varepsilon| < 1$ erfüllt. Somit besitzt $f(x)$ genau einen Fixpunkt $x \in D$ und die Iteration

$$x_{n+1} = f(x_n)$$

konvergiert für alle $x_0 \in D$ gegen x. Die folgende Skizze verdeutlicht geometrisch den Verlauf der Iteration für $x_0 = 0.25$.

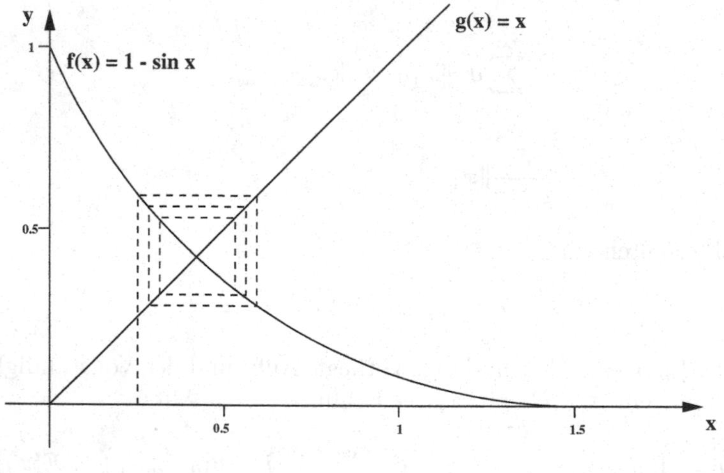

Bild 2.1 Iterationsverlauf für $f(x) = 1 - \sin x$ mit $x_0 = 0.25$

2.5 Übungsaufgaben

Aufgabe 1:
Gegeben sei ein lineares Gleichungssystem $\boldsymbol{Ax} = \boldsymbol{b}$ (1). Zeigen Sie, dass die Operationen

(a) Multiplikation einer Gleichung in (1) mit einer komplexen Zahl $(\neq 0)$,

(b) Vertauschen zweier Gleichungen in (1)

(c) Addition der j-ten Gleichung aus (1) zur i-ten Gleichung in (1),

stets ein zu (1) äquivalentes Gleichungssystem liefern.
Hinweis: Drücken Sie alle obigen Operationen durch eine Matrixmultiplikation aus und nutzen Sie Lemma 2.24.

Aufgabe 2:
Sei $\boldsymbol{A} = (a_{ij})_{i,j=1,\ldots,n} \in \mathbb{R}^{n\times n}$ eine symmetrische und positiv definite Matrix. Zeigen Sie:

(a) $a_{ii} > 0, \quad i = 1,\ldots,n$,

(b) $\max\limits_{i,j=1,\ldots,n} |a_{ij}| = \max\limits_{i=1,\ldots,n} |a_{ii}|$.

Aufgabe 3:
Beweisen Sie die Aussage: Ist $\boldsymbol{A} \in \mathbb{R}^{n\times n}$ eine symmetrische, streng diagonal dominante Matrix mit positiven Diagonalelementen, dann ist $\boldsymbol{A}$ positiv definit.

Aufgabe 4:
Es sei $\boldsymbol{A} \in \mathbb{C}^{n\times n}$. Zeigen Sie:

$$\boldsymbol{A}^j \to \boldsymbol{0}, \quad j \to \infty \qquad \Longleftrightarrow \qquad \rho(\boldsymbol{A}) < 1.$$

Aufgabe 5:
Sei

$$\boldsymbol{A} = \begin{pmatrix} 0.78 & 0.563 \\ 0.913 & 0.659 \end{pmatrix}.$$

Berechnen Sie $\operatorname{cond}_\infty(\boldsymbol{A}) = \|\boldsymbol{A}\|_\infty \|\boldsymbol{A}^{-1}\|_\infty$.

Aufgabe 6:
Sei $\boldsymbol{A} \in \mathbb{C}^{n\times n}$ regulär und $\boldsymbol{U} \in \mathbb{C}^{n\times n}$ unitär. Zeigen Sie:

$$\operatorname{cond}_2(\boldsymbol{AU}) = \operatorname{cond}_2(\boldsymbol{A}) = \operatorname{cond}_2(\boldsymbol{UA}).$$

Aufgabe 7:

(a) Es sei

$$\boldsymbol{A} = \begin{pmatrix} \frac{1}{2} & 100 \\ 0 & \frac{1}{4} \end{pmatrix}$$

gegeben. Bestimmen Sie $\rho(\boldsymbol{A})$, $\|\boldsymbol{A}\|_\infty$, $\|\boldsymbol{A}\|_1$, $\|\boldsymbol{A}\|_F$.

(b) Skizzieren Sie die Einheitskugeln im $\mathbb{R}^2$ für die Vektornormen $\|.\|_\infty$, $\|.\|_1$, $\|.\|_2$ und bestimmen Sie die besten Äquivalenzkonstanten für diese drei Normen im $\mathbb{R}^n$.

Aufgabe 8:
Es sei X ein Banachraum und $\boldsymbol{A} : X \to X$ ein Operator, dessen Potenz $\boldsymbol{A}^m$ für ein $m \in \mathbb{N}$ ein kontrahierender Operator ist. Beweisen Sie, dass genau ein Fixpunkt $\boldsymbol{x}$ von $\boldsymbol{A}$ existiert und dass die durch die Iterationsvorschrift

$$\begin{aligned} \boldsymbol{x}_n &= \boldsymbol{A}\boldsymbol{x}_{n-1}, \quad n = 1,2,\ldots \\ \boldsymbol{x}_0 &\in X \quad \text{beliebig} \end{aligned}$$

erzeugte Folge $\{\boldsymbol{x}_n\}_{n\in\mathbb{N}}$ gegen $\boldsymbol{x}$ konvergiert.

Aufgabe 9:
Sei $\|.\|$ eine beliebige induzierte Matrixnorm auf $\mathbb{C}^{n\times n}$. Zeigen Sie: Es gilt

$$\rho(\boldsymbol{A}) = \lim_{k\to\infty} \|\boldsymbol{A}^k\|^{1/k}$$

für alle $\boldsymbol{A} \in \mathbb{C}^{n\times n}$.

Aufgabe 10:
Zeigen Sie, dass der Spektralradius keine Norm auf dem $\mathbb{R}^{n\times n}$ definiert. Wie sieht es mit dem Raum $\mathbb{R}^{n\times n}_{\text{Symm}}$ der symmetrischen, reellen $n \times n$-Matrizen aus?

Aufgabe 11:
Gegeben sei die Funktion f mit

$$f(x) = 0.5 + \sin x - 2x.$$

(a) Man zeige, dass f genau eine Nullstellen besitzt.

(b) Man berechne die Nullstelle von f mit Hilfe des Fixpunktverfahrens, wobei die Voraussetzungen des Banachschen Fixpunktsatzes jeweils zu überprüfen sind.

(c) Für die berechnete Näherung x_5 führe man eine a priori und eine a posteriori Fehlerabschätzung durch.

Hinweis: Eine einfache Funktionsabtastung zeigt, dass sich die Nullstelle im Intervall $[0.4, 0.5]$ befindet.

Aufgabe 12:
Gegeben sei die Funktion f mit

$$f(x) = \frac{x}{4} - 2 - 3\ln x.$$

(a) Man zeige, dass f genau zwei Nullstellen besitzt.

(b) Man berechne die beiden Nullstellen von f mit Hilfe des Fixpunktverfahrens, wobei die Voraussetzungen des Banachschen Fixpunktsatzes jeweils zu überprüfen sind.

(c) Für die berechnete Näherung x_5 führe man jeweils eine a priori und eine a posteriori Fehlerabschätzung durch.

Hinweis: Eine einfache Funktionsabtastung zeigt, dass sich die Nullstellen im Intervall $[0.5, 0.6]$ sowie im Intervall $[56, 57]$ befinden.

Aufgabe 13:
Susanne und Frank machen ein Physik-Experiment. Sie versuchen die Parameter x_1 und x_2 zu bestimmen und kennen die funktionale Beziehung

$$\begin{pmatrix} 6 & 3 \\ 1 & 2 \end{pmatrix} \boldsymbol{x} = \begin{pmatrix} a \\ 1 \end{pmatrix}.$$

Die beiden führen einen Versuch durch und messen $a = 1$. Als erfahrene Experimentatoren wissen Sie, dass in Experimenten immer Fehler auftauchen, haben jedoch keine Zeit, den Versuch zu wiederholen.

Schätzen Sie für Susanne und Frank in Abhängigkeit vom unbekannten Messfehler ϵ den relativen Fehler $\|\Delta \boldsymbol{x}\|/\|\boldsymbol{x}\|$ in der ∞-Norm nach oben ab.

Aufgabe 14:
Berechnen Sie die Kondition der 3×3 Hilbert-Matrix

$$\boldsymbol{A} = \begin{pmatrix} 1 & 1/2 & 1/3 \\ 1/2 & 1/3 & 1/4 \\ 1/3 & 1/4 & 1/5 \end{pmatrix}$$

in der ∞- und der 1-Norm. Wenn Sie wollen, überprüfen Sie ihr Ergebnis mit MATLAB. Nutzen Sie hierzu die Befehle cond($\boldsymbol{A}$,1) bzw. cond($\boldsymbol{A}$,inf) für die Konditionszahlen. Eine $n \times n$ Hilbert-Matrix wird mittels hilb(n) erzeugt.

Aufgabe 15:
Gesucht sind die Lösungen des nichtlinearen Gleichungssystems

$$\begin{aligned} x^2 + y^2 &= 4, \\ \tfrac{1}{16}x^2 + y^2 &= 1. \end{aligned}$$

(a) Fertigen Sie eine Skizze an, die die Lage der Lösungen verdeutlicht. Bestimmen Sie für den 1. Quadranten einen *guten* ganzzahligen Startwert (x_0,y_0).

(b) Gesucht ist die Lösung im ersten Quadranten. Geben Sie eine geeignete Fixpunktgleichung an und weisen Sie hierfür die Voraussetzungen des Fixpunktsatzes von Banach nach.

3 Direkte Verfahren

Unter einem direkten Verfahren zur Lösung eines linearen Gleichungssystems versteht man eine Rechenvorschrift, die unter Vernachlässigung von Rundungsfehlern die exakte Lösung in endlich vielen Schritten ermittelt. Direkte Verfahren werden heutzutage nur selten zur unmittelbaren Lösung großer linearer Gleichungssysteme verwendet. Sie werden jedoch häufig in einer unvollständigen Form als Vorkonditionierer innerhalb iterativer Methoden genutzt und zur Lösung von Subproblemen eingesetzt.

3.1 Gauß-Elimination

Die Grundidee des Gaußschen Eliminationsverfahrens liegt in einer sukzessiven Transformation des Systems $\boldsymbol{A}\boldsymbol{x} = \boldsymbol{b}$ in ein äquivalentes System der Form

$$\boldsymbol{L}\boldsymbol{R}\boldsymbol{x} = \boldsymbol{b}$$

mit einer rechten oberen Dreiecksmatrix $\boldsymbol{R}$ und einer linken unteren Dreiecksmatrix $\boldsymbol{L}$, das durch einfaches Vorwärts- und anschließendes Rückwärtseinsetzen gelöst werden kann. Hierbei wird in der üblichen Formulierung des Verfahrens die Multiplikation $\tilde{\boldsymbol{b}} = \boldsymbol{L}^{-1}\boldsymbol{b}$ simultan mit der Berechnung der Matrix $\boldsymbol{R}$ durchgeführt. Wir bezeichnen im Folgenden mit

$$\boldsymbol{P}_{kj} = \begin{pmatrix} 1 &&&&&&&&& \\ & \ddots &&&&&&&& \\ && 1 &&&&&&& \\ &&& 0 & \dots & \dots & \dots & 1 && \\ &&& \vdots & 1 &&& \vdots && \\ &&& \vdots && \ddots && \vdots && \\ &&& \vdots &&& 1 & \vdots && \\ &&& 1 & \dots & \dots & \dots & 0 && \\ &&&&&&&& 1 & \\ &&&&&&&&& \ddots & \\ &&&&&&&&&& 1 \end{pmatrix} \begin{matrix} \\ \\ \\ \leftarrow k\text{-te Zeile} \\ \\ \\ \\ \leftarrow j\text{-te Zeile} \\ \\ \\ \\ \end{matrix} \tag{3.1.1}$$

stets eine Permutationsmatrix, die aus der Einheitsmatrix $\boldsymbol{I}$ durch Vertauschung der j-ten mit der k-ten Zeile $(j \geq k)$ hervorgegangen ist. Für $k = j$ gilt hierbei $\boldsymbol{P}_{kj} = \boldsymbol{I}$. Wir werden im Weiteren die Matrix $\boldsymbol{L}$ durch eine multiplikative Verknüpfung von Matrizen der Form

$$L_k = \begin{pmatrix} 1 & & & & & \\ & \ddots & & & & \\ & & 1 & & & \\ & & -\ell_{k+1,k} & \ddots & & \\ & & \vdots & & \ddots & \\ & & -\ell_{n,k} & & & 1 \end{pmatrix} \tag{3.1.2}$$

darstellen. Derartige Matrizen, die sich höchstens in einer Spalte von der Einheitsmatrix unterscheiden, werden als Frobeniusmatrizen bezeichnet.

Definition 3.1 Die Zerlegung einer Matrix $\boldsymbol{A} \in \mathbb{R}^{n \times n}$ in ein Produkt

$$\boldsymbol{A} = \boldsymbol{LR}$$

aus einer linken unteren Dreiecksmatrix $\boldsymbol{L} \in \mathbb{R}^{n \times n}$ und einer rechten oberen Dreiecksmatrix $\boldsymbol{R} \in \mathbb{R}^{n \times n}$ heißt

LR-Zerlegung.

In der Literatur wird die LR-Zerlegung auch oft als LU-Zerlegung (lower, upper) bezeichnet. Speziell bei unvollständigen Zerlegungen, wie sie im Kapitel 5 beschrieben werden, ist der Begriff der unvollständigen LU-Zerlegung anstelle der unvollständigen LR-Zerlegung gängig.

Mit Hilfe der Matrizen (3.1.1) und (3.1.2) lässt sich der zentrale Teil des Gaußschen Eliminationsverfahrens wie folgt formulieren:

Algorithmus Gauß-Elimination I —

$\boldsymbol{A}^{(1)} := \boldsymbol{A}$
Für $k = 1, \ldots, n-1$
Wähle aus der k-ten Spalte von $\boldsymbol{A}^{(k)}$ ein beliebiges Element $a_{jk}^{(k)} \neq 0$ mit $j \geq k$.
Definiere $\boldsymbol{P}_{kj}$ mit obigem j und k gemäß (3.1.1).
$\widetilde{\boldsymbol{A}}^{(k)} := \boldsymbol{P}_{kj}\boldsymbol{A}^{(k)}$
Definiere $\boldsymbol{L}_k$ gemäß (3.1.2) mit $l_{ik} = \widetilde{a}_{ik}^{(k)} / \widetilde{a}_{kk}^{(k)}$, $i = k+1, \ldots, n$.
$\boldsymbol{A}^{(k+1)} := \boldsymbol{L}_k \widetilde{\boldsymbol{A}}^{(k)}$

Mit $A^{(n)}$ liegt hierdurch die rechte obere Dreiecksmatrix R vor, die wie bereits beschrieben zur einfachen Lösung des linearen Gleichungssystems verwendet wird. Allgemein enthält $A^{(i)}$ durch die spezielle Konstruktion der Matrizen L_k, $k = 1,\ldots,i-1$ bis einschließlich zur ($i-1$)-ten Spalte unterhalb der Diagonalen ausschließlich Nullelemente.

Wir wenden uns jetzt der Frage nach der Existenz und Eindeutigkeit von LR-Zerlegungen zu. Einfache Beispiele wie die Matrix

$$A = \begin{pmatrix} 0 & 1 \\ 1 & 1 \end{pmatrix}$$

zeigen, dass nicht jede reguläre Matrix notwendigerweise eine LR-Zerlegung besitzt. Analog ist auch der Nachweis der Eindeutigkeit der LR-Zerlegungen nur unter einer zusätzlichen Bedingung an eine der beiden Dreiecksmatrizen möglich. Bevor wir uns mit den eigentlichen Existenz- und Eindeutigkeitsaussagen beschäftigen, ist es sinnvoll, zunächst die Begriffe der Hauptabschnittsmatrix und -determinante einzuführen und einige hilfreiche Lemmata zu beweisen.

Definition 3.2 Sei $A \in \mathbb{R}^{n\times n}$ gegeben, dann heißt

$$A[k] := \begin{pmatrix} a_{11} & \ldots & a_{1k} \\ \vdots & \ddots & \vdots \\ a_{k1} & \ldots & a_{kk} \end{pmatrix} \in \mathbb{R}^{k\times k} \text{ für } k \in \{1,\ldots,n\}$$

die führende $k \times k$-Hauptabschnittsmatrix von A und $\det A[k]$ die führende $k \times k$-Hauptabschnittsdeterminante von A.

Lemma 3.3 *Seien* $\boldsymbol{\ell}_i = (0,\ldots,0,\ell_{i+1,i},\ldots,\ell_{n,i})^T \in \mathbb{R}^n$ *und* $e_i \in \mathbb{R}^n$ *der* i *-te Einheitsvektor, dann gilt für* $L_i = I - \boldsymbol{\ell}_i e_i^T \in \mathbb{R}^{n\times n}$

(a) $L_i^{-1} = I + \boldsymbol{\ell}_i e_i^T$,

(b) $L_1^{-1} L_2^{-1} \ldots L_k^{-1} = I + \sum\limits_{i=1}^{k} \boldsymbol{\ell}_i e_i^T$ für $k = 1,\ldots,n-1$.

Beweis:
Zu (a):
Da L_i eine untere Dreiecksmatrix mit Einheitsdiagonale darstellt, existiert genau eine Matrix L_i^{-1} mit $L_i^{-1} L_i = L_i L_i^{-1} = I$. Hieraus folgt die Behauptung (a) durch

$$(I - \boldsymbol{\ell}_i e_i^T)(I + \boldsymbol{\ell}_i e_i^T) = I - \boldsymbol{\ell}_i e_i^T + \boldsymbol{\ell}_i e_i^T - \underbrace{\boldsymbol{\ell}_i \underbrace{e_i^T \boldsymbol{\ell}_i}_{=0} e_i^T}_{=0} = I.$$

Zu (b):
Wir führen den Beweis durch Induktion über k . Für $k = 1$ liefert (a) die Behauptung. Gelte die Aussage für $j = 1,\ldots,k < n-1$, dann folgt

$$\begin{aligned}
\boldsymbol{L}_1^{-1}\ldots\boldsymbol{L}_k^{-1}\boldsymbol{L}_{k+1}^{-1} &= \Big(\boldsymbol{I}+\sum_{i=1}^{k}\boldsymbol{\ell}_i\boldsymbol{e}_i^T\Big)\Big(\boldsymbol{I}+\boldsymbol{\ell}_{k+1}\boldsymbol{e}_{k+1}^T\Big)\\
&= \boldsymbol{I}+\boldsymbol{\ell}_{k+1}\boldsymbol{e}_{k+1}^T+\sum_{i=1}^{k}\boldsymbol{\ell}_i\boldsymbol{e}_i^T+\sum_{i=1}^{k}\boldsymbol{\ell}_i\underbrace{\boldsymbol{e}_i^T\boldsymbol{\ell}_{k+1}}_{=0}\boldsymbol{e}_{k+1}^T\\
&= \boldsymbol{I}+\sum_{i=1}^{k+1}\boldsymbol{\ell}_i\boldsymbol{e}_i^T.
\end{aligned}$$

□

Lemma 3.4 *Sei $\boldsymbol{L}\in\mathbb{R}^{n\times n}$ eine reguläre linke untere Dreiecksmatrix, dann stellt auch $\boldsymbol{L}^{-1}\in\mathbb{R}^{n\times n}$ eine linke untere Dreiecksmatrix dar. Für reguläre rechte obere Dreiecksmatrizen $\boldsymbol{R}\in\mathbb{R}^{n\times n}$ gilt die analoge Aussage.*

Beweis:
Definieren wir $\boldsymbol{D}=\text{diag}\{\ell_{11},\ldots,\ell_{nn}\}$ mittels der Diagonaleinträge der Matrix $\boldsymbol{L}$, dann gilt $\det\boldsymbol{D}\neq 0$ und

$$\widetilde{\boldsymbol{L}}:=\boldsymbol{D}^{-1}\boldsymbol{L}$$

stellt laut Lemma 2.26 ebenfalls eine untere Dreiecksmatrix dar, die zudem eine Einheitsdiagonale besitzt. Somit hat $\widetilde{\boldsymbol{L}}$ die Form $\widetilde{\boldsymbol{L}}=\boldsymbol{I}+\sum_{i=1}^{n-1}\widetilde{\boldsymbol{\ell}}_i\boldsymbol{e}_i^T$ mit

$$\widetilde{\boldsymbol{\ell}}_i=(0,\ldots,0,\widetilde{\ell}_{i+1,i},\ldots,\widetilde{\ell}_{n,i})^T$$

und kann unter Verwendung der Matrizen $\widetilde{\boldsymbol{L}}_i=\boldsymbol{I}+\widetilde{\boldsymbol{\ell}}_i\boldsymbol{e}_i^T$ ($i=1,\ldots,n-1$) als ein Produkt

$$\widetilde{\boldsymbol{L}}=\widetilde{\boldsymbol{L}}_1\cdot\ldots\cdot\widetilde{\boldsymbol{L}}_{n-1}$$

dargestellt werden. Für die Inverse ergibt sich $\widetilde{\boldsymbol{L}}^{-1}=\widetilde{\boldsymbol{L}}_{n-1}^{-1}\cdot\ldots\cdot\widetilde{\boldsymbol{L}}_1^{-1}$ mit $\widetilde{\boldsymbol{L}}_i^{-1}=\boldsymbol{I}-\widetilde{\boldsymbol{\ell}}_i\boldsymbol{e}_i^T$ ($i=1,\ldots,n-1$) laut Lemma 3.3. Die Matrix $\boldsymbol{L}^{-1}$ lässt sich folglich als Produkt unterer Dreiecksmatrizen in der Form $\boldsymbol{L}^{-1}=\widetilde{\boldsymbol{L}}_{n-1}^{-1}\cdot\ldots\cdot\widetilde{\boldsymbol{L}}_1^{-1}\boldsymbol{D}^{-1}$ schreiben und stellt somit nach Lemma 2.26 ebenfalls eine linke untere Dreiecksmatrix dar.

Mit $\boldsymbol{R}^T(\boldsymbol{R}^{-1})^T=(\boldsymbol{R}^{-1}\boldsymbol{R})^T=\boldsymbol{I}=\boldsymbol{R}^T(\boldsymbol{R}^T)^{-1}$ folgt $(\boldsymbol{R}^T)^{-1}=(\boldsymbol{R}^{-1})^T$. Unter Verwendung des obigen Beweisteils stellt mit $\boldsymbol{L}=\boldsymbol{R}^T$ auch $\boldsymbol{L}^{-1}=(\boldsymbol{R}^T)^{-1}$ eine linke untere Dreiecksmatrix dar, wodurch $\boldsymbol{R}^{-1}=\Big((\boldsymbol{R}^T)^{-1}\Big)^T$ eine rechte obere Dreiecksmatrix repräsentiert. □

Lemma 3.5 *Sei $\boldsymbol{A}=(a_{ij})_{i,j=1,\ldots,n}\in\mathbb{R}^{n\times n}$ und sei $\boldsymbol{L}=(\ell_{ij})_{i,j=1,\ldots,n}\in\mathbb{R}^{n\times n}$ eine untere Dreiecksmatrix, dann gilt*

$$(\boldsymbol{L}\boldsymbol{A})[k]=\boldsymbol{L}[k]\boldsymbol{A}[k]\ \text{für}\ k=1,\ldots,n.$$

Beweis:
Sei $k\in\{1,\ldots,n\}$. Für $i,j\in\{1,\ldots,k\}$ folgt mit $\ell_{im}=0$ für $m>k\geq i$

$$((\boldsymbol{L}\boldsymbol{A})[k])_{ij}=\sum_{m=1}^{n}\ell_{im}a_{mj}=\sum_{m=1}^{k}\ell_{im}a_{mj}+\sum_{m=k+1}^{n}\ell_{im}a_{mj}=\sum_{m=1}^{k}\ell_{im}a_{mj}=(\boldsymbol{L}[k]\boldsymbol{A}[k])_{ij}\,.$$

□

Satz 3.6 (Existenz einer LR-Zerlegung I)
Sei $\boldsymbol{A} \in \mathbb{R}^{n\times n}$ *eine reguläre Matrix, dann existiert eine Permutationsmatrix* $\boldsymbol{P} \in \mathbb{R}^{n\times n}$ *derart, dass* $\boldsymbol{PA}$ *eine LR-Zerlegung besitzt.*

Beweis:
Für alle im Algorithmus I berechneten Matrizen $\boldsymbol{A}^{(k)}$ gilt

$$a_{i\ell}^{(k)} = 0 \quad \text{für} \quad \ell = 1,\ldots,k-1, \quad i > \ell. \tag{3.1.3}$$

Da $\det \boldsymbol{L}_\ell \neq 0 \neq \det \boldsymbol{P}_{\ell,j_\ell}$ für alle $\ell = 1,\ldots,k-1$, $j_\ell \geq \ell$ gilt, folgt

$$\det \boldsymbol{A}^{(k)} = \det\left(\boldsymbol{L}_{k-1}\boldsymbol{P}_{k-1,j_{k-1}} \cdots \boldsymbol{L}_1\boldsymbol{P}_{1,j_1}\boldsymbol{A}\right) \neq 0.$$

Somit existiert ein $i \in \{k,\ldots,n\}$ mit $a_{ik}^{(k)} \neq 0$ und der Algorithmus I bricht nicht vor der Berechnung von $\boldsymbol{A}^{(n)}$ ab. Zudem stellt

$$\boldsymbol{R} := \boldsymbol{A}^{(n)} = \boldsymbol{L}_{n-1}\boldsymbol{P}_{n-1,j_{n-1}} \cdots \boldsymbol{L}_1\boldsymbol{P}_{1,j_1}\boldsymbol{A} \tag{3.1.4}$$

mit (3.1.3) eine obere Dreiecksmatrix dar. Alle $\boldsymbol{L}_i$ lassen sich hierbei in der Form

$$\boldsymbol{L}_i = \boldsymbol{I} - \boldsymbol{\ell}_i\boldsymbol{e}_i^T,\ \boldsymbol{\ell}_i = (0,\ldots,0,\ell_{i+1,i},\ldots,\ell_{n,i})^T$$

schreiben, und es gilt

$$\boldsymbol{P}_{k,j_k}\boldsymbol{e}_i = \boldsymbol{e}_i \text{ sowie } \boldsymbol{P}_{k,j_k}\boldsymbol{\ell}_i = \hat{\boldsymbol{\ell}}_i = (0,\ldots,0,\hat{\ell}_{i+1,i},\ldots,\hat{\ell}_{n,i})^T \quad \text{für alle } i < k \leq j_k.$$

Für $i < k \leq j_k$ folgt hiermit unter Berücksichtigung von $\boldsymbol{P}_{k,j_k} = \boldsymbol{P}_{k,j_k}^T$ die Gleichung

$$\begin{aligned}\boldsymbol{P}_{k,j_k}\boldsymbol{L}_i &= \boldsymbol{P}_{k,j_k}(\boldsymbol{I} - \boldsymbol{\ell}_i\boldsymbol{e}_i^T) = \boldsymbol{P}_{k,j_k} - \hat{\boldsymbol{\ell}}_i\boldsymbol{e}_i^T \\ &= \boldsymbol{P}_{k,j_k} - \hat{\boldsymbol{\ell}}_i(\boldsymbol{P}_{k,j_k}\boldsymbol{e}_i)^T = \boldsymbol{P}_{k,j_k} - \hat{\boldsymbol{\ell}}_i\boldsymbol{e}_i^T\boldsymbol{P}_{k,j_k} = \widehat{\boldsymbol{L}}_i\boldsymbol{P}_{k,j_k}\end{aligned}$$

mit einer unteren Dreiecksmatrix $\widehat{\boldsymbol{L}}_i = \boldsymbol{I} - \hat{\boldsymbol{\ell}}_i\boldsymbol{e}_i^T$. Die Verwendung der Gleichung (3.1.4) liefert

$$\boldsymbol{R} = \underbrace{\boldsymbol{L}_{n-1}\widehat{\boldsymbol{L}}_{n-2}\ldots\widehat{\boldsymbol{L}}_1}_{\widetilde{\boldsymbol{L}}:=}\underbrace{\boldsymbol{P}_{n-1,j_{n-1}}\cdots\boldsymbol{P}_{1,j_1}}_{\boldsymbol{P}:=}\boldsymbol{A}$$

mit einer Permutationsmatrix $\boldsymbol{P}$. Da $\widetilde{\boldsymbol{L}}$ eine untere Dreiecksmatrix darstellt, folgt mit Lemma 3.4, dass

$$\boldsymbol{L} := \widetilde{\boldsymbol{L}}^{-1}$$

eine untere Dreiecksmatrix repräsentiert und es ergibt sich die behauptete Darstellung

$$\boldsymbol{LR} = \boldsymbol{PA}.$$

□

Satz 3.7 (Existenz einer LR-Zerlegung II)
Sei $\boldsymbol{A} \in \mathbb{R}^{n\times n}$ *regulär, dann besitzt* $\boldsymbol{A}$ *genau dann eine LR-Zerlegung, wenn*

$$\det \boldsymbol{A}[k] \neq 0 \quad \forall k = 1,\ldots,n$$

gilt.

Beweis:
„$\Rightarrow$“: Gelte $\boldsymbol{A} = \boldsymbol{LR}$.
Aufgrund der Regularität der Matrix $\boldsymbol{A}$ liefert der Determinantenmultiplikationssatz

$$\det \boldsymbol{L}[n] \cdot \det \boldsymbol{R}[n] = \det \boldsymbol{A}[n] \neq 0$$

und folglich

$$\det \boldsymbol{L}[n] \neq 0 \neq \det \boldsymbol{R}[n].$$

Da $\boldsymbol{L}$ und $\boldsymbol{R}$ Dreiecksmatrizen repräsentieren, folgt hierdurch

$$\det \boldsymbol{L}[k] \neq 0 \neq \det \boldsymbol{R}[k]$$

für $k = 1, \ldots, n$ und es ergibt sich mit Lemma 3.5

$$\det \boldsymbol{A}[k] = \det(\boldsymbol{LR})[k] = \det \boldsymbol{L}[k] \cdot \det \boldsymbol{R}[k] \neq 0.$$

„$\Leftarrow$“: Gelte $\det \boldsymbol{A}[k] \neq 0$ für alle $k = 1, \ldots, n$.
$\boldsymbol{A}$ besitzt eine LR-Zerlegung, falls Algorithmus I mit $\boldsymbol{P}_{kk} = \boldsymbol{I}$, $k = 1, \ldots, n-1$ durchgeführt werden kann, das heißt, wenn $a_{kk}^{(k)} \neq 0$ für $k = 1, \ldots, n-1$ gilt.

Für $k = 1$ gilt $a_{11}^{(1)} = \det \boldsymbol{A}[k] \neq 0$, wodurch $\boldsymbol{P}_{11} = \boldsymbol{I}$ wählbar ist.

Sei $a_{kk}^{(k)} \neq 0$ für $k < n-1$, dann folgt

$$\boldsymbol{A}^{(k+1)} = \boldsymbol{L}_k \ldots \boldsymbol{L}_1 \boldsymbol{A},$$

und wir erhalten wiederum mit Lemma 3.5

$$\det \boldsymbol{A}^{(k+1)}[k+1] = \det \boldsymbol{L}_k[k+1] \cdot \ldots \cdot \det \boldsymbol{L}_1[k+1] \cdot \det \boldsymbol{A}[k+1] \neq 0.$$

Da $\boldsymbol{A}^{(k+1)}[k+1]$ eine obere Dreiecksmatrix darstellt, folgt

$$a_{k+1,k+1}^{(k+1)} \neq 0.$$

□

Satz 3.8 (Eindeutigkeit der LR-Zerlegung)
Sei $\boldsymbol{A} \in \mathbb{R}^{n \times n}$ regulär mit $\det \boldsymbol{A}[k] \neq 0$ für $k = 1, \ldots, n$, dann existiert genau eine LR-Zerlegung von $\boldsymbol{A}$ derart, dass $\boldsymbol{L}$ eine Einheitsdiagonale besitzt.

Beweis:
Mit Satz 3.7 existiert mindestens eine LR-Zerlegung der Matrix $\boldsymbol{A}$. Seien zwei LR-Zerlegungen der Matrix $\boldsymbol{A}$ durch $\boldsymbol{L}_1\boldsymbol{R}_1 = \boldsymbol{A} = \boldsymbol{L}_2\boldsymbol{R}_2$ gegeben, wobei $\boldsymbol{L}_1$ und $\boldsymbol{L}_2$ Einheitsdiagonalen besitzen, dann folgt

$$\boldsymbol{R}_2\boldsymbol{R}_1^{-1} = \boldsymbol{L}_2^{-1}\boldsymbol{L}_1.$$

Mit Lemma 2.26 und Lemma 3.4 ist somit $\boldsymbol{L}_2^{-1}\boldsymbol{L}_1$ zugleich eine linke untere und rechte obere Dreiecksmatrix, die eine Einheitsdiagonale besitzt. Folglich gilt

$$\boldsymbol{L}_2^{-1}\boldsymbol{L}_1 = \boldsymbol{I}$$

und wir erhalten $\boldsymbol{L}_1 = \boldsymbol{L}_2$ und $\boldsymbol{R}_1 = \boldsymbol{R}_2$.

□

Bemerkung:
Ohne die Forderung, dass $\boldsymbol{L}$ eine Einheitsdiagonale besitzt, folgt

$$\boldsymbol{L}_1 = \boldsymbol{L}_2\boldsymbol{D},\ \boldsymbol{R}_1 = \boldsymbol{D}^{-1}\boldsymbol{R}_2$$

mit einer regulären Diagonalmatrix $\boldsymbol{D}$. Somit sind LR-Zerlegungen durch Multiplikation mit einer Diagonalmatrix ineinander überführbar.

Zur Lösung des linearen Gleichungssystems $\boldsymbol{Ax} = \boldsymbol{b}$ ergibt sich die folgende explizite Form des Gauß-Algorithmus.

Algorithmus Gauß-Elimination ohne Pivotisierung —

Berechnung der LR-Zerlegung:

- Für $k = 1,\dots,n-1$
  - Für $i = k+1,\dots,n$
    - $a_{ik} := a_{ik}/a_{kk}$
    - Für $j = k+1,\dots,n$
      - $a_{ij} := a_{ij} - a_{ik}a_{kj}$

Vorwärtselimination $\boldsymbol{b} := \boldsymbol{L}^{-1}\boldsymbol{b}$:

- Für $k = 2,\dots,n$
  - Für $i = 1,\dots,k-1$
    - $b_k := b_k - a_{ki}b_i$

Rückwärtselimination $\boldsymbol{x} := \boldsymbol{R}^{-1}\boldsymbol{b}$:

- Für $k = n,\dots,1$
  - Für $i = k+1,\dots,n$
    - $b_k := b_k - a_{ki}x_i$
  - $x_k := b_k/a_{kk}$

Zur Analyse des Rechenaufwandes betrachten wir lediglich die zeitaufwendigen Multiplikationen und Divisionen:

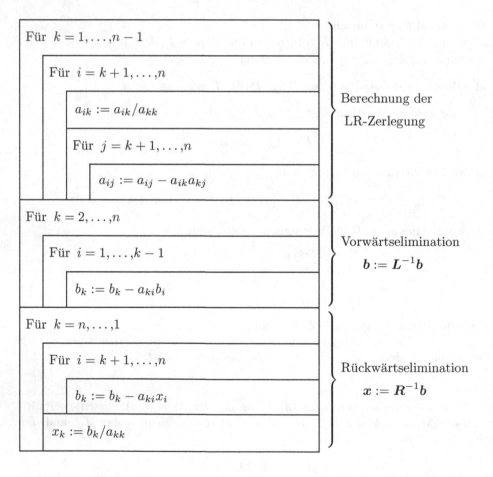

$$\begin{aligned}
\#\ \text{Divisionen} &= \sum_{k=1}^{n-1}(n-k)+n = \sum_{i=1}^{n-1} i + n = \sum_{i=1}^{n} i = \frac{n(n+1)}{2} \\
\#\ \text{Multiplikationen} &= \sum_{k=1}^{n-1}(n-k)^2 + \frac{n(n-1)}{2} + \frac{n(n-1)}{2} \\
&= \sum_{i=1}^{n-1} i^2 + n(n-1) = \frac{(n-1)n(2n-1)}{6} + n(n-1) \\
&= \frac{n^3}{3} + \frac{n^2}{2} - \frac{5n}{6}.
\end{aligned}$$

Hiermit erhalten wir # Division + # Multiplikation $= \dfrac{n^3}{3} + n^2 - \dfrac{n}{3}$.

Beträgt die Rechenzeit für eine Multiplikation bzw. Division $1\mu\,\text{sec} = 10^{-6}\,\text{sec}$, dann benötigt der Gauß-Algorithmus für eine reelle $n \times n$ Matrix $\boldsymbol{A}$ die in der folgenden Tabelle aufgeführten Rechenzeiten:

n	Zeit
10^3	$\approx$ 5 min 30 sec
10^4	$\approx$ 4 Tage
10^5	$\approx$ 10 Jahre 7 Monate

Tabelle 3.1 Rechenzeiten des Gaußschen Eliminationsverfahrens

Gleichungssysteme mit einer Anzahl von 10^5 Unbekannten treten bereits bei impliziten Finite-Volumen- und Finite-Differenzen-Verfahren für die zweidimensionalen Euler-Gleichungen der Gasdynamik auf, wenn mit 25000 Kontrollvolumina respektive Gitterpunkten eine durchaus gängige Diskretisierung des Strömungsgebietes vorliegt. Bei solchen Anwendungsfällen erweist sich der Gauß-Algorithmus auch bei Vernachlässigung der Rundungsfehler und des immensen Speicherplatzbedarfs bereits aus Rechenzeitgründen als unpraktikabel. Betrachten wir hingegen Gleichungssysteme mit einer kleinen Anzahl von Unbekannten, so liegt mit dem Gaußschen Eliminationsverfahren eine direkte Methode vor, die häufig den iterativen Algorithmen überlegen ist. Mit dem folgenden Beispiel sollen die Vorteile einer Pivotisierung im Hinblick auf die Genauigkeit des ermittelten Lösungsvektors verdeutlicht werden.

Beispiel 3.9 Sei $\varepsilon \ll 1$ derart, dass bei Maschinengenauigkeit

$$1 \pm \varepsilon = 1 \text{ respektive } 1 \pm \frac{1}{\varepsilon} = \pm\frac{1}{\varepsilon}$$

gilt. Wir betrachten das Gleichungssystem $\boldsymbol{Ax} = \boldsymbol{b}$ in der Form

$$\begin{aligned}
\varepsilon x_1 &+ 2x_2 &= 1 \\
x_1 &+ \ x_2 &= 1,
\end{aligned}$$

das die exakten Lösung

$$x_1 = \frac{1}{2-\varepsilon} \approx 0.5, \; x_2 = \frac{1-\varepsilon}{2-\varepsilon} \approx 0.5$$

besitzt. Mit dem Gaußschen Eliminationsverfahren erhalten wir

$$\begin{aligned} \varepsilon x_1 + 2x_2 &= 1 \\ \left(1 - \frac{2}{\varepsilon}\right) x_2 &= 1 - \frac{1}{\varepsilon} \end{aligned}$$

und damit aufgrund der vorliegenden Rechengenauigkeit $x_2 = \frac{1}{\varepsilon} \cdot \frac{\varepsilon}{2} = 0.5$. Einsetzen in die erste Gleichung liefert $\varepsilon x_1 + 1 = 1$, wodurch $x_1 = 0$ folgt.

Eine vorherige Zeilenvertauschung führt dagegen zum Gleichungssystem

$$\begin{aligned} x_1 \; + \; x_2 &= 1 \\ \varepsilon x_1 \; + \; 2x_2 &= 1. \end{aligned}$$

Hieraus folgt mit dem Gaußschen Eliminationsverfahren:

$$\begin{aligned} x_1 \; + \; x_2 &= 1 \\ (2-\varepsilon) x_2 &= 1 - \varepsilon, \end{aligned}$$

so dass wir $x_2 = 0.5$ und $x_1 = 1 - x_2 = 0.5$ als Lösung erhalten. Anhand des vorliegenden Gleichungssystems wollen wir die Vorteile der Pivotisierung näher untersuchen. Betrachten wir zunächst das Gaußsche Eliminationsverfahren ohne Pivotisierung. Das Element $a_{11}^{(1)} = \varepsilon$ der Matrix

$$\boldsymbol{A} = \begin{pmatrix} a_{11}^{(1)} & a_{12}^{(1)} \\ a_{21}^{(1)} & a_{22}^{(1)} \end{pmatrix} = \begin{pmatrix} \varepsilon & 2 \\ 1 & 1 \end{pmatrix}$$

ist deutlich kleiner als $a_{21}^{(1)} = 1$. Hierdurch wird im Algorithmus ein sehr großer Quotient $\frac{a_{21}^{(1)}}{a_{11}^{(1)}} = \frac{1}{\varepsilon}$ gebildet. Da auch die weiteren Matrixelemente in der Größenordnung von $a_{21}^{(1)}$ liegen, erhalten wir

$$a_{22}^{(2)} = \underbrace{a_{22}^{(1)}}_{=\mathcal{O}(1) \text{ für } \varepsilon \to 0} - \underbrace{\frac{a_{12}^{(1)} a_{21}^{(1)}}{a_{11}^{(1)}}}_{=\mathcal{O}(\frac{1}{\varepsilon}) \text{ für } \varepsilon \to 0} = 1 - \frac{2}{\varepsilon} = \mathcal{O}\left(\frac{1}{\varepsilon}\right) \quad \text{für } \varepsilon \to 0.$$

Innerhalb der Matrix $\boldsymbol{A}^{(2)}$ weisen somit alle verbleibenden Nichtnullelemente eine deutlich unterschiedliche Quantität auf. Analog ergibt sich

$$\boldsymbol{b} = \begin{pmatrix} 1 \\ 1 - \frac{1}{\varepsilon} \end{pmatrix} = \begin{pmatrix} \mathcal{O}(1) \\ \mathcal{O}\left(\frac{1}{\varepsilon}\right) \end{pmatrix} \quad \text{für } \varepsilon \to 0.$$

Liegt ein sehr kleiner Matrixkoeffizient $a_{11}^{(1)} = \varepsilon$ vor, so führt die Maschinengenauigkeit zu $a_{22}^{(2)} = -\frac{2}{\varepsilon}$ und $b_2^{(2)} = -\frac{1}{\varepsilon}$. Folglich haben im vorliegenden Fall die Werte $a_{22}^{(1)}$ und $b_2^{(1)}$ keinen Einfluss auf die Lösung des Gleichungssystems. Die zweite Gleichung ist deshalb für hinreichend kleines $\varepsilon \neq 0$ numerisch äquivalent zur ersten Gleichung für $\varepsilon = 0$. Daher erhalten wir stets das Endergebnis

$$x_2 = \frac{b_1^{(1)}}{a_{12}^{(1)}} \text{ und } x_1 = 0.$$

Durch die vorgestellte Zeilenvertauschung liegt ein kleiner Quotient $\frac{\widetilde{a}_{21}^{(1)}}{\widetilde{a}_{11}^{(1)}} = \varepsilon$ vor, wodurch sich alle relevanten Elemente der Matrix $\boldsymbol{A}^{(2)}$ in der gleichen Größenordnung befinden. Folglich ergeben sich keine Probleme aufgrund der vorliegenden Rechengenauigkeit. Bei Verwendung einer Pivotisierung auf der Basis des größten Zeilen- oder Spaltenelementes liegt der Quotient stets im Intervall $[-1,1]$, wogegen bei einer direkten Nutzung des Gaußschen Eliminationsverfahrens keine allgemeingültige Schranke für den Quotienten angegeben werden kann.

Die Permutation von Zeilen oder Spalten erweist sich somit nicht nur im Fall $a_{kk}^{(k)} = 0$ als sinnvoll.

Wir unterscheiden drei Pivotisierungsarten:

(a) Spaltenpivotisierung:
Definiere $\boldsymbol{P}_{kj}$ gemäß (3.1.1) mit

$$j = \text{index} \max_{j=k,\ldots,n} |a_{jk}^{(k)}|$$

und betrachte das zu

$$\boldsymbol{A}^{(k)}\boldsymbol{x} = \boldsymbol{b}$$

äquivalente System

$$\boldsymbol{P}_{kj}\boldsymbol{A}^{(k)}\boldsymbol{x} = \boldsymbol{P}_{kj}\boldsymbol{b}.$$

(b) Zeilenpivotisierung:
Definiere $\boldsymbol{P}_{kj}$ gemäß (3.1.1) mit

$$j = \text{index} \max_{j=k,\ldots,n} |a_{kj}^{(k)}|$$

und betrachte das System

$$\begin{aligned} \boldsymbol{A}^{(k)}\boldsymbol{P}_{kj}\boldsymbol{y} &= \boldsymbol{b} \\ \boldsymbol{x} &= \boldsymbol{P}_{kj}\boldsymbol{y}. \end{aligned}$$

(c) Vollständige Pivotisierung:
Definiere $\boldsymbol{P}_{k,j_1}$ und $\boldsymbol{P}_{k,j_2}$ gemäß (3.1.1) mit

$$j_1 = \text{index} \max_{j=k,\ldots,n} \left(\max_{i=k,\ldots,n} |a_{ji}^{(k)}| \right),$$

$$j_2 = \text{index} \max_{j=k,\ldots,n} \left(\max_{i=k,\ldots,n} |a_{ij}^{(k)}| \right)$$

und betrachte das System

$$\begin{aligned} \boldsymbol{P}_{k,j_1}\boldsymbol{A}^{(k)}\boldsymbol{P}_{k,j_2}\boldsymbol{y} &= \boldsymbol{P}_{k,j_1}\boldsymbol{b} \\ \boldsymbol{x} &= \boldsymbol{P}_{k,j_2}\boldsymbol{y}. \end{aligned}$$

Bemerkung:
Wird das Gaußsche Eliminationsverfahren auf ein Gleichungssystem

$$\boldsymbol{A}\boldsymbol{x} = \boldsymbol{b}$$

mit einer singulären Matrix bei vollständiger Pivotisierung angewendet, so existiert ein $k \leq n$ mit

$$\max_{i,j=k,\ldots,n} |a_{ij}^{(k)}| = 0.$$

In diesem Fall ist das System mit Lemma 2.25 genau dann lösbar, wenn sich bei Durchführung aller Multiplikationen mit $\boldsymbol{L}_i$ und $\boldsymbol{P}_{i,j_i}$, $i = 1,\ldots,k-1$ angewandt auf die erweiterte Koeffizientenmatrix

$$(\boldsymbol{A}^{(1)},\boldsymbol{b}^{(1)}) = (\boldsymbol{A},\boldsymbol{b})$$

die Form

$$(\boldsymbol{A}^{(k)},\boldsymbol{b}^{(k)}) \text{ mit } \boldsymbol{b}^{(k)} = (b_1^{(k)},\ldots,b_{k-1}^{(k)},0,\ldots 0)^T$$

ergeben hat.

3.2 Cholesky-Zerlegung

Für symmetrische, positiv definite Matrizen kann der beim Gaußschen Eliminationsverfahren benötigte Aufwand zur Berechnung einer LR-Zerlegung verringert werden.

Definition 3.10 Die Zerlegung einer Matrix $\boldsymbol{A} \in \mathbb{R}^{n\times n}$ in ein Produkt

$$\boldsymbol{A} = \boldsymbol{L}\boldsymbol{L}^T$$

mit einer linken unteren Dreiecksmatrix $\boldsymbol{L} \in \mathbb{R}^{n\times n}$ heißt Cholesky-Zerlegung.

Satz 3.11 (Existenz und Eindeutigkeit der Cholesky-Zerlegung)
Zu jeder symmetrischen, positiv definiten Matrix $\boldsymbol{A} \in \mathbb{R}^{n\times n}$ existiert genau eine linke untere Dreiecksmatrix $\boldsymbol{L} \in \mathbb{R}^{n\times n}$ mit $\ell_{ii} > 0, i = 1,\ldots,n$ derart, dass

$$\boldsymbol{A} = \boldsymbol{L}\boldsymbol{L}^T$$

gilt.

Beweis:
Sei $\boldsymbol{x} \in \mathbb{R}^k \setminus \{\boldsymbol{0}\}$, $k < n$, dann definieren wir $\boldsymbol{y} = (\boldsymbol{x},0,\ldots,0)^T \in \mathbb{R}^n \setminus \{\boldsymbol{0}\}$. Somit folgt

$$\boldsymbol{x}^T\boldsymbol{A}[k]\boldsymbol{x} = \boldsymbol{y}^T\boldsymbol{A}\boldsymbol{y} > 0,$$

so dass alle $\boldsymbol{A}[k]$ für $k = 1,\ldots,n$ positiv definit sind.

Eine Induktion über n liefert nun die Behauptung: Für $n = 1$ gilt $\boldsymbol{A} = (a_{11}) > 0$, wodurch $\ell_{11} := \sqrt{a_{11}} > 0$ die Darstellung $\boldsymbol{A} = \boldsymbol{L}\boldsymbol{L}^T$ mit $\boldsymbol{L} = (\ell_{11})$ liefert. Sei die Behauptung für $n = 1,\ldots,j$ erfüllt, dann folgt für $n = j+1$

$$\boldsymbol{A} = \begin{pmatrix} \boldsymbol{A}[j] & \boldsymbol{c} \\ \boldsymbol{c}^T & a_{nn} \end{pmatrix},$$

wobei $\boldsymbol{A}[j]$ positiv definit ist. Somit existiert genau eine linke untere Dreiecksmatrix $\boldsymbol{L}_j \in \mathbb{R}^{j\times j}$ mit $\ell_{ii} > 0$, $i = 1,\ldots,j$ und

$$\boldsymbol{A}[j] = \boldsymbol{L}_j \boldsymbol{L}_j^T.$$

Wir machen nun den Ansatz

$$\boldsymbol{L}_n := \begin{pmatrix} \boldsymbol{L}_j & \boldsymbol{0} \\ \boldsymbol{d}^T & \alpha \end{pmatrix} \tag{3.2.1}$$

mit $\boldsymbol{d} \in \mathbb{R}^j$, $\alpha \in \mathbb{R}$ derart, dass

$$\begin{pmatrix} \boldsymbol{A}[j] & \boldsymbol{c} \\ \boldsymbol{c}^T & a_{nn} \end{pmatrix} = \boldsymbol{A}[n] = \boldsymbol{L}_n \boldsymbol{L}_n^T = \begin{pmatrix} \boldsymbol{A}[j] & \boldsymbol{L}_j \boldsymbol{d} \\ \boldsymbol{d}^T \boldsymbol{L}_j^T & \boldsymbol{d}^T \boldsymbol{d} + \alpha^2 \end{pmatrix}$$

gelten soll. Wegen $0 \neq \det \boldsymbol{A}[j] = (\det \boldsymbol{L}_j)^2$ ist $\boldsymbol{L}_j$ invertierbar und damit $\boldsymbol{d} = \boldsymbol{L}_j^{-1}\boldsymbol{c}$ eindeutig bestimmt. Weiter gilt $\alpha^2 = a_{nn} - \boldsymbol{d}^T\boldsymbol{d}$. Aufgrund der positiven Definitheit von $\boldsymbol{A} = \boldsymbol{A}[n]$ gilt $\det \boldsymbol{A}[n] > 0$, so dass sich

$$0 < \frac{\det(\boldsymbol{A}[n])}{(\det(\boldsymbol{L}_j))^2} = \alpha^2$$

ergibt. Damit erhalten wir

$$\alpha = \sqrt{a_{nn} - \boldsymbol{d}^T\boldsymbol{d}} \in \mathbb{R}^+,$$

wodurch mit (3.2.1) die gesuchte Matrix vorliegt. □

Wir nehmen eine spaltenweise Berechnung der Matrixkoeffizienten vor. Bei der Herleitung des Algorithmus gehen wir somit davon aus, dass alle l_{ij} für $i = 1,\ldots,n$ und $j \leq k-1$ bekannt sind. Dann folgt aus

$$\boldsymbol{A} = \begin{pmatrix} \ell_{11} & & \\ \vdots & \ddots & \\ \ell_{n1} & \ldots & \ell_{nn} \end{pmatrix} \begin{pmatrix} \ell_{11} & \ldots & \ell_{n1} \\ & \ddots & \vdots \\ & & \ell_{nn} \end{pmatrix}$$

die Beziehung

$$a_{kk} = \ell_{k1}^2 + \ldots + \ell_{kk}^2 = \sum_{j=1}^{k} \ell_{kj}^2,$$

wodurch sich l_{kk} gemäß

$$\ell_{kk} = \sqrt{a_{kk} - \sum_{j=1}^{k-1} \ell_{kj}^2} \tag{3.2.2}$$

berechnen lässt. Aus

$$a_{ik} = \ell_{i1}\ell_{k1} + \ldots + \ell_{ik}\ell_{kk} = \sum_{j=1}^{k} \ell_{ij}\ell_{kj} \text{ für } i = k+1,\ldots,n$$

erhalten wir die Berechnungsvorschrift für die unterhalb der Diagonale befindlichen Elemente der k-ten Spalte in der Form

$$\ell_{ik} = \frac{1}{\ell_{kk}} \left(a_{ik} - \sum_{j=1}^{k-1} \ell_{ij}\ell_{kj} \right) \quad \text{für } i = k+1,\ldots,n. \tag{3.2.3}$$

Algorithmus Cholesky-Zerlegung —

Berechnung der Cholesky-Zerlegung:

- Für $k = 1,\ldots,n$
  - Für $j = 1,\ldots,k-1$
    - $a_{kk} := a_{kk} - a_{kj}a_{kj}$
  - $a_{kk} := \sqrt{a_{kk}}$
  - Für $i = k+1,\ldots,n$
    - Für $j = 1,\ldots,k-1$
      - $a_{ik} := a_{ik} - a_{ij}a_{kj}$
    - $a_{ik} := a_{ik}/a_{kk}$

Vorwärtselimination $\boldsymbol{b} := \boldsymbol{L}^{-1}\boldsymbol{b}$:

- Für $k = 1,\ldots,n$
  - Für $i = 1,\ldots,k-1$
    - $b_k := b_k - a_{ki}b_i$
  - $b_k := b_k/a_{kk}$

Rückwärtselimination $\boldsymbol{x} := \boldsymbol{L}^{-T}\boldsymbol{b}$:

- Für $k = n,\ldots,1$
  - Für $i = k+1,\ldots,n$
    - $b_k := b_k - a_{ik}x_i$
  - $x_k := b_k/a_{kk}$

Betrachten wir für die Analyse der Rechenzeit lediglich den für große n entscheidenden ersten Teil, so erhalten wir

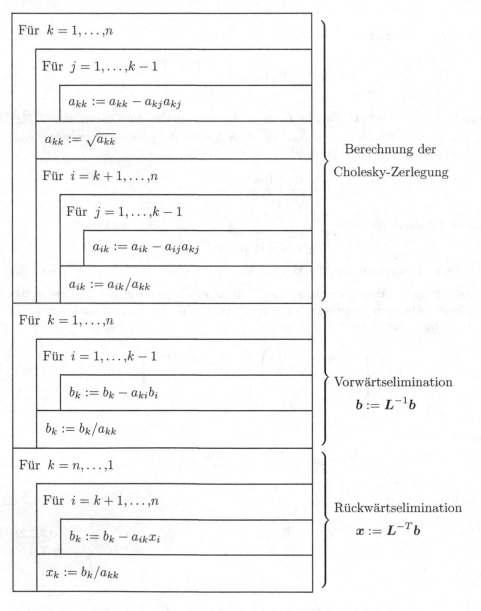

$$\begin{aligned}
&\#\text{ Multiplikationen} + \#\text{ Divisionen} + \#\text{ Wurzeln}\\
&= \underbrace{\sum_{k=1}^{n}(k-1)}_{\text{Multiplikationen}} + \underbrace{\sum_{k=1}^{n}1}_{\text{Wurzeln}} + \underbrace{\sum_{k=1}^{n}(n-k)(k-1)}_{\text{Multiplikationen}} + \underbrace{\sum_{k=1}^{n}(n-k)}_{\text{Divisionen}}\\
&= \sum_{k=1}^{n} k + n\sum_{k=1}^{n} k - \sum_{k=1}^{n} k^2\\
&= \frac{n(n+1)}{2} + n\frac{n(n+1)}{2} - \frac{n(n+1)(2n+1)}{6}\\
&= \frac{n^3}{6} + \frac{n^2}{2} + \frac{n}{3}.
\end{aligned}$$

Für große n benötigt die Cholesky-Zerlegung damit nur etwa die Hälfte der aufwendigen Operationen des Gauß-Algorithmus.

3.3 QR-Zerlegung

Eine wesentliche Grundlage zur Definition des im Abschnitt 4.3.2.4 betrachteten GMRES-Verfahrens wie auch vieler Methoden zur Lösung von Eigenwertproblemen und linearen Ausgleichsproblemen stellt die QR-Zerlegung einer Matrix dar. Der Vorteil der QR-Zerlegung im Vergleich zur LR-Zerlegung liegt in der Normerhaltung der unitären Transformation bezüglich der euklidischen Norm. Zudem kann das Gleichungssystem $\boldsymbol{Ax} = \boldsymbol{b}$ wegen $\boldsymbol{Q}^* = \boldsymbol{Q}^{-1}$ mittels

$$\boldsymbol{Ax} = \boldsymbol{b} \Leftrightarrow \boldsymbol{QRx} = \boldsymbol{b} \Leftrightarrow \boldsymbol{Rx} = \boldsymbol{Q}^*\boldsymbol{b}$$

leicht gelöst werden. Die drei bekanntesten Methoden zur Berechnung dieser Zerlegung sind das Gram-Schmidt-Verfahren und die Algorithmen nach Givens und Householder. In den folgenden Kapiteln werden wir ausschließlich die beiden erstgenannten Methoden verwenden aber dennoch der Vollständigkeitshalber alle drei Algoritmen ausführlich herleiten. Weitere Beschreibungen von QR-Zerlegungen findet man zum Beispiel in [16, 33, 55, 21].

Definition 3.12 Die Zerlegung einer Matrix $\boldsymbol{A} \in \mathbb{C}^{n\times n}$ in ein Produkt

$$\boldsymbol{A} = \boldsymbol{QR}$$

aus einer unitären Matrix $\boldsymbol{Q}$ und einer rechten oberen Dreiecksmatrix $\boldsymbol{R}$ heißt

QR-Zerlegung.

3.3.1 Das Gram-Schmidt-Verfahren

Die Herleitung des Gram-Schmidt-Verfahrens ergibt sich unmittelbar aus dem folgenden konstruktiven Existenznachweis der QR-Zerlegung.

Satz 3.13 (Existenz der QR-Zerlegung)
Sei $\boldsymbol{A} \in \mathbb{C}^{n\times n}$ *eine reguläre Matrix, dann existieren eine unitäre Matrix* $\boldsymbol{Q} \in \mathbb{C}^{n\times n}$ *und eine rechte obere Dreiecksmatrix* $\boldsymbol{R} \in \mathbb{C}^{n\times n}$ *derart, dass*

$$\boldsymbol{A} = \boldsymbol{Q}\boldsymbol{R}$$

gilt.

Beweis:
Wir führen den Beweis, indem wir sukzessive für $k = 1,\ldots,n$ die Existenz von Vektoren $\boldsymbol{q}_1,\ldots,\boldsymbol{q}_k \in \mathbb{C}^n$ mit

$$(\boldsymbol{q}_i,\boldsymbol{q}_j)_2 = \delta_{ij} \text{ für } i,j = 1,\ldots,k \tag{3.3.1}$$

und

$$\text{span}\{\boldsymbol{q}_1,\ldots,\boldsymbol{q}_k\} = \text{span}\{\boldsymbol{a}_1,\ldots,\boldsymbol{a}_k\} \tag{3.3.2}$$

nachweisen, wobei $\boldsymbol{a}_j$ $(1 \le j \le k)$ den j-ten Spaltenvektor der Matrix $\boldsymbol{A}$ darstellt.

Für $k = 1$ sind die beiden Bedingungen wegen $\boldsymbol{a}_1 \in \mathbb{C}^n \setminus \{\boldsymbol{0}\}$ mit

$$\boldsymbol{q}_1 = \frac{\boldsymbol{a}_1}{\|\boldsymbol{a}_1\|_2} \tag{3.3.3}$$

erfüllt.

Seien nun $\boldsymbol{q}_1,\ldots,\boldsymbol{q}_k$ mit $k \in \{1,\ldots,n-1\}$ gegeben, die die Bedingungen (3.3.1) und (3.3.2) erfüllen, dann lässt sich jeder Vektor

$$\boldsymbol{q}_{k+1} \in \text{span}\{\boldsymbol{a}_1,\ldots,\boldsymbol{a}_{k+1}\} \setminus \text{span}\{\boldsymbol{q}_1,\ldots,\boldsymbol{q}_k\} \tag{3.3.4}$$

in der Form

$$\boldsymbol{q}_{k+1} = c_{k+1}\left(\boldsymbol{a}_{k+1} - \sum_{i=1}^{k} c_i \boldsymbol{q}_i\right) \tag{3.3.5}$$

mit $c_{k+1} \neq 0$ schreiben. Motiviert durch

$$(\boldsymbol{q}_{k+1},\boldsymbol{q}_j)_2 = c_{k+1}\left[(\boldsymbol{a}_{k+1},\boldsymbol{q}_j)_2 - c_j\right] \text{ für } j = 1,\ldots,k$$

und der Zielsetzung der Orthogonalität setzen wir in (3.3.5) $c_i := (\boldsymbol{a}_{k+1},\boldsymbol{q}_i)_2$ für $i = 1,\ldots,k$ und erhalten hierdurch die Gleichung

$$\begin{aligned}(\boldsymbol{q}_{k+1},\boldsymbol{q}_j)_2 &= c_{k+1}\left[(\boldsymbol{a}_{k+1},\boldsymbol{q}_j)_2 - \sum_{i=1}^{k}(\boldsymbol{a}_{k+1},\boldsymbol{q}_i)_2(\boldsymbol{q}_i,\boldsymbol{q}_j)_2\right] \\ &= c_{k+1}[(\boldsymbol{a}_{k+1},\boldsymbol{q}_j)_2 - (\boldsymbol{a}_{k+1},\boldsymbol{q}_j)_2] = 0 \text{ für } j = 1,\ldots,k.\end{aligned} \tag{3.3.6}$$

Da $\boldsymbol{A}$ regulär ist, gilt $\boldsymbol{a}_{k+1} \notin \text{span}\{\boldsymbol{q}_1,\ldots,\boldsymbol{q}_k\}$, so dass

$$\tilde{\boldsymbol{q}}_{k+1} := \boldsymbol{a}_{k+1} - \sum_{i=1}^{k}(\boldsymbol{a}_{k+1},\boldsymbol{q}_i)_2\boldsymbol{q}_i \neq \boldsymbol{0}$$

folgt. Mit

$$c_{k+1} := \frac{1}{\|\tilde{\boldsymbol{q}}_{k+1}\|_2}$$

ergibt sich $\|\boldsymbol{q}_{k+1}\|_2 = 1$, so dass durch

$$\boldsymbol{q}_{k+1} = \frac{1}{\|\tilde{\boldsymbol{q}}_{k+1}\|_2}\tilde{\boldsymbol{q}}_{k+1} = \frac{1}{\|\tilde{\boldsymbol{q}}_{k+1}\|_2}\left(\boldsymbol{a}_{k+1} - \sum_{i=1}^{k}(\boldsymbol{a}_{k+1},\boldsymbol{q}_i)_2\,\boldsymbol{q}_i\right) \tag{3.3.7}$$

wegen (3.3.6) der gesuchte Vektor vorliegt. Die Definition

$$\boldsymbol{Q} = (\boldsymbol{q}_1 \dots \boldsymbol{q}_n)$$

mit $\boldsymbol{q}_1,\dots,\boldsymbol{q}_n$ gemäß (3.3.3) respektive (3.3.7) und

$$\boldsymbol{R} := \begin{pmatrix} r_{11} & \cdots & r_{1n} \\ & \ddots & \vdots \\ & & r_{nn} \end{pmatrix} \quad \text{mit} \quad r_{ik} = \begin{cases} \|\tilde{\boldsymbol{q}}_i\|_2 & \text{für } k = i, \\ (\boldsymbol{a}_k,\boldsymbol{q}_i)_2 & \text{für } k > i \end{cases}$$

liefert somit

$$\boldsymbol{A} = \boldsymbol{Q}\boldsymbol{R}.$$

□

Die Lösung des Gleichungssystems $\boldsymbol{A}\boldsymbol{x} = \boldsymbol{b}$ erhalten wir durch Rückwärtsauflösen des Gleichungssystems $\boldsymbol{R}\boldsymbol{x} = \widetilde{\boldsymbol{b}} = \boldsymbol{Q}^*\boldsymbol{b}$.

Seien die Spalten der Matrix $\boldsymbol{A} \in \mathbb{C}^{m\times n}$, $m \geq n$ linear unabhängig, dann folgt aus dem obigen Beweis die Existenz einer Matrix $\widetilde{\boldsymbol{Q}} \in \mathbb{C}^{m\times n}$, deren Spalten paarweise orthonormal sind, und einer regulären rechten oberen Dreiecksmatrix $\boldsymbol{R} \in \mathbb{C}^{n\times n}$ mit $\boldsymbol{A} = \widetilde{\boldsymbol{Q}}\boldsymbol{R}$. Erweitern wir $\widetilde{\boldsymbol{Q}}$ zu einer unitären Matrix $\boldsymbol{Q} \in \mathbb{C}^{m\times m}$, so folgt die Darstellung

$$\boldsymbol{A} = \boldsymbol{Q}\begin{pmatrix} \boldsymbol{R} \\ \boldsymbol{0} \end{pmatrix}.$$

Zusammenfassend erhalten wir aus dem Beweis des obigen Satzes das Gram-Schmidt-Verfahren für eine reguläre Matrix $\boldsymbol{A} \in \mathbb{R}^{n\times n}$ in der folgenden Form:

Algorithmus Gram-Schmidt —

- Für $k = 1,\dots,n$
  - Für $i = 1,\dots,k-1$
    - $r_{ik} := 0$
    - Für $j = 1,\dots,n$
      - $r_{ik} := r_{ik} + a_{ji}a_{jk}$
  - Für $i = 1,\dots,k-1$
    - Für $j = 1,\dots,n$
      - $a_{jk} := a_{jk} - r_{ik}a_{ji}$
  - $r_{kk} := 0$
  - Für $j = 1,\dots,n$
    - $r_{kk} := r_{kk} + a_{jk}a_{jk}$
  - $r_{kk} := \sqrt{r_{kk}}$
  - Für $j = 1,\dots,n$
    - $a_{jk} := a_{jk}/r_{kk}$

} Berechnung der QR-Zerlegung

- Für $k = 1,\dots,n$
  - $\tilde{b}_k := 0$
  - Für $i = 1,\dots,n$
    - $\tilde{b}_k := \tilde{b}_k + a_{ik}b_i$

} Matrixmultiplikation $\tilde{\boldsymbol{b}} := \boldsymbol{Q}^T\boldsymbol{b}$

- Für $k = n,\dots,1$
  - Für $i = k+1,\dots,n$
    - $\tilde{b}_k := \tilde{b}_k - r_{ki}x_i$
  - $x_k := \tilde{b}_k/r_{kk}$

} Rückwärtselimination $\boldsymbol{x} := \boldsymbol{R}^{-1}\tilde{\boldsymbol{b}}$

Bei der Aufwandsanalyse der QR-Zerlegung nach Gram-Schmidt betrachten wir lediglich den aufwendigen ersten Teil und vernachlässigen auch hier das explizite Lösen des Gleichungssystems. Somit erhalten wir

$$\begin{aligned}
&\# \text{ Multiplikationen} + \# \text{ Divisionen} + \# \text{ Wurzeln} \\
&= \underbrace{2n\sum_{k=1}^{n}(k-1) + n\sum_{k=1}^{n}1}_{\text{Multiplikationen}} + \underbrace{n\sum_{k=1}^{n}1}_{\text{Divisionen}} + \underbrace{\sum_{k=1}^{n}1}_{\text{Wurzeln}} \\
&= 2n\sum_{k=1}^{n}k + n = 2\frac{n^2(n+1)}{2} + n = n^3 + n^2 + n.
\end{aligned}$$

Für große n ist der Aufwand somit ungefähr dreimal so hoch wie beim Gauß-Algorithmus.

Die numerische Problematik des Gram-Schmidt-Verfahrens liegt im Auftreten von Rundungsfehlern, die zu Auslöschungseffekten und folglich zu einer ungenügenden Orthogonalität der Vektoren $\boldsymbol{q}_1,\ldots,\boldsymbol{q}_n$ führen können. Zur Verbesserung betrachten wir zwei Varianten des Verfahrens.

Variante I: Das modifizierte Gram-Schmidt-Verfahren

Grundidee: Nach der Berechnung des k-ten Spaltenvektors $\boldsymbol{q}_k$ der unitären Matrix $\boldsymbol{Q}$ werden die Vektoren $\boldsymbol{a}_{k+1},\ldots,\boldsymbol{a}_n$ der Matrix $\boldsymbol{A}$ derart modifiziert, dass sie senkrecht auf allen Spaltenvektoren $\boldsymbol{q}_1,\ldots,\boldsymbol{q}_k$ stehen.

Durchführung: Sei $\boldsymbol{A} = (\boldsymbol{a}_1 \ldots \boldsymbol{a}_n) \in \mathbb{R}^{n\times n}$

1. Schritt: Setze $\boldsymbol{a}_k^{(1)} = \boldsymbol{a}_k$ für $k = 1,\ldots,n$.

2. Schritt: Für $k = 1,\ldots,n$

$$\begin{aligned}
\boldsymbol{q}_k &:= \frac{\boldsymbol{a}_k^{(k)}}{\|\boldsymbol{a}_k^{(k)}\|_2} \\
\boldsymbol{a}_j^{(k+1)} &= \boldsymbol{a}_j^{(k)} - (\boldsymbol{a}_j^{(k)},\boldsymbol{q}_k)_2\boldsymbol{q}_k \text{ für } j = k+1,\ldots,n.
\end{aligned}$$

Der Rechenaufwand des modifizierten Gram-Schmidt-Verfahrens ist identisch zum ursprünglichen Algorithmus. Vergleichen wir beide Methoden, so kann sich eine Veränderung frühestens für $n = 3$ ergeben.

Für $\boldsymbol{A} = (\boldsymbol{a}_1,\boldsymbol{a}_2,\boldsymbol{a}_3) = (\boldsymbol{a}_1^{(1)},\boldsymbol{a}_2^{(1)},\boldsymbol{a}_3^{(1)}) \in \mathbb{R}^{3\times 3}$ folgt:

Gram-Schmidt-Verfahren	Modifiziertes Gram-Schmidt-Verfahren
$\boldsymbol{q}_1 = \dfrac{\boldsymbol{a}_1}{\Vert\boldsymbol{a}_1\Vert_2}$	$\boldsymbol{q}_1 = \dfrac{\boldsymbol{a}_1^{(1)}}{\Vert\boldsymbol{a}_1^{(1)}\Vert_2}$ $\boldsymbol{a}_2^{(2)} = \boldsymbol{a}_2^{(1)} - \left(\boldsymbol{a}_2^{(1)},\boldsymbol{q}_1\right)_2 \boldsymbol{q}_1$ $\boldsymbol{a}_3^{(2)} = \boldsymbol{a}_3^{(1)} - \left(\boldsymbol{a}_3^{(1)},\boldsymbol{q}_1\right)_2 \boldsymbol{q}_1$
$\tilde{\boldsymbol{a}}_2 = \boldsymbol{a}_2 - (\boldsymbol{a}_2,\boldsymbol{q}_1)_2\,\boldsymbol{q}_1$ $\boldsymbol{q}_2 = \dfrac{\tilde{\boldsymbol{a}}_2}{\Vert\tilde{\boldsymbol{a}}_2\Vert_2}$	$\boldsymbol{q}_2 = \dfrac{\boldsymbol{a}_2^{(2)}}{\Vert\boldsymbol{a}_2^{(2)}\Vert_2}$ $\boldsymbol{a}_3^{(3)} = \boldsymbol{a}_3^{(2)} - \left(\boldsymbol{a}_3^{(2)},\boldsymbol{q}_2\right)_2 \boldsymbol{q}_2$
$\tilde{\boldsymbol{a}}_3 = \boldsymbol{a}_3 - (\boldsymbol{a}_3,\boldsymbol{q}_1)_2\,\boldsymbol{q}_1 - (\boldsymbol{a}_3,\boldsymbol{q}_2)_2\,\boldsymbol{q}_2$ $\boldsymbol{q}_3 = \dfrac{\tilde{\boldsymbol{a}}_3}{\Vert\tilde{\boldsymbol{a}}_3\Vert_2}$	$\boldsymbol{q}_3 = \dfrac{\boldsymbol{a}_3^{(3)}}{\Vert\boldsymbol{a}_3^{(3)}\Vert_2}$

Hieraus ergibt sich der Zusammenhang

$$\begin{aligned}\boldsymbol{a}_3^{(3)} &= \boldsymbol{a}_3^{(1)} - \left(\boldsymbol{a}_3^{(1)},\boldsymbol{q}_1\right)_2 \boldsymbol{q}_1 - \left(\boldsymbol{a}_3^{(1)},\boldsymbol{q}_2\right)_2 \boldsymbol{q}_2 + \left(\left(\boldsymbol{a}_3^{(1)},\boldsymbol{q}_1\right)_2 \boldsymbol{q}_1,\boldsymbol{q}_2\right)_2 \boldsymbol{q}_2 \\ &= \tilde{\boldsymbol{a}}_3 + ((\boldsymbol{a}_3,\boldsymbol{q}_1)_2\boldsymbol{q}_1,\boldsymbol{q}_2)_2\,\boldsymbol{q}_2,\end{aligned}$$

so dass der Unterschied im Vektor $((\boldsymbol{a}_3,\boldsymbol{q}_1)_2\boldsymbol{q}_1,\boldsymbol{q}_2)_2\,\boldsymbol{q}_2$ liegt, der bei exakter Arithmetik verschwindet.

Variante II: Gram-Schmidt-Verfahren mit Nachorthogonalisierung

Grundidee: Nach der Berechnung des unnormierten k-ten Spaltenvektors $\boldsymbol{q}_k$ wird dieser bezüglich $\boldsymbol{q}_1,\ldots,\boldsymbol{q}_{k-1}$ orthogonalisiert und anschließend normiert.

Durchführung: Sei $\tilde{\boldsymbol{q}}_k$ der unnormierte Vektor, dann setze

$$\bar{\boldsymbol{q}}_k = \tilde{\boldsymbol{q}}_k - \sum_{i=1}^{k-1} (\tilde{\boldsymbol{q}}_k,\boldsymbol{q}_i)_2 \boldsymbol{q}_i$$
$$\boldsymbol{q}_k = \frac{\bar{\boldsymbol{q}}_k}{\|\bar{\boldsymbol{q}}_k\|_2}.$$

Zusätzlich müssen die Koeffizienten der Matrix $\boldsymbol{R}$ durch

$$r_{i,k}^{\text{neu}} = r_{i,k}^{\text{alt}} + (\tilde{\boldsymbol{q}}_k,\boldsymbol{q}_i)_2 \text{ für } i = 1,\dots,k-1$$

modifiziert werden.

Der Rechenaufwand ist im Vergleich zum ursprünglichen Gram-Schmidt-Verfahren etwa doppelt so hoch.

Satz 3.14 (Eindeutigkeit der QR-Zerlegung)
Sei $\boldsymbol{A} \in \mathbb{C}^{n\times n}$ regulär, dann existiert zu je zwei QR-Zerlegungen

$$\boldsymbol{Q}_1\boldsymbol{R}_1 = \boldsymbol{A} = \boldsymbol{Q}_2\boldsymbol{R}_2 \tag{3.3.8}$$

eine unitäre Diagonalmatrix $\boldsymbol{D} \in \mathbb{C}^{n\times n}$ mit

$$\boldsymbol{Q}_1 = \boldsymbol{Q}_2\boldsymbol{D} \quad \textit{und} \quad \boldsymbol{R}_2 = \boldsymbol{D}\boldsymbol{R}_1.$$

Beweis:
Mit $\boldsymbol{D} = \boldsymbol{Q}_2^*\boldsymbol{Q}_1$ liegt wegen Lemma 2.27 eine unitäre Matrix vor, und es gilt

$$\boldsymbol{Q}_1 = \boldsymbol{Q}_2\boldsymbol{D}.$$

Da $\boldsymbol{A}$ regulär ist, sind auch $\boldsymbol{R}_1$ und $\boldsymbol{R}_2$ regulär, und wir erhalten mit (3.3.8)

$$\boldsymbol{D} = \boldsymbol{Q}_2^*\boldsymbol{Q}_1 = \boldsymbol{R}_2\boldsymbol{R}_1^{-1}.$$

Lemma 3.4 in Kombination mit Lemma 2.26 und Lemma 2.27 besagt, dass $\boldsymbol{D}$ eine rechte obere Dreiecksmatrix darstellt. Da $\boldsymbol{D}$ zudem unitär ist, stellt $\boldsymbol{D}$ sogar eine Diagonalmatrix dar. □

Korollar 3.15 *Sei $\boldsymbol{A} \in \mathbb{C}^{n\times n}$ regulär, dann existiert genau eine QR-Zerlegung der Matrix $\boldsymbol{A}$ derart, dass die Diagonalelemente der Matrix $\boldsymbol{R}$ reell und positiv sind.*

3.3.2 Die QR-Zerlegung nach Givens

Wir beschränken uns auf den Fall einer Matrix $\boldsymbol{A} \in \mathbb{R}^{n\times n}$. Die Idee der Givens-Methode liegt in einer sukzessiven Elimination der Unterdiagonalelemente. Beginnend mit der ersten Spalte werden hierzu die Subdiagonalelemente jeder Spalte in aufsteigender Reihenfolge mittels orthogonaler Drehmatrizen annulliert.

Gehen wir zum Beispiel von der Matrix

$$
A = \begin{pmatrix}
* & \cdots & \cdots & \cdots & \cdots & \cdots & \cdots & \cdots & \cdots & \cdots & * \\
0 & \ddots & & & & & & & & & \vdots \\
\vdots & \ddots & \ddots & & & & & & & & \vdots \\
\vdots & & 0 & * & & & & & & & \vdots \\
\vdots & & 0 & 0 & * & & & & & & \vdots \\
\vdots & & \vdots & \vdots & * & \ddots & & & & & \vdots \\
\vdots & & \vdots & \vdots & \vdots & \ddots & \ddots & & & & \vdots \\
\vdots & & \vdots & 0 & \vdots & & \ddots & \ddots & & & \vdots \\
\vdots & & \vdots & * & \vdots & & & \ddots & \ddots & & \vdots \\
\vdots & & \vdots & \vdots & \vdots & & & & & \ddots & \vdots \\
0 & \cdots & 0 & * & * & \cdots & \cdots & \cdots & \cdots & \cdots & *
\end{pmatrix} \in \mathbb{R}^{n \times n}, \quad \leftarrow j\text{-te Zeile}
$$

$\uparrow$ i-te Spalte

aus, das heißt, es gilt

$$a_{k\ell} = 0 \quad \forall \ell \in \{1,\ldots,i-1\} \text{ mit } \ell < k \in \{1,\ldots,n\}, \tag{3.3.9}$$

$$a_{i+1,i} = \ldots = a_{j-1,i} = 0 \tag{3.3.10}$$

und $a_{ji} \neq 0$. Dann suchen wir eine orthogonale Matrix

$$
G_{ji} = \begin{pmatrix}
1 & & & & & & & & & \\
& \ddots & & & & & & & & \\
& & 1 & & & & & & & \\
& & & g_{ii} & 0 & \cdots & 0 & g_{ij} & & \\
& & & 0 & 1 & & & 0 & & \\
& & & \vdots & & \ddots & & \vdots & & \\
& & & 0 & & & 1 & 0 & & \\
& & & g_{ji} & 0 & \cdots & 0 & g_{jj} & & \\
& & & & & & & & 1 & & \\
& & & & & & & & & \ddots & \\
& & & & & & & & & & 1
\end{pmatrix} \in \mathbb{R}^{n \times n}
$$

derart, dass für

$$\widetilde{A} = G_{ji} A$$

neben

$$\tilde{a}_{k\ell} = 0 \quad \forall \ell \in \{1,\ldots,i-1\} \text{ mit } \ell < k \in \{1,\ldots,n\}, \tag{3.3.11}$$

und

$$\tilde{a}_{i+1,i} = \ldots = \tilde{a}_{j-1,i} = 0 \tag{3.3.12}$$

auch

$$\tilde{a}_{ji} = 0 \tag{3.3.13}$$

gilt.

Zunächst unterscheidet sich $\widetilde{\boldsymbol{A}}$ von $\boldsymbol{A}$ lediglich in der i-ten und j-ten Zeile, und es gilt für $\ell = 1,\ldots,n$

$$\tilde{a}_{i\ell} = g_{ii}a_{i\ell} + g_{ij}a_{j\ell}$$
$$\tilde{a}_{j\ell} = g_{ji}a_{i\ell} + g_{jj}a_{j\ell}.$$

Mit (3.3.9) folgt $a_{i\ell} = a_{j\ell} = 0$ für $\ell < i < j$, so dass

$$\tilde{a}_{i\ell} = \tilde{a}_{j\ell} = 0 \quad \text{für} \quad \ell = 1,\ldots,i-1$$

gilt und folglich die Forderungen (3.3.11) und (3.3.12) erfüllt sind. Wohldefiniert durch $a_{ji} \neq 0$ setzen wir

$$g_{ii} = g_{jj} = \frac{a_{ii}}{\sqrt{a_{ii}^2 + a_{ji}^2}}$$

und

$$g_{ij} = -g_{ji} = \frac{a_{ji}}{\sqrt{a_{ii}^2 + a_{ji}^2}}.$$

Somit stellt $\boldsymbol{G}_{ji}$ eine orthogonale Drehmatrix um den Winkel $\alpha = \arccos g_{ii}$ dar, und es gilt

$$\tilde{a}_{ji} = -\frac{a_{ji}}{\sqrt{a_{ii}^2 + a_{ji}^2}}a_{ii} + \frac{a_{ii}}{\sqrt{a_{ii}^2 + a_{ji}^2}}a_{ji} = 0.$$

Definieren wir $\boldsymbol{G}_{ji} = \boldsymbol{I}$ im Fall einer Matrix $\boldsymbol{A}$, die (3.3.9) und (3.3.10) genügt und zudem $a_{ji} = 0$ beinhaltet, dann haben wir mit

$$\widetilde{\boldsymbol{Q}} := \prod_{i=n-1}^{1} \prod_{j=n}^{i+1} \boldsymbol{G}_{ji} := \boldsymbol{G}_{n,n-1} \cdot \ldots \cdot \boldsymbol{G}_{3,2} \cdot \boldsymbol{G}_{n,1} \cdot \ldots \cdot \boldsymbol{G}_{3,1} \cdot \boldsymbol{G}_{2,1}$$

eine orthogonale Matrix, für die

$$\boldsymbol{R} = \widetilde{\boldsymbol{Q}}\boldsymbol{A}$$

eine obere Dreiecksmatrix ist. Mit $\boldsymbol{Q} = \widetilde{\boldsymbol{Q}}^T$ folgt

$$\boldsymbol{A} = \boldsymbol{Q}\boldsymbol{R}.$$

Im Kontext der Givens-Methode haben wir die Möglichkeit, das Gleichungssystem $\boldsymbol{Ax} = \boldsymbol{b}$ mittels eines QR-Verfahrens ohne explizite Abspeicherung der orthogonalen Matrix zu lösen.

Zur Lösung des linearen Gleichungssystems $\boldsymbol{Ax} = \boldsymbol{b}$ ohne Abspeicherung der resultierenden orthogonalen Matrix $\boldsymbol{Q}$ müssen die Drehungen nicht nur auf die Spalten der Matrix $\boldsymbol{A}$, sondern zudem auf die rechte Seite $\boldsymbol{b}$ angewendet werden. Wir ergänzen daher die Matrix $\boldsymbol{A}$ um die rechte Seite $\boldsymbol{b}$ gemäß $\boldsymbol{a}_{n+1} = \boldsymbol{b}$ und erhalten den im Folgenden dargestellten Algorithmus.

Algorithmus Givens-Methode —

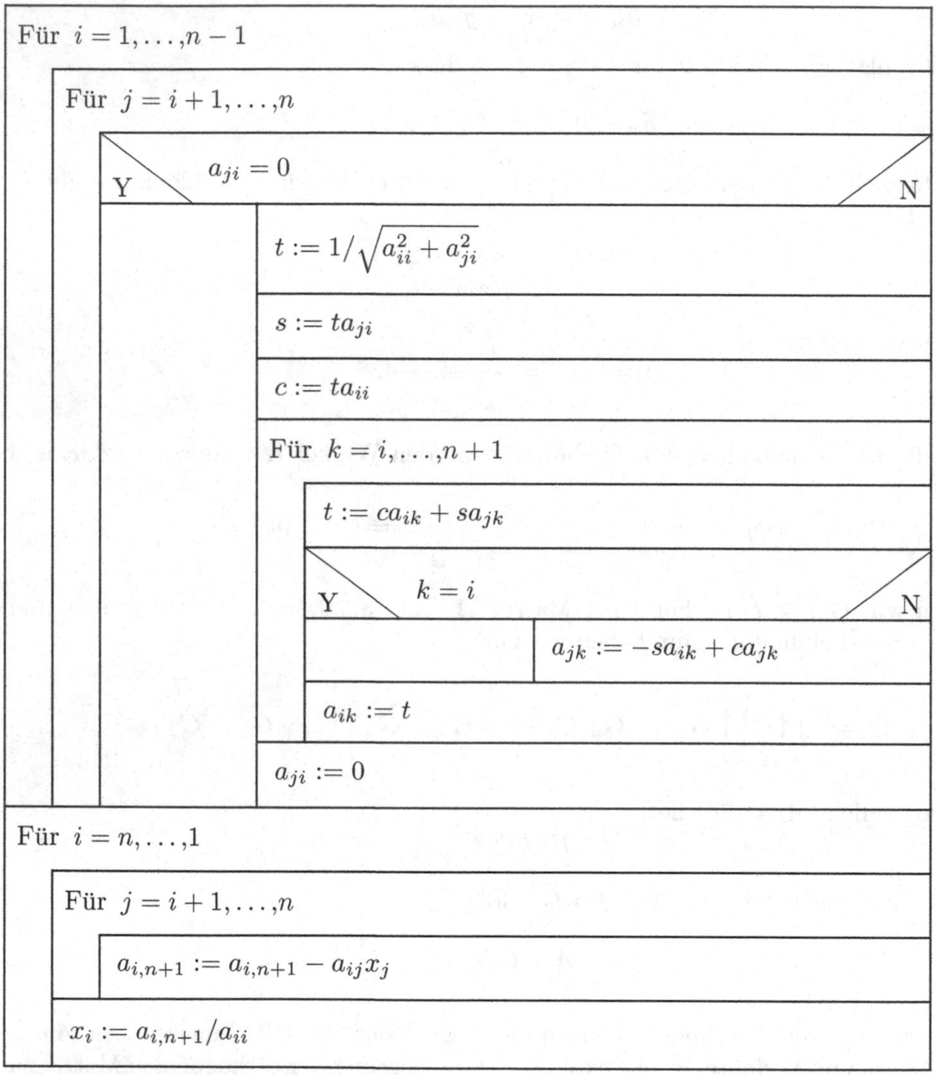

Bei der Givens-Methode ergibt sich ohne Berücksichtigung der rechten Seite $\boldsymbol{b}$ und des expliziten Auflösens des Gleichungssystems durch Rückwärtseinsetzen der folgende Rechenaufwand für eine vollbesetzte Matrix:

\# Multiplikationen + # Divisionen + # Wurzeln

$$\begin{aligned}
&\leq \underbrace{\sum_{i=1}^{n-1} \{2(n-i) + 4(n-i)(n-i+1)\}}_{\text{Multiplikationen}} + \underbrace{\sum_{i=1}^{n-1}(n-i)}_{\text{Divisionen}} + \underbrace{\sum_{i=1}^{n-1}(n-i)}_{\text{Wurzeln}} \\
&= \frac{4}{3}n^3 + 2n^2 - \frac{10}{3}n.
\end{aligned}$$

Im allgemeinen Fall liegt bei der Givens-Methode ein höherer Rechenaufwand im Vergleich zum Gram-Schmidt-Verfahren vor. Durch die im Algorithmus vorgenommene Abfrage reduziert sich jedoch der Aufwand des Givens-Verfahrens durchaus sehr stark, wenn eine Matrix mit besonderer Struktur vorliegt. Betrachtet man beispielsweise eine obere Hessenbergmatrix[1], so müssen lediglich $n-1$ Givens-Rotationen zur Überführung in obere Dreiecksgestalt vorgenommen werden. In diesem Spezialfall reduziert sich der Rechenaufwand von der Größenordnung n^3 auf die Größenordnung n^2. Wir werden diese Eigenschaft später bei der Herleitung des GMRES-Verfahrens ausnutzen.

3.3.3 Die QR-Zerlegung nach Householder

Mit der Householder-Transformation lernen wir nun einen weiteren Weg zur Berechnung einer QR-Zerlegung einer gegebenen Matrix $\boldsymbol{A} \in \mathbb{R}^{n \times n}$ kennen. Wir werden dabei eine sukzessive Überführung der Matrix in rechte obere Dreiecksgestalt vornehmen, wobei im Gegensatz zur Givens-Methode stets Spiegelungs- anstelle von Drehmatrizen genutzt werden. Während die Zielsetzung bei der Givens-Rotation in jedem Schritt in der Annulierung genau eines Matrixelementes liegt, werden im Rahmen der Householder-Transformation stets Spiegelung derart durchgeführt, dass alle Unterdiagonalelemente einer Spalte zu Null werden.

Betrachten wir einen beliebigen Vektor $\boldsymbol{v} \in \mathbb{R}^s \setminus \{\boldsymbol{0}\}$, so suchen wir eine orthogonale, symmetrische Matrix[2] $\boldsymbol{H} \in \mathbb{R}^{s \times s}$ mit $\det \boldsymbol{H} = -1$, für die

$$\boldsymbol{H}\boldsymbol{v} = c \cdot \boldsymbol{e}_1, c \in \mathbb{R} \setminus \{0\} \tag{3.3.14}$$

gilt, wobei $\boldsymbol{e}_1$ den ersten Einheitsvektor repräsentiert. Aufgrund der gewünschten Orthogonalität der Matrix ist die Abbildung laut Satz 2.28 längenerhaltend, womit für die Konstante c aus

$$\|\boldsymbol{v}\|_2 = \|\boldsymbol{H}\boldsymbol{v}\|_2 = \|c \cdot \boldsymbol{e}_1\|_2 = |c| \cdot \|\boldsymbol{e}_1\|_2 = |c|$$

die Darstellung

$$c = \pm\|\boldsymbol{v}\|_2 \tag{3.3.15}$$

folgt. Sei $\boldsymbol{u} \in \mathbb{R}^s$ der Normaleneinheitsvektor zur Spiegelungsebene[3] S der Matrix $\boldsymbol{H}$ mit den durch $\varphi = \angle(\boldsymbol{u},\boldsymbol{v})$ gegebenen Winkel zwischen den Vektoren $\boldsymbol{u}$ und $\boldsymbol{v}$. Dann berechnet sich die Länge ℓ der orthogonalen Projektion von $\boldsymbol{v}$ auf $\boldsymbol{u}$ gemäß Abbildung 3.1 (links) wegen

$$\frac{\ell}{\|\boldsymbol{v}\|_2} = \cos\varphi = \frac{(\boldsymbol{u},\boldsymbol{v})_2}{\underbrace{\|\boldsymbol{u}\|_2}_{=1}\|\boldsymbol{v}\|_2} = \frac{\boldsymbol{u}^T\boldsymbol{v}}{\|\boldsymbol{v}\|_2}$$

zu $\ell = \boldsymbol{u}^T\boldsymbol{v}$.

Für gegebene Vektoren $\boldsymbol{u}$ und $\boldsymbol{v}$ erhalten wir den zu $\boldsymbol{v}$ an S gespiegelten Vektor in der Form

[1] Eine oberen Hessenbergmatrix weist ausschließlich im rechten oberen Dreiecksanteil und auf der unteren Nebendiagonalen nichtverschwindende Einträge auf.

[2] Reellwertige Spiegelungsmatrizen sind stets orthogonal sowie symmetrisch und besitzen die Determinante -1, siehe [17].

[3] In dem hier betrachteten Fall stellt die Spiegelungsebene einen ($n-1$)-dimensionalen Unterraum des $\mathbb{R}^n$ dar.

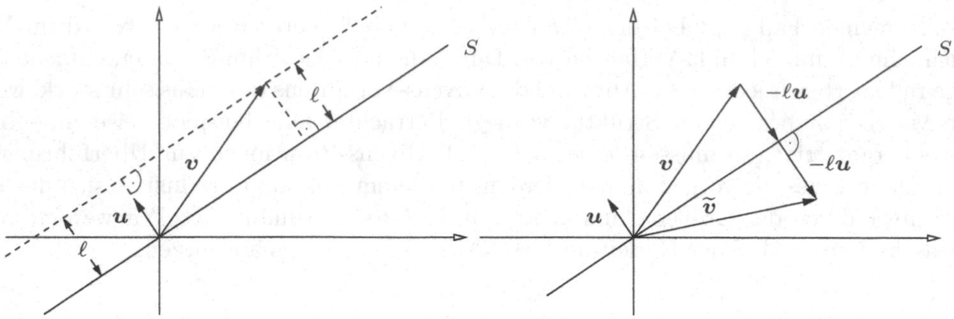

Bild 3.1 Länge der orthogonalen Projektion (links) und Wirkung der Matrix $\boldsymbol{H}$ auf den Vektor $\boldsymbol{v}$ (rechts)

$$\widetilde{\boldsymbol{v}} = \boldsymbol{v} - 2\boldsymbol{u}\ell = \boldsymbol{v} - 2\boldsymbol{u}\boldsymbol{u}^T\boldsymbol{v} = \boldsymbol{H}\boldsymbol{v}$$

mit $\boldsymbol{H} = \boldsymbol{I} - 2\boldsymbol{u}\boldsymbol{u}^T$. Die Wirkung der Matrix $\boldsymbol{H}$ auf den Vektor $\boldsymbol{v}$ ist in Abbildung 3.1 (rechts) dargestellt. Man überprüfe, dass die Spiegelungseigenschaft auch gilt, wenn die Vektoren $\boldsymbol{u}$ und $\boldsymbol{v}$ entgegen der Abbildung 3.1 (rechts) in verschiedene Halbebenen bezüglich der Spiegelungsebene S zeigen.

Bevor wir uns der Festlegung des Vektors $\boldsymbol{u}$ zuwenden, werden wir zunächst die Eigenschaften der resultierenden Matrix $\boldsymbol{H}$ analysieren.

Satz und Definition 3.16 *Sei* $\boldsymbol{u} \in \mathbb{R}^s$ *mit* $\|\boldsymbol{u}\|_2 = 1$, *dann stellt*

$$\boldsymbol{H} = \boldsymbol{I} - 2\boldsymbol{u}\boldsymbol{u}^T \in \mathbb{R}^{s\times s}$$

eine orthogonale und symmetrische Matrix mit $\det \boldsymbol{H} = -1$ *dar und wird als Householder-Matrix bezeichnet.*

Beweis:
Aus

$$\boldsymbol{H}^T = (\boldsymbol{I} - 2\boldsymbol{u}\boldsymbol{u}^T)^T = \boldsymbol{I} - 2(\boldsymbol{u}\boldsymbol{u}^T)^T = \boldsymbol{I} - 2\boldsymbol{u}^{T^T}\boldsymbol{u}^T = \boldsymbol{I} - 2\boldsymbol{u}\boldsymbol{u}^T = \boldsymbol{H}$$

folgt die behauptete Symmetrie und wir erhalten unter Berücksichtigung der euklidischen Längenvoraussetzung $\|\boldsymbol{u}\|_2 = 1$ die Orthogonaltät gemäß

$$\boldsymbol{H}^T\boldsymbol{H} = \boldsymbol{H}^2 = (\boldsymbol{I} - 2\boldsymbol{u}\boldsymbol{u}^T)(\boldsymbol{I} - 2\boldsymbol{u}\boldsymbol{u}^T) = \boldsymbol{I} - 4\boldsymbol{u}\boldsymbol{u}^T + 4\boldsymbol{u}\underbrace{\boldsymbol{u}^T\boldsymbol{u}}_{=1}\boldsymbol{u}^T = \boldsymbol{I}.$$

Erweitern wir den Vektor $\boldsymbol{u}$ mittels der Vektoren $\boldsymbol{y}_1,\ldots,\boldsymbol{y}_{s-1} \in \mathbb{R}^s$ zu einer Orthonormalbasis des $\mathbb{R}^s$ und definieren hiermit die orthogonale Matrix

$$\boldsymbol{Q} = (\boldsymbol{u},\boldsymbol{y}_1,\ldots,\boldsymbol{y}_{s-1}) \in \mathbb{R}^{s\times s},$$

so gilt $\boldsymbol{u}^T\boldsymbol{Q} = (1,0,\ldots,0) = \boldsymbol{e}_1^T$ und folglich erhalten wir aus

$$\begin{aligned}\boldsymbol{Q}^{-1}\boldsymbol{H}\boldsymbol{Q} &= \boldsymbol{Q}^T\boldsymbol{H}\boldsymbol{Q} = \boldsymbol{Q}^T(\boldsymbol{I} - 2\boldsymbol{u}\boldsymbol{u}^T)\boldsymbol{Q} \\ &= \boldsymbol{Q}^T\boldsymbol{Q} - 2\boldsymbol{Q}^T\boldsymbol{u}\boldsymbol{u}^T\boldsymbol{Q} = \boldsymbol{I} - 2\boldsymbol{e}_1\boldsymbol{e}_1^T = \begin{pmatrix} -1 & & & \\ & 1 & & \\ & & \ddots & \\ & & & 1 \end{pmatrix}\end{aligned}$$

direkt

$$-1 = \det(\boldsymbol{Q}^{-1}\boldsymbol{H}\boldsymbol{Q}) = \underbrace{\det \boldsymbol{Q}^{-1}}_{=1/\det \boldsymbol{Q}} \det \boldsymbol{H} \det \boldsymbol{Q} = \det \boldsymbol{H}.$$

□

Da die gewünschte Eigenschaft $\boldsymbol{H}\boldsymbol{v} = c\,\boldsymbol{e}_1$ wegen $c = \pm\|\boldsymbol{v}\|_2$ nur bis auf das Vorzeichen eindeutig ist, ergeben sich zwei mögliche, jeweils durch einen Einheitsnormalenvektor $\boldsymbol{u}_\pm$ festgelegte Spiegelungsebenen $S_\pm$. Geometrisch wird aus der Abbildung 3.2 (links) deutlich, dass die Spiegelung von $\boldsymbol{v}$ auf $\|\boldsymbol{v}\|_2\boldsymbol{e}_1$ eine Spiegelungsebene S_+ erfordert, die die Winkelhalbierende zu $\boldsymbol{v}$ und $\boldsymbol{e}_1$ enthält. Wir nutzen demzufolge

$$\boldsymbol{u}_+ = \frac{\boldsymbol{v} - \|\boldsymbol{v}\|_2\boldsymbol{e}_1}{\|\boldsymbol{v} - \|\boldsymbol{v}\|_2\boldsymbol{e}_1\|_2}$$

als Vektor in Richtung einer Diagonalen des aus $\boldsymbol{v}$ und $\|\boldsymbol{v}\|_2\boldsymbol{e}_1$ gebildeten Parallelogramms.

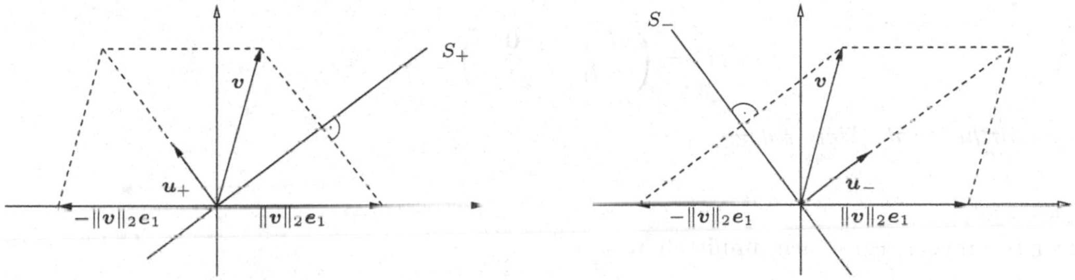

Bild 3.2 Festlegung des Einheitsnormalenvektors $\boldsymbol{u}_+$ respektive $\boldsymbol{u}_-$ zur Spiegelung auf $\|\boldsymbol{v}\|_2\boldsymbol{e}_1$ (links) beziehungsweise $-\|\boldsymbol{v}\|_2\boldsymbol{e}_1$ (rechts)

Abbildung 3.2 (rechts) kann zudem entnommen werden, dass die Spiegelung von $\boldsymbol{v}$ auf $-\|\boldsymbol{v}\|_2\boldsymbol{e}_1$ entsprechend durch die Wahl

$$\boldsymbol{u}_- = \frac{\boldsymbol{v} + \|\boldsymbol{v}\|_2\boldsymbol{e}_1}{\|\boldsymbol{v} + \|\boldsymbol{v}\|_2\boldsymbol{e}_1\|_2}$$

erwartet werden kann. Die Korrektheit dieser heuristischen Vorgehensweise zur Bestimmung der Vektoren $\boldsymbol{u}_+$ und $\boldsymbol{u}_-$ können wir durch einfaches Nachrechnen der entsprechenden Abbildungseigenschaften belegen. Unter Berücksichtigung von

$$\|\boldsymbol{v} \mp \|\boldsymbol{v}\|_2\boldsymbol{e}_1\|_2^2 = \boldsymbol{v}^T\boldsymbol{v} \mp 2\|\boldsymbol{v}\|_2\boldsymbol{e}_1^T\boldsymbol{v} + \underbrace{\|\boldsymbol{v}\|_2^2}_{=\boldsymbol{v}^T\boldsymbol{v}} = 2(\boldsymbol{v}^T \mp \|\boldsymbol{v}\|_2\boldsymbol{e}_1^T)\boldsymbol{v} \tag{3.3.16}$$

erhalten wir für die zugehörigen Matrizen $\boldsymbol{H}_\pm = \boldsymbol{I} - 2\boldsymbol{u}_\pm\boldsymbol{u}_\pm^T$ aus

$$\begin{aligned} \boldsymbol{H}_\pm\boldsymbol{v} &= \boldsymbol{v} - 2\boldsymbol{u}_\pm\boldsymbol{u}_\pm^T\boldsymbol{v} = \boldsymbol{v} - 2\frac{\boldsymbol{v} \mp \|\boldsymbol{v}\|_2\boldsymbol{e}_1}{\|\boldsymbol{v} \mp \|\boldsymbol{v}\|_2\boldsymbol{e}_1\|_2^2}\underbrace{(\boldsymbol{v} \mp \|\boldsymbol{v}\|_2\boldsymbol{e}_1)^T\boldsymbol{v}}_{\overset{(3.3.16)}{=} \frac{1}{2}\|\boldsymbol{v} \mp \|\boldsymbol{v}\|_2\boldsymbol{e}_1\|_2^2} \\ &= \boldsymbol{v} - (\boldsymbol{v} \mp \|\boldsymbol{v}\|_2\boldsymbol{e}_1) = \pm\|\boldsymbol{v}\|_2\boldsymbol{e}_1 \end{aligned} \tag{3.3.17}$$

den gewünschten Nachweis. Um einen bei der Berechnung von $\boldsymbol{v} \mp \|\boldsymbol{v}\|_2 \boldsymbol{e}_1$ vorliegenden Rundungsfehler nicht durch eine Division mit einer kleinen Zahl unnötig zu vergrößern, wird die Vorzeichenwahl derart vorgenommen, dass

$$\|\boldsymbol{v} \mp \|\boldsymbol{v}\|_2 \boldsymbol{e}_1\|_2^2 = (v_1 \mp \|\boldsymbol{v}\|_2)^2 + v_2^2 + \ldots v_s^2 \tag{3.3.18}$$

maximal wird. Aus (3.3.18) wird sofort ersichtlich, dass sich somit

$$\boldsymbol{u} = \frac{\boldsymbol{v} + \operatorname{sgn}(v_1)\|\boldsymbol{v}\|_2 \boldsymbol{e}_1}{\|\boldsymbol{v} + \operatorname{sgn}(v_1)\|\boldsymbol{v}\|_2 \boldsymbol{e}_1\|_2} \quad \text{mit} \quad \operatorname{sgn}(x) = \begin{cases} 1, & \text{für } x \geq 0 \\ -1, & \text{für } x < 0 \end{cases}$$

ergibt. Zur endgültigen Konstruktion der, für den Householder-Algorithmus notwendigen Matrizen betrachten wir zunächst noch folgendes Hilfsresultat, wobei mit der Abkürzung $\boldsymbol{I}_k$ stets die Einheitsmatrix im $\mathbb{R}^{k \times k}$ bezeichnet wird.

Lemma 3.17 *Sei $\boldsymbol{u}_s \in \mathbb{R}^s$ mit $\|\boldsymbol{u}_s\|_2 = 1$ gegeben und $\widetilde{\boldsymbol{H}_s} = \boldsymbol{I}_s - 2\boldsymbol{u}_s \boldsymbol{u}_s^T \in \mathbb{R}^{s \times s}$ die zugehörige Householder-Matrix, dann stellt*

$$\boldsymbol{H}_s = \begin{pmatrix} \boldsymbol{I}_{n-s} & \boldsymbol{0} \\ \boldsymbol{0} & \widetilde{\boldsymbol{H}}_s \end{pmatrix} \in \mathbb{R}^{n \times n}$$

eine orthogonale Matrix dar.

Beweis:
Der Nachweis ergibt sich unmittelbar aus

$$\boldsymbol{H}_s^T \boldsymbol{H}_s = \begin{pmatrix} \boldsymbol{I}_{n-s} & \boldsymbol{0} \\ \boldsymbol{0} & \widetilde{\boldsymbol{H}}_s^T \widetilde{\boldsymbol{H}}_s \end{pmatrix} = \begin{pmatrix} \boldsymbol{I}_{n-s} & \boldsymbol{0} \\ \boldsymbol{0} & \boldsymbol{I}_s \end{pmatrix} = \boldsymbol{I}_n \, .$$

□

Unter Verwendung der erzielten Resultate können wir eine sukzessive Überführung einer gegebenen Matrix $\boldsymbol{A} \in \mathbb{R}^{n \times n}$ in obere Dreiecksgestalt vornehmen. Wir setzen hierzu $\boldsymbol{A}^{(0)} = \boldsymbol{A}$ und schreiben

$$\boldsymbol{A}^{(0)} = \begin{pmatrix} a_{11}^{(0)} & \ldots & a_{1n}^{(0)} \\ \vdots & & \vdots \\ a_{n1}^{(0)} & \ldots & a_{nn}^{(0)} \end{pmatrix}.$$

Mit $\boldsymbol{a}^{(0)} = (a_{11}^{(0)}, \ldots, a_{n1}^{(0)})^T$ definieren wir unter Verwendung von

$$\boldsymbol{u}_n = \frac{\boldsymbol{a}^{(0)} + \operatorname{sgn}(a_{11}^{(0)})\|\boldsymbol{a}^{(0)}\|_2 \boldsymbol{e}_1}{\|\boldsymbol{a}^{(0)} + \operatorname{sgn}(a_{11}^{(0)})\|\boldsymbol{a}^{(0)}\|_2 \boldsymbol{e}_1\|_2}$$

die Householder-Matrix

$$\boldsymbol{H}_n = \boldsymbol{I}_n - 2\boldsymbol{u}_n \boldsymbol{u}_n^T \in \mathbb{R}^{n \times n}$$

Folglich besitzt $\boldsymbol{A}^{(1)} = \boldsymbol{H}_n \boldsymbol{A}^{(0)}$ laut (3.3.17) die Gestalt

$$
\boldsymbol{A}^{(1)} = \begin{pmatrix} a_{11}^{(1)} & a_{12}^{(1)} & \dots & a_{1n}^{(1)} \\ 0 & a_{22}^{(1)} & \dots & a_{2n}^{(1)} \\ \vdots & \vdots & & \vdots \\ 0 & a_{n2}^{(1)} & \dots & a_{nn}^{(1)} \end{pmatrix}.
$$

Diese Vorgehensweise werden wir auf weitere Spalten übertragen, wobei stets kleiner werdende rechte untere Anteile der Matrix betrachtet werden. Die Zielsetzung legt dabei in der Annulierung der Unterdiagonalelemente. Liegt nach k Transformationsschritten die Matrix

$$
\boldsymbol{A}^{(k)} = \left(\begin{array}{c|ccc} \boldsymbol{R}^{(k)} & & \boldsymbol{B}^{(k)} & \\ \hline & a_{k+1,k+1}^{(k)} & \dots & a_{k+1,n}^{(k)} \\ \boldsymbol{0} & \vdots & & \vdots \\ & a_{n,k+1}^{(k)} & \dots & a_{nn}^{(k)} \end{array}\right) \in \mathbb{R}^{n \times n}
$$

vor, wobei $\boldsymbol{R}^{(k)} \in \mathbb{R}^{k \times k}$ eine rechte obere Dreiecksmatrix darstellt und $\boldsymbol{B}^{(k)} \in \mathbb{R}^{k \times (n-k)}$ gilt, so setzen wir $\boldsymbol{a}^{(k)} = (a_{k+1,k+1}^{(k)}, \dots, a_{k+1,n}^{(k)})^T \in \mathbb{R}^{n-k}$. Analog zum Übergang von $\boldsymbol{A}^{(0)}$ auf $\boldsymbol{A}^{(1)}$ konstruieren wir mit

$$
\boldsymbol{u}_{n-k} = \frac{\boldsymbol{a}^{(k)} + \operatorname{sgn}(a_{k+1,k+1}^{(k)}) \|\boldsymbol{a}^{(k)}\|_2 \boldsymbol{e}_1}{\|\boldsymbol{a}^{(k)} + \operatorname{sgn}(a_{k+1,k+1}^{(k)}) \|\boldsymbol{a}^{(k)}\|_2 \boldsymbol{e}_1\|_2}
$$

die Householder-Matrix $\widetilde{\boldsymbol{H}}_{n-k} = \boldsymbol{I}_{n-k} - 2\boldsymbol{u}_{n-k}\boldsymbol{u}_{n-k}^T \in \mathbb{R}^{(n-k)\times(n-k)}$. Laut Lemma 3.17 stellt

$$
\boldsymbol{H}_{n-k} = \begin{pmatrix} \boldsymbol{I}_k & \boldsymbol{0} \\ \boldsymbol{0} & \widetilde{\boldsymbol{H}}_{n-k} \end{pmatrix} \in \mathbb{R}^{n \times n}
$$

eine orthogonale Matrix dar und wir erhalten für $\boldsymbol{A}^{(k+1)} = \boldsymbol{H}_{n-k}\boldsymbol{A}^{(k)}$ die Darstellung

$$
\boldsymbol{A}^{(k+1)} = \left(\begin{array}{c|cccc} \boldsymbol{R}^{(k)} & & \boldsymbol{B}^{(k)} & & \\ \hline & a_{k+1,k+1}^{(k+1)} & a_{k+1,k+2}^{(k+1)} & \dots & a_{k+1,n}^{(k+1)} \\ & 0 & a_{k+2,k+2}^{(k+1)} & \dots & a_{k+2,n}^{(k+1)} \\ \boldsymbol{0} & & & & \\ & \vdots & \vdots & & \vdots \\ & 0 & a_{n,k+2}^{(k+1)} & \dots & a_{nn}^{(k+1)} \end{array}\right)
$$

$$
= \left(\begin{array}{c|ccc} \boldsymbol{R}^{(k+1)} & & \boldsymbol{B}^{(k+1)} & \\ \hline & a_{k+2,k+2}^{(k+1)} & \dots & a_{k+2,n}^{(k+1)} \\ \boldsymbol{0} & \vdots & & \vdots \\ & a_{n,k+2}^{(k+1)} & \dots & a_{nn}^{(k+1)} \end{array}\right) \in \mathbb{R}^{n \times n}
$$

mit einer rechten oberen Dreiecksmatrix $\boldsymbol{R}^{(k+1)} \in \mathbb{R}^{(k+1)\times(k+1)}$. Nach $n-1$ Schritten[4] ergibt sich demzufolge die rechte obere Dreiecksmatrix

[4] Überlegen Sie, warum bereits $n-1$ Schritte ausreichend sind.

$$\boldsymbol{R} = \boldsymbol{R}^{(n)} = \boldsymbol{H}_2\boldsymbol{H}_3 \cdots \boldsymbol{H}_n\boldsymbol{A}. \tag{3.3.19}$$

Durch Lemma 3.17 wissen wir, dass alle verwendeten Matrizen $\boldsymbol{H}_2, \ldots, \boldsymbol{H}_n$ orthogonal sind und folglich mit $\boldsymbol{Q} = \boldsymbol{H}_n^T\boldsymbol{H}_{n-1}^T \ldots \boldsymbol{H}_2^T$ ebenfalls eine orthogonale Matrix vorliegt, die wegen

$$\boldsymbol{A} = (\boldsymbol{H}_2\boldsymbol{H}_3 \cdots \boldsymbol{H}_n)^T\boldsymbol{R} = \boldsymbol{H}_n^T\boldsymbol{H}_{n-1}^T \ldots \boldsymbol{H}_2^T\boldsymbol{R} = \boldsymbol{QR}$$

die gewünschte QR-Zerlegung liefert.

Zusammenfassend lässt sich die QR-Zerlegung nach Householder in folgender Form darstellen, wobei wir die Matrix $\boldsymbol{A}$ um die rechte Seite $\boldsymbol{b}$ gemäß $\boldsymbol{a}_{n+1} = \boldsymbol{b}$ ergänzen und somit eine direkte Lösung des Gleichungssystems $\boldsymbol{Ax} = \boldsymbol{b}$ ermöglicht wird. Die Matrix $\boldsymbol{Q}$ ist dabei implizit über die Vektoren $\boldsymbol{u}_{n-k+1}$, $k = 1, \ldots, n$ gegeben, die den linken unteren Dreiecksanteil der resultierenden Matrix bilden. Da die Vektoren $\boldsymbol{u}_{n-k+1}$ jedoch stets die Dimension $n-k+1$ besitzen, ergibt sich in Verbindung mit der rechten oberen Dreicksmatrix $\boldsymbol{R}$ eine Doppelbelegung der Diagonalen. Daher werden die Diagonalelemente der Matrix $\boldsymbol{R}$ im Vektor $\boldsymbol{d}$ abgespeichert. Zum einfachen Verständnis der algorithmischen Darstellung sei noch auf einige algebraische Zusammenhänge hingewiesen. Sei $\boldsymbol{a} = (a_{kk}, \ldots, a_{kn})^T \in \mathbb{R}^{n-k+1}$, so gelten für die im Verfahren auftretenden Hilfsgrößen d_k und β die Darstellungen $d_k = -\text{sgn}(a_{kk})\|\boldsymbol{a}\|_2$ und $\beta \overset{(3.3.18)}{=} 1/(\|\boldsymbol{a} + \text{sgn}(a_{kk})\|\boldsymbol{a}\|_2\boldsymbol{e}_1\|_2^2)$.

Vernachlässigen wir wie bei den vorhergehenden Verfahren die rechte Seite und das explizite Lösen des Gleichungssystems durch Rückwärtseinsetzen, so ergibt sich der folgende Rechenaufwand:

\# Multiplikationen + \# Divisionen + \# Wurzeln

$$\begin{aligned}
&= \underbrace{\sum_{k=1}^{n} \{2(n-k+1) + (n-k)(2(n-k+1)+1)\}}_{\text{Multiplikationen}} + \underbrace{\sum_{k=1}^{n} \{1 + (n-k+1)\}}_{\text{Divisionen}} \\
&\quad + \underbrace{\sum_{k=1}^{n} \{1 + (n-k+1)\}}_{\text{Wurzeln}} \\
&= \frac{2}{3}n^3 + 2n^2 - \frac{16}{3}n.
\end{aligned}$$

Bei einer großen Dimension n des Gleichungssystems liegt im Fall einer vollbesetzten Matrix mit dem Householder-Verfahren eine Methode vor, die etwa die Hälfte der zugrundegelegten arithmetischen Operationen der Givens-Methode und etwa $2/3$ der Operationen des Gram-Schmidt-Verfahrens benötigt. Es sei jedoch bei diesem Vergleich nochmals daraufhingewiesen, dass der Givens-Algorithmus bei Matrizen mit besonderer Struktur häufig den geringsten Rechenaufwand aller drei Verfahren aufweist.

Algorithmus Householder-Methode —

- Für $k = 1,\ldots,n$
  - $\alpha := 0$
  - Für $i = k,\ldots,n$
    - $\alpha := \alpha + a_{ik}^2$
  - $a_{kk} > 0$
    - Y: $d_k := -\sqrt{\alpha}$
    - N: $d_k := \sqrt{\alpha}$
  - $\beta := \dfrac{1}{d_k\, a_{kk} - \alpha}$
  - $a_{kk} := a_{kk} - d_k$
  - Für $j = k+1,\ldots,n+1$
    - $\alpha := 0$
    - Für $i = k,\ldots,n$
      - $\alpha := \alpha + a_{ik}\, a_{ij}$
    - $\gamma := \beta \cdot \alpha$
    - Für $i = k,\ldots,n$
      - $a_{ij} := a_{ij} + \gamma\, a_{ik}$
  - Für $i = k,\ldots,n$
    - $a_{ik} := \sqrt{-\dfrac{\beta}{2}}\; a_{ik}$
- Für $k = n,\ldots,1$
  - Für $j = k+1,\ldots,n$
    - $a_{k,n+1} := a_{k,n+1} - a_{kj}x_j$
  - $x_k := a_{k,n+1}/a_{kk}$

3.4 Übungsaufgaben

Aufgabe 1:
Man berechne die LR-Zerlegung der Matrix

$$A = \begin{pmatrix} 1 & 4 & 5 \\ 1 & 6 & 11 \\ 2 & 14 & 31 \end{pmatrix}$$

und löse hiermit das lineare Gleichungssystem $\boldsymbol{Ax} = (17, 31, 82)^T$.

Aufgabe 2:
Gegeben ist das lineare Gleichungssystem $\boldsymbol{A\,x} = \boldsymbol{b}$ mit

$$\boldsymbol{A} = \begin{pmatrix} 4 & \alpha \\ 6 & 15 \end{pmatrix}, \quad \boldsymbol{b} = \begin{pmatrix} 8 \\ \beta \end{pmatrix} .$$

(a) Für welche Werte von α und β besitzt dieses Gleichungssystem
   (1) eine eindeutige Lösung,
   (2) keine Lösung,
   (3) unendlich viele Lösungen ?

(b) Für den Fall, dass $\boldsymbol{Ax} = \boldsymbol{b}$ eindeutig lösbar ist, gebe man die Lösung in Abhängigkeit von den Parametern α,β an.

Aufgabe 3:
Beweisen Sie, dass zu jeder symmetrischen, positiv definiten Matrix $\boldsymbol{A} \in \mathbb{R}^{n\times n}$ genau eine untere Dreiecksmatrix $\boldsymbol{L} \in \mathbb{R}^{n\times n}$ mit positiven Diagonalelementen existiert, für welche $\boldsymbol{A} = \boldsymbol{LL}^T$ gilt.

Aufgabe 4:
Man berechne die QR-Zerlegung der Matrix

$$\boldsymbol{A} = \begin{pmatrix} 1 & 3 \\ -1 & 1 \end{pmatrix}$$

und löse hiermit das lineare Gleichungssystem $\boldsymbol{Ax} = (16, 0)^T$.

Aufgabe 5:
Gegeben sei die Matrix

$$\boldsymbol{A} = \begin{pmatrix} 1 & 3 & 4 & 1 \\ 2 & 7 & a & 4 \\ 1 & 4 & 6 & 1 \\ 3 & 4 & 9 & 0 \end{pmatrix}.$$

(a) Für welchen Wert von a besitzt $\boldsymbol{A}$ keine LR-Zerlegung.

(b) Berechnen Sie eine LR-Zerlegung von $\boldsymbol{A}$ im Existenzfall.

(c) Für den Fall, dass $\boldsymbol{A}$ keine LR-Zerlegung besitzt, geben Sie eine Permutationsmatrix $\boldsymbol{P}$ derart an, dass $\boldsymbol{PA}$ eine LR-Zerlegung besitzt.

Aufgabe 6:
Gegeben sei eine reguläre Matrix $\boldsymbol{A} \in \mathbb{R}^{n\times n}$ mit Bandbreite d, das heißt es gilt $\boldsymbol{A} = (a_{ij})_{i,j=1,\dots,n}$ mit $a_{ij} = 0$ für $|i-j| \geq d$. Zudem seien alle Hauptabschnittsdeterminanten von $\boldsymbol{A}$ ungleich Null.

Zeigen Sie: Bei der LR-Zerlegung von $\boldsymbol{A}$ bleibt die Bandstruktur erhalten, d.h. $\boldsymbol{L}$ und $\boldsymbol{R}$ besitzen die Bandbreite d.

Aufgabe 7:
Gegeben sei die Tridiagonalmatrix

$$\boldsymbol{A}_n = \begin{pmatrix} a_1 & c_2 & & \\ b_1 & a_2 & \ddots & \\ & \ddots & \ddots & c_n \\ & & b_{n-1} & a_n \end{pmatrix}, \quad c_1 := 0, \quad b_n := 0.$$

Zeigen Sie, dass unter den Voraussetzungen

$$|b_j| + |c_j| \leq |a_j| \quad \text{und} \quad |b_j| < |a_j|, \quad j = 1,\dots,n$$

eine LR-Zerlegung von $\boldsymbol{A}_n$ in der Form

$$\boldsymbol{L}_n = \begin{pmatrix} 1 & & & \\ \alpha_1 & \ddots & & \\ & \ddots & \ddots & \\ & & \alpha_{n-1} & 1 \end{pmatrix} \quad \text{und} \quad \boldsymbol{R}_n = \begin{pmatrix} \beta_1 & c_2 & & \\ & \ddots & \ddots & \\ & & \ddots & c_n \\ & & & \beta_n \end{pmatrix}$$

existiert. Geben Sie eine Rekursionsformel zur Berechnung der α_j und β_j an.

Hinweis: Zeigen Sie induktiv: $|\alpha_j| < 1$, $j = 1,\dots,n-1$ und $|\beta_j| > 0$, $j = 1,\dots,n$.

Aufgabe 8:
Es sei $\boldsymbol{A} \in \mathbb{C}^{n\times n}$ regulär und es gelte $\boldsymbol{A} = \boldsymbol{QR}$, wobei $\boldsymbol{Q} \in \mathbb{C}^{n\times n}$ unitär ist und $\boldsymbol{R} \in \mathbb{C}^{n\times n}$ eine rechte obere Dreiecksmatrix darstellt. Es bezeichne $\boldsymbol{a}_j \in \mathbb{C}^n$ bzw. $\boldsymbol{q}_j \in \mathbb{C}^n$ den j-ten Spaltenvektor von $\boldsymbol{A}$ bzw. $\boldsymbol{Q}$, $j = 1,\dots,n$. Zeigen Sie:

$$\operatorname{span}\{\boldsymbol{a}_1,\dots,\boldsymbol{a}_j\} = \operatorname{span}\{\boldsymbol{q}_1,\dots,\boldsymbol{q}_j\} \quad \text{für alle} \quad j = 1,\dots,n.$$

Aufgabe 9:
Berechnen Sie eine Cholesky-Zerlegung der Matrix

$$\boldsymbol{A} = \begin{pmatrix} 9 & 3 & 9 \\ 3 & 9 & 11 \\ 9 & 11 & 17 \end{pmatrix}$$

und lösen Sie hiermit das lineare Gleichungssystem

$$\boldsymbol{Ax} = \begin{pmatrix} 24 \\ 16 \\ 32 \end{pmatrix}.$$

Aufgabe 10:

(a) Gegeben sei die Matrix

$$\boldsymbol{A} = \begin{pmatrix} \boldsymbol{A}_{11} & \boldsymbol{A}_{12} \\ \boldsymbol{0} & \boldsymbol{A}_{22} \end{pmatrix} \in \mathbb{R}^{n \times n}$$

mit $\boldsymbol{A}_{ii} \in \mathbb{R}^{m_i \times m_i}$, $i = 1{,}2$, wobei $m_1 + m_2 = n$ und $\det \boldsymbol{A}_{ii} \neq 0$, $i = 1{,}2$ gilt. Man zeige, dass $\boldsymbol{A}$ invertierbar ist und bestimme eine Blockdarstellung der Inversen $\boldsymbol{A}^{-1}$.

(b) Unter Benutzung geeigneter Blockbildungen berechne man die Inverse von

$$\boldsymbol{B} = \begin{pmatrix} 1 & 2 & 3 & 1 & 0 \\ 2 & 5 & 7 & 1 & 1 \\ 0 & 1 & 2 & 1 & 1 \\ 0 & 0 & 0 & 1 & 0 \\ 0 & 0 & 0 & 0 & 1 \end{pmatrix}.$$

Aufgabe 11:

Gegeben seien eine symmetrische Matrix $\boldsymbol{A}_{n-1} \in \mathbb{R}^{(n-1)\times(n-1)}$ und eine untere Dreiecksmatrix $\boldsymbol{L}_{n-1} \in \mathbb{R}^{(n-1)\times(n-1)}$ mit positiven Diagonalelementen, die $\boldsymbol{L}_{n-1}\boldsymbol{L}_{n-1}^T = \boldsymbol{A}_{n-1}$ erfülle. Weiter seien $\boldsymbol{b} \in \mathbb{R}^{n-1}$ ein Spaltenvektor, $\alpha \in \mathbb{R}$ und

$$\boldsymbol{A}_n := \begin{pmatrix} \boldsymbol{A}_{n-1} & \boldsymbol{b} \\ \boldsymbol{b}^T & \alpha \end{pmatrix} \in \mathbb{R}^{n \times n}$$

symmetrisch und positiv definit. Zeigen Sie, dass ein Vektor $\boldsymbol{c} \in \mathbb{R}^{n-1}$ und eine positive reelle Zahl β existieren, so dass

$$\boldsymbol{A}_n = \begin{pmatrix} \boldsymbol{L}_{n-1} & 0 \\ \boldsymbol{c}^T & \beta \end{pmatrix} \begin{pmatrix} \boldsymbol{L}_{n-1}^T & \boldsymbol{c} \\ 0 & \beta \end{pmatrix}$$

gilt.

Aufgabe 12:

Gegeben sei die Matrix

$$\boldsymbol{A} = \begin{pmatrix} 1 & 4 & 7 \\ 2 & \alpha & \beta \\ 0 & 1 & 1 \end{pmatrix}.$$

Unter welchen Voraussetzungen an die Werte $\alpha,\beta \in \mathbb{R}$ ist die Matrix regulär und besitzt zudem eine LR-Zerlegung. Geben Sie zudem ein Parameterpaar (α,β) derart an, dass die Matrix $\boldsymbol{A}$ regulär ist und keine LR-Zerlegung besitzt.

Aufgabe 13:

Zeigen Sie, dass die in Lemma 3.17 definierten Matrizen $\boldsymbol{H}_n$ neben der nachgewiesenen Orthogonalität auch symmetrisch sind und die Determinante -1 besitzen, also folglich eine Spiegelung repräsentieren.

4 Iterative Verfahren

Die präsentierten direkten Verfahren stellen bei einer kleinen Anzahl von Unbekannten oftmals eine effiziente Vorgehensweise dar. Praxisrelevante Problemstellungen (siehe Beispiele 1.1 und 1.4) führen jedoch häufig auf große schwachbesetzte Gleichungssysteme. Die Speicherung derartiger Gleichungssysteme wird gewöhnlich erst durch die Vernachlässigung der Nullelemente der Matrix, die teilweise über 99% der Matrixkoeffizienten darstellen, ermöglicht. Betrachten wir die erläuterte Diskretisierung der Konvektions-Diffusions-Gleichung mit $N = 500$, so benötigen wir bei einem vorausgesetzten Speicherplatzbedarf von 8 Byte für jede reelle Zahl etwa 10 Megabyte zur Speicherung der nichtverschwindenden Matrixkoeffizienten. Dagegen würde das Abspeichern der gesamten Matrix 500 Gigabyte beanspruchen.

Direkte Verfahren können in der Regel die besondere Gestalt der Gleichungssysteme nicht ausnutzen, wodurch vollbesetzte Zwischenmatrizen generiert werden, die einerseits den verfügbaren Speicherplatz überschreiten und andererseits zu unakzeptablen Rechenzeiten führen (siehe Tabelle 3.1). Desweiteren entstehen solche Gleichungssysteme zumeist durch eine Diskretisierung der zugrundeliegenden Aufgabenstellung, wodurch auch die exakte Lösung des Gleichungssystems nur eine Approximation an die gesuchte Lösung darstellt. Folglich erweist sich eine Näherungslösung für das Gleichungssystem mit einem Fehler in der Größenordnung des Diskretisierungsfehlers als ausreichend. Hierzu eignen sich iterative Methoden hervorragend.

Wir betrachten ein lineares Gleichungssystem der Form

$$\boldsymbol{A}\boldsymbol{x} = \boldsymbol{b} \tag{4.0.1}$$

mit gegebener rechter Seite $\boldsymbol{b} \in \mathbb{C}^n$ und regulärer Matrix $\boldsymbol{A} \in \mathbb{C}^{n\times n}$. Iterative Verfahren ermitteln sukzessive Näherungen $\boldsymbol{x}_m$ an die exakte Lösung $\boldsymbol{A}^{-1}\boldsymbol{b}$ durch wiederholtes Ausführen einer festgelegten Rechenvorschrift

$$\boldsymbol{x}_{m+1} = \phi(\boldsymbol{x}_m,\boldsymbol{b}) \text{ für } m = 0,1,\ldots$$

bei gewähltem Startvektor $\boldsymbol{x}_0 \in \mathbb{C}^n$.

Bevor wir uns mit speziellen numerischen Methoden beschäftigen werden, wollen wir in diesem Abschnitt zunächst einige zweckdienliche Eigenschaften iterativer Verfahren beschreiben.

Definition 4.1 Ein Iterationsverfahren ist gegeben durch eine Abbildung

$$\phi : \mathbb{C}^n \times \mathbb{C}^n \to \mathbb{C}^n$$

und heißt linear, falls Matrizen $\boldsymbol{M},\boldsymbol{N} \in \mathbb{C}^{n\times n}$ derart existieren, dass

$$\phi(\boldsymbol{x},\boldsymbol{b}) = \boldsymbol{M}\boldsymbol{x} + \boldsymbol{N}\boldsymbol{b}$$

gilt. Die Matrix $\boldsymbol{M}$ wird als Iterationsmatrix der Iteration ϕ bezeichnet.

Die Matrizen $\boldsymbol{M}$ und $\boldsymbol{N}$ werden hierbei eindeutig durch die Iterationsvorschrift festgelegt.

Definition 4.2 Einen Vektor $\tilde{\boldsymbol{x}} \in \mathbb{C}^n$ bezeichnen wir als Fixpunkt des Iterationsverfahrens $\phi : \mathbb{C}^n \times \mathbb{C}^n \to \mathbb{C}^n$ zu $\boldsymbol{b} \in \mathbb{C}^n$, falls

$$\tilde{\boldsymbol{x}} = \phi(\tilde{\boldsymbol{x}},\boldsymbol{b})$$

gilt.

Definition 4.3 Ein Iterationsverfahren ϕ heißt konsistent zur Matrix $\boldsymbol{A}$, wenn für alle $\boldsymbol{b} \in \mathbb{C}^n$ die Lösung $\boldsymbol{A}^{-1}\boldsymbol{b}$ ein Fixpunkt von ϕ zu $\boldsymbol{b}$ ist. Ein Iterationsverfahren ϕ heißt konvergent, wenn für alle $\boldsymbol{b} \in \mathbb{C}^n$ und alle Startwerte $\boldsymbol{x}_0 \in \mathbb{C}^n$ ein vom Startwert unabhängiger Grenzwert

$$\hat{\boldsymbol{x}} = \lim_{m\to\infty} \boldsymbol{x}_m = \lim_{m\to\infty} \phi(\boldsymbol{x}_{m-1},\boldsymbol{b})$$

existiert.

Die Konsistenz stellt eine notwendige Bedingung an jedes Iterationsverfahren dar, da mit ihr ein sinnvoller Zusammenhang zwischen der numerischen Methode und dem Gleichungssystem sichergestellt wird. Bei einem inkonsistenten Algorithmus müsste der Anwender die Iteration in einem geeigneten Moment abbrechen, da die exakte Lösung keinen stationären Punkt der Iteration darstellt und sich die Folge der Näherungslösungen nach Erreichen des Lösungsvektors notwendigerweise wieder von diesem entfernen wird. Bei einem linearen Iterationsverfahren kann die Konsistenz der Methode unmittelbar anhand der verwendeten Matrizen $\boldsymbol{M}$ und $\boldsymbol{N}$ bestimmt werden. Diese wesentliche Eigenschaft wird durch den folgenden Satz belegt.

Satz 4.4 *Ein lineares Iterationsverfahren ist genau dann konsistent zur Matrix* $\boldsymbol{A}$ *, wenn*

$$\boldsymbol{M} = \boldsymbol{I} - \boldsymbol{N}\boldsymbol{A}$$

gilt.

Beweis:
Sei $\widetilde{\boldsymbol{x}} = \boldsymbol{A}^{-1}\boldsymbol{b}$.

„$\Rightarrow$" ϕ sei konsistent zur Matrix $\boldsymbol{A}$.

Damit erhalten wir

$$\widetilde{\boldsymbol{x}} = \phi(\widetilde{\boldsymbol{x}},\boldsymbol{b}) = \boldsymbol{M}\widetilde{\boldsymbol{x}} + \boldsymbol{N}\boldsymbol{b} = \boldsymbol{M}\widetilde{\boldsymbol{x}} + \boldsymbol{N}\boldsymbol{A}\widetilde{\boldsymbol{x}}.$$

Da die Konsistenz für alle $\boldsymbol{b} \in \mathbb{C}^n$ gilt, ergibt sich unter Berücksichtigung der Regularität der Matrix $\boldsymbol{A}$ die Gültigkeit der obigen Gleichung für alle $\widetilde{\boldsymbol{x}} \in \mathbb{C}^n$, wodurch

$$\boldsymbol{M} = \boldsymbol{I} - \boldsymbol{N}\boldsymbol{A}$$

folgt.

„ $\Leftarrow$ “ Es gelte $\boldsymbol{M} = \boldsymbol{I} - \boldsymbol{N}\boldsymbol{A}$.

Dann ergibt sich

$$\widetilde{\boldsymbol{x}} = \boldsymbol{M}\widetilde{\boldsymbol{x}} + \boldsymbol{N}\boldsymbol{A}\widetilde{\boldsymbol{x}} = \boldsymbol{M}\widetilde{\boldsymbol{x}} + \boldsymbol{N}\boldsymbol{b} = \phi(\widetilde{\boldsymbol{x}},\boldsymbol{b}),$$

wodurch die Konsistenz des Iterationsverfahrens ϕ zur Matrix $\boldsymbol{A}$ folgt. □

Die Wahl $\boldsymbol{M} = \boldsymbol{I}$ und $\boldsymbol{N} = \boldsymbol{0}$ zeigt bereits deutlich, dass die Forderung nach der Konsistenz des Verfahrens zwar eine notwendige, jedoch keine hinreichende Bedingung zur Festlegung praktikabler linearer Iterationsverfahren repräsentiert. Wir benötigen folglich eine zusätzliche Forderung, um die Konvergenz der Methode gegen die gesuchte Lösung sicherzustellen.

Satz 4.5 *Ein lineares Iterationsverfahren ϕ ist genau dann konvergent, wenn der Spektralradius der Iterationsmatrix $\boldsymbol{M}$ die Bedingung*

$$\rho(\boldsymbol{M}) < 1$$

erfüllt.

Beweis:
„ $\Rightarrow$ “ ϕ sei konvergent.

Sei λ Eigenwert von $\boldsymbol{M}$ mit $|\lambda| = \rho(\boldsymbol{M})$ und $\boldsymbol{x} \in \mathbb{C}^n \setminus \{0\}$ der zugehörige Eigenvektor. Wählen wir $\boldsymbol{b} = \boldsymbol{0} \in \mathbb{C}^n$, dann folgt für $\boldsymbol{x}_0 = c\boldsymbol{x}$ mit beliebigem $c \in \mathbb{R} \setminus \{0\}$ die Iterationsfolge

$$\boldsymbol{x}_m = \phi(\boldsymbol{x}_{m-1},\boldsymbol{b}) = \boldsymbol{M}\boldsymbol{x}_{m-1} = \ldots = \boldsymbol{M}^m\boldsymbol{x}_0 = \lambda^m\boldsymbol{x}_0.$$

Im Fall $|\lambda| > 1$ folgt aus $\|\boldsymbol{x}_m\| = |\lambda|^m\|\boldsymbol{x}_0\|$ die Divergenz der Folge $\{\boldsymbol{x}_m\}_{m\in\mathbb{N}}$.

Für $|\lambda| = 1$ stellt $\boldsymbol{M}$ für den Eigenvektor eine Drehung dar. Die Konvergenz der Folge $\{\boldsymbol{x}_m\}_{m\in\mathbb{N}}$ liegt daher nur im Fall $\lambda = 1$ vor. Hierbei erhalten wir $\boldsymbol{x}_m = \boldsymbol{x}_0$ für alle $m \in \mathbb{N}$ unabhängig vom gewählten Skalierungsparameter c, so dass sich mit

$$\hat{\boldsymbol{x}} = \lim_{m\to\infty} \boldsymbol{x}_m = \boldsymbol{x}_0$$

ein vom Startvektor abhängiger Grenzwert ergibt und daher das Iterationsverfahren nicht konvergent ist.

Die Bedingung $|\lambda| < 1$ und damit $\rho(\boldsymbol{M}) < 1$ stellt demzufolge ein notwendiges Kriterium für die Konvergenz des Iterationsverfahrens dar.

„ $\Leftarrow$ “ Gelte $\rho(\boldsymbol{M}) < 1$.

Da laut Satz 2.11 alle Normen auf dem $\mathbb{C}^n$ äquivalent sind, kann die Konvergenz in einer beliebigen Norm nachgewiesen werden.

Sei $\varepsilon := \frac{1}{2}(1 - \rho(\boldsymbol{M})) > 0$, dann existiert mit Satz 2.36 eine Norm auf $\mathbb{C}^{n\times n}$ derart, dass

$$q := \|\boldsymbol{M}\| \leq \rho(\boldsymbol{M}) + \varepsilon < 1$$

gilt. Bei gegebenem $\boldsymbol{b} \in \mathbb{C}^n$ definieren wir

$$\begin{array}{rccl} F: & \mathbb{C}^n & \rightarrow & \mathbb{C}^n \\ & \boldsymbol{x} & \overset{F}{\mapsto} & F(\boldsymbol{x}) = \boldsymbol{M}\boldsymbol{x} + \boldsymbol{N}\boldsymbol{b}. \end{array}$$

Hiermit erhalten wir

$$\|F(\boldsymbol{x}) - F(\boldsymbol{y})\| = \|\boldsymbol{M}\boldsymbol{x} - \boldsymbol{M}\boldsymbol{y}\| \leq \|\boldsymbol{M}\|\|\boldsymbol{x} - \boldsymbol{y}\| = q\|\boldsymbol{x} - \boldsymbol{y}\|,$$

so dass aufgrund des Banachschen Fixpunktsatzes die durch

$$\boldsymbol{x}_{m+1} = F(\boldsymbol{x}_m)$$

definierte Folge $\{\boldsymbol{x}_m\}_{m\in\mathbb{N}}$ für ein beliebiges Startelement $\boldsymbol{x}_0 \in \mathbb{C}^n$ gegen den eindeutig bestimmten Fixpunkt

$$\hat{\boldsymbol{x}} = \lim_{m\to\infty} \boldsymbol{x}_{m+1} = \lim_{m\to\infty} F(\boldsymbol{x}_m) = \lim_{m\to\infty} \phi(\boldsymbol{x}_m,\boldsymbol{b})$$

konvergiert und folglich mit ϕ ein konvergentes Iterationsverfahren vorliegt. □

Natürlich können analog zur Konsistenz auch Matrizen $\boldsymbol{M}$ und $\boldsymbol{N}$ angegeben werden, die ein konvergentes lineares Iterationsverfahren generieren, ohne in einem zweckmäßigen Verhältnis zum Gleichungssystem zu stehen (z. B. $\boldsymbol{M} = \boldsymbol{0}$, $\boldsymbol{N} = \boldsymbol{I}$). Erst das Zusammenwirken von Konsistenz und Konvergenz liefert eine geeignete Iterationsvorschrift.

Satz 4.6 *Sei ϕ ein konvergentes und zur Matrix $\boldsymbol{A}$ konsistentes lineares Iterationsverfahren, dann erfüllt das Grenzelement $\widetilde{\boldsymbol{x}}$ der Folge*

$$\boldsymbol{x}_m = \phi(\boldsymbol{x}_{m-1},\boldsymbol{b}) \text{ für } m = 1,2,\ldots$$

für jedes $\boldsymbol{x}_0 \in \mathbb{C}^n$ das Gleichungssystem (4.0.1).

Beweis:
Mit Satz 4.5 konvergiert die Folge $\boldsymbol{x}_m = \phi(\boldsymbol{x}_{m-1},b)$ gegen den eindeutig bestimmten Fixpunkt

$$\widetilde{\boldsymbol{x}} = \phi(\widetilde{\boldsymbol{x}},\boldsymbol{b}),$$

der wegen der Konsistenz des Iterationsverfahrens die Lösung der Gleichung $\boldsymbol{A}\boldsymbol{x} = \boldsymbol{b}$ darstellt. □

4.1 Splitting-Methoden

Splitting-Methoden zur Lösung des Gleichungssystems (4.0.1) basieren auf einer Aufteilung der Matrix $\boldsymbol{A}$ in der Form

$$\boldsymbol{A} = \boldsymbol{B} + (\boldsymbol{A} - \boldsymbol{B}), \quad \boldsymbol{B} \in \mathbb{C}^{n\times n}, \tag{4.1.1}$$

so dass sich aus

$$\boldsymbol{A}\boldsymbol{x} = \boldsymbol{b}$$

das äquivalente System

$$Bx = (B - A)x + b$$

ergibt. Ist B zudem regulär, dann erhalten wir

$$x = B^{-1}(B - A)x + B^{-1}b$$

und definieren hierdurch das lineare Iterationsverfahren

$$x_{m+1} = \phi(x_m,b) = Mx_m + Nb \text{ für } m = 0,1,\ldots$$

mit

$$M := B^{-1}(B - A)$$

und

$$N := B^{-1}.$$

Bevor wir Splitting-Verfahren hinsichtlich ihrer Konsistenz und ihres Konvergenzverhaltens untersuchen, werden wir mit der folgenden Definition den Begriff der symmetrischen Splitting-Methode einführen. Solche Methoden erweisen sich bei der im Kapitel 5 beschriebenen Präkonditionierung symmetrischer, positiv definiter Matrizen als vorteilhaft, da mit Hilfe der Iterationsmatrix symmetrischer Splitting-Methoden diese Eigenschaften der Matrix auch über die äquivalente Umformulierung hinaus erhalten werden können. Folglich können Methoden für positiv definite, symmetrische Matrizen, wie zum Beispiel das im Abschnitt 4.3.1.3 hergeleitete Verfahren der konjugierten Gradienten, auch nach der Präkonditionierung angewendet werden.

Definition 4.7 Die Splitting-Methode

$$x_{m+1} = B^{-1}(B - A)x_m + B^{-1}b$$

zur Lösung der Gleichung (4.0.1) heißt symmetrisch, falls für jede positiv definite und symmetrische Matrix A die Matrix B ebenfalls positiv definit und symmetrisch ist.

Satz 4.8 *Sei* $B \in \mathbb{C}^{n\times n}$ *regulär, dann ist das lineare Iterationsverfahren*

$$x_{m+1} = \phi(x_m,b) = B^{-1}(B - A)x_m + B^{-1}b$$

zur Matrix A *konsistent.*

Beweis:
Mit $M = B^{-1}(B-A) = I - B^{-1}A = I - NA$ folgt die Behauptung durch Anwendung des Satzes 4.4. □

Gilt für eine Splitting-Methode $\rho(M) < 1$, dann stellt das eindeutig bestimmte Grenzelement der Folge

$$x_m = \phi(x_{m-1},b) \text{ für } m = 1,2,\ldots$$

für beliebigen Startvektor $x_0 \in \mathbb{C}^n$ die Lösung der zugehörigen Gleichung $Ax = b$ dar. Betrachten wir ein lineares Iterationsverfahren

$$x_m = Mx_{m-1} + Nb \text{ für } m = 1,2,\ldots$$

mit $\rho(M) < 1$, dann existiert laut Satz 2.36 zu jedem ε mit $0 < \varepsilon < 1 - \rho(M)$ eine Norm derart, dass

$$\rho(\boldsymbol{M}) \leq \underbrace{\|\boldsymbol{M}\|}_{q:=} \leq \rho(\boldsymbol{M}) + \varepsilon < 1$$

gilt. Aus dem Banachschen Fixpunktsatz folgt die *a priori* Fehlerabschätzung

$$\|\boldsymbol{x}_m - \boldsymbol{A}^{-1}\boldsymbol{b}\| \leq \frac{q^m}{1-q}\|\boldsymbol{x}_1 - \boldsymbol{x}_0\| \text{ für } m = 1,2,\ldots.$$

Für jede weitere Norm $\|\cdot\|_a$ gilt

$$\|\boldsymbol{x}_m - \boldsymbol{A}^{-1}\boldsymbol{b}\|_a \leq \frac{q^m}{1-q}C_a\|\boldsymbol{x}_1 - \boldsymbol{x}_0\|_a$$

mit einer Konstanten $C_a > 0$, die nur von den Normen abhängt. Somit stellt der Spektralradius in jeder Norm ein Maß für die Konvergenzgeschwindigkeit dar.

Satz 4.9 *Sei ϕ ein zur Matrix $\boldsymbol{A}$ konsistentes lineares Iterationsverfahren, für dessen zugehörige Iterationsmatrix $\boldsymbol{M}$ eine Norm derart existiert, dass $q := \|\boldsymbol{M}\| < 1$ gilt, dann folgt für gegebenes $\varepsilon > 0$*

$$\|\boldsymbol{x}_m - \boldsymbol{A}^{-1}\boldsymbol{b}\| \leq \varepsilon$$

für alle $m \in \mathbb{N}$ mit

$$m \geq \frac{\ln \dfrac{\varepsilon(1-q)}{\|\boldsymbol{x}_1 - \boldsymbol{x}_0\|}}{\ln q}$$

und $\boldsymbol{x}_1 = \phi(\boldsymbol{x}_0,\boldsymbol{b}) \neq \boldsymbol{x}_0$.

Beweis:
Mit $\|\phi(\boldsymbol{x},\boldsymbol{b}) - \phi(\boldsymbol{y},\boldsymbol{b})\| \leq q\|\boldsymbol{x} - \boldsymbol{y}\|$ folgt mit der *a priori* Fehlerabschätzung des Banachschen Fixpunktsatzes die Ungleichung

$$\|\boldsymbol{x}_m - \boldsymbol{A}^{-1}\boldsymbol{b}\| \leq \frac{q^m}{1-q}\|\boldsymbol{x}_1 - \boldsymbol{x}_0\|.$$

Zu gegebenem $\varepsilon > 0$ erhalten wir unter Ausnutzung von $\boldsymbol{x}_1 \neq \boldsymbol{x}_0$ für

$$m \geq \frac{\ln \dfrac{\varepsilon(1-q)}{\|\boldsymbol{x}_1 - \boldsymbol{x}_0\|}}{\ln q}.$$

somit die Abschätzung

$$\|\boldsymbol{x}_m - \boldsymbol{A}^{-1}\boldsymbol{b}\| \leq \frac{q^m}{1-q}\|\boldsymbol{x}_1 - \boldsymbol{x}_0\| \leq \frac{\dfrac{\varepsilon(1-q)}{\|\boldsymbol{x}_1 - \boldsymbol{x}_0\|}}{1-q}\|\boldsymbol{x}_1 - \boldsymbol{x}_0\| = \varepsilon.$$

□

Gilt $0 < q < 1$ und $\tilde{q} = q^2$, dann folgt

$$\frac{\tilde{q}^m}{1-\tilde{q}} = \frac{q^{2m}}{1-q^2} < \frac{q^{2m}}{1-q}.$$

Betrachtet man folglich zwei konvergente lineare Iterationsverfahren ϕ_1 und ϕ_2 deren zugeordnete Iterationsmatrizen $\boldsymbol{M}_1$ und $\boldsymbol{M}_2$ die Eigenschaft

$$\rho(\boldsymbol{M}_1) = \rho(\boldsymbol{M}_2)^2$$

erfüllen, dann liefert Satz 4.9 eine gesicherte Genauigkeitsaussage für die Methode ϕ_1 in der Regel nach der Hälfte der für das Verfahren ϕ_2 benötigten Iterationszahl. Innerhalb eines iterativen Verfahrens dieser Klasse darf daher mit einer Halbierung der benötigten Iterationen gerechnet werden, wenn der Spektralradius beispielsweise von 0.9 auf 0.81 gesenkt wird.

Beispiel 4.10 Triviales Verfahren

Wir betrachten das Modellproblem

$$\underbrace{\begin{pmatrix} 0.7 & -0.4 \\ -0.2 & 0.5 \end{pmatrix}}_{\boldsymbol{A}:=}\underbrace{\begin{pmatrix} x_1 \\ x_2 \end{pmatrix}}_{\boldsymbol{x}:=} = \underbrace{\begin{pmatrix} 0.3 \\ 0.3 \end{pmatrix}}_{\boldsymbol{b}:=}. \tag{4.1.2}$$

Die exakte Lösung lautet $\boldsymbol{A}^{-1}\boldsymbol{b} = (1,1)^T$. Natürlich besteht für dieses Gleichungssystem keine Notwendigkeit zur Nutzung eines iterativen Verfahrens. Das Beispiel eignet sich jedoch sehr gut zur Verdeutlichung der Effizienz der einzelnen Splitting-Methoden. Mit $\boldsymbol{A} = \boldsymbol{I} - (\boldsymbol{I} - \boldsymbol{A})$ folgt die Äquivalenz zwischen $\boldsymbol{A}\boldsymbol{x} = \boldsymbol{b}$ und

$$\boldsymbol{x} = (\boldsymbol{I} - \boldsymbol{A})\boldsymbol{x} + \boldsymbol{b}.$$

Hierdurch ergibt sich das einfache konsistente und lineare Iterationsverfahren

$$\boldsymbol{x}_{m+1} = \phi(\boldsymbol{x}_m,\boldsymbol{b}) = \underbrace{(\boldsymbol{I} - \boldsymbol{A})}_{\boldsymbol{M}:=}\boldsymbol{x}_m + \underbrace{\boldsymbol{I}}_{\boldsymbol{N}:=}\boldsymbol{b}. \tag{4.1.3}$$

Es gilt $\det(\boldsymbol{M} - \lambda \boldsymbol{I}) = (\lambda - 0.4)^2 - 0.09$, so dass die Eigenwerte der Iterationsmatrix $\lambda_1 = 0.1$ und $\lambda_2 = 0.7$ sind und damit das Verfahren (4.1.3) mit $\rho(\boldsymbol{M}) = 0.7 < 1$ konvergiert. Sei $\boldsymbol{x}_0 = (21, -19)^T$, dann erhalten wir den in der folgenden Tabelle aufgeführten Konvergenzverlauf.

Triviales Verfahren				
m	$x_{m,1}$	$x_{m,2}$	$\varepsilon_m := \\|\boldsymbol{x}_m - \boldsymbol{A}^{-1}\boldsymbol{b}\\|_\infty$	$\varepsilon_m/\varepsilon_{m-1}$
0	2.100000e+01	-1.900000e+01	2.000000e+01	
10	8.116832e-01	8.116832e-01	1.883168e-01	7.000000e-01
40	9.999958e-01	9.999958e-01	4.244537e-06	7.000000e-01
70	1.000000e-00	1.000000e-00	9.566903e-11	7.000002e-01
96	1.000000e-00	1.000000e-00	8.881784e-15	6.956522e-01

Der Konvergenzverlauf zeigt, dass eine derartig primitive Wahl der Iterationsmatrix in der Regel zu keinem zufriedenstellenden Algorithmus führen wird. Die Entwicklung effektiver Splitting-Methoden korreliert mit der gezielten Festlegung der Matrix $\boldsymbol{B}$, die einerseits eine gute Approximation der Matrix $\boldsymbol{A}$ mit dem Ziel $\rho(\boldsymbol{M}) \ll 1$ darstellen soll und andererseits entweder leicht invertierbar sein muss oder zumindest die Berechnung des Matrix-Vektor-Produktes $\boldsymbol{B}^{-1}\boldsymbol{z}$ fr einen beliebigen Vektor $\boldsymbol{z}$ effizient realisiert werden kann.

4.1.1 Jacobi-Verfahren

Das Jacobi-Verfahren zur iterativen Lösung des linearen Gleichungssystems $\boldsymbol{A}\boldsymbol{x} = \boldsymbol{b}$ mit regulärer Matrix $\boldsymbol{A} \in \mathbb{C}^{n\times n}$ setzt nichtverschwindende Diagonalelemente $a_{ii} \neq 0$, $i = 1,\ldots,n$ der Matrix $\boldsymbol{A}$ voraus, so dass mit $\boldsymbol{D} = \operatorname{diag}\{a_{11},\ldots,a_{nn}\}$ eine reguläre Diagonalmatrix vorliegt. Der Grundidee der Splitting-Methoden folgend, schreiben wir das lineare Gleichungssystem $\boldsymbol{A}\boldsymbol{x} = \boldsymbol{b}$ in der äquivalenten Form

$$\boldsymbol{x} = \underbrace{\boldsymbol{D}^{-1}(\boldsymbol{D}-\boldsymbol{A})}_{\boldsymbol{M}_J :=}\boldsymbol{x} + \underbrace{\boldsymbol{D}^{-1}}_{\boldsymbol{N}_J :=}\boldsymbol{b}.$$

Mit Satz 4.8 ist das hiermit definierte lineare Iterationsverfahren

$$\boldsymbol{x}_{m+1} = \boldsymbol{D}^{-1}(\boldsymbol{D}-\boldsymbol{A})\boldsymbol{x}_m + \boldsymbol{D}^{-1}\boldsymbol{b} \text{ für } m = 0,1,2,\ldots \tag{4.1.4}$$

konsistent zur Matrix $\boldsymbol{A}$, und wir erhalten die Komponentenschreibweise

$$x_{m+1,i} = \frac{1}{a_{ii}}\left(b_i - \sum_{\substack{j=1\\ j\neq i}}^{n} a_{ij}x_{m,j}\right) \quad \text{für } i = 1,\ldots,n \text{ und } m = 0,1,2,\ldots.$$

Beim Jacobi-Verfahren wird die neue Iterierte $\boldsymbol{x}_{m+1}$ somit ausschließlich mittels der alten Iterierten $\boldsymbol{x}_m$ ermittelt. Die Methode wird aus diesem Grund auch als Gesamtschrittverfahren bezeichnet und ist folglich unabhängig von der gewählten Nummerierung der Unbekannten $\boldsymbol{x} = (x_1,\ldots,x_n)^T$. Da es sich um eine Splitting-Methode handelt, ist die Konvergenz des Jacobi-Verfahrens einzig vom Spektralradius der Iterationsmatrix $\boldsymbol{M}_J = \boldsymbol{D}^{-1}(\boldsymbol{D}-\boldsymbol{A})$ abhängig. Dieser Wert kann laut Satz 2.35 durch jede beliebige Matrixnorm abgeschätzt werden, wodurch sich die Konvergenz des Verfahrens ohne Berechnung der Eigenwerte anhand der Größe der Matrixkoeffizienten überprüfen lässt.

Satz 4.11 *Erfüllt die reguläre Matrix* $\boldsymbol{A} \in \mathbb{C}^{n\times n}$ *mit* $a_{ii} \neq 0$, $i = 1,\ldots,n$ *das starke Zeilensummenkriterium*

$$q_\infty := \max_{i=1,\ldots,n} \sum_{\substack{k=1\\ k\neq i}}^{n} \frac{|a_{ik}|}{|a_{ii}|} < 1$$

oder das starke Spaltensummenkriterium

$$q_1 := \max_{k=1,\ldots,n} \sum_{\substack{i=1\\ i\neq k}}^{n} \frac{|a_{ik}|}{|a_{ii}|} < 1$$

oder das Quadratsummenkriterium

$$q_2 := \sum_{\substack{i,k=1\\ i\neq k}}^{n} \left(\frac{|a_{ik}|}{|a_{ii}|}\right)^2 < 1,$$

dann konvergiert das Jacobi-Verfahren bei beliebigem Startvektor $\boldsymbol{x}_0 \in \mathbb{C}^n$ *und für beliebige rechte Seite* $\boldsymbol{b} \in \mathbb{C}^n$ *gegen* $\boldsymbol{A}^{-1}\boldsymbol{b}$.

Beweis:
Wegen

$$M_J = D^{-1}(D - A)$$

folgt

$$q_\infty = \|M_J\|_\infty, \quad q_1 = \|M_J\|_1 \quad \text{und} \quad 1 > \sqrt{q_2} \geq \|M_J\|_2,$$

wodurch sich die Behauptung durch Anwendung des Satzes 4.5 auf der Grundlage

$$\rho(M_J) \leq \min\{\|M_J\|_\infty, \|M_J\|_1, \|M_J\|_2\} < 1$$

ergibt. □

Bemerkung:
Eine Matrix, die das starke Zeilensummenkriterium erfüllt, wird als strikt diagonaldominant bezeichnet.

Häufig treten in praktischen Anwendungen Matrizen auf, die keiner der drei in Satz 4.11 aufgeführten Konvergenzkriterien genügen. Einen bekannten Repräsentanten stellt die innerhalb des Beispiels 1.1 bei der Diskretisierung der Poisson-Gleichung hergeleitete Matrix dar. Dennoch kann für derartige Gleichungssysteme die Konvergenz des Jacobi-Verfahrens nachgewiesen werden. Wie wir sehen werden, liegt die entscheidende Eigenschaft dabei in der Irreduzibilität der Matrix begründet.

Definition 4.12 Eine Matrix $A \in \mathbb{C}^{n\times n}$ heißt reduzibel oder zerlegbar, falls eine Permutationsmatrix $P \in \mathbb{R}^{n\times n}$ derart existiert, dass

$$PAP^T = \begin{pmatrix} \tilde{A}_{11} & \tilde{A}_{12} \\ 0 & \tilde{A}_{22} \end{pmatrix}$$

mit $\tilde{A}_{ii} \in \mathbb{C}^{n_i\times n_i}$, $n_i > 0$, $i = 1{,}2$, $n_1 + n_2 = n$ gilt. Andernfalls heißt A irreduzibel oder unzerlegbar.

Im Fall einer irreduziblen Matrix werden wir im Folgenden zeigen, dass bereits eine abgeschwächte Form des starken Zeilensummenkriteriums ausreichend für die Konvergenz des Jacobi-Verfahrens ist.

Definition 4.13 Eine Matrix $A \in \mathbb{C}^{n\times n}$ heißt irreduzibel diagonaldominant, wenn sie irreduzibel ist, den Ungleichungen

$$|a_{ii}| \geq \sum_{\substack{j=1 \\ j\neq i}}^{n} |a_{ij}| \tag{4.1.5}$$

für $i = 1,\ldots,n$ genügt und zudem ein $k \in \{1,\ldots,n\}$ mit

$$|a_{kk}| > \sum_{\substack{j=1 \\ j\neq k}}^{n} |a_{kj}| \tag{4.1.6}$$

existiert.

Bemerkung:
Eine Matrix, die dem Zeilensummenkriterium (4.1.5) für genügt, wird als diagonaldominant bezeichnet.

Wie wir leicht dem Beispiel der Nullmatrix $\boldsymbol{A}$ entnehmen können, reicht die Eigenschaft der Diagonaldominanz weder für die Invertierbarkeit der Matrix noch für die Sicherstellung der Durchführbarkeit des Jacobi-Verfahrens aus. Auch wenn man zusätzlich die Forderung der Irreduzibilität stellt, muss die Regularität der Matrix $\boldsymbol{A}$ nicht zwangsläufig folgen, wie wir beispielhaft der Matrix

$$\boldsymbol{A} = \begin{pmatrix} 1 & 1 \\ 1 & 1 \end{pmatrix}$$

entnehmen können. Erst die Bedingung (4.1.6) wird uns die Invertierbarkeit der Matrix sowie die Anwendbarkeit und Konvergenz des Jacobi-Verfahrens liefern.

Satz 4.14 *Eine irreduzibel diagonaldominate Matrix* $\boldsymbol{A} \in \mathbb{C}^{n \times n}$ *ist stets regulär und das Jacobi-Verfahren konvergiert für jeden Startvektor* $\boldsymbol{x}_0 \in \mathbb{C}^n$ *und beliebiger rechter Seite* $\boldsymbol{b} \in \mathbb{C}^n$ *gegen* $\boldsymbol{A}^{-1}\boldsymbol{b}$.

Die Grundidee der Konvergenzaussage liegt in einer graphentheoretischen Überlegung: Bezeichnen wir mit $G^{\boldsymbol{A}} := \{V^{\boldsymbol{A}}, E^{\boldsymbol{A}}\}$ den gerichteten Graphen der Matrix $\boldsymbol{A}$, der aus den Knoten $V^{\boldsymbol{A}} := \{1, \ldots, n\}$ und der Kantenmenge geordneter Paare $E^{\boldsymbol{A}} := \{(i,j) \in V^{\boldsymbol{A}} \times V^{\boldsymbol{A}} |\ a_{ij} \neq 0\}$ besteht. Eine Matrix $\boldsymbol{A}$ ist genau dann irreduzibel, wenn der zugehörige gerichtete Graph $G^{\boldsymbol{A}}$ zusammenhängend ist, das heißt, wenn es zu je zwei Indizes $i_0 = i, i_\ell = j \in V^{\boldsymbol{A}}$ einen gerichteten Weg der Länge $\ell \in \mathbb{N}$

$$(i_0,i_1)(i_1,i_2)\ldots(i_{\ell-1},i_\ell)$$

mit $(i_k,i_{k+1}) \in E^{\boldsymbol{A}}$ für $k = 0, \ldots, \ell - 1$ gibt. Die Reduzibilität ist somit ausschließlich von der Besetzungsstruktur der Matrix und nicht von den absoluten Werten der Matrixkoeffizienten abhängig. Zudem haben die Diagonalelemente keinen Einfluss auf die Reduzibilität.

Ist

$$\boldsymbol{e}_m := \boldsymbol{x}_m - \boldsymbol{A}^{-1}\boldsymbol{b}$$

der Fehlervektor der m-ten Iterierten des Jacobi-Verfahrens, dann folgt mit (4.1.5) $|e_{m+1,i}| \leq \|\boldsymbol{e}_m\|_\infty$ für $i = 1, \ldots, n$, und mit (4.1.6) existiert ein $k \in \{1, \ldots, n\}$ mit

$$|e_{m+1,k}| \leq \gamma \|\boldsymbol{e}_m\|_\infty \text{ mit } \gamma < 1.$$

Hiermit folgt

$$|e_{m+2,j}| \leq \gamma \|\boldsymbol{e}_m\|_\infty \text{ mit } \gamma < 1$$

für alle $j \in \{1, \ldots, n\}$ mit $(j,k) \in E^{\boldsymbol{A}}$, und aufgrund des zusammenhängenden Graphen gilt

$$\|\boldsymbol{e}_{m+n}\|_\infty \leq \gamma \|\boldsymbol{e}_m\|_\infty \tag{4.1.7}$$

mit $\gamma < 1$, wodurch sich die Konvergenz des Jacobi-Verfahrens ergibt. Die Irreduzibilität der Matrix stellt somit sicher, dass die Eigenschaft (4.1.6) bei diagonaldominanten Matrizen spätestens nach n Iterationen zu einer betragsmäßigen Verringerung aller Komponenten innerhalb des Fehlervektors führt. Die Anzahl der benötigten Iterationen wird hierbei durch den maximalen Wert der Länge des jeweils kürzesten gerichteten Weges zwischen Zeilen, die der Ungleichung (4.1.6) genügen, und Zeilen $i \in \{1,\ldots,n\}$, die die Gleichung

$$|a_{ii}| = \sum_{\substack{j=1\\j\neq i}}^{n} |a_{ij}|$$

erfüllen, bestimmt. Liegt eine vollbesetzte Matrix vor, die den Bedingungen des Satzes 4.14 genügt, so ergibt sich die Ungleichung (4.1.7) spätestens nach zwei Iterationen.

Wir kommen nun zum Beweis des Satzes 4.14.

Beweis:
Wir wenden uns zunächst der Invertierbarkeit der Matrix $\boldsymbol{A} \in \mathbb{C}^{n\times n}$ zu und führen einen Widerspruchsbeweis indem wir annehmen, dass $\boldsymbol{A}$ singulär ist. Folglich existiert ein Vektor $\boldsymbol{x} \neq \boldsymbol{0}$ mit $\boldsymbol{Ax} = \boldsymbol{0}$, womit

$$a_{ii}x_i = -\sum_{\substack{j=1\\j\neq i}}^{n} a_{ij}x_j$$

und daher auch

$$|a_{ii}||x_i| \leq \sum_{\substack{j=1\\j\neq i}}^{n} |a_{ij}||x_j| \tag{4.1.8}$$

für alle $i = 1,\ldots,n$ gilt. Würden alle Komponenten des Vektors $\boldsymbol{x}$ den gleichen Betrag aufweisen, so ergäbe sich mit $0 < \|\boldsymbol{x}\|_\infty = |x_1| = \ldots = |x_n|$ aus (4.1.8) für alle $i = 1,\ldots,n$ die Ungleichung

$$|a_{ii}| \leq \sum_{\substack{j=1\\j\neq i}}^{n} |a_{ij}| \underbrace{\frac{|x_j|}{|x_i|}}_{=1} = \sum_{\substack{j=1\\j\neq i}}^{n} |a_{ij}|.$$

Damit liegt jedoch ein Widerspruch zur Eigenschaft (4.1.6) vor. Dementsprechend können wir die Indexmenge $\mathcal{M} = \{1,\ldots,n\}$ disjunkt in die zwei nichtleeren Mengen

$$\mathcal{I} = \{i \in \mathcal{M} \mid |x_i| = \|\boldsymbol{x}\|_\infty\} \text{ und } \mathcal{J} = \{j \in \mathcal{M} \mid |x_j| = \|\boldsymbol{x}\|_\infty\}$$

zerlegen. Ausgehend von jeweils einem $i \in \mathcal{I}$ und $j \in \mathcal{J}$ gilt stets $i \neq j$, und es existiert wegen der vorliegenden Irreduzibilität ein gerichteter Weg

$$(i,i_1)(i_1,i_2)\ldots(i_\ell,j)$$

von i nach j. Somit beinhaltet der Weg ein Indexpaar (r,s) mit $r \in \mathcal{I}$ und $s \in \mathcal{J}$. Hiermit ergibt sich aus (4.1.8) unter Berücksichtigung von $|x_r| > 0$ direkt

$$|a_{rr}| \leq \sum_{\substack{j=1\\j\neq r}}^{n} |a_{rj}| \frac{|x_j|}{|x_r|} = \underbrace{|a_{rs}|}_{>0} \underbrace{\frac{|x_s|}{|x_r|}}_{<1} + \sum_{\substack{j=1\\j\neq r,s}}^{n} |a_{rj}| \underbrace{\frac{|x_j|}{|x_r|}}_{\leq 1} < \sum_{\substack{j=1\\j\neq r}}^{n} |a_{rj}|.$$

Diese Ungleichung steht allerdings im Widerspruch zu (4.1.6) und die Regularität der Matrix ist nachgewiesen. Da eine invertierbare Matrix keine Nullzeile enthalten kann, muss mit (4.1.6) $|a_{ii}| > 0$ für alle $i = 1,\ldots,n$ gelten, so dass das Jacobi-Verfahren durchführbar ist.

Betrachten wir die Iterationsmatrix $\boldsymbol{M}_J = (m_{ij})_{i,j=1,\ldots,n}$ des Jacobi-Verfahrens und definieren $|\boldsymbol{M}_J| := (|m_{ij}|)_{i,j=1,\ldots,n}$ sowie $\boldsymbol{y} := (1,\ldots,1)^T \in \mathbb{R}^n$, so gilt mit (4.1.5)

$$0 \leq (|\boldsymbol{M}_J|\boldsymbol{y})_i \leq y_i \text{ für } i = 1,\ldots,n, \tag{4.1.9}$$

und mit (4.1.6) existiert ein $k \in \{1,\ldots,n\}$ mit

$$0 \leq (|\boldsymbol{M}_J|\boldsymbol{y})_k < y_k. \tag{4.1.10}$$

Aus (4.1.9) folgt $(|\boldsymbol{M}_J|^m\boldsymbol{y})_i \leq y_i$ für $i = 1,\ldots,n$ und alle $m \in \mathbb{N}$. Existiert ein $\tilde{m} \in \mathbb{N}$ mit $(|\boldsymbol{M}_J|^{\tilde{m}}\boldsymbol{y})_j < y_j$, so erhalten wir für alle $m \geq \tilde{m}$ mit (4.1.5) die Ungleichung

$$(|\boldsymbol{M}_J|^m\boldsymbol{y})_j < y_j. \tag{4.1.11}$$

Mit

$$\boldsymbol{t}^m := \boldsymbol{y} - |\boldsymbol{M}_J|^m\boldsymbol{y}$$

und

$$\tau^m := \#\{t_i^m \mid t_i^m \neq 0, i = 1,\ldots,n\}$$

ergibt sich unter Verwendung von (4.1.10) und (4.1.11)

$$0 < \tau^1 \leq \tau^2 \leq \ldots \leq \tau^m \leq \tau^{m+1} \leq \ldots .$$

Nun nehmen wir an, es gäbe ein $m \in \{1,\ldots,n-1\}$ mit $\tau^m = \tau^{m+1} < n$ und führen dieses zum Widerspruch.

O.B.d.A. weise der Vektor $\boldsymbol{t}^m$ die Form

$$\boldsymbol{t}^m = \begin{pmatrix} \boldsymbol{u} \\ \boldsymbol{0} \end{pmatrix}, \quad \boldsymbol{u} \in \mathbb{R}^p \text{ für } 1 \leq p < n, \text{ und } u_i > 0 \text{ für } i = 1,\ldots,p$$

auf, dann folgt mit (4.1.11) und $\tau^m = \tau^{m+1}$

$$\boldsymbol{t}^{m+1} = \begin{pmatrix} \boldsymbol{v} \\ \boldsymbol{0} \end{pmatrix}, \quad \boldsymbol{v} \in \mathbb{R}^p, \text{ und } v_i > 0 \text{ für } i = 1,\ldots,p.$$

Sei

$$|\boldsymbol{M}_J| = \begin{pmatrix} |\boldsymbol{M}_{11}| & |\boldsymbol{M}_{12}| \\ |\boldsymbol{M}_{21}| & |\boldsymbol{M}_{22}| \end{pmatrix}$$

mit $|\boldsymbol{M}_{11}| \in \mathbb{R}^{p\times p}$, dann ergibt sich unter Verwendung der Ungleichung (4.1.9)

$$\begin{pmatrix} \boldsymbol{v} \\ \boldsymbol{0} \end{pmatrix} = \boldsymbol{t}^{m+1} = \boldsymbol{y} - |\boldsymbol{M}_J|^{m+1}\boldsymbol{y} \geq |\boldsymbol{M}_J|\boldsymbol{y} - |\boldsymbol{M}_J|^{m+1}\boldsymbol{y} = |\boldsymbol{M}_J|\boldsymbol{t}^m = \begin{pmatrix} |\boldsymbol{M}_{11}|\boldsymbol{u} \\ |\boldsymbol{M}_{21}|\boldsymbol{u} \end{pmatrix}.$$

Mit $u_i > 0$, $i = 1,\ldots,p$ erhalten wir aufgrund der Nichtnegativität der Elemente der Matrix $|\boldsymbol{M}_{21}|$ die Gleichung

$$|\boldsymbol{M}_{21}| = \boldsymbol{0},$$

wodurch M_j reduzibel ist. Da sich die Besetzungsstrukturen von M_j und A bis auf die Diagonalelemente gleichen und diese keinen Einfluss auf die Reduzibilität haben, liegt demzufolge ein Widerspruch zur Irreduzibilität der Matrix A vor. Somit folgt im Fall $\tau^m < n$ direkt

$$0 < \tau^1 < \tau^2 < \ldots < \tau^m < \tau^{m+1}$$

für $m \in \{1,\ldots,n-1\}$, wodurch sich die Existenz eines $m \in \{1,\ldots,n\}$ mit

$$0 \leq (|M_J|^m y)_i < y_i$$

für $i = 1,\ldots,n$ ergibt. Hiermit erhalten wir

$$\rho(M_J)^m \leq \rho(M_J^m) \leq \|M_J^m\|_\infty \leq \||M_J|^m\|_\infty < 1$$

und folglich $\rho(M_J) < 1$. □

Beispiel 4.15 Für das Gleichungssystem $Au = g$ mit der aus der Diskretisierung des Poisson-Problems resultierenden Matrix A (siehe (1.0.3)) konvergiert das Jacobi-Verfahren bei beliebigem $g \in \mathbb{R}^N$ und $u_0 \in \mathbb{R}^N$. Diese Behauptung belegen wir durch den Nachweis der Voraussetzungen des Satzes 4.14. Zunächst erfüllt A das schwache Zeilensummenkriterium, und es gilt

$$\sum_{i=2}^{n} \frac{|a_{1i}|}{|a_{11}|} = \frac{1}{4} + \frac{1}{4} < 1,$$

so dass die Irreduzibilität der Matrix zu zeigen bleibt. Als ersten Schritt weisen wir die Irreduzibilität der in der Matrix $A \in \mathbb{R}^{N^2 \times N^2}$ enthaltenen Submatrizen $B \in \mathbb{R}^{N \times N}$ nach. Seien $i,j \in V^B$ gegeben. Aufgrund der vorliegenden Symmetrie der Matrix können wir o. B. d. A. $i < j$ voraussetzen. Wegen $(\ell,\ell+1) \in E^B$, $\ell = 1,\ldots,N-1$ erhalten wir durch

$$(i,i+1)(i+1,i+2)\ldots(i+k-1,j)$$

mit $k = j - i$ einen gerichteten Weg von i nach j, womit die Irreduzibilität der Matrix B folgt.

Wir kommen nun zur Matrix A: Seien $i,j \in V^A$ gegeben, wobei analog zur Matrix B aufgrund der Symmetrie der Matrix A wiederum $i < j$ o. B. d. A. angenommen wird, dann existiert stets eine eindeutige Darstellung der Indizes in der Form

$$i = i_1 N + i_2 \text{ und } j = j_1 N + j_2$$

mit $0 \leq i_1 \leq j_1 \leq N-1$ und $i_2,j_2 \in \{1,\ldots,N\}$. Gilt $i_1 = j_1$, so existiert aufgrund der Irreduzibilität der Matrix B ein gerichteter Weg von i nach j. Im Fall $i_1 < j_1$ existiert zunächst ein gerichteter Weg von i nach $\tilde{j} = i_1 N + j_2 \leq N^2 - N$. Wegen $(\ell,\ell+N) \in E^A$, für $l = 1,\ldots,N^2-N$ erhalten wir durch

$$(\tilde{j},\tilde{j}+N)(\tilde{j}+N,\tilde{j}+2N)\ldots(\tilde{j}+(k-1)N,j)$$

mit $k = j_1 - i_1$ die Vervollständigung des gerichteten Weges von i nach j.

Eine reduzible Matrix ergibt sich beispielsweise bei der Diskretisierung der Konvektions-Diffusions-Gleichung im Grenzfall eines verschwindenden Diffusionsparameters. In diesem Fall kann das entsprechende Gleichungssystem jedoch durch einfache Vorwärtselimination gelöst werden.

Beispiel 4.16 Für das Modellproblem (4.1.2)

$$\boldsymbol{A} = \begin{pmatrix} 0.7 & -0.4 \\ -0.2 & 0.5 \end{pmatrix}, \boldsymbol{b} = \begin{pmatrix} 0.3 \\ 0.3 \end{pmatrix}$$

liegt mit

$$q_\infty := \max_{i=1,2} \sum_{\substack{j=1 \\ j \neq i}}^{2} \frac{|a_{ij}|}{|a_{ii}|} = \max \left\{ \frac{4}{7}, \frac{2}{5} \right\} < 1$$

der Nachweis der Konvergenz des Jacobi-Verfahrens vor. Die Eigenwerte der Iterationsmatrix

$$\boldsymbol{M}_J = \boldsymbol{D}^{-1}(\boldsymbol{D} - \boldsymbol{A}) = \begin{pmatrix} 0 & \frac{4}{7} \\ \frac{2}{5} & 0 \end{pmatrix}$$

lauten

$$\lambda_{1,2} = \pm\sqrt{\frac{8}{35}},$$

so dass

$$\rho(\boldsymbol{M}_J) = \sqrt{\frac{8}{35}} \approx 0.4781$$

folgt. Unter Verwendung des Startvektors $\boldsymbol{x}_0 = (21, -19)^T$ erhalten wir den folgenden Iterationsverlauf, der auch die im Vergleich zur Konvergenz des trivialen Verfahrens (siehe Beispiel 4.10) wegen $\rho(\boldsymbol{M}_J) \approx (\rho(\boldsymbol{I} - \boldsymbol{A}))^2$ zu erwartende Halbierung der Iterationsanzahl belegt.

Jacobi Verfahren				
m	$x_{m,1}$	$x_{m,2}$	$\varepsilon_m := \|\boldsymbol{x}_m - \boldsymbol{A}^{-1}\boldsymbol{b}\|_\infty$	$\varepsilon_m/\varepsilon_{m-1}$
0	2.100000e+01	-1.900000e+01	2.000000e+01	
15	9.996275e-01	1.000261e+00	3.725165e-04	5.714286e-01
30	1.000000e+00	1.000000e-00	4.856900e-09	4.000000e-01
45	1.000000e-00	1.000000e+00	9.037215e-14	5.700280e-01
48	1.000000e+00	1.000000e-00	8.437695e-15	4.086022e-01

4.1.2 Gauß-Seidel-Verfahren

Analog zum vorgestellten Jacobi-Verfahren wird auch beim Gauß-Seidel-Verfahren ein lineares Gleichungssystem $\boldsymbol{A}\boldsymbol{x} = \boldsymbol{b}$ mit einer regulären Matrix $\boldsymbol{A} \in \mathbb{C}^{n \times n}$ betrachtet, die einen ebenfalls regulären Diagonalanteil $\boldsymbol{D} = \operatorname{diag}\{a_{11}, \ldots, a_{nn}\}$ aufweist. Wir definieren die strikte linke untere Dreiecksmatrix

$$\boldsymbol{L} = (\ell_{ij})_{i,j=1,\ldots,n} \quad \text{mit} \quad \ell_{ij} = \begin{cases} a_{ij}, & i > j \\ 0, & \text{sonst} \end{cases} \tag{4.1.12}$$

und die strikte rechte obere Dreiecksmatrix

$$\boldsymbol{R} = (r_{ij})_{i,j=1,\ldots,n} \quad \text{mit} \quad r_{ij} = \begin{cases} a_{ij}, & i < j \\ 0, & \text{sonst.} \end{cases} \tag{4.1.13}$$

Hierdurch erhalten wir das zu $\boldsymbol{Ax} = \boldsymbol{b}$ äquivalente Gleichungssystem

$$(\boldsymbol{D} + \boldsymbol{L})\boldsymbol{x} = -\boldsymbol{R}\boldsymbol{x} + \boldsymbol{b} \tag{4.1.14}$$

und

$$\boldsymbol{x} = \underbrace{-(\boldsymbol{D} + \boldsymbol{L})^{-1}\boldsymbol{R}}_{\boldsymbol{M}_{GS}:=}\boldsymbol{x} + \underbrace{(\boldsymbol{D} + \boldsymbol{L})^{-1}}_{\boldsymbol{N}_{GS}:=}\boldsymbol{b}.$$

Somit gilt

$$\boldsymbol{M}_{GS} = (\boldsymbol{D} + \boldsymbol{L})^{-1}(\boldsymbol{D} + \boldsymbol{L} - \boldsymbol{A}) = \boldsymbol{I} - \boldsymbol{N}_{GS}\boldsymbol{A},$$

und das lineare Iterationsverfahren

$$\boldsymbol{x}_{m+1} = -(\boldsymbol{D} + \boldsymbol{L})^{-1}\boldsymbol{R}\boldsymbol{x}_m + (\boldsymbol{D} + \boldsymbol{L})^{-1}\boldsymbol{b} \text{ für } m = 0,1,\ldots \tag{4.1.15}$$

ist konsistent zur Matrix $\boldsymbol{A}$.

Zur Herleitung der Komponentenschreibweise betrachten wir die $i-$ te Zeile des Iterationsverfahrens (4.1.15) in der Form gemäß Gleichungssystem (4.1.14)

$$\sum_{j=1}^{i} a_{ij}x_{m+1,j} = -\sum_{j=i+1}^{n} a_{ij}x_{m,j} + b_i.$$

Seien $x_{m+1,j}$ für $j = 1,\ldots,i-1$ bekannt, dann kann $x_{m+1,i}$ durch

$$x_{m+1,i} = \frac{1}{a_{ii}}\left(b_i - \sum_{j=1}^{i-1} a_{ij}x_{m+1,j} - \sum_{j=i+1}^{n} a_{ij}x_{m,j}\right) \text{ für } i = 1,\ldots,n \text{ und } m = 0,1,2,\ldots \tag{4.1.16}$$

ermittelt werden. Aus dieser Darstellung wird deutlich, dass beim Gauß-Seidel-Verfahren zur Berechnung der i-ten Komponente der $(m+1)$-ten Iterierten neben den Komponenten der alten m-ten Iterierten $\boldsymbol{x}_m$ die bereits bekannten ersten $i-1$ Komponenten der $(m+1)$-ten Iterierten $\boldsymbol{x}_{m+1}$ verwendet werden. Das Verfahren wird daher auch als Einzelschrittverfahren bezeichnet und ist abhängig von der gewählten Nummerierung der Unbekannten $(x_1,\ldots,x_n)^T$. Verglichen mit dem Jacobi-Verfahren wird beim Gauß-Seidel-Algorithmus mit $\boldsymbol{D}+\boldsymbol{L}$ eine bessere Approximation der Matrix $\boldsymbol{A}$ verwendet, wodurch ein kleiner Spektralradius der Iterationsmatrix und folglich eine schnellere Konvergenz erwartet werden darf.

Satz 4.17 *Sei die reguläre Matrix* $\boldsymbol{A} \in \mathbb{C}^{n\times n}$ *mit* $a_{ii} \neq 0$ *für* $i = 1,\ldots,n$ *gegeben. Erfüllen die durch*

$$p_i = \sum_{j=1}^{i-1} \frac{|a_{ij}|}{|a_{ii}|}p_j + \sum_{j=i+1}^{n} \frac{|a_{ij}|}{|a_{ii}|} \text{ für } i = 1,2,\ldots,n$$

rekursiv definierten Zahlen $p_1,\ldots,p_n$ *die Bedingung*

$$p := \max_{i=1,\ldots,n} p_i < 1,$$

dann konvergiert das Gauß-Seidel-Verfahren bei beliebigem Startvektor $\boldsymbol{x}_0$ *und für jede beliebige rechte Seite* $\boldsymbol{b}$ *gegen* $\boldsymbol{A}^{-1}\boldsymbol{b}$.

Beweis:
Unser Ziel ist der Nachweis $\|\boldsymbol{M}_{GS}\|_\infty < 1$. Sei $\boldsymbol{x} \in \mathbb{C}^n$ mit $\|\boldsymbol{x}\|_\infty = 1$. Für

$$\boldsymbol{z} := \boldsymbol{M}_{GS}\boldsymbol{x} = -(\boldsymbol{D} + \boldsymbol{L})^{-1}\boldsymbol{R}\boldsymbol{x}$$

gilt

$$z_i = -\sum_{j=1}^{i-1} \frac{a_{ij}}{a_{ii}} z_j - \sum_{j=i+1}^{n} \frac{a_{ij}}{a_{ii}} x_j. \tag{4.1.17}$$

Somit folgt unter Verwendung von $\|\boldsymbol{x}\|_\infty = 1$ die Abschätzung

$$|z_1| \le \sum_{j=2}^{n} \frac{|a_{ij}|}{|a_{ii}|} = p_1 < 1.$$

Seien $z_1, \ldots, z_{i-1}$ mit $|z_j| \le p_j$, $j = 1, \ldots, i-1 < n$ gegeben, dann folgt für die i-te Komponente des Vektors $\boldsymbol{z}$ mit (4.1.17)

$$|z_i| \le \sum_{j=1}^{i-1} \frac{|a_{ij}|}{|a_{ii}|} p_j + \sum_{j=i+1}^{n} \frac{|a_{ij}|}{|a_{ii}|} = p_i < 1.$$

Hieraus ergibt sich $\|\boldsymbol{z}\|_\infty < 1$ und damit aufgrund der Kompaktheit des Einheitskreises die Abschätzung

$$\|\boldsymbol{M}_{GS}\|_\infty = \sup_{\substack{\boldsymbol{x} \in \mathbb{C}^n \\ \|\boldsymbol{x}\|_\infty = 1}} \|\boldsymbol{M}_{GS}\boldsymbol{x}\|_\infty < 1,$$

wodurch $\rho(\boldsymbol{M}_{GS}) < 1$ gilt und die Konvergenz des Gauß-Seidel-Verfahrens vorliegt. □

Beispiel 4.18 Wie bereits im Beispiel 4.15 betrachten wir die Matrix $\boldsymbol{A}$ gemäß Beispiel 1.1. Mit $p_j = 0$ für alle $j \le 0$ erhalten wir

$$\begin{aligned} p_1 &= \tfrac{1}{4} + \tfrac{1}{4} < 1, \\ p_i &\le \tfrac{1}{4} p_{i-1} + \tfrac{1}{4} + \tfrac{1}{4} < 1 \text{ für } i = 2, \ldots, N, \\ p_i &\le \tfrac{1}{4} p_{i-N} + \tfrac{1}{4} p_{i-1} + \tfrac{1}{4} + \tfrac{1}{4} < 1 \text{ für } i = N+1, \ldots, N^2, \end{aligned}$$

und folglich die Konvergenz des Gauß-Seidel-Verfahrens.

Strikt diagonaldominante Matrizen erfüllen wegen $\max\limits_{i=1,\ldots,n} \sum\limits_{\substack{j=1 \\ j \ne i}}^{n} \frac{|a_{ij}|}{|a_{ii}|} < 1$ inhärent die Bedingungen des Satzes 4.17, wodurch sich das folgende Korollar ergibt:

Korollar 4.19 *Sei die reguläre Matrix $\boldsymbol{A} \in \mathbb{C}^{n \times n}$ strikt diagonaldominant, dann konvergiert das Gauß-Seidel-Verfahren bei beliebigem Startvektor $\boldsymbol{x}_0$ und für jede beliebige rechte Seite $\boldsymbol{b}$ gegen $\boldsymbol{A}^{-1}\boldsymbol{b}$.*

Beispiel 4.20 Die Matrix

$$A = \begin{pmatrix} 0.7 & -0.4 \\ -0.2 & 0.5 \end{pmatrix}$$

ist strikt diagonaldominant, wodurch die Konvergenz des Gauß-Seidel-Verfahrens sichergestellt ist. Die zugehörige Iterationsmatrix

$$M_{GS} = -(D + L)^{-1}R = \begin{pmatrix} 0 & \frac{4}{7} \\ 0 & \frac{8}{35} \end{pmatrix}$$

weist die Eigenwerte $\lambda_1 = 0$ und $\lambda_2 = \frac{8}{35}$ auf, so dass

$$\rho(M_{GS}) = \rho(M_J)^2 = \frac{8}{35} \approx 0.22857$$

gilt und mit etwa doppelt so schneller Konvergenz wie beim Jacobi-Verfahren gerechnet werden darf. Für den Startvektor $x_0 = (21, -19)^T$ und die rechte Seite $b = (0.3,0.3)^T$ erhalten wir diese Erwartung mit dem in der folgenden Tabelle aufgelisteten Konvergenzverlauf bestätigt.

Gauß-Seidel-Verfahren				
m	$x_{m,1}$	$x_{m,2}$	$\varepsilon_m := \lVert x_m - A^{-1}b \rVert_\infty$	$\varepsilon_m/\varepsilon_{m-1}$
0	2.100000e+01	-1.900000e+01	2.000000e+01	
5	9.688054e-01	9.875222e-01	3.119462e-02	2.285714e-01
10	9.999805e-01	9.999922e-01	1.946209e-05	2.285714e-01
15	1.000000e-00	1.000000e-00	1.214225e-08	2.285714e-01
20	1.000000e-00	1.000000e-00	7.575385e-12	2.285702e-01
25	1.000000e-00	1.000000e-00	4.551914e-15	2.204301e-01

4.1.3 Relaxationsverfahren

Wir schreiben das lineare Iterationsverfahren

$$x_{m+1} = B^{-1}(B - A)x_m + B^{-1}b$$

in der Form

$$x_{m+1} = x_m + \underbrace{B^{-1}(b - Ax_m)}_{r_m :=}. \qquad (4.1.18)$$

Somit kann x_{m+1} als Korrektur von x_m unter Verwendung des Vektors r_m interpretiert werden.

Beschränken wir unsere Betrachtungen zunächst auf Verfahren, die einen Gesamtschrittcharakter aufweisen, so liegt das Ziel der Relaxationsverfahren in einer Verbesserung der Konvergenzgeschwindigkeit der Methode (4.1.18) durch Gewichtung des Korrekturvektors r_m. Wir modifizieren (4.1.18) zu

$$x_{m+1} = x_m + \omega B^{-1}(b - Ax_m)$$

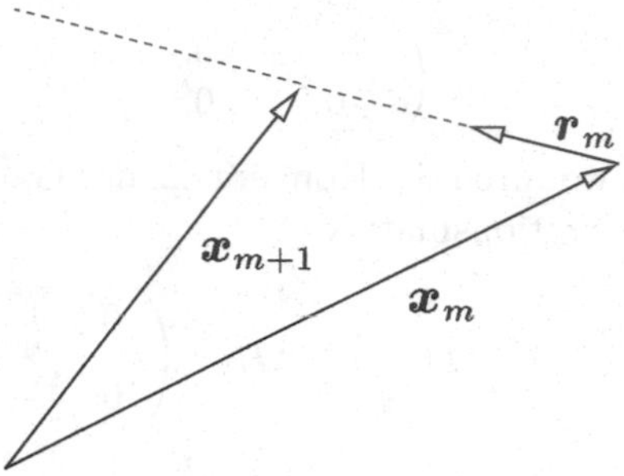

Bild 4.1 Berechnung der Iterierten beim Relaxationsverfahren

mit $\omega \in \mathbb{R}^+$. Ausgehend von $\boldsymbol{x}_m$ suchen wir das optimale $\boldsymbol{x}_{m+1}$ in Richtung $\boldsymbol{r}_m$.

Optimal bedeutet im obigen Sinne, dass der Spektralradius der Iterationsmatrix minimal wird. Mit

$$\begin{aligned} \boldsymbol{x}_{m+1} &= \boldsymbol{x}_m + \omega \boldsymbol{B}^{-1}(\boldsymbol{b} - \boldsymbol{A}\boldsymbol{x}_m) \\ &= \underbrace{(\boldsymbol{I} - \omega \boldsymbol{B}^{-1}\boldsymbol{A})}_{\boldsymbol{M}(\omega):=} \boldsymbol{x}_m + \underbrace{\omega \boldsymbol{B}^{-1}}_{\boldsymbol{N}(\omega):=} \boldsymbol{b} \end{aligned} \tag{4.1.19}$$

muss $\omega \in \mathbb{R}^+$ folglich derart bestimmt werden, dass $\rho(\boldsymbol{M}(\omega))$ minimal wird, das heißt

$$\omega = \arg \min_{\alpha \in \mathbb{R}^+} \rho(\boldsymbol{M}(\alpha)).$$

Der Gewichtungsfaktor ω heißt Relaxationsparameter, und die Methode (4.1.19) wird für $\omega < 1$ als Unterrelaxationsverfahren und für $\omega > 1$ als Überrelaxationsverfahren bezeichnet.

Betrachten wir nun als zugrundeliegende Verfahren diejenigen, die auf einem Einzelschrittansatz beruhen. Für diese Algorithmen ist die erwähnte Vorgehensweise zwar ebenfalls durchführbar, jedoch unüblich. Die Relaxation wird bei diesen Methoden bei der Iteration jeder Einzelkomponente berücksichtigt. Die genaue Vorgehensweise wird am Beispiel des Gauß-Seidel-Verfahrens im Abschnitt 4.1.3.2 erläutert.

4.1.3.1 Jacobi-Relaxationsverfahren

Gemäß (4.1.18) schreiben wir das Jacobi-Verfahren in der Form

$$\boldsymbol{x}_{m+1} = \boldsymbol{x}_m + \boldsymbol{D}^{-1}(\boldsymbol{b} - \boldsymbol{A}\boldsymbol{x}_m) \text{ für } m = 0{,}1,\ldots.$$

Somit besitzt das Jacobi-Relaxationsverfahren die Darstellung

$$\begin{aligned} \boldsymbol{x}_{m+1} &= \boldsymbol{x}_m + \omega \boldsymbol{D}^{-1}(\boldsymbol{b} - \boldsymbol{A}\boldsymbol{x}_m) \\ &= \underbrace{(\boldsymbol{I} - \omega \boldsymbol{D}^{-1}\boldsymbol{A})}_{\boldsymbol{M}_J(\omega):=} \boldsymbol{x}_m + \underbrace{\omega \boldsymbol{D}^{-1}}_{\boldsymbol{N}_J(\omega):=} \boldsymbol{b} \text{ für } m = 0{,}1,\ldots, \end{aligned}$$

und wir erhalten die Komponentenschreibweise

$$\begin{aligned} x_{m+1,i} &= x_{m,i} + \frac{\omega}{a_{ii}} \left(b_i - \sum_{j=1}^{n} a_{ij} x_{m,j} \right) \\ &= (1-\omega) x_{m,i} + \frac{\omega}{a_{ii}} \left(b_i - \sum_{\substack{j=1 \\ j \neq i}}^{n} a_{ij} x_{m,j} \right) \text{ für } i = 1,\ldots,n \text{ und } m = 0,1,\ldots . \end{aligned}$$

Satz 4.21 *Die Iterationsmatrix des Jacobi-Verfahrens $\boldsymbol{M}_J$ habe nur reelle Eigenwerte $\lambda_1 \leq \ldots \leq \lambda_n$ mit den zugehörigen linear unabhängigen Eigenvektoren $\boldsymbol{u}_1,\ldots,\boldsymbol{u}_n$, und es gelte $\rho(\boldsymbol{M}_J) < 1$. Dann besitzt die Iterationsmatrix $\boldsymbol{M}_J(\omega)$ des Jacobi-Relaxationsverfahrens die Eigenwerte*

$$\mu_i = 1 - \omega + \omega\lambda_i \text{ für } i = 1,\ldots,n,$$

und es gilt

$$\omega_{opt} = \arg\min_{\omega\in\mathbb{R}^+} \rho(\boldsymbol{M}_J(\omega)) = \frac{2}{2-\lambda_1-\lambda_n}.$$

Beweis:
Mit

$$-\boldsymbol{D}^{-1}(\boldsymbol{L}+\boldsymbol{R})\boldsymbol{u}_i = \boldsymbol{M}_J\boldsymbol{u}_i = \lambda_i\boldsymbol{u}_i \text{ für } i = 1,\ldots,n$$

erhalten wir

$$\begin{aligned} \boldsymbol{M}_J(\omega)\boldsymbol{u}_i &= (\boldsymbol{I} - \omega\boldsymbol{D}^{-1}\boldsymbol{A})\boldsymbol{u}_i \\ &= \left((1-\omega)\boldsymbol{I} - \omega\boldsymbol{D}^{-1}(\boldsymbol{L}+\boldsymbol{R})\right)\boldsymbol{u}_i \\ &= (1-\omega+\omega\lambda_i)\boldsymbol{u}_i \text{ für } i = 1,\ldots,n. \end{aligned}$$

Da die Eigenvektoren $\boldsymbol{u}_1,\ldots,\boldsymbol{u}_n$ linear unabhängig sind, existieren keine weiteren Eigenwerte. Für die Eigenwerte $\mu_i(\omega) = 1-\omega+\omega\lambda_i$, $(i = 1,\ldots,n)$ der Iterationsmatrix des Jacobi-Relaxationsverfahrens gilt mit $\omega \geq 0$

$$\mu_1(\omega) \leq \ldots \leq \mu_n(\omega).$$

Betrachten wir die in der Abbildung 4.2 für verschiedene Relaxationsparameter ω dargestellte Relaxationsfunktion

$$\begin{aligned} f_\omega : \mathbb{R} &\to \mathbb{R} \\ \lambda &\overset{f_\omega}{\mapsto} f_\omega(\lambda) = 1-\omega+\omega\lambda, \end{aligned}$$

so liegt die Idee nahe, den optimalen Relaxationsparameter durch die Bedingung

$$\mu_n(\omega^*) = f_{\omega^*}(\lambda_n) = -f_{\omega^*}(\lambda_1) = -\mu_1(\omega^*)$$

zu bestimmen. Hierdurch erhalten wir aus

$$\mu_n(\omega^*) = 1-\omega^*+\omega^*\lambda_n = -(1-\omega^*+\omega^*\lambda_1) = -\mu_1(\omega^*)$$

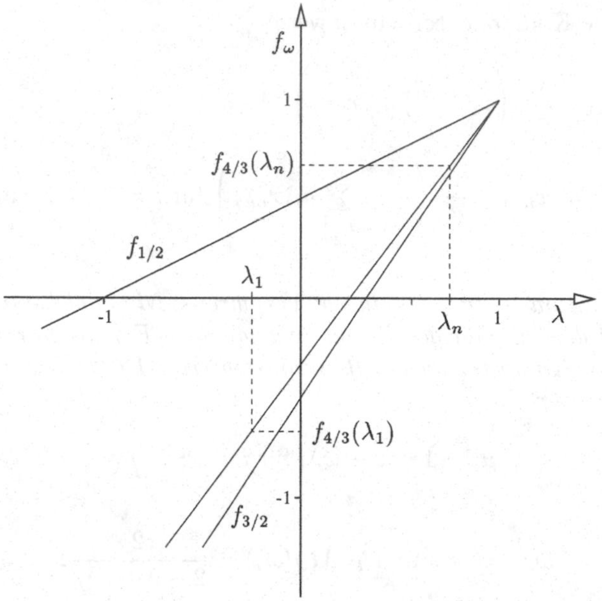

Bild 4.2 Verlauf der Relaxationsfunktionen f_ω in Abhängigkeit vom gewählten Relaxationsparameter ω

unter Verwendung von $\rho(\boldsymbol{M}_j) < 1$ die Darstellung

$$\omega^* = \frac{2}{2 - \lambda_1 - \lambda_n} > 0.$$

Berücksichtigen wir $f_\omega(1) = 1$ für alle $\omega \in \mathbb{R}^+$, so gilt stets $\mu_n(\omega^*) = -\mu_1(\omega^*) \geq 0$. Zum Nachweis der Optimalität sei $\omega > \omega^* > 0$. Somit folgt

$$\mu_1(\omega) = 1 - \omega \underbrace{(1 - \lambda_1)}_{>0} < 1 - \omega^*(1 - \lambda_1) = \mu_1(\omega^*) \leq 0,$$

wodurch sich

$$\rho(\boldsymbol{M}_J(\omega)) \geq |\mu_1(\omega)| > |\mu_1(\omega^*)| = \rho(\boldsymbol{M}_J(\omega^*))$$

ergibt. Eine analoge Aussage erhalten wir im Fall $\omega < \omega^*$ durch Betrachtung der Eigenwerte $\mu_n(\omega)$ und $\mu_n(\omega^*)$, so dass

$$\omega^* = \omega_{\text{opt}} = \arg\min_{\omega \in \mathbb{R}^+} \rho(\boldsymbol{M}_J(\omega))$$

folgt. □

Gleichungssysteme, bei denen die Iterationsmatrix des Jacobi-Verfahrens eine um den Nullpunkt symmetrische Eigenwertverteilung besitzt, liefern aufgrund des Satzes 4.21 den optimalen Relaxationsparameter $\omega_{\text{opt}} = 1$. Folglich kann mit dem Relaxationsansatz in solchen Fällen keine Beschleunigung des zugrundeliegenden Gesamtschrittverfahrens erzielt werden. Die betrachtete Modellgleichung (4.1.2) weist diese Eigenschaft auf, weshalb auf eine Diskussion der Methode in Bezug auf diesen Sachverhalt verzichtet wird.

4.1.3.2 Gauß-Seidel-Relaxationsverfahren

Wir betrachten die Komponentenschreibweise des Gauß-Seidel-Verfahrens (4.1.16) mit gewichteter Korrekturvektorkomponente $r_{m,i}$ in der Form

$$\begin{aligned} x_{m+1,i} &= x_{m,i} + \frac{\omega}{a_{ii}} \left(b_i - \sum_{j=1}^{i-1} a_{ij} x_{m+1,j} - \sum_{j=i}^{n} a_{ij} x_{m,j} \right) \\ &= (1-\omega) x_{m,i} + \frac{\omega}{a_{ii}} \left(b_i - \sum_{j=1}^{i-1} a_{ij} x_{m+1,j} - \sum_{j=i+1}^{n} a_{ij} x_{m,j} \right) \end{aligned}$$

für $i = 1,\ldots,n$ und $m = 0,1,\ldots$. Hieraus erhalten wir

$$(\boldsymbol{I} + \omega \boldsymbol{D}^{-1} \boldsymbol{L}) \boldsymbol{x}_{m+1} = \left[(1-\omega) \boldsymbol{I} - \omega \boldsymbol{D}^{-1} \boldsymbol{R} \right] \boldsymbol{x}_m + \omega \boldsymbol{D}^{-1} \boldsymbol{b},$$

wodurch

$$\boldsymbol{D}^{-1} (\boldsymbol{D} + \omega \boldsymbol{L}) \boldsymbol{x}_{m+1} = \boldsymbol{D}^{-1} \left[(1-\omega) \boldsymbol{D} - \omega \boldsymbol{R} \right] \boldsymbol{x}_m + \omega \boldsymbol{D}^{-1} \boldsymbol{b}$$

und somit das Gauß-Seidel-Relaxationsverfahren in der Darstellung

$$\boldsymbol{x}_{m+1} = \underbrace{(\boldsymbol{D} + \omega \boldsymbol{L})^{-1} \left[(1-\omega) \boldsymbol{D} - \omega \boldsymbol{R} \right]}_{\boldsymbol{M}_{GS}(\omega) :=} \boldsymbol{x}_m + \underbrace{\omega (\boldsymbol{D} + \omega \boldsymbol{L})^{-1}}_{\boldsymbol{N}_{GS}(\omega) :=} \boldsymbol{b}$$

folgt.

Satz 4.22 *Sei* $\boldsymbol{A} \in \mathbb{C}^{n \times n}$ *mit* $a_{ii} \neq 0$ *für* $i = 1,\ldots,n$ *, dann gilt für* $\omega \in \mathbb{R}$

$$\rho(\boldsymbol{M}_{GS}(\omega)) \geq |\omega - 1|.$$

Beweis:
Seien $\lambda_1,\ldots,\lambda_n$ die Eigenwerte von $\boldsymbol{M}_{GS}(\omega)$, dann folgt

$$\begin{aligned} \prod_{i=1}^{n} \lambda_i &= \det \boldsymbol{M}_{GS}(\omega) = \det((\boldsymbol{D} + \omega \boldsymbol{L})^{-1}) \det((1-\omega) \boldsymbol{D} - \omega \boldsymbol{R}) \\ &= \det(\boldsymbol{D}^{-1}) \det((1-\omega) \boldsymbol{D}) \\ &= \det(\boldsymbol{D})^{-1} \, (1-\omega)^n \, \det \boldsymbol{D} \\ &= (1-\omega)^n. \end{aligned}$$

Hiermit ergibt sich

$$\rho(\boldsymbol{M}_{GS}(\omega)) = \max_{i=1,\ldots,n} |\lambda_i| \geq |1 - \omega|.$$

□

Der obige Satz besagt, dass eine Wahl des Relaxationsparameters $\omega \leq 0$ stets zu einem divergenten Verfahren führt, so dass die beim Relaxationsverfahren zunächst willkürlich geforderte Positivität des Relaxationsparameters an dieser Stelle im Kontext des Gauß-Seidel-Relaxationsverfahrens seine Begründung findet. Analog beinhaltet der Satz die Forderung $\omega < 2$. Beide Bedingungen fassen wir in dem folgenden Korollar zusammen.

Korollar 4.23 *Das Gauß-Seidel-Relaxationsverfahren konvergiert höchstens für einen Relaxationsparameter* $\omega \in (0{,}2)$.

Satz 4.24 *Sei* $\boldsymbol{A}$ *hermitesch und positiv definit, dann konvergiert das Gauß-Seidel-Relaxationsverfahren genau dann, wenn* $\omega \in (0{,}2)$ *ist.*

Beweis:
Aus der positiven Definitheit der Matrix $\boldsymbol{A}$ folgt $a_{ii} \in \mathbb{R}^+$ für $i = 1,\ldots,n$, wodurch sich die Wohldefiniertheit des Gauß-Seidel-Relaxationsverfahrens ergibt.

„$\Rightarrow$“ Das Gauß-Seidel-Relaxationsverfahren sei konvergent.

In diesem Fall ergibt sich $\omega \in (0{,}2)$ unmittelbar aus Korollar 4.23.

„$\Leftarrow$“ Gelte $\omega \in (0{,}2)$.
Sei λ Eigenwert von $\boldsymbol{M}_{GS}(\omega)$ zum Eigenvektor $\boldsymbol{x} \in \mathbb{C}^n$. Da $\boldsymbol{A}$ hermitesch ist folgt $\boldsymbol{L}^* = \boldsymbol{R}$ und somit

$$((1-\omega)\boldsymbol{D} - \omega\boldsymbol{L}^*)\boldsymbol{x} = \lambda(\boldsymbol{D} + \omega\boldsymbol{L})\boldsymbol{x}.$$

Mit

$$\begin{aligned} 2\left[(1-\omega)\boldsymbol{D} - \omega\boldsymbol{L}^*\right] &= (2-\omega)\boldsymbol{D} + \omega(-\boldsymbol{D} - 2\boldsymbol{L}^*) \\ &= (2-\omega)\boldsymbol{D} - \omega\boldsymbol{A} + \omega(\boldsymbol{L} - \boldsymbol{L}^*) \end{aligned}$$

und

$$\begin{aligned} 2(\boldsymbol{D} + \omega\boldsymbol{L}) &= (2-\omega)\boldsymbol{D} + \omega(\boldsymbol{D} + 2\boldsymbol{L}) \\ &= (2-\omega)\boldsymbol{D} + \omega\boldsymbol{A} + \omega(\boldsymbol{L} - \boldsymbol{L}^*) \end{aligned}$$

ergibt sich für den Eigenvektor $\boldsymbol{x} \in \mathbb{C}^n$

$$\begin{aligned} &\lambda((2-\omega)\boldsymbol{x}^*\boldsymbol{D}\boldsymbol{x} + \omega\boldsymbol{x}^*\boldsymbol{A}\boldsymbol{x} + \omega\boldsymbol{x}^*(\boldsymbol{L} - \boldsymbol{L}^*)\boldsymbol{x}) \\ &\qquad = 2\lambda\boldsymbol{x}^*(\boldsymbol{D} + \omega\boldsymbol{L})\boldsymbol{x} \\ &\qquad = 2\boldsymbol{x}^*[(1-\omega)\boldsymbol{D} - \omega\boldsymbol{L}^*]\boldsymbol{x} \\ &\qquad = (2-\omega)\boldsymbol{x}^*\boldsymbol{D}\boldsymbol{x} - \omega\boldsymbol{x}^*\boldsymbol{A}\boldsymbol{x} + \omega\boldsymbol{x}^*(\boldsymbol{L} - \boldsymbol{L}^*)\boldsymbol{x}. \end{aligned}$$

Unter Verwendung der imaginären Einheit i schreiben wir

$$\boldsymbol{x}^*(\boldsymbol{L} - \boldsymbol{L}^*)\boldsymbol{x} = \boldsymbol{x}^*\boldsymbol{L}\boldsymbol{x} - \boldsymbol{x}^*\boldsymbol{L}^*\boldsymbol{x} = \boldsymbol{x}^*\boldsymbol{L}\boldsymbol{x} - \overline{\boldsymbol{x}^*\boldsymbol{L}\boldsymbol{x}} = i \cdot s,\ s \in \mathbb{R}.$$

Zudem gilt

$$\begin{aligned} d &:= \boldsymbol{x}^*\boldsymbol{D}\boldsymbol{x} \in \mathbb{R}^+, \\ a &:= \boldsymbol{x}^*\boldsymbol{A}\boldsymbol{x} \in \mathbb{R}^+, \end{aligned}$$

so dass

$$\lambda((2-\omega)d + \omega a + i\omega s) = (2-\omega)d - \omega a + i\omega s$$

folgt. Division durch ω und Einsetzen von $\mu = \frac{2-\omega}{\omega}$ liefert

$$\lambda(\mu d + a + is) = \mu d - a + is.$$

Aus der Voraussetzung $\omega \in (0,2)$ erhalten wir $\mu \in \mathbb{R}^+$, so dass mit $a,d \in \mathbb{R}^+$ die Ungleichung $|\mu d + is - a| < |\mu d + is - (-a)|$ und daher die Abschätzung

$$|\lambda| = \frac{|\mu d + is - a|}{|\mu d + is + a|} < 1$$

folgt. Da der Eigenwert beliebig aus dem Spektrum der Iterationsmatrix gewählt wurde, erhalten wir die für die Konvergenz des Verfahrens notwendige und hinreichende Bedingung

$$\rho(\boldsymbol{M}_{GS}(\omega)) < 1.$$

□

Zur Bestimmung des optimalen Relaxationsparameters erweisen sich konsistent geordnete Matrizen als vorteilhaft, die daher mit der folgenden Definition eingeführt werden.

Definition 4.25 Seien $\boldsymbol{L} \in \mathbb{C}^{n\times n}$ eine strikte linke untere und $\boldsymbol{R} \in \mathbb{C}^{n\times n}$ eine strikte rechte obere Dreiecksmatrix, dann heißt die Matrix $\boldsymbol{A} = \boldsymbol{D} + \boldsymbol{L} + \boldsymbol{R} \in \mathbb{C}^{n\times n}$ mit regulärem Diagonalanteil $\boldsymbol{D}$ konsistent geordnet, falls die Eigenwerte von

$$\boldsymbol{C}(\alpha) = -(\alpha \boldsymbol{D}^{-1}\boldsymbol{L} + \alpha^{-1}\boldsymbol{D}^{-1}\boldsymbol{R}) \text{ mit } \alpha \in \mathbb{C} \setminus \{0\}$$

unabhängig von α sind.

Beispiel 4.26 Jede Matrix $\boldsymbol{A} \in \mathbb{C}^{n\times n}$ der Form

$$\boldsymbol{A} = \begin{pmatrix} \boldsymbol{I} & \boldsymbol{A}_{12} \\ \boldsymbol{A}_{21} & \boldsymbol{I} \end{pmatrix}$$

ist konsistent geordnet. Es gilt

$$\boldsymbol{L} = \begin{pmatrix} \boldsymbol{0} & \boldsymbol{0} \\ \boldsymbol{A}_{21} & \boldsymbol{0} \end{pmatrix} \quad \text{und} \quad \boldsymbol{R} = \begin{pmatrix} \boldsymbol{0} & \boldsymbol{A}_{12} \\ \boldsymbol{0} & \boldsymbol{0} \end{pmatrix},$$

so dass $\boldsymbol{C}(\alpha)$ die Darstellung

$$\boldsymbol{C}(\alpha) = \begin{pmatrix} \boldsymbol{0} & -\alpha^{-1}\boldsymbol{A}_{12} \\ -\alpha\boldsymbol{A}_{21} & \boldsymbol{0} \end{pmatrix} = \begin{pmatrix} \boldsymbol{I} & \boldsymbol{0} \\ \boldsymbol{0} & -\alpha\boldsymbol{I} \end{pmatrix} \begin{pmatrix} \boldsymbol{0} & \boldsymbol{A}_{12} \\ \boldsymbol{A}_{21} & \boldsymbol{0} \end{pmatrix} \begin{pmatrix} \boldsymbol{I} & \boldsymbol{0} \\ \boldsymbol{0} & -\alpha^{-1}\boldsymbol{I} \end{pmatrix}$$

besitzt. Folglich ist λ genau dann Eigenwert von $\boldsymbol{C}(\alpha)$, wenn λ Eigenwert von $\boldsymbol{C}(1) = \boldsymbol{A} - \boldsymbol{I}$ ist, wodurch sich die geforderte Unabhängigkeit der Eigenwerte von der gewählten Größe $\alpha \in \mathbb{C} \setminus \{0\}$ ergibt.

Beispiel 4.27 Jede Tridiagonalmatrix

$$\boldsymbol{A} = \begin{pmatrix} a_1 & b_1 & & & \\ c_2 & a_2 & b_2 & & \\ & \ddots & \ddots & \ddots & \\ & & \ddots & \ddots & b_{n-1} \\ & & & c_n & a_n \end{pmatrix} \in \mathbb{C}^{n\times n}$$

mit $a_i \neq 0$ für $i = 1,\dots,n$ ist konsistent geordnet, denn es gilt

$$C(1) = -D^{-1}(L+R) = \begin{pmatrix} 0 & d_1 & & \\ \ell_2 & \ddots & \ddots & \\ & \ddots & \ddots & d_{n-1} \\ & & \ell_n & 0 \end{pmatrix}$$

mit $d_i = -\dfrac{b_i}{a_i}$ für $i = 1,\dots,n-1$ und $\ell_i = -\dfrac{c_i}{a_i}$ für $i = 2,\dots,n$, so dass mit der regulären Matrix

$$S(\alpha) = \begin{pmatrix} 1 & & & & \\ & \alpha & & & \\ & & \alpha^2 & & \\ & & & \ddots & \\ & & & & \alpha^{n-1} \end{pmatrix}, \quad \alpha \in \mathbb{C}\backslash\{0\}$$

die Gleichung $S(\alpha)C(1)S^{-1}(\alpha) = C(\alpha)$ folgt.

Satz 4.28 *Seien $A \in \mathbb{C}^{n\times n}$ konsistent geordnet und $\omega \in (0,2)$, dann ist $\mu \in \mathbb{C}\backslash\{0\}$ genau dann Eigenwert von $M_{GS}(\omega)$, wenn*

$$\lambda = \frac{\mu+\omega-1}{\omega\mu^{1/2}}$$

Eigenwert von M_J ist.

Beweis:
Sei $\mu \in \mathbb{C}\backslash\{0\}$, dann gilt

$$\begin{aligned}
&(I+\omega D^{-1}L)(\mu I - M_{GS}(\omega)) \\
&= \mu(I+\omega D^{-1}L) - D^{-1}(D+\omega L)\underbrace{(D+\omega L)^{-1}((1-\omega)D-\omega R)}_{M_{GS}(\omega)=} \\
&= (\mu-(1-\omega))I + \omega D^{-1}(\mu L + R) \\
&= (\mu-(1-\omega))I + \omega\mu^{1/2}D^{-1}\left(\mu^{1/2}L + \mu^{-1/2}R\right).
\end{aligned}$$

Mit $\det(I+\omega D^{-1}L) = 1$ ist aufgrund der obigen Gleichung $\mu \in \mathbb{C}\backslash\{0\}$ genau dann Eigenwert von $M_{GS}(\omega)$, wenn

$$\det\left((\mu-(1-\omega))I + \omega\mu^{1/2}D^{-1}\left(\mu^{1/2}L + \mu^{-1/2}R\right)\right) = 0$$

gilt, das heißt

$$\frac{\mu-(1-\omega)}{\omega\mu^{1/2}}$$

Eigenwert von $-\boldsymbol{D}^{-1}\left(\mu^{1/2}\boldsymbol{L}+\mu^{-1/2}\boldsymbol{R}\right)$ ist. Mit der Voraussetzung, dass die Matrix $\boldsymbol{A}$ konsistent geordnet ist, stimmen die Eigenwerte der beiden Matrizen $-\boldsymbol{D}^{-1}\left(\mu^{1/2}\boldsymbol{L}+\mu^{-1/2}\boldsymbol{R}\right)$ und $-\boldsymbol{D}^{-1}(\boldsymbol{L}+\boldsymbol{R})=\boldsymbol{M}_J$ überein, wodurch die Behauptung des Satzes vorliegt. □

Für konsistent geordnete Matrizen $\boldsymbol{A}\in\mathbb{C}^{n\times n}$ gilt somit

$$\rho(\boldsymbol{M}_{GS})=\rho(\boldsymbol{M}_J)^2,$$

wodurch das Gauß-Seidel-Verfahren verglichen mit der Jacobi-Methode in der Regel die Hälfte an Iterationen benötigt, um eine vorgegebene Genauigkeitschranke zu erreichen. Desweiteren erhalten wir im Fall einer konsistent geordneten Matrix $\boldsymbol{A}$ stets

$$\sigma(\boldsymbol{M}_J)=-\sigma(\boldsymbol{M}_J),$$

wodurch laut Satz 4.21 für derartige Matrizen keine Konvergenzbeschleunigung mittels einer Relaxation des Jacobi-Verfahrens erzielt werden kann.

Satz 4.29 *Sei $\boldsymbol{A}\in\mathbb{C}^{n\times n}$ konsistent geordnet. Die Eigenwerte von $\boldsymbol{M}_J$ seien reell, und es gelte*

$$\rho:=\rho(\boldsymbol{M}_J)<1.$$

Dann gilt

(a) das Gauß-Seidel-Relaxationsverfahren konvergiert für alle $\omega\in(0,2)$.

(b) der Spektralradius der Iterationsmatrix $\boldsymbol{M}_{GS}(\omega)$ wird minimal für

$$\omega_{opt}=\frac{2}{1+\sqrt{1-\rho^2}},$$

womit

$$\rho(\boldsymbol{M}_{GS}(\omega_{opt}))=\omega_{opt}-1=\frac{1-\sqrt{1-\rho^2}}{1+\sqrt{1-\rho^2}}$$

vorliegt.

Beweis:
Seien $\lambda_1,\ldots,\lambda_n\in\mathbb{R}$ Eigenwerte von $\boldsymbol{M}_J$, dann ist mit Satz 4.28 μ genau dann Eigenwert von $\boldsymbol{M}_{GS}(\omega)$, wenn

$$\lambda=\frac{\mu+\omega-1}{\omega\mu^{1/2}}\in\{\lambda_1,\ldots,\lambda_n\} \tag{4.1.20}$$

gilt. Da die Matrix $\boldsymbol{A}$ konsistent geordnet ist, ist mit $\lambda\in\mathbb{R}$ auch $-\lambda$ Eigenwert von $\boldsymbol{M}_J$, wodurch das Vorzeichen in (4.1.20) keine Bedeutung besitzt. Wir können daher die Gleichung

$$\lambda^2\omega^2\mu=(\mu+\omega-1)^2 \tag{4.1.21}$$

betrachten und o.B.d.A. $\lambda\geq 0$ voraussetzen.

Aus $\rho(\boldsymbol{M}_J)<1$ folgt somit $\lambda\in[0,1)$. Desweiteren betrachten wir aufgrund des Korollars 4.23 stets $\omega\in(0,2)$. Aus (4.1.21) erhalten wir die zwei Eigenwerte in der Form

$$\mu^{\pm} = \mu^{\pm}(\omega,\lambda) = \frac{1}{2}\lambda^2\omega^2 - (\omega - 1) \pm \lambda\omega\sqrt{\frac{1}{4}\lambda^2\omega^2 - (\omega - 1)}. \tag{4.1.22}$$

Wir definieren

$$g(\omega,\lambda) := \frac{1}{4}\lambda^2\omega^2 - (\omega - 1).$$

Für gegebenes $\lambda \in [0,1)$ lauten die Nullstellen dieser Funktion

$$\omega^{\pm} = \omega^{\pm}(\lambda) = \frac{2}{1 \pm \sqrt{1-\lambda^2}}. \tag{4.1.23}$$

Mit $\omega \in (0,2)$ können wir ω^- vernachlässigen und es ergibt sich $\omega^+(\lambda) > 1$ für alle $\lambda \in [0,1)$. Zudem gilt für alle $\lambda \in [0,1)$ und $\omega \in (0,2)$

$$\frac{\partial g}{\partial \omega}(\omega,\lambda) = \frac{1}{2}\lambda^2\omega - 1 < 0.$$

Wir erhalten die folgenden drei Fälle:

(1) $2 > \omega > \omega^+(\lambda)$:
Die beiden Eigenwerte $\mu^+(\omega,\lambda)$ und $\mu^-(\omega,\lambda)$ sind komplex, und es gilt

$$|\mu^+(\omega,\lambda)| = |\mu^-(\omega,\lambda)| = |\omega - 1| = \omega - 1$$

(2) $\omega = \omega^+(\lambda)$:
Aus (4.1.23) folgt $\lambda^2 = \frac{4}{\omega} - \frac{4}{\omega^2}$, wodurch sich

$$|\mu^+(\omega,\lambda)| = |\mu^-(\omega,\lambda)| = \frac{1}{2}\lambda^2\omega^2 - (\omega - 1) = 2\omega - 2 - (\omega - 1) = \omega - 1$$

ergibt.

(3) $0 < \omega < \omega^+(\lambda)$:
Die Gleichung (4.1.22) liefert zwei reelle Eigenwerte

$$\mu^{\pm}(\omega,\lambda) = \underbrace{\frac{1}{2}\lambda^2\omega^2 - (\omega - 1)}_{>0} \pm \underbrace{\lambda\omega\sqrt{\frac{1}{4}\lambda^2\omega^2 - (\omega - 1)}}_{\geq 0}$$

mit

$$\max\{|\mu^+(\omega,\lambda)|,|\mu^-(\omega,\lambda)|\} = \mu^+(\omega,\lambda).$$

Zur Bestimmung von $\rho(\boldsymbol{M}_{GS}(\omega))$ sind wir in allen drei Fällen nur an $\mu^+(\omega,\lambda)$ interessiert. Damit betrachten wir für $\lambda \in [0,1)$

$$\mu(\omega,\lambda) = \begin{cases} \mu^+(\omega,\lambda) & \text{für } 0 < \omega < \omega^+(\lambda) \\ \omega - 1 & \text{für } \omega^+(\lambda) \leq \omega < 2. \end{cases} \tag{4.1.24}$$

Hiermit gilt für $0 < \omega < \omega^+(\lambda)$ und $\lambda \in [0,1)$

$$\frac{\partial \mu}{\partial \lambda}(\omega,\lambda) = \underbrace{\lambda\omega^2}_{\geq 0} + \underbrace{\omega\sqrt{\frac{1}{4}\lambda^2\omega^2 - (\omega-1)}}_{>0} + \underbrace{\lambda\omega\frac{1}{2}\frac{\frac{1}{2}\lambda\omega^2}{\sqrt{\frac{1}{4}\lambda^2\omega^2 - (\omega-1)}}}_{\geq 0} > 0, \tag{4.1.25}$$

und wegen

$$\mu(\omega,\lambda) = \left(\frac{\omega\lambda}{2} + \sqrt{\frac{1}{4}\lambda^2\omega^2 - (\omega-1)}\right)^2$$

folgt

$$\frac{\partial \mu}{\partial \omega}(\omega,\lambda) = \underbrace{2\left(\frac{\omega\lambda}{2} + \sqrt{\frac{1}{4}\lambda^2\omega^2 - (\omega-1)}\right)}_{>0}\underbrace{\left[\frac{\lambda}{2} + \frac{1}{2}\frac{\frac{1}{2}\lambda^2\omega - 1}{\sqrt{\frac{1}{4}\lambda^2\omega^2 - (\omega-1)}}\right]}_{q(\omega,\lambda):=}.$$

Wir schreiben

$$q(\omega,\lambda) = \underbrace{\frac{1}{2\sqrt{\frac{1}{4}\lambda^2\omega^2 - (\omega-1)}}}_{>0}\left(\underbrace{\lambda\sqrt{\frac{1}{4}\lambda^2\omega^2 - (\omega-1)}}_{q_1(\omega,\lambda):=} + \underbrace{\frac{1}{2}\lambda^2\omega - 1}_{q_2(\omega,\lambda):=}\right).$$

Für die Funktionen q_1 und q_2 gilt hierbei für alle $\lambda \in [0,1)$ und $\omega \in (0,\omega^+(\lambda))$

$$q_1(\omega,\lambda) \geq 0 \quad \text{und} \quad q_2(\omega,\lambda) < 0.$$

Desweiteren liefert

$$[q_1(\omega,\lambda)]^2 = \frac{\omega^2\lambda^4}{4} + \lambda^2 - \omega\lambda^2 < \frac{\omega^2\lambda^4}{4} + 1 - \omega\lambda^2 = [q_2(\omega,\lambda)]^2$$

die Ungleichung

$$\frac{\partial \mu}{\partial \omega}(\omega,\lambda) < 0 \quad \text{für alle} \quad \lambda \in [0,1) \quad \text{und} \quad \omega \in (0,\omega^+(\lambda)).$$

Aus (4.1.24) erhalten wir zudem $\mu(0,\lambda) = 1 = \mu(2,\lambda)$, so dass $|\mu(\omega,\lambda)| < 1$ für alle $\lambda \in [0,1)$ und $\omega \in (0,2)$ folgt, wodurch sich direkt $\rho(\boldsymbol{M}_{GS}(\omega)) < 1$ ergibt. Für jeden Eigenwert λ wird $|\mu(\omega,\lambda)|$ minimal für $\omega_{\text{opt}} = \omega^+(\lambda)$.

Gleichung (4.1.24) liefert somit

$$\begin{aligned}
\rho(\boldsymbol{M}_{GS}(\omega_{\text{opt}})) &= |\mu(\omega_{\text{opt}},\rho(\boldsymbol{M}_J))| \\
&= \omega_{\text{opt}}(\rho(\boldsymbol{M}_J)) - 1 \\
&\overset{(4.1.23)}{=} \frac{2}{1+\sqrt{1-\rho^2}} - 1 \\
&= \frac{1-\sqrt{1-\rho^2}}{1+\sqrt{1-\rho^2}}.
\end{aligned}$$

□

Bemerkung:
Da für alle $\lambda \in (0,1)$

$$\lim_{\omega \searrow \omega_{\text{opt}}} \frac{\partial \mu}{\partial \omega}(\omega,\lambda) = 1 \quad \text{und} \quad \lim_{\omega \nearrow \omega_{\text{opt}}} \frac{\partial \mu}{\partial \omega}(\omega,\lambda) = -\infty \tag{4.1.26}$$

gilt, sollte ω im Zweifelsfall eher größer ω_{opt} als kleiner ω_{opt} gewählt werden.

Zudem liegt der optimale Relaxationsparameter für die den Voraussetzungen des Satzes 4.29 genügenden Matrizen im Intervall $[1,2)$, weshalb dieses Relaxationsverfahren auch als SOR-Methode (*successive overrelaxation method*) bezeichnet wird. Bei einem gedämpften Gauß-Seidel-Verfahren ($\omega < 1$) spricht man hingegen auch von der *successive underrelaxation method.*

Beispiel 4.30 Wir betrachten wiederum das Modellproblem $\boldsymbol{Ax} = \boldsymbol{b}$ mit

$$\boldsymbol{A} = \begin{pmatrix} 0.7 & -0.4 \\ -0.2 & 0.5 \end{pmatrix}, \quad \boldsymbol{b} = \begin{pmatrix} 0.3 \\ 0.3 \end{pmatrix}.$$

Die Matrix $\boldsymbol{A}$ ist als Tridiagonalmatrix konsistent geordnet, und die Eigenwerte von

$$\boldsymbol{M}_J = -\boldsymbol{D}^{-1}(\boldsymbol{L} + \boldsymbol{R})$$

sind laut Beispiel 4.16

$$\lambda_{1,2} = \pm\sqrt{\frac{8}{35}} \in \mathbb{R},$$

so dass $\rho(\boldsymbol{M}_J) < 1$ gilt. Unter Verwendung dieser Eigenschaften liefert der Satz 4.29 die Konvergenz des Gauß-Seidel-Relaxationsverfahrens

$$\boldsymbol{x}_{m+1} = \boldsymbol{M}_{GS}(\omega)\boldsymbol{x}_m + \boldsymbol{N}_{GS}(\omega)\boldsymbol{b}$$

für alle $\omega \in (0,2)$. Der optimale Relaxationsparameter lautet

$$\omega_{\text{opt}} = \frac{2}{1 + \sqrt{1 - \frac{8}{35}}} \approx 1.0648$$

und liefert

$$\rho(\boldsymbol{M}_{GS}(\omega^*)) = \frac{1 - \sqrt{1 - \frac{8}{35}}}{1 + \sqrt{1 - \frac{8}{35}}} \approx 0.0648.$$

Die Abbildung 4.3 zeigt den für $\lambda = \sqrt{\frac{8}{35}}$ aufgetragenen Verlauf des Spektralradius in Abhängigkeit vom Relaxationsparameter. Desweiteren präsentiert die Tabelle den Konvergenzverlauf des Gauß-Seidel-Relaxationsverfahrens mit optimalem Relaxationsparameter beim Modellproblem unter Verwendung des Startvektors $\boldsymbol{x}_0 = (21, -19)^T$.

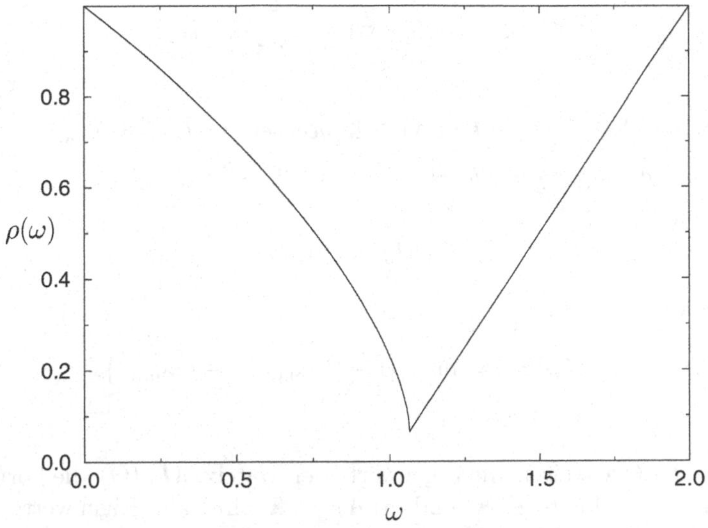

Bild 4.3 Spektralradius in Abhängigkeit vom Relaxationsparameter

SOR-Gauß-Seidel-Verfahren				
m	$x_{m,1}$	$x_{m,2}$	$\varepsilon_m := \|\boldsymbol{x}_m - \boldsymbol{A}^{-1}\boldsymbol{b}\|_\infty$	$\varepsilon_m/\varepsilon_{m-1}$
0	2.100000e+01	-1.900000e+01	2.000000e+01	
5	9.987226c-01	9.997003e-01	1.277401e-03	8.134709e-02
10	1.000000e-00	1.000000c-00	2.942099e-09	7.205638e-02
15	1.000000e-00	1.000000e-00	4.884981e-15	6.727829e-02

Die Abbildung 4.3 verdeutlicht nachdrücklich den Verlauf des Spektralradius in der Nähe des optimalen Relaxationsparameters, wodurch das analytisch ermittelte Verhalten unterstrichen wird.

4.1.4 Richardson-Verfahren

Das Richardson-Verfahren basiert auf dem Grundalgorithmus

$$\boldsymbol{x}_{m+1} = (\boldsymbol{I} - \boldsymbol{A})\boldsymbol{x}_m + \boldsymbol{b}$$

(siehe Beispiel 4.10) und einer Gewichtung des Korrekturvektors

$$\boldsymbol{r}_m = \boldsymbol{b} - \boldsymbol{A}\boldsymbol{x}_m$$

mit einer Zahl $\Theta \in \mathbb{C}$. Wir erhalten

$$\boldsymbol{x}_{m+1} = \underbrace{(\boldsymbol{I} - \Theta\boldsymbol{A})}_{\boldsymbol{M}_R(\Theta):=}\boldsymbol{x}_m + \underbrace{\Theta\boldsymbol{I}}_{\boldsymbol{N}_R(\Theta):=}\boldsymbol{b} \tag{4.1.27}$$

oder in Komponentenschreibweise

$$x_{m+1,i} = x_{m,i} + \Theta(b_i - \sum_{j=1}^{n} a_{ij} x_{m,j}).$$

Lemma 4.31 *Sei* $\boldsymbol{A} \in \mathbb{C}^{n \times n}$ *mit* $\sigma(\boldsymbol{A}) \subset \mathbb{R}$ *gegeben, und seien* $\lambda_{\max} = \max\limits_{\lambda \in \sigma(\boldsymbol{A})} \lambda$ *sowie* $\lambda_{\min} = \min\limits_{\lambda \in \sigma(\boldsymbol{A})} \lambda$ *, dann gilt für alle* $\Theta \in \mathbb{R}$

$$\sigma(\boldsymbol{M}_R(\Theta)) \subset \mathbb{R}$$

und für alle $\Theta \in \mathbb{C}$

$$\rho(\boldsymbol{M}_R(\Theta)) = \max\{|1 - \Theta\lambda_{\max}|, |1 - \Theta\lambda_{\min}|\}.$$

Beweis:
Mit $\boldsymbol{M}_R(\Theta) = \boldsymbol{I} - \Theta\boldsymbol{A}$ weisen alle Eigenwerte der Matrix $\boldsymbol{M}_R(\Theta)$ die Form $\mu = 1 - \Theta\lambda$ mit $\lambda \in \sigma(\boldsymbol{A})$ auf. Mit $\Theta \in \mathbb{R}$ und $\sigma(\boldsymbol{A}) \subset \mathbb{R}$ sind alle Eigenwerte von $\boldsymbol{M}_R(\Theta)$ reellwertig, und es gilt $\sigma(\boldsymbol{M}_R(\Theta)) \subset \mathbb{R}$.

Für gegebenes $\Theta \in \mathbb{C}$ betrachten wir die durch

$$\begin{array}{rcl} p & : & [a,b] \rightarrow \mathbb{R} \\ & & \lambda \mapsto p(\lambda) = |1 - \Theta\lambda| \end{array}$$

definierte Funktion, die auf $[a,b]$ kein lokales Maximum besitzt. Hiermit gilt

$$\max_{\lambda \in [a,b]} p(\lambda) = \max\{|1 - \Theta a|, |1 - \Theta b|\},$$

und wir erhalten

$$\rho(\boldsymbol{M}_R(\Theta)) = \max_{\lambda \in \sigma(\boldsymbol{A})} p(\lambda) = \max\{|1 - \Theta\lambda_{\min}|, |1 - \Theta\lambda_{\max}|\}.$$

□

In Anlehnung an das Gauß-Seidel-Relaxationsverfahren werden wir mit den folgenden zwei Sätzen den Konvergenzbereich der Richardson-Iteration in Abhängigkeit vom Parameter Θ sowie dessen optimalen Wert Θ_{opt} bestimmen.

Satz 4.32 *Seien* $\boldsymbol{A} \in \mathbb{C}^{n \times n}$ *mit* $\sigma(\boldsymbol{A}) \subset \mathbb{R}^+$ *und* $\lambda_{\max} = \max\limits_{\lambda \in \sigma(\boldsymbol{A})} \lambda$, $\lambda_{\min} = \min\limits_{\lambda \in \sigma(\boldsymbol{A})} \lambda$, *dann konvergiert das Richardson-Verfahren* (4.1.27) *für* $\Theta \in \mathbb{R}$ *genau dann, wenn*

$$0 < \Theta < \frac{2}{\lambda_{\max}}$$

gilt.

Beweis:
„ $\Rightarrow$ " Das Richardson-Verfahren sei konvergent.

In diesem Fall gilt mit Lemma 4.31

$$1 > \rho(\boldsymbol{M}_R(\Theta)) \geq |1 - \Theta\lambda_{\max}| \geq 1 - \Theta\lambda_{\max},$$

womit $\Theta\lambda_{\max} > 0$ und damit aufgrund des positiven reellen Spektrums von $\boldsymbol{A}$ die Ungleichung $\Theta > 0$ folgt. Weiter gilt

$$-1 < -\rho(\boldsymbol{M}_R(\Theta)) \leq -|1 - \Theta\lambda_{\max}| \leq 1 - \Theta\lambda_{\max},$$

wodurch sich $\Theta\lambda_{\max} < 2$ und mit $\lambda_{\max} > 0$ die Abschätzung $\Theta < \frac{2}{\lambda_{\max}}$ ergibt.

„$\Leftarrow$" Sei $0 < \Theta < \frac{2}{\lambda_{\max}}$.

Unter Verwendung von $\sigma(\boldsymbol{A}) \subset \mathbb{R}^+$ erhalten wir

$$-1 < 1 - \Theta\lambda_{\max} \leq 1 - \Theta\lambda_{\min} < 1,$$

so dass mit Lemma 4.31

$$\rho(\boldsymbol{M}_R(\Theta)) = \max\{|1 - \Theta\lambda_{\min}|,|1 - \Theta\lambda_{\max}|\} < 1$$

folgt. □

Satz 4.33 *Sei* $\boldsymbol{A} \in \mathbb{C}^{n\times n}$ *mit* $\sigma(\boldsymbol{A}) \subset \mathbb{R}^+$, *und gelten die Festlegungen* $\lambda_{\min} = \min\limits_{\lambda\in\sigma(\boldsymbol{A})} \lambda$ *und* $\lambda_{\max} = \max\limits_{\lambda\in\sigma(\boldsymbol{A})} \lambda$, *dann wird der Spektralradius von* $\boldsymbol{M}_R(\Theta)$ *minimal für*

$$\Theta_{opt} = \frac{2}{\lambda_{\min} + \lambda_{\max}},$$

und es gilt

$$\rho(\boldsymbol{M}_R(\Theta_{opt})) = \frac{\lambda_{\max} - \lambda_{\min}}{\lambda_{\max} + \lambda_{\min}}.$$

Beweis:
Für $\Theta \in \mathbb{C}$ und $\lambda \in \mathbb{R}^+$ folgt

$$|1 - \Theta\lambda|^2 = (1 - \lambda\mathrm{Re}(\Theta))^2 + (\lambda\mathrm{Im}(\Theta))^2 \geq (1 - \lambda\mathrm{Re}(\Theta))^2,$$

wodurch sich $\Theta_{\text{opt}} \in \mathbb{R}$ ergibt. Seien desweiteren die Funktionen $g_{\max}, g_{\min} : \mathbb{R} \to \mathbb{R}$ durch $g_{\max}(\Theta) = |1 - \Theta\lambda_{\max}|$, $g_{\min}(\Theta) = |1 - \Theta\lambda_{\min}|$ gegeben, so können wir unter Berücksichtigung von

$$\Theta_{\text{opt}} = \arg\min_{\Theta\in\mathbb{C}} \rho(\boldsymbol{M}_R(\Theta)) = \arg\min_{\Theta\in\mathbb{R}} \rho(\boldsymbol{M}_R(\Theta)) = \arg\min_{\Theta\in\mathbb{R}} \max\{g_{\max}(\Theta),g_{\min}(\Theta)\}$$

der Abbildung 4.4 die Bedingung

$$\Theta_{\text{opt}}\lambda_{\max} - 1 = 1 - \Theta_{\text{opt}}\lambda_{\min}$$

für das optimale Θ entnehmen, wodurch sich

$$\Theta_{\text{opt}} = \frac{2}{\lambda_{\max} + \lambda_{\min}}$$

und

$$\rho(\boldsymbol{M}_R(\Theta_{\text{opt}})) = \frac{\lambda_{\max} - \lambda_{\min}}{\lambda_{\max} + \lambda_{\min}}$$

ergeben.

□

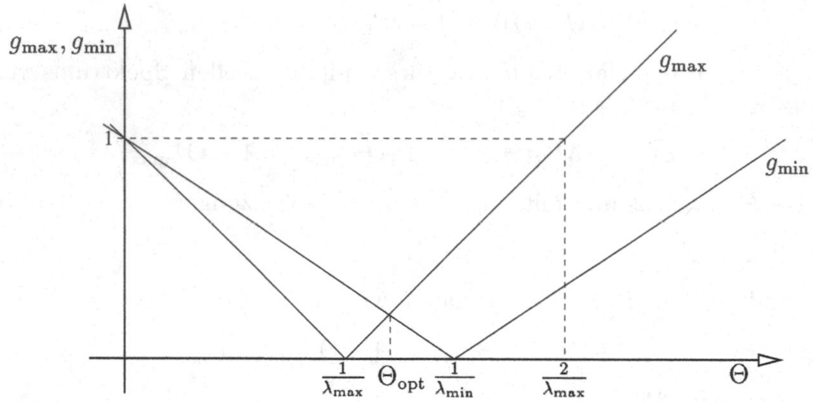

Bild 4.4 Bestimmung des Parameters Θ_{opt}

Beispiel 4.34 Wir betrachten das bereits bekannte Modellproblem $\boldsymbol{Ax} = \boldsymbol{b}$ mit

$$\boldsymbol{A} = \begin{pmatrix} 0.7 & -0.4 \\ -0.2 & 0.5 \end{pmatrix} \quad \text{und} \quad \boldsymbol{b} = \begin{pmatrix} 0.3 \\ 0.3 \end{pmatrix}.$$

Mit

$$0 = \det(\boldsymbol{A} - \lambda \boldsymbol{I}) = (0.7 - \lambda)(0.5 - \lambda) - 0.08 = (\lambda - 0.6)^2 - 0.09$$

erhalten wir die Eigenwerte $\lambda_{1,2} = 0.6 \pm 0.3$ und somit ein positives reelles Spektrum $\sigma(\boldsymbol{A})$. Satz 4.32 liefert die Konvergenz des Richardson-Verfahrens für alle $\Theta \in \mathbb{R}$ mit $0 < \Theta < \frac{2}{0.9} = 2.\overline{2}$. Mit Satz 4.33 ergeben sich

$$\Theta_{\text{opt}} = \frac{2}{0.9 + 0.3} = \frac{5}{3}$$

und

$$\rho(\boldsymbol{M}_R(\Theta_{\text{opt}})) = \frac{0.9 - 0.3}{0.9 + 0.3} = 0.5.$$

Für den üblichen Startvektor $\boldsymbol{x}_0 = (21, -19)^T$ ergibt sich der in der folgenden Tabelle aufgelistete Konvergenzverlauf:

Richardson-Verfahren				
m	$x_{m,1}$	$x_{m,2}$	$\varepsilon_m := \Vert\boldsymbol{x}_m - \boldsymbol{A}^{-1}\boldsymbol{b}\Vert_\infty$	$\varepsilon_m/\varepsilon_{m-1}$
0	2.100000e+01	-1.900000e+01	2.000000e+01	
15	9.989827e-01	1.000203e+00	1.017253e-03	8.333333e-01
30	1.000000e+00	1.000000e-00	1.862645e-08	3.000000e-01
45	1.000000e-00	1.000000e+00	9.473533e-13	8.331381e-01
52	1.000000e+00	1.000000e-00	4.662937e-15	3.157895e-01

4.1.5 Symmetrische Splitting-Methoden

Die bei den betrachteten Splitting-Methoden

$$\boldsymbol{x}_{m+1} = \boldsymbol{B}^{-1}(\boldsymbol{B} - \boldsymbol{A})\boldsymbol{x}_m + \boldsymbol{B}^{-1}\boldsymbol{b}$$

vorliegende Matrix $\boldsymbol{B}$ kann als leicht invertierbare Approximation der Matrix $\boldsymbol{A}$ verstanden werden und stellt daher eine mögliche Präkonditionierungsmatrix für weitere iterative Verfahren dar. Setzt ein iteratives Verfahren die Symmetrie und positive Definitheit der Matrix $\boldsymbol{A}$ voraus, so sollte auch das präkonditionierte System, zum Beispiel

$$\underbrace{\boldsymbol{B}^{-1/2}\boldsymbol{A}\boldsymbol{B}^{-1/2}}_{\widetilde{\boldsymbol{A}}:=}\boldsymbol{y} = \boldsymbol{B}^{-1/2}\boldsymbol{b},$$

mit $\widetilde{\boldsymbol{A}}$ eine symmetrische und positiv definite Matrix vorliegen haben.Um dieses Ziel zu erreichen, sind symmetrische Splitting-Methoden interessant.

Definition 4.35 Die Splitting-Methode

$$\boldsymbol{x}_{m+1} = \boldsymbol{B}^{-1}(\boldsymbol{B} - \boldsymbol{A})\boldsymbol{x}_m + \boldsymbol{B}^{-1}\boldsymbol{b}$$

heißt symmetrisch, wenn für jede symmetrisch, positiv definite Matrix $\boldsymbol{A}$ die Matrix $\boldsymbol{B}$ ebenfalls symmetrisch und positiv definit ist.

Bevor wir zur Konstruktion symmetrischer Splitting-Methoden übergehen, wollen wir zunächst einige bekannte Verfahren hinsichtlich dieser Eigenschaft analysieren.

Satz 4.36

(1) Das Jacobi-Relaxationsverfahren ist symmetrisch.

(2) Das Richardson-Verfahren ist genau dann symmetrisch, wenn $\Theta \in \mathbb{R}^+$ gilt.

(3) Das Gauß-Seidel-Relaxationsverfahren ist nicht symmetrisch.

Beweis:
Sei $\boldsymbol{A} = \boldsymbol{D}+\boldsymbol{L}+\boldsymbol{R}$ eine positiv definite und symmetrische Matrix, dann gilt $a_{ii} > 0$ für $i = 1,\ldots,n$, so dass neben der Richardson-Methode auch die Jacobi- und Gauß-Seidel-Verfahren wohldefiniert sind.

(1) $\boldsymbol{B}_J(\omega) = \frac{1}{\omega}\boldsymbol{D} = \frac{1}{\omega}\operatorname{diag}\{a_{11},\ldots,a_{nn}\}$ ist symmetrisch und mit $\omega, a_{ii} \in \mathbb{R}^+$ für $i = 1,\ldots,n$ zudem positiv definit[1].

(2) Mit $\boldsymbol{B}_R(\Theta) = \frac{1}{\Theta}\boldsymbol{I}$ ist das Richardson-Verfahren genau dann eine symmetrische Splitting-Methode, wenn $\Theta \in \mathbb{R}^+$ gilt.

(3) Das Gauß-Seidel-Relaxationsverfahren ist unabhängig von einer speziellen Wahl des Relaxationsparameters $\omega \in (0,2)$ keine symmetrische Splitting-Methode, da die Matrix $\boldsymbol{B}_{GS}(\omega) = \frac{1}{\omega}(\boldsymbol{D} + \omega\boldsymbol{L})$ für alle $\boldsymbol{L} \neq 0$ unsymmetrisch ist.

□

[1] Es sei an dieser Stelle angemerkt, dass bei allen Relaxationsverfahren $\omega > 0$ vorausgesetzt wurde.

Wir wollen im Folgenden am Beispiel des Gauß-Seidel-Relaxationsverfahrens eine Möglichkeit der Symmetrisierung unsymmetrischer Splitting-Methoden vorstellen. Entspreche $\boldsymbol{A} = \boldsymbol{D} + \boldsymbol{L} + \boldsymbol{R}$ der üblichen Zerlegung der Matrix $\boldsymbol{A}$, dann definieren wir mit

$$\boldsymbol{x}_{m+1} = \underbrace{-(\boldsymbol{D}+\boldsymbol{R})^{-1}\boldsymbol{L}}_{\boldsymbol{M}_{RGS}:=}\boldsymbol{x}_m + \underbrace{(\boldsymbol{D}+\boldsymbol{R})^{-1}}_{\boldsymbol{N}_{RGS}:=}\boldsymbol{b} \text{ für } m = 0,1,\ldots$$

das rückwärts durchgeführte Gauß-Seidel-Verfahren. Die Komposition der beiden Gauß-Seidel-Verfahren entspricht der Durchführung zweier aufeinanderfolgender Iterationvorschriften. Durch eine Zusammenfassung der beiden Einzelschritte zu einem Iterationsschritt erhalten wir mit

$$\boldsymbol{x}_{m+1/2} = \boldsymbol{M}_{GS}\boldsymbol{x}_m + \boldsymbol{N}_{GS}\boldsymbol{b}$$

die Darstellung

$$\boldsymbol{x}_{m+1} = \boldsymbol{M}_{RGS}\boldsymbol{x}_{m+1/2} + \boldsymbol{N}_{RGS}\boldsymbol{b} = \underbrace{\boldsymbol{M}_{RGS}\boldsymbol{M}_{GS}}_{\boldsymbol{M}_{SGS}:=}\boldsymbol{x}_m + \underbrace{(\boldsymbol{M}_{RGS}\boldsymbol{N}_{GS} + \boldsymbol{N}_{RGS})}_{\boldsymbol{N}_{SGS}:=}\boldsymbol{b}.$$

Für das hieraus entstandene symmetrische Gauß-Seidel-Verfahren gelten folglich

$$\begin{aligned}\boldsymbol{M}_{SGS} &= \left(-(\boldsymbol{D}+\boldsymbol{R})^{-1}\boldsymbol{L}\right)\left(-(\boldsymbol{D}+\boldsymbol{L})^{-1}\boldsymbol{R}\right)\\ &= (\boldsymbol{D}+\boldsymbol{R})^{-1}\boldsymbol{L}(\boldsymbol{D}+\boldsymbol{L})^{-1}\boldsymbol{R}\end{aligned}$$

und

$$\begin{aligned}\boldsymbol{N}_{SGS} &= \left(-(\boldsymbol{D}+\boldsymbol{R})^{-1}\boldsymbol{L}\right)(\boldsymbol{D}+\boldsymbol{L})^{-1} + (\boldsymbol{D}+\boldsymbol{R})^{-1}\\ &= (\boldsymbol{D}+\boldsymbol{R})^{-1}\left(\boldsymbol{I} - \boldsymbol{L}(\boldsymbol{D}+\boldsymbol{L})^{-1}\right)\\ &= (\boldsymbol{D}+\boldsymbol{R})^{-1}\boldsymbol{D}(\boldsymbol{D}+\boldsymbol{L})^{-1}.\end{aligned}$$

Analog erhalten wir das symmetrische Gauß-Seidel-Relaxationsverfahren (symmetrisches SOR-Verfahren = SSOR-Verfahren) als Kombination der relaxierten Einzelverfahren in der Form

$$\boldsymbol{x}_{m+1} = \boldsymbol{M}_{SGS}(\omega)\boldsymbol{x}_m + \boldsymbol{N}_{SGS}(\omega)\boldsymbol{b}$$

mit

$$\boldsymbol{M}_{SGS}(\omega) = (\boldsymbol{D}+\omega\boldsymbol{R})^{-1}\left((1-\omega)\boldsymbol{D} - \omega\boldsymbol{L}\right)(\boldsymbol{D}+\omega\boldsymbol{L})^{-1}\left((1-\omega)\boldsymbol{D} - \omega\boldsymbol{R}\right)$$

und

$$\boldsymbol{N}_{SGS}(\omega) = \omega(2-\omega)\,(\boldsymbol{D}+\omega\boldsymbol{R})^{-1}\boldsymbol{D}(\boldsymbol{D}+\omega\boldsymbol{L})^{-1}. \tag{4.1.28}$$

Für jede positiv definite und hermitesche Matrix $\boldsymbol{A} \in \mathbb{C}^{n\times n}$ existiert eine unitäre Matrix $\boldsymbol{Q} \in \mathbb{C}^{n\times n}$ mit

$$\boldsymbol{D} = \boldsymbol{Q}^*\boldsymbol{A}\boldsymbol{Q} = \operatorname{diag}\{d_{11},\ldots,d_{nn}\} \text{ mit } d_{ii} > 0 \text{ für } i = 1,\ldots,n.$$

Dann sei im Folgenden stets

$$\boldsymbol{A}^{1/\alpha} := \boldsymbol{Q}^*\boldsymbol{D}^{1/\alpha}\boldsymbol{Q} = \boldsymbol{Q}^*\operatorname{diag}\left\{d_{11}^{1/\alpha},\ldots,d_{nn}^{1/\alpha}\right\}\boldsymbol{Q}.$$

Im Fall einer positiv definiten, symmetrischen Matrix $\boldsymbol{A} \in \mathbb{R}^{n\times n}$ ist $\boldsymbol{Q} \in \mathbb{R}^{n\times n}$ orthogonal.

Satz 4.37 *Das symmetrische Gauß-Seidel-Relaxationsverfahren ist für $\omega \in (0{,}2)$ eine konsistente symmetrische Splitting-Methode.*

Beweis:
Mit

$$\boldsymbol{M}_{GS}(\omega) = \boldsymbol{I} - \boldsymbol{N}_{GS}(\omega)\boldsymbol{A} \quad \text{und} \quad \boldsymbol{M}_{RGS}(\omega) = \boldsymbol{I} - \boldsymbol{N}_{RGS}(\omega)\boldsymbol{A}$$

erhalten wir

$$\begin{aligned}
&\boldsymbol{I} - \boldsymbol{N}_{SGS}(\omega)\boldsymbol{A} \\
&= \boldsymbol{I} - (\boldsymbol{M}_{RGS}(\omega)\boldsymbol{N}_{GS}(\omega) + \boldsymbol{N}_{RGS}(\omega))\,\boldsymbol{A} \\
&= \underbrace{\boldsymbol{I} - \boldsymbol{N}_{RGS}(\omega)\boldsymbol{A}}_{=\boldsymbol{M}_{RGS}(\omega)} - \boldsymbol{M}_{RGS}(\omega)\,\underbrace{\boldsymbol{N}_{GS}(\omega)\boldsymbol{A}}_{=\boldsymbol{I}-\boldsymbol{M}_{GS}(\omega)} \\
&= \boldsymbol{M}_{RGS}(\omega)\boldsymbol{M}_{GS}(\omega) \\
&= \boldsymbol{M}_{SGS}(\omega), \qquad (4.1.29)
\end{aligned}$$

wodurch das SSOR eine konsistente Splitting-Methode repräsentiert.

Sei $\boldsymbol{A}$ positiv definit und symmetrisch, dann gelten $a_{ii} > 0$ ($i = 1,\ldots,n$) und $\boldsymbol{L} = \boldsymbol{R}^T$.

Sei $\boldsymbol{D}^{1/2} = \operatorname{diag}\left\{\sqrt{a_{11}},\ldots,\sqrt{a_{nn}}\right\}$, dann folgt mit $\boldsymbol{B}_{SGS}(\omega) = \boldsymbol{N}_{SGS}^{-1}(\omega)$ die Gleichung

$$\begin{aligned}
\boldsymbol{B}_{SGS}(\omega) &= \frac{1}{\omega(2-\omega)}(\boldsymbol{D} + \omega\boldsymbol{L})\boldsymbol{D}^{-1}(\boldsymbol{D} + \omega\boldsymbol{R}) \\
&= \frac{1}{\sqrt{\omega(2-\omega)}}\left(\boldsymbol{D} + \omega\boldsymbol{R}^T\right)\boldsymbol{D}^{-1/2}\underbrace{\frac{1}{\sqrt{\omega(2-\omega)}}\boldsymbol{D}^{-1/2}(\boldsymbol{D} + \omega\boldsymbol{R})}_{\boldsymbol{C}:=} \\
&= \boldsymbol{C}^T\boldsymbol{C}.
\end{aligned}$$

Die Voraussetzungen $\omega \in (0{,}2)$ und $a_{ii} > 0$ ($i = 1,\ldots,n$) liefern die Regularität der Matrix $\boldsymbol{C}$, wodurch sich neben der Symmetrie auch die positive Definitheit der Matrix $\boldsymbol{B}_{SGS} = \boldsymbol{C}^T\boldsymbol{C}$ ergibt. □

Satz und Definition 4.38 *Sei $\boldsymbol{A} \in \mathbb{C}^{n\times n}$ eine positiv definite und hermitesche Matrix, dann stellt*

$$\begin{aligned}
\|.\|_{\boldsymbol{A}} : \mathbb{C}^n &\to \mathbb{R} \\
\boldsymbol{x} &\mapsto \|\boldsymbol{x}\|_{\boldsymbol{A}} := \left\|\boldsymbol{A}^{1/2}\boldsymbol{x}\right\|_2
\end{aligned}$$

eine Norm dar. Diese Norm heißt Energienorm (bezüglich $\boldsymbol{A}$). Die zugehörige Matrixnorm ist durch

$$\begin{aligned} \|.\|_{\boldsymbol{A}} : \mathbb{C}^{n\times n} &\to \mathbb{R} \\ \boldsymbol{B} &\mapsto \|\boldsymbol{B}\|_{\boldsymbol{A}} = \left\|\boldsymbol{A}^{1/2}\boldsymbol{B}\boldsymbol{A}^{-1/2}\right\|_2 \end{aligned}$$

gegeben.

Beweis:
Der Nachweis der ersten Aussage beruht auf einfachem Nachrechnen der Vektornormaxiome und verbleibt als Übungsaufgabe. Für die Matrixnorm erhalten wir

$$\begin{aligned} \|\boldsymbol{B}\|_{\boldsymbol{A}} &= \sup_{\|\boldsymbol{x}\|_{\boldsymbol{A}}=1} \|\boldsymbol{B}\boldsymbol{x}\|_{\boldsymbol{A}} = \sup_{\|\boldsymbol{A}^{1/2}\boldsymbol{x}\|_2=1} \|\boldsymbol{A}^{1/2}\boldsymbol{B}\boldsymbol{x}\|_2 \\ &= \sup_{\|\boldsymbol{y}\|_2=1} \|\boldsymbol{A}^{1/2}\boldsymbol{B}\boldsymbol{A}^{-1/2}\boldsymbol{y}\|_2 = \left\|\boldsymbol{A}^{1/2}\boldsymbol{B}\boldsymbol{A}^{-1/2}\right\|_2 . \end{aligned}$$

□

Satz 4.39 *Sei* $\boldsymbol{A} \in \mathbb{C}^{n\times n}$ *hermitesch und positiv definit, dann konvergiert das symmetrische Gauß-Seidel-Relaxationsverfahren für alle* $\omega \in (0,2)$, *und es gilt*

$$\rho\left(\boldsymbol{M}_{SGS}(\omega)\right) = \|\boldsymbol{M}_{SGS}(\omega)\|_{\boldsymbol{A}} = \|\boldsymbol{M}_{GS}(\omega)\|_{\boldsymbol{A}}^2 ,$$

sowie

$$\sigma\left(\boldsymbol{M}_{SGS}(\omega)\right) \subset [0,\rho\left(\boldsymbol{M}_{SGS}(\omega)\right)] .$$

Beweis:
Da $\boldsymbol{A}^{1/2} \in \mathbb{C}^{n\times n}$ regulär ist, ist $\boldsymbol{M}_{SGS}(\omega)$ zu

$$\boldsymbol{A}^{1/2}\boldsymbol{M}_{SGS}(\omega)\boldsymbol{A}^{-1/2} = \left(\boldsymbol{A}^{1/2}\boldsymbol{M}_{RGS}(\omega)\boldsymbol{A}^{-1/2}\right)\left(\boldsymbol{A}^{1/2}\boldsymbol{M}_{GS}(\omega)\boldsymbol{A}^{-1/2}\right) \tag{4.1.30}$$

ähnlich. Mit

$$\boldsymbol{M}_{RGS}(\omega) = (\boldsymbol{D}+\omega\boldsymbol{R})^{-1}\left((1-\omega)\boldsymbol{D}-\omega\boldsymbol{L}\right) = \boldsymbol{I} - \omega(\boldsymbol{D}+\omega\boldsymbol{R})^{-1}\boldsymbol{A}$$

und

$$\boldsymbol{M}_{GS}(\omega) = (\boldsymbol{D}+\omega\boldsymbol{L})^{-1}\left((1-\omega)\boldsymbol{D}-\omega\boldsymbol{R}\right) = \boldsymbol{I} - \omega(\boldsymbol{D}+\omega\boldsymbol{L})^{-1}\boldsymbol{A}$$

erhalten wir

$$\begin{aligned} \boldsymbol{A}^{1/2}\boldsymbol{M}_{RGS}(\omega)\boldsymbol{A}^{-1/2} &= \boldsymbol{I} - \omega\boldsymbol{A}^{1/2}(\boldsymbol{D}+\omega\boldsymbol{R})^{-1}\boldsymbol{A}^{1/2} \\ &= \left(\boldsymbol{I} - \omega\boldsymbol{A}^{1/2}\left((\boldsymbol{D}+\omega\boldsymbol{R})^{-1}\right)^*\boldsymbol{A}^{1/2}\right)^* \\ &= \left(\boldsymbol{I} - \omega\boldsymbol{A}^{1/2}(\boldsymbol{D}+\omega\boldsymbol{L})^{-1}\boldsymbol{A}^{1/2}\right)^* \\ &= \left(\boldsymbol{A}^{1/2}\boldsymbol{M}_{GS}(\omega)\boldsymbol{A}^{-1/2}\right)^* . \end{aligned} \tag{4.1.31}$$

Aus $\boldsymbol{A}^{1/2}\boldsymbol{M}_{SGS}(\omega)\boldsymbol{A}^{-1/2} = \left(\boldsymbol{A}^{1/2}\boldsymbol{M}_{GS}(\omega)\boldsymbol{A}^{-1/2}\right)^* \left(\boldsymbol{A}^{1/2}\boldsymbol{M}_{GS}(\omega)\boldsymbol{A}^{-1/2}\right)$ folgt

$$\sigma\left(\boldsymbol{M}_{SGS}(\omega)\right) = \sigma\left(\boldsymbol{A}^{1/2}\boldsymbol{M}_{SGS}(\omega)\boldsymbol{A}^{-1/2}\right) \subset \mathbb{R}_0^+.$$

Somit gilt

$$\sigma\left(\boldsymbol{M}_{SGS}(\omega)\right) \subset \left[0,\rho\left(\boldsymbol{M}_{SGS}(\omega)\right)\right]. \tag{4.1.32}$$

Aus (4.1.30) und (4.1.31) wird direkt ersichtlich, dass die Matrix $\boldsymbol{A}^{1/2}\boldsymbol{M}_{SGS}(\omega)\boldsymbol{A}^{-1/2}$ hermitesch ist und somit

$$\begin{aligned}
\rho(\boldsymbol{M}_{SGS}(\omega)) &= \rho\left(\boldsymbol{A}^{1/2}\boldsymbol{M}_{SGS}(\omega)\boldsymbol{A}^{-1/2}\right) \\
&\overset{\text{Satz 2.35}}{=} \|\boldsymbol{A}^{1/2}\boldsymbol{M}_{SGS}(\omega)\boldsymbol{A}^{-1/2}\|_2 = \|\boldsymbol{M}_{SGS}(\omega)\|_{\boldsymbol{A}} \\
&\overset{(4.1.30),(4.1.31)}{=} \left\|\left(\boldsymbol{A}^{1/2}\boldsymbol{M}_{GS}(\omega)\boldsymbol{A}^{-1/2}\right)^* \left(\boldsymbol{A}^{1/2}\boldsymbol{M}_{GS}(\omega)\boldsymbol{A}^{-1/2}\right)\right\|_2 \\
&= \left\|\boldsymbol{A}^{1/2}\boldsymbol{M}_{GS}(\omega)\boldsymbol{A}^{-1/2}\right\|_2^2 = \|\boldsymbol{M}_{GS}(\omega)\|_{\boldsymbol{A}}^2
\end{aligned}$$

folgt.

Für hermitesche Matrizen führen wir die folgende Ordnungsrelation ein: Seien die Matrizen $\boldsymbol{F},\boldsymbol{G} \in \mathbb{C}^{n\times n}$ hermitesch, dann schreiben wir $\boldsymbol{G} > \boldsymbol{F}$, wenn $\boldsymbol{G} - \boldsymbol{F}$ positiv definit ist. Seien $\boldsymbol{F},\boldsymbol{G} \in \mathbb{C}^{n\times n}$ hermitesch mit $\boldsymbol{G} > \boldsymbol{F}$ und $\boldsymbol{F}$ positiv definit gegeben, dann sei $\lambda \in \mathbb{R}^+$ Eigenwert von $\boldsymbol{F}$ mit $\lambda = \rho(\boldsymbol{F})$ und zugehörigem Eigenvektor $\boldsymbol{x} \in \mathbb{C}^n$ mit $\|\boldsymbol{x}\|_2 = 1$. Somit erhalten wir

$$\begin{aligned}
0 &< \rho(\boldsymbol{F}) = (\boldsymbol{F}\boldsymbol{x},\boldsymbol{x})_2 \overset{(\boldsymbol{G}>\boldsymbol{F})}{<} (\boldsymbol{G}\boldsymbol{x},\boldsymbol{x})_2 \le \|\boldsymbol{G}\boldsymbol{x}\|_2\|\boldsymbol{x}\|_2 \\
&\le \|\boldsymbol{G}\|_2\|\boldsymbol{x}\|_2^2 = \|\boldsymbol{G}\|_2 = \rho(\boldsymbol{G}).
\end{aligned} \tag{4.1.33}$$

Laut Voraussetzung ist $\boldsymbol{A}$ positiv definit und hermitesch, wodurch sich für $\omega \in (0,2)$ die Gleichung

$$\begin{aligned}
\boldsymbol{N}_{GS}^{-1}(\omega) + \underbrace{\boldsymbol{N}_{GS}^{-*}(\omega)}_{:=\left(\boldsymbol{N}_{GS}^{-1}(\omega)\right)^*} &= \frac{1}{\omega}(\boldsymbol{D} + \omega\boldsymbol{L}) + \frac{1}{\omega}(\boldsymbol{D} + \omega\boldsymbol{R}) \\
&= \boldsymbol{L} + \boldsymbol{R} + \boldsymbol{D} + \left(\frac{2}{\omega} - 1\right)\boldsymbol{D} \\
&= \boldsymbol{A} + \left(\frac{2}{\omega} - 1\right)\boldsymbol{D} > \boldsymbol{A}
\end{aligned} \tag{4.1.34}$$

ergibt. Betrachten wir die Matrix

$$\begin{aligned}
\widehat{\boldsymbol{M}}_{GS}(\omega) &:= \boldsymbol{A}^{1/2}\boldsymbol{M}_{GS}(\omega)\boldsymbol{A}^{-1/2} \\
&= \boldsymbol{A}^{1/2}\left(\boldsymbol{I} - \boldsymbol{N}_{GS}(\omega)\boldsymbol{A}\right)\boldsymbol{A}^{-1/2} \\
&= \boldsymbol{I} - \boldsymbol{A}^{1/2}\boldsymbol{N}_{GS}(\omega)\boldsymbol{A}^{1/2},
\end{aligned}$$

dann folgt

$$
\begin{aligned}
&\widehat{\boldsymbol{M}}_{GS}^*(\omega)\widehat{\boldsymbol{M}}_{GS}(\omega) \\
&= \left(\boldsymbol{I} - \boldsymbol{A}^{1/2}\boldsymbol{N}_{GS}^*(\omega)\boldsymbol{A}^{1/2}\right)\left(\boldsymbol{I} - \boldsymbol{A}^{1/2}\boldsymbol{N}_{GS}(\omega)\boldsymbol{A}^{1/2}\right) \\
&= \boldsymbol{I} - \boldsymbol{A}^{1/2}\left(\boldsymbol{N}_{GS}^*(\omega) + \boldsymbol{N}_{GS}(\omega)\right)\boldsymbol{A}^{1/2} \\
&\quad + \boldsymbol{A}^{1/2}\boldsymbol{N}_{GS}^*(\omega)\boldsymbol{A}\boldsymbol{N}_{GS}(\omega)\boldsymbol{A}^{1/2} \\
&= \boldsymbol{I} - \boldsymbol{A}^{1/2}\boldsymbol{N}_{GS}^*(\omega)\left(\boldsymbol{N}_{GS}^{-1}(\omega) + \boldsymbol{N}_{GS}^{-*}(\omega)\right)\boldsymbol{N}_{GS}(\omega)\boldsymbol{A}^{1/2} \\
&\quad + \boldsymbol{A}^{1/2}\boldsymbol{N}_{GS}^*(\omega)\boldsymbol{A}\boldsymbol{N}_{GS}(\omega)\boldsymbol{A}^{1/2} \\
&= \boldsymbol{I} - \boldsymbol{A}^{1/2}\boldsymbol{N}_{GS}^*(\omega)\left(\boldsymbol{N}_{GS}^{-1}(\omega) + \boldsymbol{N}_{GS}^{-*}(\omega) - \boldsymbol{A}\right)\boldsymbol{N}_{GS}(\omega)\boldsymbol{A}^{1/2} \\
&\overset{(4.1.34)}{<} \boldsymbol{I}.
\end{aligned}
\tag{4.1.35}
$$

Mit (4.1.33) erhalten wir $\rho\left(\boldsymbol{M}_{SGS}(\omega)\right) = \rho\left(\widehat{\boldsymbol{M}}_{GS}^*(\omega)\widehat{\boldsymbol{M}}_{GS}(\omega)\right) < \rho(\boldsymbol{I}) = 1.$ □

Der obige Beweis beinhaltet zudem die Aussage, dass für eine positiv definite Matrix $\boldsymbol{A}$ das Gauß-Seidel-Relaxationsverfahren für $\omega \in (0,2)$ streng monoton in der Energienorm konvergiert.

4.2 Mehrgitterverfahren

Mehrgitterverfahren werden häufig zur Lösung linearer Gleichungssysteme, die zum Beispiel bei der Diskretisierung elliptischer Differentialgleichungen (Poisson-Gleichung) entstehen, genutzt. Daneben eignen sie sich auch zur Konvergenzbeschleunigung innerhalb expliziter numerischer Verfahren zur Lösung hyperbolischer (Euler-Gleichungen) und hyperbolisch-parabolischer (Navier-Stokes-Gleichungen) Differentialgleichungen [11, 4, 31]. Obwohl im Fall dieser partiellen Differentialgleichungen in der Regel kein lineares Gleichungssystem betrachtet wird, bleibt die prinzipielle Vorgehensweise identisch.

Wir werden in diesem Abschnitt die Grundidee der Mehrgitterverfahren vorstellen und ihre Wirkung bei der Lösung eines speziellen Modellproblems studieren. Konvergenzaussagen werden zum Beispiel in [38, 36] hergeleitet.

Wir vereinfachen die im Beispiel 1.1 vorgestellte Poisson-Gleichung zum eindimensionalen Dirichlet-Randwertproblem.

Gegeben: $\Omega = (0,1)$ und $f \in C(\Omega;\mathbb{R})$

Gesucht: $u \in C^2(\Omega;\mathbb{R}) \cap C(\overline{\Omega};\mathbb{R})$ mit

$$
\begin{aligned}
-u''(x) &= f(x) \quad \text{für } x \in \Omega, \\
u(x) &= 0 \quad \text{für } x \in \partial\Omega = \{0,1\}.
\end{aligned}
\tag{4.2.1}
$$

Wir definieren die Schrittweitenfolge $\{h_\ell\}_{\ell=0}^{\infty}$ mit $h_0 = \frac{1}{2}$ und $h_\ell = h_0/2^\ell = 2^{-(\ell+1)}$ sowie die Gitterfolge

$$\Omega_\ell := \Omega_{h_\ell} = \left\{ jh_\ell \mid j = 1,\ldots,2^{\ell+1} - 1 \right\} \text{ für } \ell = 0,1,\ldots\ ,$$

wobei ℓ als Stufenzahl oder Stufenindex bezeichnet wird.

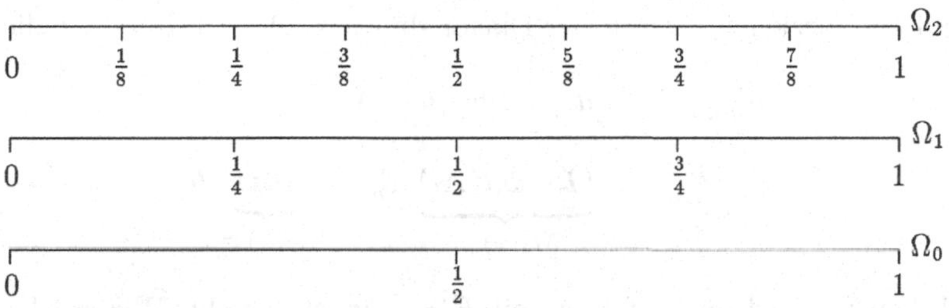

Bild 4.5 Gitterhierarchie

Approximieren wir wiederum die Ableitung der gesuchten Funktion u mittels eines zentralen Differenzenquotienten, so erhalten wir mit

$$u_j^\ell := u\,(jh_\ell) \text{ für } j = 1,\ldots,N_\ell := 2^{\ell+1} - 1$$

und

$$f_j^\ell := f\,(jh_\ell) \text{ für } j = 1,\ldots,N_\ell$$

unter Berücksichtigung der Randbedingungen das lineare Gleichungssystem der ℓ-ten Stufe in der Form

$$\boldsymbol{A}_\ell \boldsymbol{u}^\ell = \boldsymbol{f}^\ell$$

mit

$$\boldsymbol{u}^\ell = \left(u_1^\ell,\ldots,u_{N_\ell}^\ell\right)^T, \quad \boldsymbol{f}^\ell = \left(f_1^\ell,\ldots,f_{N_\ell}^\ell\right)^T$$

und

$$\boldsymbol{A}_\ell = \frac{1}{h_\ell^2} \begin{pmatrix} 2 & -1 & & & \\ -1 & 2 & -1 & & \\ & \ddots & \ddots & \ddots & \\ & & \ddots & \ddots & -1 \\ & & & -1 & 2 \end{pmatrix} \in \mathbb{R}^{N_\ell \times N_\ell}. \tag{4.2.2}$$

Die Matrix $\boldsymbol{A}_\ell$ ist irreduzibel und diagonaldominant, so dass sowohl das Jacobi- als auch das Gauß-Seidel-Verfahren für alle Startwerte $\boldsymbol{u}_0 \in \mathbb{R}^{N_\ell}$ eine gegen die Lösung des Gleichungssystems konvergente Folge von Näherungslösungen berechnet.

Bemerkung:
Das vorliegende Modellproblem eignet sich sehr gut zur Beschreibung des Mehrgitteralgorithmus. Es sei an dieser Stelle jedoch erwähnt, dass derartige Gleichungssysteme in der Praxis direkt gelöst werden sollten. Der Grund hierfür liegt in der speziellen Gestalt der Matrix $\boldsymbol{A}_\ell$. Zunächst gilt $\det \boldsymbol{A}_\ell[k] \neq 0$ für $k = 1,\ldots,n$, wodurch laut Satz 3.7 eine LR-Zerlegung der Matrix $\boldsymbol{A}_\ell$ ohne Pivotisierung ermittelt werden kann. Berücksichtigt man innerhalb der Zerlegung die Tridiagonalgestalt der Matrix, so lässt sich das

Gleichungssystem mittels des Gaußschen Eliminationsverfahrens derart lösen, dass der Rechenaufwand proportional zur Anzahl der Unbekannten ist. Eine explizite Herleitung dieser Methode wird in [65] beschrieben.

Wir betrachten das Jacobi-Relaxationsverfahren

$$\boldsymbol{u}^{\ell}_{m+1} = \boldsymbol{u}^{\ell}_{m} + \tilde{\omega}\boldsymbol{D}_{\ell}^{-1}\left(\boldsymbol{b} - \boldsymbol{A}_{\ell}\boldsymbol{u}^{\ell}_{m}\right) \text{ für } m = 0{,}1,\ldots,$$

das aufgrund der speziellen Gestalt der Diagonalmatrix D_ℓ mit $\omega = \frac{1}{2}\tilde{\omega}$ die Form

$$\begin{aligned} \boldsymbol{u}^{\ell}_{m+1} &= \boldsymbol{u}^{\ell}_{m} + \omega h_\ell^2\left(\boldsymbol{b} - \boldsymbol{A}_{\ell}\boldsymbol{u}^{\ell}_{m}\right) \\ &= \underbrace{\left(\boldsymbol{I} - \omega h_\ell^2 \boldsymbol{A}_\ell\right)}_{\boldsymbol{M}_\ell(\omega) :=}\boldsymbol{u}^{\ell}_{m} + \underbrace{\omega h_\ell^2 \boldsymbol{I}}_{\boldsymbol{N}_\ell(\omega) :=}\ \boldsymbol{b} \end{aligned} \tag{4.2.3}$$

besitzt und dem Richardson-Verfahren mit $\Theta = \omega h_\ell^2$ entspricht. Wir werden vorab die Konvergenzeigenschaften der Methode untersuchen.

Da die Eigenfunktionen des homogenen Randwertproblems (4.2.1) durch

$$u(x) = c\,\sin(j\pi x) \text{ mit } j \in \mathbb{N} \text{ und } c \in \mathbb{R}$$

gegeben sind, können wir schon erahnen, dass die Eigenvektoren $\boldsymbol{e}^{\ell,j}$ der Matrix $\boldsymbol{A}_\ell$ durch

$$\boldsymbol{e}^{\ell,j} = \sqrt{2h_\ell}\begin{pmatrix} \sin(j\pi h_\ell) \\ \vdots \\ \sin(j\pi N_\ell h_\ell) \end{pmatrix} \text{ für } j = 1,\ldots,N_\ell \tag{4.2.4}$$

deren diskrete Formulierung repräsentieren. Dem sehr empfehlenswerten Buch von Briggs [15] folgend, werden wir die Vektoren $\boldsymbol{e}^{\ell,j}$ als *Fourier-Moden* oder auch kurz *Moden* zur jeweiligen Wellenzahl $j = 1,\ldots,N_\ell$ bezüglich des Gitters Ω_ℓ bezeichnen. Die oben bereits prognostizierte Eigenschaft der Moden als Eigenvektoren der Matrix $\boldsymbol{A}_\ell$ wollen wir unter zusätzlicher Angabe der Eigenwerte nun auch mathematisch belegen.

Lemma 4.40 *Die durch* (4.2.4) *gegebenen Fourier-Moden* $\boldsymbol{e}^{\ell,j}$, $j = 1,\ldots,N_\ell$ *sind Eigenvektoren der Matrix* $\boldsymbol{A}_\ell$ *mit den zugehörigen Eigenwerten* $\lambda^{\ell,j} = 4h_\ell^{-2}\sin^2\left(\frac{j\pi h_\ell}{2}\right)$.

Beweis:
Ausgehend von den Additionstheoremen

$$\begin{aligned} \sin(x \pm y) &= \sin x \cos y \pm \cos x \sin y \\ \cos(x \pm y) &= \cos x \cos y \mp \sin x \sin y \end{aligned} \tag{4.2.5}$$

erhalten wir durch einfaches Kombinieren

$$\sin(x-y) + \sin(x+y) = 2\sin x \cos y \quad\text{und}\quad \cos(2x) = \cos^2 x - \sin^2 x \tag{4.2.6}$$

respektive

$$1 - \cos(2x) = \sin^2 x + \cos^2 x - (\cos^2 x - \sin^2 x) = 2\sin^2 x.$$

Hiermit folgt unter Berücksichtigung von

$$\sin(j\pi \cdot 0 \cdot h_\ell) = \sin(j\pi \underbrace{(N_\ell + 1)h_\ell}_{=1}) = 0$$

für $k = 1, \ldots, N_\ell$ die Darstellung

$$\begin{aligned}
(\boldsymbol{A}_\ell \boldsymbol{e}^{\ell,j})_k &= \frac{\sqrt{2h_\ell}}{h_\ell^2}\left[-\sin(j\pi(k-1)h_\ell) + 2\sin(j\pi k h_\ell) - \sin(j\pi(k+1)h_\ell)\right] \\
&= \frac{\sqrt{2h_\ell}}{h_\ell^2}\left[2\sin(j\pi k h_\ell) - 2\sin(j\pi k h_\ell)\cos(j\pi h_\ell)\right] \\
&= \frac{2}{h_\ell^2}\left[1 - \cos(j\pi h_\ell)\right] e_k^{\ell,j} = \frac{4}{h_\ell^2}\sin^2\left(\frac{j\pi h_\ell}{2}\right) e_k^{\ell,j}.
\end{aligned}$$

□

Mit $\boldsymbol{M}_\ell(\omega) = \boldsymbol{I} - \omega h_\ell^2 \boldsymbol{A}_\ell$ stimmen die Eigenvektoren von $\boldsymbol{A}_\ell$ und $\boldsymbol{M}_\ell(\omega)$ überein, und die Eigenwerte der Iterationsmatrix lauten

$$\lambda^{\ell,j}(\omega) = 1 - 4\omega\sin^2\left(\frac{j\pi h_\ell}{2}\right) \quad \text{für } j = 1, \ldots, N_\ell. \tag{4.2.7}$$

Lemma 4.41 *Die durch* (4.2.4) *gegebenen Fourier-Moden* $\{\boldsymbol{e}^{\ell,1}, \ldots, \boldsymbol{e}^{\ell,N_\ell}\}$ *stellen eine Orthonormalbasis des* $\mathbb{R}^{N_\ell}$ *dar.*

Beweis:
Sei i die komplexe Einheit und $z = e^{i\frac{2\pi j}{N_\ell+1}} \in \mathbb{C}$ mit $j \in \mathbb{Z}$. Für $\frac{j}{N_\ell+1} \in \mathbb{Z}$ folgt direkt $z = 1$ und somit

$$\sum_{k=1}^{N_\ell+1} z^k = N_\ell + 1. \tag{4.2.8}$$

Gilt $\frac{j}{N_\ell+1} \notin \mathbb{Z}$, so ergibt sich $z \neq 1 = z^{N_\ell+1}$ und folglich

$$\sum_{k=1}^{N_\ell+1} z^k = z\frac{z^{N_\ell+1} - 1}{z - 1} = 0. \tag{4.2.9}$$

Zusammenfassend erhalten wir aus den Gleichungen (4.2.8) und (4.2.9) für den Realteil der betrachteten Summen die Darstellung

$$\sum_{k=1}^{N_\ell+1} \cos\left(j\frac{2\pi k}{N_\ell + 1}\right) = \begin{cases} 0, & \text{falls } \frac{j}{N_\ell+1} \notin \mathbb{Z} \\ N_\ell + 1 & \text{sonst.} \end{cases}$$

Die Orthogonalität der Vektoren erhalten wir mit $j,m \in \{1, \ldots, N_\ell\}$ unter Verwendung von

$$\cos((j-m)\pi) - \cos((j+m)\pi) = 0 \tag{4.2.10}$$

mittels

$$\begin{aligned}
(e^{\ell,j},e^{\ell,m})_2 &= \frac{2}{N_\ell+1}\sum_{k=1}^{N_\ell} \sin\left(j\frac{\pi k}{N_\ell+1}\right)\sin\left(m\frac{\pi k}{N_\ell+1}\right) \\
&= \frac{1}{N_\ell+1}\sum_{k=1}^{N_\ell}\left\{\cos\left((j-m)\frac{\pi k}{N_\ell+1}\right)-\cos\left((j+m)\frac{\pi k}{N_\ell+1}\right)\right\} \\
&\overset{(4.2.10)}{=} \frac{1}{N_\ell+1}\sum_{k=1}^{N_\ell+1}\left\{\cos\left((j-m)\frac{\pi k}{N_\ell+1}\right)-\cos\left((j+m)\frac{\pi k}{N_\ell+1}\right)\right\} \\
&= \begin{cases} 0 & \text{für } j \neq m, \\ 1 & \text{für } j = m. \end{cases}
\end{aligned}$$

Die Basiseigenschaft folgt abschließend direkt aus der Orthonormalität der Vektoren. □

Da die Matrix $\boldsymbol{A}$ als Tridiagonalmatrix laut Beispiel 4.27 konsistent geordnet ist, liegt eine um Null symmetrische Verteilung der Eigenwerte der Iterationsmatrix $\boldsymbol{M}_J$ des Jacobi-Verfahrens vor. Unter Berücksichtigung dieser Eigenschaft kann durch eine Relaxation des Verfahrens laut Satz 4.21 keine Verringerung des Spektralradiuses $\rho(\boldsymbol{M}_J)$ erzielt werden. Der Vorteil einer Relaxation liegt vielmehr in den Dämpfungseigenschaften der Methode hinsichtlich unterschiedlicher Fehlerfrequenzen, die wir im Folgenden untersuchen werden.

Mit dem vorhergehenden Lemma lässt sich der Fehler zwischen dem Startvektor $\boldsymbol{u}_0^\ell$ und der exakten Lösung $\boldsymbol{u}^{\ell,*} = \boldsymbol{A}_\ell^{-1}\boldsymbol{f}^\ell$ in der Form

$$\boldsymbol{u}_0^\ell - \boldsymbol{u}^{\ell,*} = \sum_{j=1}^{N_\ell} \alpha_j \boldsymbol{e}^{\ell,j}, \quad \alpha_j \in \mathbb{R}$$

schreiben, und wir erhalten

$$\begin{aligned}
\boldsymbol{u}_1^\ell - \boldsymbol{u}^{\ell,*} &= \boldsymbol{M}_\ell(\omega)\boldsymbol{u}_0^\ell + \boldsymbol{N}_\ell(\omega)\boldsymbol{f}^\ell - \left(\boldsymbol{M}_\ell(\omega)\boldsymbol{u}^{\ell,*} + \boldsymbol{N}_\ell(\omega)\boldsymbol{f}^\ell\right) \\
&= \boldsymbol{M}_\ell(\omega)\left(\boldsymbol{u}_0^\ell - \boldsymbol{u}^{\ell,*}\right) = \sum_{j=1}^{N_\ell} \alpha_j \lambda^{\ell,j}(\omega)\boldsymbol{e}^{\ell,j}
\end{aligned}$$

und entsprechend

$$\boldsymbol{u}_m^\ell - \boldsymbol{u}^{\ell,*} = \sum_{j=1}^{N_\ell} \alpha_j \left[\lambda^{\ell,j}(\omega)\right]^m \boldsymbol{e}^{\ell,j} \text{ für } m = 0,1,\ldots .$$

Diese Darstellung des iterationsabhängigen Fehlerverhaltens zeigt uns deutlich den Zusammenhang zwischen den Eigenwerten und dem Konvergenzverhalten des Jacobi-Verfahrens. Da die vorliegenden Eigenvektoren $\boldsymbol{e}^{\ell,j}$ jeweils die diskreten Abtastungen der Sinuswellen $\sin(j\pi x)$ für $x = h_\ell, 2h_\ell, \ldots, N_\ell h_\ell$ darstellen, werden wir für $1 \leq j < \frac{N_\ell+1}{2}$ von *langwelligen* respektive *glatten* Moden und für $\frac{N_\ell+1}{2} \leq j \leq N_\ell$ von *kurzwelligen* beziehungsweise *oszillierenden* Moden sprechen.

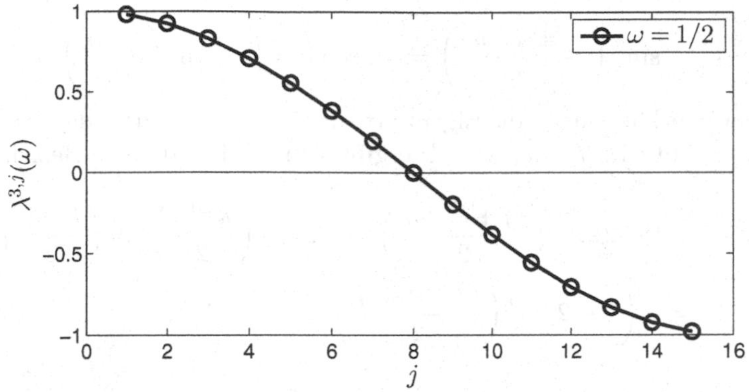

Bild 4.6 Eigenwertverteilung der Iterationsmatrix des klassischen Jacobi-Verfahrens

Für die Eigenwerte $\lambda^{\ell,j}(\omega)$ erhalten wir beim klassischen Jacobi-Verfahren ($\tilde{\omega} = 1$, d. h. $\omega = \tilde{\omega}/2 = 1/2$) die in Abbildung 4.6 dargestellte graphische Verteilung, wobei die diskreten Werte für $\ell = 3$ durch $\circ$ gekennzeichnet sind.

Die in Abbildung 4.6 für den Fall $\ell = 3$ optisch verdeutlichte Symmetrie innerhalb der Eigenwertverteilung wollen wir abschließend allgemein belegen.

Lemma 4.42 *Die Eigenwerte der Iterationsmatrix des klassischen Jacobi-Verfahrens zur Matrix* $\boldsymbol{A}_\ell$ *laut* (4.2.2) *erfüllen die Symmetrieeigenschaft*

$$\lambda^{\ell,j+k} = -\lambda^{\ell,j-k}$$

für $k = 0, \ldots, 2^\ell - 1$ *und* $j = \frac{N_\ell+1}{2}$.

Aus dem Lemma sehen wir, dass $\lambda^{\ell,\frac{N_\ell+1}{2}} = 0$ gilt und die weiteren Eigenwerte stets in Paaren mit positivem und negativem Vorzeichen auftreten.

Beweis:
Mit $j = \frac{N_\ell+1}{2}$ erhalten wir $jh_\ell = \frac{1}{2}$ und somit

$$\sin\left(\frac{j\pi h_\ell}{2}\right) = \sin\left(\frac{\pi}{4}\right) = \frac{\sqrt{2}}{2} = \cos\left(\frac{\pi}{4}\right) = \cos\left(\frac{j\pi h_\ell}{2}\right).$$

Die Eigenschaft liefert in Kombination mit dem Additionstheorem (4.2.5)

$$\begin{aligned}\sin\left(\frac{(j\pm k)\pi h_\ell}{2}\right) &= \sin\left(\frac{j\pi h_\ell}{2}\right)\cos\left(\frac{k\pi h_\ell}{2}\right) \pm \cos\left(\frac{j\pi h_\ell}{2}\right)\sin\left(\frac{k\pi h_\ell}{2}\right)\\ &= \frac{\sqrt{2}}{2}\left(\cos\left(\frac{k\pi h_\ell}{2}\right) \pm \sin\left(\frac{k\pi h_\ell}{2}\right)\right).\end{aligned}$$

Einfaches Quadrieren ergibt hiermit

$$\sin^2\left(\frac{(j\pm k)\pi h_\ell}{2}\right) = \frac{1}{2}\left(1 \pm 2\cos\left(\frac{k\pi h_\ell}{2}\right)\sin\left(\frac{k\pi h_\ell}{2}\right)\right)$$

respektive

$$1 - 2\sin^2\left(\frac{(j \pm k)\pi h_\ell}{2}\right) = \mp 2\cos\left(\frac{k\pi h_\ell}{2}\right)\sin\left(\frac{k\pi h_\ell}{2}\right).$$

Auf dieser Grundlage können wir die Eigenwerte der Iterationsmatrix des Jacobi-Verfahrens näher betrachten. Mit (4.2.7) und $\omega = \frac{1}{2}$ ergibt sich die behauptete Beziehung gemäß

$$\begin{aligned}\lambda^{\ell,j+k} &= 1 - 2\sin^2\left(\frac{(j + k)\pi h_\ell}{2}\right) = -2\cos\left(\frac{k\pi h_\ell}{2}\right)\sin\left(\frac{k\pi h_\ell}{2}\right)\\ &= -\left(1 - 2\sin^2\left(\frac{(j - k)\pi h_\ell}{2}\right)\right) = -\lambda^{\ell,j-k}.\end{aligned}$$

□

Zusammenfassend können wir mit den obigen Überlegungen drei wesentliche Aussagen festhalten:

(1) Das Jacobi-Verfahren liefert einen schnellen Abfall der im mittleren Frequenzbereich (j nahe bei $\frac{N_\ell+1}{2}$) befindlichen Fehlerkomponenten, während die hoch- und niedrigfrequenten Anteile (j nahe bei 1 oder N_ℓ) deutlich geringer gedämpft werden.

(2) Je feiner die Diskretisierung gewählt wird, d. h. je höher die Stufenzahl ℓ ist, desto größer wird der Spektralradius der Iterationsmatrix $\rho\left(\boldsymbol{M}_\ell\left(\frac{1}{2}\right)\right)$ des Jacobi-Verfahrens.

(3) Es gilt stets

$$\lambda^{\ell,1}\left(\frac{1}{2}\right) = -\lambda^{\ell,N_\ell}\left(\frac{1}{2}\right) = \rho\left(\boldsymbol{M}_\ell\left(\frac{1}{2}\right)\right),$$

so dass der Spektralradius der Iterationsmatrix durch eine einfache Relaxation des Jacobi-Verfahrens nicht verkleinert werden kann.

Betrachten wir die Taylorentwicklung des Spektralradius nach der Schrittweite, dann erhalten wir

$$\rho\left(\boldsymbol{M}_\ell(\omega)\right) = 1 - 4\omega\left(\sum_{n=0}^{\infty}(-1)^n\frac{\left(\pi\frac{h_\ell}{2}\right)^{2n+1}}{(2n+1)!}\right)^2 = 1 - 4\omega\frac{\pi^2 h_\ell^2}{4} + O\left(h_\ell^4\right),$$

so dass der Spektralradius quadratisch mit der Schrittweite gegen 1 konvergiert. Eine Verfeinerung des Gitters zur exakten Berechnung der Lösung bringt somit neben einem erhöhten Aufwand pro Iteration eine drastische Reduktion der Konvergenzgeschwindigkeit mit sich.

Die Wahl $\omega = \frac{1}{2}$ liefert zwar die optimale Konvergenzgeschwindigkeit für das beschriebene Verfahren, beinhaltet jedoch das Problem, dass sowohl langwellige wie auch kurzwellige Fehleranteile sehr schlecht gedämpft werden.

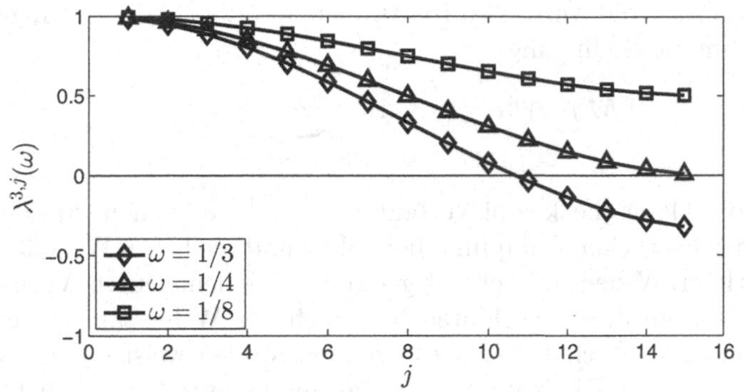

Bild 4.7 Eigenwertverteilung der Iterationsmatrix des gedämpften Jacobi-Verfahrens für variierende Relaxationsparameter

Als grundlegend für das Mehrgitterverfahren wird sich jedoch eine Dämpfung der hochfrequenten Fehleranteile auf dem feinsten Gitter erweisen. Wir variieren daher den Relaxationsparameter $\tilde{\omega} = 2/3, 1/2, 1/4$, d. h. $\omega = \tilde{\omega}/2$ durchläuft die Werte $1/3, 1/4, 1/8$. Die hiermit erhaltenen Eigenwerte $\lambda^{\ell,j}(\omega)$ für $j = 1,\ldots,N_\ell$ und $\ell = 3$ sind in der Abbildung 4.7 verdeutlicht.

Mittels einiger numerischer Experimente wollen wir die aus der Eigenwertverteilung zu erwartenden Dämpfungseigenschaften verdeutlichen. Wir wenden hierzu das Jacobi-Verfahren für die vier Relaxationsparameter $\omega = 1/2$, d. h. die klassische Jacobi-Methode sowie $\omega = 1/3, 1/4, 1/8$ auf die einzelnen Moden $e^{\ell,j}$, $j = 1,\ldots,N_\ell$ an, wobei wir wiederum $\ell = 3$ wählen.

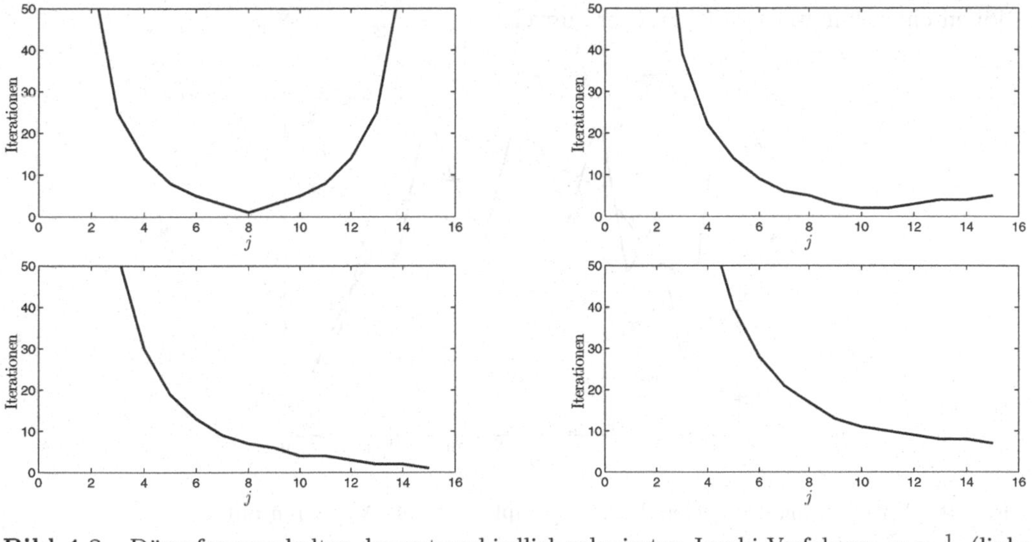

Bild 4.8 Dämpfungsverhalten der unterschiedlich relaxierten Jacobi-Verfahren, $\omega = \frac{1}{2}$ (links oben), $\omega = \frac{1}{3}$ (rechts oben), $\omega = \frac{1}{4}$ (links unten), $\omega = \frac{1}{8}$ (rechts unten), bezogen auf die Wellenzahlen j der Fourier-Moden $e^{3,j}$

Die Abbildung 4.8 zeigt die Anzahl an Iterationen m, die für die jeweilige Wellenzahl j notwendig sind, um die Bedingung

$$\|\boldsymbol{M}_J(\omega)^m \boldsymbol{e}^{\ell,j}\|_2 \leq 10^{-2} \underbrace{\|\boldsymbol{e}^{\ell,j}\|_2}_{=1} = 10^{-2}$$

zu erfüllen. Für das klassische Jacobi-Verfahren ($\omega = \frac{1}{2}$) erkennen wir den bereits diskutierten Effekt einer schwachen Dämpfung bei hohen und niedrigen Wellenzahlen, während Moden mit mittlerer Wellenzahl schnell gedämpft werden. Durch Variation des Relaxationsparameters kann dieses Verhalten bezüglich der Wellenzahl verschoben werden. Die beste Dämpfungseigenschaft bei oszillierenden Moden weist das gedämpfte Jacobi-Verfahren mit $\omega = \frac{1}{4}$ auf. Die Nutzung des Parameterwertes $\omega = \frac{1}{3}$ liefert den schnellsten Abfall bei dieser Methode für die Wellenzahl $j = 11$ und bei Anwendung von $\omega = \frac{1}{8}$ liegt eine stets fallende Iterationszahl bei zunehmender Wellenzahl vor, wobei die absolute Anzahl der benötigten Iterationen stets über denen des gedämpften Jacobi-Verfahrens mit $\omega = \frac{1}{4}$ liegt. Diese Eigenschaften hatten wir auch durch die Eigenwertverteilung gemäß Abbildung 4.7 bereits erwarten dürfen und wir werden uns im Folgenden daher auf den Parameterwert $\omega = \frac{1}{4}$ beschränken und das zugehörige Verfahren stets als gedämpftes Jacobi-Verfahren bezeichnen.

Im Allgemeinen weist der vorliegende Fehler natürlich nicht die Form einer einzigen Fourier-Mode auf, sondern ist durch eine Linearkombination sämtlicher Moden gegeben. Beispielhaft betrachten wir daher in Abbildung 4.9 die Fehlerentwicklung beim gedämpften Jacobi-Verfahren für einen auf der Stufe $\ell = 3$ $(N_\ell = N_3 = 15)$ gegebenen Fehler $\boldsymbol{e}_0^3$ der Form

$$\boldsymbol{e}_0^3 := \boldsymbol{u}_0^3 - \boldsymbol{u}^{3,*} = (0.75, 0.2, 0.6, 0.45, 0.9, 0.6, 0.8, 0.85, 0.55, 0.7, 0.9, 0.5, 0.6, 0.3, 0.2)^T.$$

Es zeigt sich für das gedämpfte Jacobi-Verfahren, dass der Fehler bereits nach zwei Iterationen einen langwelligen Charakter aufweist.

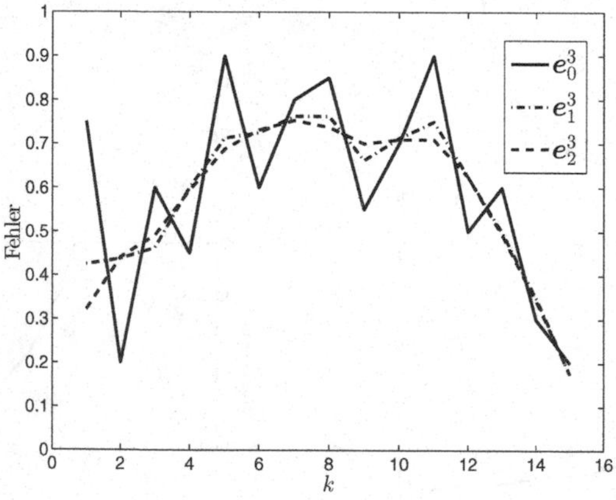

Bild 4.9 Entwicklung des Fehlers beim gedämpften Jacobi-Verfahren mit $\omega = 1/4$

Ideal wäre somit eine Kopplung des Jacobi-Relaxationsverfahrens mit einer Iterationsvorschrift, die die komplementäre Eigenschaft der schnellen Dämpfung langwelliger Fehlerterme aufweist. Alle bisherigen im Abschnitt 4.1 vorgestellten Verfahren weisen eine solche Eigenschaft jedoch nicht auf. Beim Mehrgitterverfahren nutzen wir die Kenntnis der Glattheit des Fehlers, indem wir diesen auf einem gröberen Gitter approximieren und anschließend, beispielsweise mittels einer linearen Interpolation, auf das feine Gitter abbilden. Hierzu benötigen wir eine Abbildung vom feinen Gitter Ω_ℓ auf das gröbere Gitter $\Omega_{\ell-1}$ sowie eine Abbildung von $\Omega_{\ell-1}$ auf Ω_ℓ. Generell lassen sich beliebige Abbildungen zwischen den einzelnen Gittern einführen. Wir wollen allerdings die Linearität der Jacobi-Methode auf das Mehrgitterverfahren übertragen und werden uns daher auf lineare Abbildungen beschränken, die bekanntermaßen durch Matrizen repräsentiert werden können. Folglich ergibt sich dabei als Nebenprodukt auch eine sehr einfache und effiziente Implementierung.

Definition 4.43 Eine Abbildung

$$\boldsymbol{F} : \mathbb{R}^{N_\ell} \to \mathbb{R}^{N_{\ell-1}}$$

heißt Restriktion von Ω_ℓ auf $\Omega_{\ell-1}$, wenn sie linear und surjektiv ist.

Die Forderung der Surjektivität beruht auf der Überlegung, dass jeder mögliche Fehlerverlauf auf dem gröberen Gitter $\Omega_{\ell-1}$ unter der Abbildung durch mindestens ein Urbild auf dem feineren Gitter Ω_ℓ dargestellt werden kann.

Bei der speziellen Schachtelung der Gitterfolge kann zum Beispiel die triviale Restriktion, auch Injektion genannt, gemäß Abbildung 4.10 verwendet werden, die durch

$$\boldsymbol{u}^{\ell-1} = \begin{pmatrix} u_1^{\ell-1} \\ \vdots \\ u_{N_{\ell-1}}^{\ell-1} \end{pmatrix} = \boldsymbol{R}_\ell^{\ell-1} \boldsymbol{u}^\ell = \begin{pmatrix} u_2^\ell \\ u_4^\ell \\ \vdots \\ u_{N_\ell-1}^\ell \end{pmatrix}$$

gegeben ist und durch die Matrix

$$\boldsymbol{R}_\ell^{\ell-1} = \begin{pmatrix} 0 & 1 & 0 & & & & & \\ & & 0 & 1 & 0 & & & \\ & & & \ddots & \ddots & \ddots & & \\ & & & & \ddots & \ddots & \ddots & \\ & & & & & \ddots & \ddots & \ddots \\ & & & & & 0 & 1 & 0 \end{pmatrix} \in \mathbb{R}^{N_{\ell-1} \times N_\ell} \tag{4.2.11}$$

repräsentiert wird.

Diese einfache Restriktion erweist sich oftmals als ungünstig, da die Werte an den Gitterpunkten $\Omega_\ell \setminus \Omega_{\ell-1}$ und hierdurch deren Informationen verlorengehen. Daher wird häufig die Restriktion gemäß Abbildung 4.11 mit der entsprechenden Matrixdarstellung

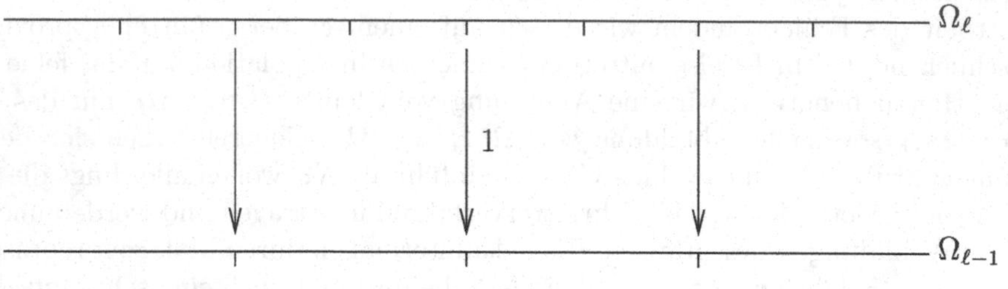

Bild 4.10 Triviale Restriktion oder Injektion

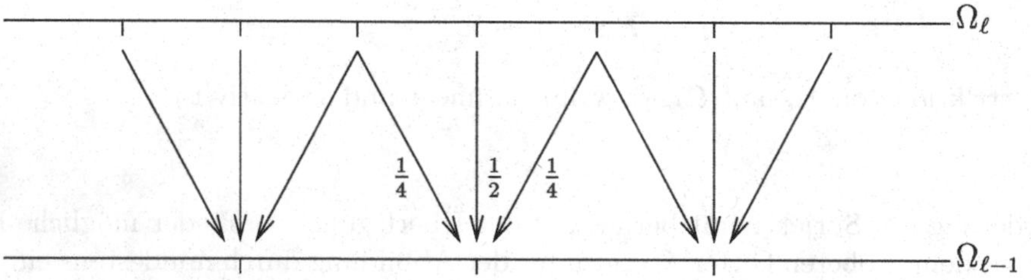

Bild 4.11 Lineare Restriktion

$$
\boldsymbol{R}_\ell^{\ell-1} = \frac{1}{4}\begin{pmatrix} 1 & 2 & 1 & & & & & & \\ & & 1 & 2 & 1 & & & & \\ & & & \ddots & \ddots & \ddots & & & \\ & & & & \ddots & \ddots & \ddots & & \\ & & & & & \ddots & \ddots & \ddots & \\ & & & & & & 1 & 2 & 1 \end{pmatrix} \tag{4.2.12}
$$

genutzt wird.

Lemma 4.44 *Die Injektion und die lineare Restriktion sind Restriktionen im Sinne der Definition 4.43.*

Beweis:
Die Linearität der beiden Abbildungen ist bereits durch die beiden angegebenen Matrizen belegt. Desweiteren sind die Spalten gerader Nummerierung bei beiden Matrizen offensichtlich linear unabhängig, so dass $\text{rang}(\boldsymbol{R}_\ell^{\ell-1}) = N_{\ell-1} = \dim \mathbb{R}^{N_{\ell-1}}$ folgt und die Abbildung somit surjektiv ist. □

Wenden wir uns nun der Abbildung von $\Omega_{\ell-1}$ auf Ω_ℓ zu.

Definition 4.45 Eine Abbildung

$$
\boldsymbol{G} : \mathbb{R}^{N_\ell} \to \mathbb{R}^{N_{\ell-1}}
$$

heißt Prolongation von $\Omega_{\ell-1}$ auf Ω_ℓ, wenn sie linear und injektiv ist.

Wir wollen sicherstellen, dass keine Information des groben Gitters bei Übertragung auf das feinere Gitter verloren geht. Das heißt, der Bildraum einer Prolongation soll stets die maximale Dimension $N_{\ell-1}$ aufweisen, woraus sich die Forderung der Injektivität ergibt.

Als Abbildung kann zum Beispiel eine lineare Interpolation zur Definition der Werte an den Zwischenstellen genutzt werden. In unserem Modellfall ergibt sich die graphische Darstellung gemäß Abbildung 4.12 und damit die Matrix

$$\boldsymbol{P}_{\ell-1}^{\ell} = \frac{1}{2}\begin{pmatrix} 1 & & & \\ 2 & & & \\ 1 & 1 & & \\ & 2 & & \\ & 1 & & \\ & & \ddots & \\ & & & 1 \\ & & & 2 \\ & & & 1 \end{pmatrix} \in \mathbb{R}^{N_\ell \times N_{\ell-1}}. \tag{4.2.13}$$

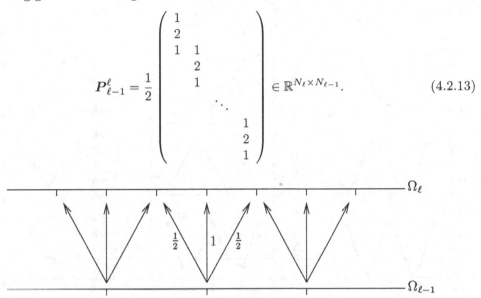

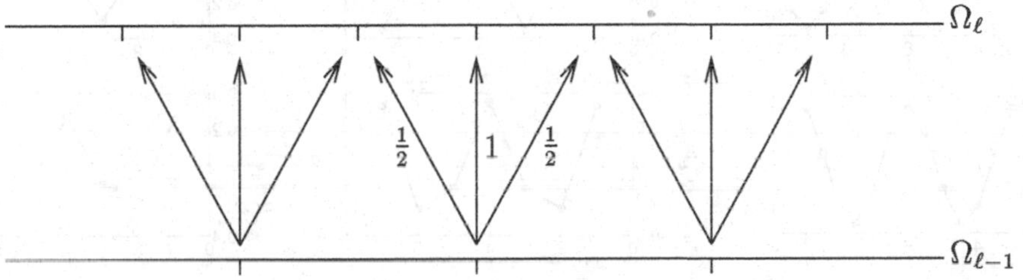

Bild 4.12 Lineare Prolongation

Lemma 4.46 *Die lineare Prolongation ist eine Prolongation gemäß der Definition 4.45.*

Beweis:
Die Linearität ergibt sich durch die Definition $\boldsymbol{G}(\boldsymbol{u}) = \boldsymbol{P}_{\ell-1}^{\ell}\boldsymbol{u}$. Da zudem bereits die Zeilen der Matrix mit gerader Zeilennummer linear unabhängig sind, gilt $\text{kern}(\boldsymbol{P}_{\ell-1}^{\ell}) = \{\boldsymbol{0}\}$ und die Injektivität ist nachgewiesen. □

Da sich die Fehlervektoren stets als Linearkombination der Fourier-Moden schreiben lassen, wird sich die Kenntnis über die Wirkung der verwendeten Restriktion wie auch der genutzten Prolongation auf diese Moden als wesentlich für das Gesamtverständnis der Mehrgittermethode erweisen. Betrachten wir die in den Abbildungen 4.13 und 4.14 präsentierten Ergebnisse für sämtliche Moden auf dem Gitter Ω_3 , so fällt bei der Injektion auf, dass die Moden mit den Wellenzahlen j und $\overline{j} = N_\ell + 1 - j$ für $j = 1,\ldots,N_{\ell-1}$ bis auf das Vorzeichen scheinbar gleiche Bilder ergeben. Bezogen auf die lineare Rekonstruktion besteht dagegen bei den Bildvektoren im Fall kleiner Wellenzahlen j eine gute Übereinstimmung mit den Ergebnissen der Injektion, während für größere Wellenzahlen optisch kein Zusammenhang erkennbar ist. Die Mode mit der mittleren Wellenzahl $j = \frac{N_\ell+1}{2} = N_{\ell-1} + 1$ liegt offensichtlich im Kern beider Abbildung. Einen tieferen Einblick in diese zunächst nur auf einer visuellen Basis begründeten Erkenntnis wollen wir im Folgenden durch eine mathematische Analyse der Wirkung beider Restriktionsoperatoren auf die Fourier-Moden gewinnen.

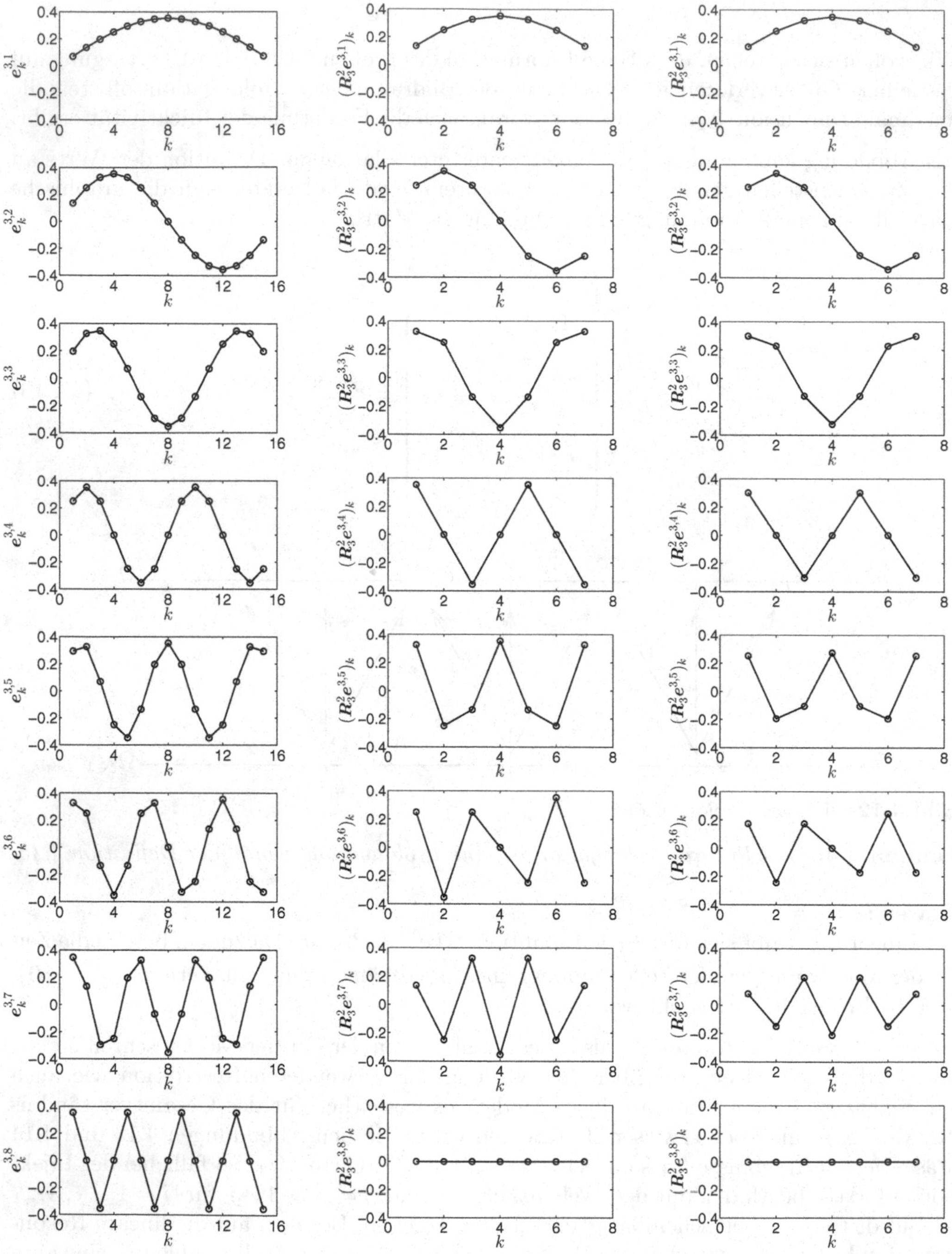

Bild 4.13 Darstellung der Fourier-Moden $e^{3,j}$, $j = 1,\ldots,8$ (erste Spalte) sowie der zugehörigen Bilder der Injektion (zweite Spalte) und der linearen Restriktion (dritte Spalte). Die Fortsetzung für $j = 9,\ldots,15$ kann der Abbildung 4.14 entnommen werden.

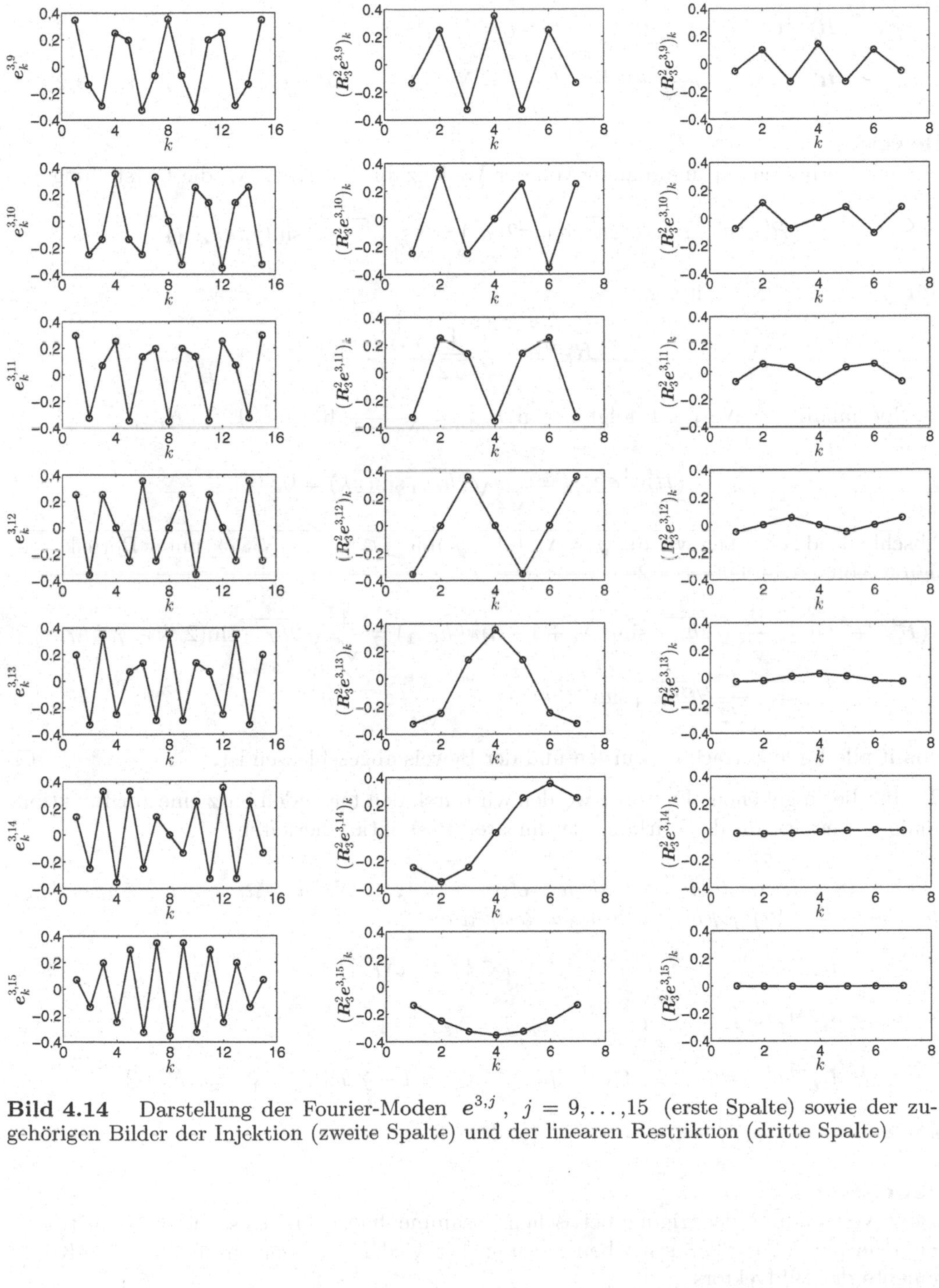

Bild 4.14 Darstellung der Fourier-Moden $e^{3,j}$, $j = 9,\ldots,15$ (erste Spalte) sowie der zugehörigen Bilder der Injektion (zweite Spalte) und der linearen Restriktion (dritte Spalte)

Satz 4.47 *Für die Bilder der Moden* $e^{\ell,j}$, $j = 1,\ldots,N_\ell$ *auf* Ω_ℓ *gilt bei Anwendung der durch* (4.2.11) *gegebenen Injektion*

$$R_\ell^{\ell-1} e^{\ell,j} = \tfrac{1}{\sqrt{2}} e^{\ell-1,j} \quad \textit{für } j \in \{1,\ldots,N_{\ell-1}\}, \tag{4.2.14}$$

$$R_\ell^{\ell-1} e^{\ell,j} = \mathbf{0} \quad \textit{für } j = N_{\ell-1}+1, \tag{4.2.15}$$

$$R_\ell^{\ell-1} e^{\ell,j} = -\tfrac{1}{\sqrt{2}} e^{\ell-1,\bar{\jmath}} \quad \textit{für } j = N_\ell + 1 - \bar{\jmath} \textit{ mit } \bar{\jmath} \in \{1,\ldots,N_{\ell-1}\}. \tag{4.2.16}$$

Beweis:
Zunächst erhalten wir unabhängig von der Wellenzahl $j = 1,\ldots,N_\ell$ die Darstellung

$$(R_\ell^{\ell-1} e^{\ell,j})_k = \sqrt{2h_\ell}\sin(j\pi 2kh_\ell) = \frac{1}{\sqrt{2}}\sqrt{2h_{\ell-1}}\sin(j\pi k h_{\ell-1}).$$

Für $j = 1,\ldots,N_{\ell-1}$ gilt somit

$$R_\ell^{\ell-1} e^{\ell,j} = \frac{1}{\sqrt{2}} e^{\ell-1,j}.$$

Im Spezialfall $j = N_{\ell-1}+1$ folgt wegen $h_{\ell-1} = \frac{1}{N_{\ell-1}+1}$ für $k = 1,\ldots,N_{\ell-1}$

$$(R_\ell^{\ell-1} e^{\ell,j})_k = \frac{1}{\sqrt{2}}\sqrt{2h_{\ell-1}}\sin(\pi k) = 0.$$

Abschließend schreiben wir für $j = N_\ell + 1 - \bar{\jmath}$ mit $\bar{\jmath} \in \{1,\ldots,N_{\ell-1}\}$ unter Berücksichtigung von $(N_\ell+1)h_{\ell-1} = 2$

$$\begin{aligned}(R_\ell^{\ell-1} e^{\ell,j})_k &= \frac{1}{\sqrt{2}}\sqrt{2h_{\ell-1}}\sin((N_\ell+1-\bar{\jmath})\pi k h_{\ell-1}) = \frac{1}{\sqrt{2}}\sqrt{2h_{\ell-1}}\sin(2\pi k - \bar{\jmath}\pi k h_{\ell-1})\\ &= -\frac{1}{\sqrt{2}}\sqrt{2h_{\ell-1}}\sin(\bar{\jmath}\pi k h_{\ell-1}) = -\frac{1}{\sqrt{2}}(e^{\ell-1,\bar{\jmath}})_k,\end{aligned}$$

womit alle Fälle betrachtet wurden und der Beweis abgeschlossen ist. □

Bis auf die eingehenden Faktoren werden wir durch den folgenden Satz eine zur Injektion analoge Aussage für die Wirkung der linearen Restriktion herleiten.

Satz 4.48 *Für die Bilder der Moden* $e^{\ell,j}$, $j = 1,\ldots,N_\ell$ *auf* Ω_ℓ *gilt bei Anwendung der durch* (4.2.12) *gegebenen linearen Restriktion*

$$R_\ell^{\ell-1} e^{\ell,j} = \tfrac{c_j}{\sqrt{2}}\, e^{\ell-1,j} \quad \textit{für } j \in \{1,\ldots,N_{\ell-1}\},$$

$$R_\ell^{\ell-1} e^{\ell,j} = \mathbf{0} \quad \textit{für } j = N_{\ell-1}+1,$$

$$R_\ell^{\ell-1} e^{\ell,j} = -\tfrac{s_{\bar{\jmath}}}{\sqrt{2}}\, e^{\ell-1,\bar{\jmath}} \quad \textit{für } j = N_\ell + 1 - \bar{\jmath} \textit{ mit } \bar{\jmath} \in \{1,\ldots,N_{\ell-1}\}$$

sowie $c_j = \cos^2\left(j\pi \frac{h_\ell}{2}\right)$ *und* $s_{\bar{\jmath}} = \sin^2\left(\bar{\jmath}\pi\frac{h_\ell}{2}\right)$.

Beweis:
Unter Verwendung der trigonometrischen Zusammenhänge (4.2.6) sowie der Schrittweitenänderung $h_{\ell-1} = 2h_\ell$ schreiben wir zunächst wiederum allgemein für die k-te Komponente des Bildvektors

$$
\begin{aligned}
(\boldsymbol{R}_\ell^{\ell-1}\boldsymbol{e}^{\ell,j})_k &= \frac{\sqrt{2h_\ell}}{4}\left[\sin(j\pi(2k-1)h_\ell) + 2\sin(j\pi 2kh_\ell) + \sin(j\pi(2k+1)h_\ell)\right] \\
&= \frac{\sqrt{2h_\ell}}{4}\left[2\sin(j\pi 2kh_\ell)\cos(j\pi h_\ell) + 2\sin(j\pi 2kh_\ell)\right] \\
&= \frac{\sqrt{2h_\ell}}{2}\left[\cos(j\pi h_\ell) + 1\right]\sin(j\pi 2kh_\ell) \\
&= \frac{\sqrt{2h_\ell}}{2}\left[\cos^2\left(j\pi\frac{h_\ell}{2}\right) - \sin^2\left(j\pi\frac{h_\ell}{2}\right) + 1\right]\sin(j\pi kh_{\ell-1}) \\
&= \sqrt{2h_\ell}\cos^2\left(j\pi\frac{h_\ell}{2}\right)\sin(j\pi kh_{\ell-1}) \\
&= \frac{1}{\sqrt{2}}\cos^2\left(j\pi\frac{h_\ell}{2}\right)\sqrt{2h_{\ell-1}}\sin(j\pi kh_{\ell-1})
\end{aligned}
$$

für $k = 1,\ldots,N_{\ell-1}$. Entsprechend der Vorgehensweise beim Beweis zur Abbildungseigenschaft der Injektion unterscheiden wir drei Fälle. Für $j = 1,\ldots,N_{\ell-1}$ ergibt sich direkt

$$
\boldsymbol{R}_\ell^{\ell-1}\boldsymbol{e}^{\ell,j} = \frac{c_j}{\sqrt{2}}\,\boldsymbol{e}^{\ell-1,j}.
$$

Für $j = N_{\ell-1}+1$ nutzen wir $jh_{\ell-1} = (N_{\ell-1}+1)h_{\ell-1} = 1$ und erhalten somit wegen $\sin(j\pi kh_{\ell-1}) = \sin(\pi k) = 0$ die Gleichung

$$
(\boldsymbol{R}_\ell^{\ell-1}\boldsymbol{e}^{\ell,j})_k = 0 \text{ für } k = 1,\ldots,N_{\ell-1}.
$$

Mit $j = N_\ell + 1 - \bar{\jmath}$ für $\bar{\jmath} \in \{1,\ldots,N_{\ell-1}\}$ ergibt sich weiterhin

$$
\begin{aligned}
\cos^2\left(j\pi\frac{h_\ell}{2}\right) &= \cos^2\left((N_\ell+1)\pi\frac{h_\ell}{2} - \bar{\jmath}\pi\frac{h_\ell}{2}\right) = \cos^2\left(\frac{\pi}{2} - \bar{\jmath}\pi\frac{h_\ell}{2}\right) \\
&= \sin^2\left(-\bar{\jmath}\pi\frac{h_\ell}{2}\right) = \sin^2\left(\bar{\jmath}\pi\frac{h_\ell}{2}\right),
\end{aligned}
$$

und folglich erhalten wir für $k = 1,\ldots,N_{\ell-1}$ entsprechend der Injektion

$$
\begin{aligned}
(\boldsymbol{R}_\ell^{\ell-1}\boldsymbol{e}^{\ell,j})_k &= \frac{1}{\sqrt{2}}\sin^2\left(\bar{\jmath}\pi\frac{h_\ell}{2}\right)\sqrt{2h_{\ell-1}}\sin(2\pi k - \bar{\jmath}\pi kh_{\ell-1}) \\
&= -\underbrace{\frac{1}{\sqrt{2}}\sin^2\left(\bar{\jmath}\pi\frac{h_\ell}{2}\right)}_{=s_{\bar{\jmath}}}(\boldsymbol{e}^{\ell-1,\bar{\jmath}})_k.
\end{aligned}
$$

□

Durch die obigen Sätze zur Wirkungsweise der Injektion und der linearen Restriktion in Bezug auf die Fourier-Moden erhalten wir ein viel detaillierteres Verständnis für die Resultate der Abbildungen 4.13 und 4.14. Für die Injektion belegen die Gleichungen (4.2.14) und (4.2.16) die bereits eingangs in den Grafiken beobachtete Eigenschaft, dass sich die Bilder glatter und oszillierender Moden lediglich im Vorzeichen unterscheiden und zudem belegt (4.2.15), dass die mittlere Mode wie vermutet im Kern der trivialen Restriktion liegt.

Bezüglich der Eingruppierung der Moden hinsichtlich ihrer Wellenzahl zeigt sich ein sehr interessantes Bild. Zunächst behalten die langwelligen Moden ($1 \leq j < (N_\ell + 1)/2$) ihre Wellenzahl j unter der Injektion. Da sich der Bildvektor jedoch auf das Gitter $\Omega_{\ell-1}$ bezieht, ergibt sich eine Verschiebung bezüglich der relativen Frequenz der Moden. Lediglich die Moden $\boldsymbol{e}^{\ell,j}$ mit $1 \leq j < (N_\ell + 1)/4 = (N_{\ell-1} + 1)/2$ liefern mit $\boldsymbol{R}_\ell^{\ell-1}\boldsymbol{e}^{\ell,j}$ eine bezogen auf $\Omega_{\ell-1}$ glatte Mode, während die im Kontext von Ω_ℓ langwelligen Moden $\boldsymbol{e}^{\ell,j}$ mit $(N_\ell + 1)/4 \leq j < (N_\ell + 1)/2$ als Bild unter der Injektion stets eine oszillierende Mode ergeben. Analog liegt auch bei den oszillierenden Fourier-Moden eine Frequenzverschiebung vor. Die Bilder der kurzwelligen Moden $\boldsymbol{e}^{\ell,j}$ mit $(N_\ell + 1)/2 < j \leq 3(N_\ell + 1)/4$ weisen auf $\Omega_{\ell-1}$ entsprechend der Urbilder ein oszillierendes Verhalten auf. Dagegen zeigen die Bilder der auf Ω_ℓ hochfrequenten Terme $\boldsymbol{e}^{\ell,j}$ mit $3(N_\ell + 1)/4 < j \leq N_\ell$ auf $\Omega_{\ell-1}$ einen langwelligen Charakter.

Obwohl der erste Eindruck bei den Resultaten der linearen Restriktion ein zur Injektion verschiedenes Verhalten zumindest bei den hohen Wellenzahlen suggeriert, zeigt uns der Satz 4.48, dass die Eigenschaften der Bilder hinsichtlich der vorliegenden Wellenzahlen identisch sind. Es liegt im Vergleich zur trivialen Restriktion allerdings mit c_j beziehungsweise $s_{\bar{j}}$ ein zusätzlicher Faktor vor, der die Amplitude im Bildbereich steuert. Mit diesen Größen wird auch die Ähnlichkeit der Bilder unter der Injektion und der linearen Restriktion bei kleinen Wellenzahlen j verständlich, da in diesen Fällen mit $\cos^2\left(j\pi\frac{h_\ell}{2}\right)$ ein Wert vorliegt, der nahe bei Eins liegt. Nähert sich die Wellenzahl von unten dem Wert $(N_\ell + 1)/2$, so wird der zugehörige Faktor $\cos^2\left(j\pi\frac{h_\ell}{2}\right)$ immer kleiner. Hiermit ist auch nachvollziehbar, warum in Abbildung 4.13 die Moden unter beiden Restriktionen für Wellenzahlen j nahe bei $(N_\ell + 1)/2$ die gleiche Form bei unterschiedlicher Höhe aufweisen. Beispielsweise ergibt sich für $j = 7 < (N_3 + 1)/2 = 8$ der Faktor $c_7 = \cos^2(7\pi/32) \approx 0.6$. Liegt die Wellenzahl im Bereich $(N_\ell + 1)/2 < j < N_\ell$, so greift der Vorfaktor $\sin^2\left(\bar{j}\pi\frac{h_\ell}{2}\right) = \sin^2\left((N_\ell + 1 - j)\pi\frac{h_\ell}{2}\right)$, der mit steigendem j streng monoton fallend ist und Werte zwischen 0.5 und 0.01 annimmt.

Die Moden $\boldsymbol{e}^{\ell,j}$ und $\boldsymbol{e}^{\ell,N_\ell+1-j}$, $j = 1,\ldots,N_{\ell-1}$ werden aufgrund der in den Sätzen 4.47 und 4.48 nachgewiesenen Eigenschaften als komplementäre Moden bezeichnet. Für Paare komplementärer Moden gilt sowohl für die Injektion als auch für die lineare Restriktion, dass wir mit $\boldsymbol{R}_\ell^{\ell-1}$ auch in der Form

$$\boldsymbol{R}_\ell^{\ell-1} : \operatorname{span}\{\boldsymbol{e}^{\ell,j},\boldsymbol{e}^{\ell,N_\ell+1-j}\} \to \operatorname{span}\{\boldsymbol{e}^{\ell-1,j}\} \text{ für alle } j = 1,\ldots,N_{\ell-1}$$

eine surjektive Abbildung vorliegen haben, da komplementäre Moden stets gleiche Moden im Bildbereich besitzen.

Bevor wir uns mit der Umsetzung einer über zwei Gitter verlaufenden Iterationsvorschrift befassen, ist es wichtig, einige Eigenschaften der linearen Prolongation herauszuarbeiten. Da wir eine lineare Interpolation zwischen den Stützstellen vornehmen, ist natürlich davon auszugehen, dass vorrangig glatte Moden des feinen Gitters Ω_ℓ durch die Vektoren des Bildraums geeignet angenähert werden können. Somit erwarten wir auf dem feinen Gitter geringe Abweichungen bei der Wiedergabe langwelliger Fehler, während stark oszillierende Fehlerverläufe ungenauer approximiert werden.

Die Abbildung 4.15 gibt einen Eindruck über die Wirkung der linearen Prolongation auf die Moden des groben Gitters. Wir betrachten dabei die skalierten Moden

$$\widetilde{\boldsymbol{e}}^{\ell,1} = \frac{1}{\sqrt{2h_\ell}}\boldsymbol{e}^{\ell,1},\ \ell = 2,3$$

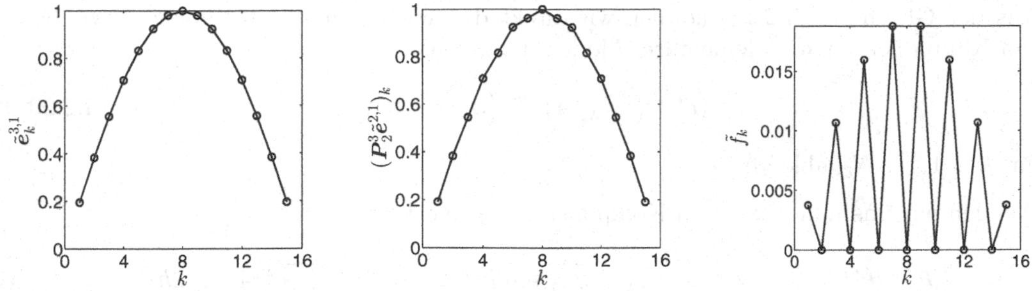

Bild 4.15 Darstellung der skalierten Mode $\widetilde{e}^{3,1}$ (links), der skalierten Mode $\widetilde{e}^{2,1}$ unter der linearen Prolongation (mittig), sowie der Differenz $\widetilde{f} = \widetilde{e}^{3,1} - P_2^3\widetilde{e}^{2,1}$ (rechts)

und vergleichen die Mode $\widetilde{e}^{3,1}$ und die lineare Interpolation der glatten Mode $\widetilde{e}^{2,1}$, das heißt

$$\widetilde{f} = \widetilde{e}^{3,1} - P_2^3\widetilde{e}^{2,1}.$$

Wie die in Abbildung 4.15 rechts dargestellte Differenz dieser beiden Größen belegt, liegt eine Übereinstimmung auf den Knoten des groben Gitters Ω_2 vor, während betragmäßig geringe Abweichungen bei den Zwischenwerten erkennbar sind, wobei man die unterschiedlichen Skalen der vertikalen Achsen beachten muss. Ein wichtiger Punkt ist zudem, dass die Differenz einen stark oszillierenden Charakter aufweist. Das Bild der glatten Mode $\widetilde{e}^{2,1}$ unter der linearen Prolongation scheint neben der glatten Mode $\widetilde{e}^{3,1}$ also auch Anteile einer oszillierenden Mode zu enthalten. Der folgende Satz wird zeigen, dass der Bildraum der linearen Prolongation mit Ausnahme von $e^{\ell,\frac{N_\ell+1}{2}}$ in der Tat Anteile aller Moden des feinen Gitters enthält.

Satz 4.49 *Für die Bilder der Moden* $e^{\ell-1,j}$, $j = 1,\ldots,N_{\ell-1}$ *auf* $\Omega_{\ell-1}$ *gilt bei Anwendung der durch* (4.2.13) *gegebenen linearen Prolongation*

$$P_{\ell-1}^{\ell} e^{\ell-1,j} = \sqrt{2}\left(c_j e^{\ell,j} - s_j e^{\ell,N_\ell+1-j}\right) \tag{4.2.17}$$

mit $c_j = \cos^2\left(\frac{j\pi h_\ell}{2}\right)$ *und* $s_j = \sin^2\left(\frac{j\pi h_\ell}{2}\right)$.

Beweis:
Schon aufgrund der Gestalt der zur linearen Prolongation gehörenden Matrix (4.2.13) erscheint es sinnvoll, neben einer getrennten Betrachtung der ungeraden und geraden Komponenten auch einen gesonderten Blick auf den ersten und letzten Vektoreintrag vorzunehmen. Wir formulieren jedoch für beliebige $k \in \mathbb{N}$ zunächst die zwei hilfreichen Beziehungen

$$\begin{aligned}\sin((N_\ell+1-j)\pi k h_\ell) &= \sin((N_\ell+1)\pi k h_\ell - j\pi k h_\ell)\\ &= \sin(\pi k - j\pi k h_\ell) = (-1)^{k+1}\sin(j\pi k h_\ell)\end{aligned} \tag{4.2.18}$$

und

$$\cos((N_\ell+1-j)\pi k h_\ell) = \cos(\pi k - j\pi k h_\ell) = (-1)^k \cos(j\pi k h_\ell). \tag{4.2.19}$$

Aus der Gleichung (4.2.18) können wir direkt den wichtigen Zusammenhang zwischen den Komponenten komplementärer Moden der Form

$$\left(\boldsymbol{e}^{\ell,j}\right)_k = (-1)^{k+1}\left(\boldsymbol{e}^{\ell,N_\ell+1-j}\right)_k \tag{4.2.20}$$

für $k = 1,\ldots,N_\ell$ ablesen.

Wenden wir uns nun der ersten Komponente zu, so erhalten wir

$$\begin{aligned}
\left(\boldsymbol{P}^\ell_{\ell-1}\boldsymbol{e}^{\ell-1,j}\right)_1 &= \tfrac{1}{2}\sqrt{2h_{\ell-1}}\sin(j\pi h_{\ell-1}) = \sqrt{2h_{\ell-1}}\tfrac{1}{2}\sin(j\pi 2h_\ell) \\
&\overset{(4.2.5)}{=} \sqrt{2h_{\ell-1}}\sin(j\pi h_\ell)\cos(j\pi h_\ell) \\
&\overset{(4.2.6)}{=} \sqrt{2}\left(\cos^2\left(\tfrac{j\pi h_\ell}{2}\right) - \sin^2\left(\tfrac{j\pi h_\ell}{2}\right)\right)\sqrt{2h_\ell}\sin(j\pi h_\ell) \\
&= \sqrt{2}\left(c_j\left(\boldsymbol{e}^{\ell,j}\right)_1 - s_j\left(\boldsymbol{e}^{\ell,j}\right)_1\right) \\
&\overset{(4.2.20)}{=} \sqrt{2}\left(c_j\left(\boldsymbol{e}^{\ell,j}\right)_1 - s_j\left(\boldsymbol{e}^{\ell,N_\ell+1-j}\right)_1\right).
\end{aligned}$$

Für gerades k schreiben wir

$$\begin{aligned}
\left(\boldsymbol{P}^\ell_{\ell-1}\boldsymbol{e}^{\ell-1,j}\right)_k &= \tfrac{1}{2}2\sqrt{2h_{\ell-1}}\sin\left(j\pi\tfrac{k}{2}h_{\ell-1}\right) = \sqrt{2}\sqrt{2h_\ell}\sin(j\pi k h_\ell) \\
&= \sqrt{2}\left(\boldsymbol{e}^{\ell,j}\right)_k = \sqrt{2}(c_j + s_j)\left(\boldsymbol{e}^{\ell,j}\right)_k \\
&\overset{(4.2.20)}{=} \sqrt{2}\left(c_j\left(\boldsymbol{e}^{\ell,j}\right)_k - s_j\left(\boldsymbol{e}^{\ell,N_\ell+1-j}\right)_k\right).
\end{aligned}$$

Als dritten Fall wenden wir uns den ungeraden $k \in \{3,\ldots,N_\ell - 2\}$ zu. Mit $k = 2m+1$ ergibt sich

$$\begin{aligned}
\left(\boldsymbol{P}^\ell_{\ell-1}\boldsymbol{e}^{\ell-1,j}\right)_k &= \tfrac{1}{2}\sqrt{2h_{\ell-1}}\left(\sin\left(j\pi m h_{\ell-1}\right) + \sin\left(j\pi(m+1)h_{\ell-1}\right)\right) \\
&= \sqrt{2}\sqrt{2h_\ell}\tfrac{1}{2}\left(\sin\left(j\pi 2m h_\ell\right) + \sin\left(j\pi 2(m+1)h_\ell\right)\right) \\
&\overset{(4.2.6)}{=} \sqrt{2}\sqrt{2h_\ell}\cos(j\pi h_\ell)\sin\left(j\pi(2m+1)h_\ell\right) \\
&\overset{(4.2.6)}{=} \sqrt{2}\sqrt{2h_\ell}(c_j - s_j)\sin\left(j\pi k h_\ell\right) \\
&\overset{(4.2.20)}{=} \sqrt{2}\left(c_j\left(\boldsymbol{e}^{\ell,j}\right)_k - s_j\left(\boldsymbol{e}^{\ell,N_\ell+1-j}\right)_k\right).
\end{aligned}$$

Betrachten wir jeweils die Gleichungen (4.2.18) und (4.2.19) für $j = N_\ell$, so lässt sich

$$\begin{aligned}
\cos(k\pi N_\ell h_\ell)\sin(k\pi h_\ell) &= (-1)^k\cos(k\pi h_\ell)\cdot(-1)^{k+1}\sin(k\pi N_\ell h_\ell) \\
&= -\cos(k\pi h_\ell)\sin(k\pi N_\ell h_\ell)
\end{aligned} \tag{4.2.21}$$

für beliebiges $k \in \mathbb{N}$ schreiben. Nutzen wir zudem den Zusammenhang

$$N_{\ell-1}h_{\ell-1} = (N_\ell - 1)h_\ell,$$

so ergibt sich für die letzte Komponente auf Grundlage der obigen Beziehungen mit $k = j$ die verbleibende Aussage

$$\begin{aligned}
\left(\boldsymbol{P}_{\ell-1}^{\ell}\boldsymbol{e}^{\ell-1,j}\right)_{N_\ell} &= \tfrac{1}{2}\sqrt{2h_{\ell-1}}\sin\left(j\pi N_{\ell-1}h_{\ell-1}\right) = \tfrac{1}{2}\sqrt{2h_{\ell-1}}\sin\left(j\pi(N_\ell-1)h_\ell\right)\\
&= \sqrt{2h_{\ell-1}}\tfrac{1}{2}\sin\left(j\pi N_\ell h_\ell - j\pi h_\ell\right)\\
&\overset{(4.2.5)}{=} \sqrt{2h_{\ell-1}}\tfrac{1}{2}\left(\sin(j\pi N_\ell h_\ell)\cos(j\pi h_\ell) - \cos(j\pi N_\ell h_\ell)\sin(j\pi h_\ell)\right)\\
&\overset{(4.2.21)}{=} \sqrt{2}\sqrt{2h_\ell}\cos(j\pi h_\ell)\sin(j\pi N_\ell h_\ell)\\
&= \sqrt{2}\cos(j\pi h_\ell)\left(\boldsymbol{e}^{\ell,j}\right)_{N_\ell} \overset{(4.2.6)}{=} \sqrt{2}(c_j - s_j)\left(\boldsymbol{e}^{\ell,j}\right)_{N_\ell}\\
&\overset{(4.2.20)}{=} \sqrt{2}\left(c_j\left(\boldsymbol{e}^{\ell,j}\right)_{N_\ell} - s_j\left(\boldsymbol{e}^{\ell,N_\ell+1-j}\right)_{N_\ell}\right).
\end{aligned}$$

□

Um uns die beschriebenen Wirkungen der Prolongation und Restriktion etwas deutlicher zu machen, betrachten wir die Komposition der Injektion mit der linearen Prolongation angewandt auf die erste, glatte Mode $\boldsymbol{e}^{\ell,1}$ auf dem Gitter Ω_ℓ. Für die Differenz

$$\boldsymbol{f} := \boldsymbol{e}^{\ell,1} - \boldsymbol{P}_{\ell-1}^{\ell}\boldsymbol{R}_{\ell}^{\ell-1}\boldsymbol{e}^{\ell,1} \in \mathbb{R}^{N_\ell}$$

erwarten wir, dass der Vektor $\boldsymbol{f} = (f_1,\ldots,f_{N_\ell})^T$ verschwindende gerade Komponenten aufweist, da dort bei beiden Abbildungen die Werte nicht verändert werden. Zudem sollten von Null verschiedene Werte bei den Komponenten mit ungeradem Index auftreten, da diese Werte bei der Injektion entfallen und anschließend linear rekonstruiert werden, wodurch ein Fehler entsprechend Abbildung 4.15 auftreten muss, da die zugrundeliegende Mode eine Abtastung einer nichtlinearen Sinuswelle darstellt. Außerdem müssen die absoluten Werte des Fehlervektors dort relativ groß sein, wo die Krümmung der, der Mode $\boldsymbol{e}^{\ell,1}$ zugrundeliegenden Sinuswelle, ihren maximalen Wert annimmt, da hier die lineare Rekonstruktion eine größere Abweichung als in Bereichen mit geringer Krümmung erzeugt. Somit erwarten wir für f_k mit ungeradem k nahe $(N_\ell+1)/2$ die größten Einträge. Wir schreiben unter Berücksichtigung der Sätze 4.47 und 4.49

$$\boldsymbol{P}_{\ell-1}^{\ell}\boldsymbol{R}_{\ell}^{\ell-1}\boldsymbol{e}^{\ell,1} = \frac{1}{\sqrt{2}}\boldsymbol{P}_{\ell-1}^{\ell}\boldsymbol{e}^{\ell-1,1} = c_1\boldsymbol{e}^{\ell,1} - s_1\boldsymbol{e}^{\ell,N_\ell}$$

mit

$$c_1 = \cos^2\left(\frac{\pi h_\ell}{2}\right) \quad \text{und} \quad s_1 = \sin^2\left(\frac{\pi h_\ell}{2}\right).$$

und erhalten unter Verwendung von (4.2.18) für die k-te Komponente des obigen Bildvektors

$$\begin{aligned}
\left(\boldsymbol{P}_{\ell-1}^{\ell}\boldsymbol{R}_{\ell}^{\ell-1}\boldsymbol{e}^{\ell,1}\right)_k &= \sqrt{2h_\ell}\left[c_1\sin(\pi k h_\ell) - s_1\sin(N_\ell\pi k h_\ell)\right]\\
&= \sqrt{2h_\ell}\sin(\pi k h_\ell)\left(\cos^2\left(\frac{\pi h_\ell}{2}\right) - (-1)^{k+1}\sin^2\left(\frac{\pi h_\ell}{2}\right)\right).
\end{aligned}$$

Folglich gilt unter Berücksichtigung von (4.2.6) für $k = 1,\ldots,N_\ell$

$$f_k = \left(\boldsymbol{e}^{\ell,1}\right)_k - \left(\boldsymbol{P}_{\ell-1}^{\ell}\boldsymbol{R}_{\ell}^{\ell-1}\boldsymbol{e}^{\ell,1}\right)_k = \begin{cases} 0, & \text{falls } k \text{ gerade},\\ \sqrt{2h_\ell}sin(\pi k h_\ell)\cos(\pi h_\ell), & \text{falls } k \text{ ungerade}. \end{cases}$$

Wir sehen damit alle oben geäußerten Vermutungen zu den Einträgen des Differenzvektors $\boldsymbol{f}$ bestätigt.

Dem Satz 4.49 können wir entnehmen, dass durch die vorliegende Prolongation auch im Fall einer Fehlerdarstellung auf dem groben Gitter $\Omega_{\ell-1}$ aus ausschließlich langwelligen Moden $e^{\ell-1,j}$ stets oszillierende Moden auf dem feinen Gitter erzeugt werden, da sich das Bild einer glatten Mode als Linearkombination komplementärer Moden schreibt, siehe auch Abbildung 4.15. Für die oben exemplarisch betrachtete Mode $e^{\ell-1,1}$ ergibt sich damit im Bild unter der linearen Prolongation ein Einfluss der oszillierenden Mode $e^{\ell,15}$. Bereits durch unsere bildliche Vorstellung zur Interpolation langwelliger Moden erwarten wir, dass der Anteil der oszillierenden Mode im Bildraum gering sein sollte. Eine Taylorentwicklung der Sinus- und Cosinusfunktion um Null ergibt

$$\sin x = x + \mathcal{O}(x^3) \text{ und } \cos x = 1 + \mathcal{O}(x^2)$$

und damit

$$\sin^2 x = x^2 + \mathcal{O}(x^4) = \mathcal{O}(x^2) \text{ und } \cos^2 x = 1 + \mathcal{O}(x^2) \tag{4.2.22}$$

für $x \to 0$. Demzufolge erhalten wir aus (4.2.17) die Darstellung

$$\boldsymbol{P}^{\ell}_{\ell-1}\boldsymbol{e}^{\ell-1,j} = \left(\sqrt{2} + \mathcal{O}(j^2h_\ell^2)\right)\boldsymbol{e}^{\ell,j} - \mathcal{O}(j^2h_\ell^2)\boldsymbol{e}^{\ell,N_\ell+1-j}$$

für $jh_\ell \to 0$. Die lineare Interpolation erzeugt folglich zwar oszillierende Moden, die allerdings im Fall glatter Ausgangsmoden eine deutlich kleinere Amplitude aufweisen. Das Bild unter der linearen Prolongation ist somit im Wesentlichen durch Moden bestimmt, deren Wellenzahl identisch mit der der Urbildmode sind. Dennoch zeigt die Darstellung (4.2.17), dass eine Nachglättung auf dem feinen Gitter sinnvoll sein kann.

4.2.1 Zweigitterverfahren

Mittels des Glätters, der Restriktion und der Prolongation sind wir nun in der Lage ein erstes, über zwei Gitterlevel verlaufendes Iterationsverfahren herzuleiten.

Nach m Schritten des Iterationsverfahrens (4.2.3) mit $\omega = 1/4$ erhalten wir einen weitgehend glatten Fehler

$$\boldsymbol{e}^{\ell}_m = \boldsymbol{u}^{\ell}_m - \boldsymbol{u}^{\ell,*}. \tag{4.2.23}$$

Dieser Vektor lässt sich somit gut auf dem nächstgröberen Gitter $\Omega_{\ell-1}$ mit deutlich weniger Rechenaufwand approximieren. Mit dem Defekt

$$\boldsymbol{d}^{\ell}_m := \boldsymbol{A}_\ell \boldsymbol{u}^{\ell}_m - \boldsymbol{f}^{\ell} \tag{4.2.24}$$

erhalten wir

$$\boldsymbol{A}_\ell \boldsymbol{e}^{\ell}_m \overset{(4.2.23)}{=} \boldsymbol{A}_\ell\left(\boldsymbol{u}^{\ell}_m - \boldsymbol{u}^{\ell,*}\right) = \boldsymbol{A}_\ell \boldsymbol{u}^{\ell}_m - \boldsymbol{A}_\ell \boldsymbol{u}^{\ell,*} = \boldsymbol{d}^{\ell}_m. \tag{4.2.25}$$

Wir ermitteln nun eine Näherung an $\boldsymbol{e}^{\ell}_m$, indem wir die Gleichung (4.2.25) auf dem Gitter $\Omega_{\ell-1}$ betrachten, dort exakt lösen und den somit berechneten Vektor auf das ursprüngliche Gitter Ω_ℓ prolongieren.

Wir betrachten daher die Gleichung

$$\boldsymbol{A}_{\ell-1}\boldsymbol{e}^{\ell-1} = \boldsymbol{d}^{\ell-1} \tag{4.2.26}$$

mit dem restringierten Defekt

$$d^{\ell-1} = R_\ell^{\ell-1} d_m^\ell. \tag{4.2.27}$$

Wird (4.2.26) exakt gelöst, dann liefert

$$P_{\ell-1}^\ell e^{\ell-1} = P_{\ell-1}^\ell A_{\ell-1}^{-1} d^{\ell-1} \tag{4.2.28}$$

eine Approximation an den gesuchten Fehlervektor e_m^ℓ.

Die unter Verwendung des groben Gitters ermittelte Korrektur der vorliegenden Näherungslösung u_m^ℓ lässt sich somit durch (4.2.23) bis (4.2.28) in der Form

$$u_m^{\ell,\text{neu}} = u_m^\ell - P_{\ell-1}^\ell A_{\ell-1}^{-1} R_\ell^{\ell-1} \left(A_\ell u_m^\ell - f^\ell \right)$$

zusammenfassen.

Definition 4.50 Sei u_m^ℓ eine Näherungslösung der Gleichung $A_\ell u^\ell = f^\ell$, dann heißt die Methode

$$u_m^{\ell,\text{neu}} = \phi_\ell^{GGK}\left(u_m^\ell, f^\ell \right)$$

mit

$$\phi_\ell^{GGK}\left(u_m^\ell, f^\ell \right) = u_m^\ell - P_{\ell-1}^\ell A_{\ell-1}^{-1} R_\ell^{\ell-1} \left(A_\ell u_m^\ell - f^\ell \right) \tag{4.2.29}$$

Grobgitterkorrekturverfahren.

Lemma 4.51 *Die Grobgitterkorrekturmethode ϕ_ℓ^{GGK} stellt ein lineares konsistentes Iterationsverfahren mit*

$$M_\ell^{GGK} = I - P_{\ell-1}^\ell A_{\ell-1}^{-1} R_\ell^{\ell-1} A_\ell \tag{4.2.30}$$

und

$$N_\ell^{GGK} = P_{\ell-1}^\ell A_{\ell-1}^{-1} R_\ell^{\ell-1} \tag{4.2.31}$$

dar.

Beweis:
Mit (4.2.29) erhalten wir

$$\phi_\ell^{GGK}(u,f) = M_\ell^{GGK} u + N_\ell^{GGK} f.$$

Hierbei gilt $M_\ell^{GGK}, N_\ell^{GGK} \in \mathbb{R}^{N_\ell \times N_\ell}$ mit $M_\ell^{GGK} = I - N_\ell^{GGK} A_\ell$, wodurch sich die Behauptung mit Satz 4.4 ergibt. □

Die Grobgitterkorrekturmethode kann somit als eigenständiges Iterationsverfahren genutzt werden. Es erweist sich hierfür jedoch als ungeeignet, wie uns das folgende Lemma belegen wird.

Lemma 4.52 *Das Grobgitterkorrekturverfahren ϕ_ℓ^{GGK} ist nicht konvergent.*

Beweis:
Wegen $N_\ell > N_{\ell-1}$ ist der Kern von $R_\ell^{\ell-1}$, kurz $\text{kern}(R_\ell^{\ell-1})$, nicht trivial. Sei $0 \neq v \in \text{kern}(R_\ell^{\ell-1})$, dann folgt mit $w := A_\ell^{-1} v \neq 0$ die Gleichung

$$M_\ell^{GGK} w = w - P_{\ell-1}^\ell A_{\ell-1}^{-1} \underbrace{R_\ell^{\ell-1} \underbrace{A_\ell w}_{=v}}_{=0} = w,$$

wodurch sich $\rho\left(\boldsymbol{M}_\ell^{GGK}\right) \geq 1$ ergibt. □

Das obige Resultat ist aufgrund des Gitterwechsels und der damit verbundenen zwischenzeitigen Dimensionsreduktion nicht verwunderlich und zudem auch nicht tragisch im Hinblick auf ein effektives Gesamtverfahren. Wir sind nämlich ohnehin nur auf der Suche nach einem Algorithmus, der langwellige Moden des Fehlervektors hinreichend schnell dämpft. Wie wir im Folgenden nachweisen werden, liegt genau diese Eigenschaft vor. Um die Fehlerentwicklung untersuchen zu können, ist es hilfreich, den Fehlervektor

$$\boldsymbol{e}_m^{\ell,\text{neu}} = \boldsymbol{u}_m^{\ell,\text{neu}} - \boldsymbol{u}^{\ell,*}$$

in Beziehung zum Fehler $\boldsymbol{e}_m^\ell$ direkt vor dem Korrekturschritt zu setzen. Wir schreiben hierzu

$$\begin{aligned}
\boldsymbol{e}_m^{\ell,\text{neu}} &= \boldsymbol{u}_m^{\ell,\text{neu}} - \boldsymbol{u}^{\ell,*} = \boldsymbol{\phi}_\ell^{GGK}\left(\boldsymbol{u}_m^\ell, \boldsymbol{f}^\ell\right) - \boldsymbol{u}^{\ell,*} \\
&= \boldsymbol{u}_m^\ell - \boldsymbol{u}^{\ell,*} - \boldsymbol{P}_{\ell-1}^\ell \boldsymbol{A}_{\ell-1}^{-1} \boldsymbol{R}_\ell^{\ell-1}\left(\boldsymbol{A}_\ell \boldsymbol{u}_m^\ell - \boldsymbol{f}^\ell\right) \\
&= \boldsymbol{e}_m^\ell - \boldsymbol{P}_{\ell-1}^\ell \boldsymbol{A}_{\ell-1}^{-1} \boldsymbol{R}_\ell^{\ell-1} \boldsymbol{A}_\ell \boldsymbol{e}_m^\ell \\
&= \Psi_\ell^{GGK}\left(\boldsymbol{e}_m^\ell\right)
\end{aligned}$$

mit

$$\begin{aligned}
\Psi_\ell^{GGK} : \quad \mathbb{R}^{N_\ell} &\to \mathbb{R}^{N_\ell} \\
\boldsymbol{e} &\mapsto \Psi_\ell^{GGK}(\boldsymbol{e}) = (\boldsymbol{I} - \boldsymbol{P}_{\ell-1}^\ell \boldsymbol{A}_{\ell-1}^{-1} \boldsymbol{R}_\ell^{\ell-1} \boldsymbol{A}_\ell)\boldsymbol{e}.
\end{aligned}$$

Aufgrund der Linearität der Abbildung Ψ_ℓ^{GGK} ergibt sich unter Verwendung der Basiseigenschaft der Fourier-Moden $\boldsymbol{e}^{\ell,j}$ mittels $\boldsymbol{e}_m^\ell = \sum_{j=1}^{N_\ell} \alpha_j \boldsymbol{e}^{\ell,j}$ die Darstellung

$$\boldsymbol{e}_m^{\ell,\text{neu}} = \Psi_\ell^{GGK}\left(\sum_{j=1}^{N_\ell} \alpha_j \boldsymbol{e}^{\ell,j}\right) = \sum_{j=1}^{N_\ell} \alpha_j \Psi_\ell^{GGK}\left(\boldsymbol{e}^{\ell,j}\right).$$

Folglich ist die Wirkung der Abbildung Ψ_ℓ^{GGK} auf die Moden, und hier speziell die langwelligen, von zentraler Bedeutung. Zunächst wollen wir uns einen ersten Einblick zur Grobgitterkorrektur verschaffen und betrachten daher die in Abbildung 4.16 aufgeführten numerischen Resultate. Dargestellt werden ausgewählte Moden verschiedener Wellenzahlen und die zugehörigen Bilder unter der Grobgitterkorrektur bei Nutzung einer linearen Restriktion und Prolongation. Die numerischen Ergebnisse lassen hoffen, dass die Grobgitterkorrektur in der Tat eine stark dämpfende Wirkung bei den glatten Moden aufweist, da die in Abbildung 4.16 rechts aufgeführten Graphen für $\Psi_3^{GGK}\left(\boldsymbol{e}^{3,1}\right)$ und $\Psi_3^{GGK}\left(\boldsymbol{e}^{3,4}\right)$ eine deutlich reduzierte Amplitude im Vergleich zu den links visualisierten Urbildern $\boldsymbol{e}^{3,1}$ und $\boldsymbol{e}^{3,4}$ aufweisen. Oszillierende Moden erfahren hingegen optisch keine Dämpfung. Diese für das weitere Design einer über zwei Gitter verlaufenden Iteration wichtige Grundeigenschaft der Grobgitterkorrektur wollen wir mit dem folgenden Satz mathematisch belegen.

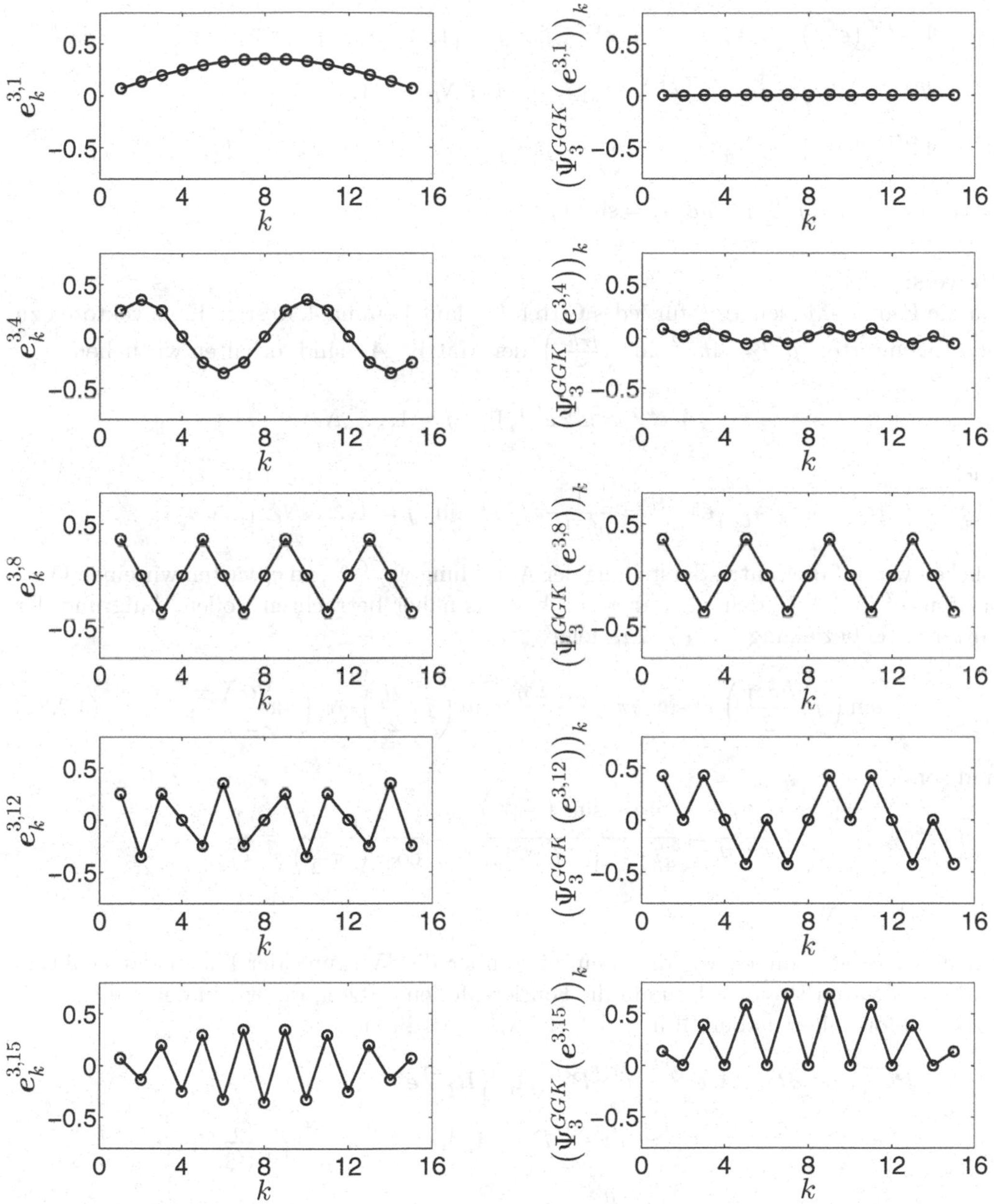

Bild 4.16 Darstellung der Fourier-Moden $e^{3,\ell}$, $\ell = 1,4,8,12,15$ (links) sowie der Bilder der zugehörigen Grobgitterkorrektur gemäß Ψ_ℓ^{GGK} (rechts)

Satz 4.53 *Sei die Grobgitterkorrektur unter Verwendung der linearen Restriktion* (4.2.12) *und der linearen Prolongation* (4.2.13) *gegeben. Dann ergibt sich für die Fourier-Moden* $e^{\ell,j}$ *,* $j = 1,\ldots,N_\ell$ *auf* Ω_ℓ *unter der Abbildung* Ψ_ℓ^{GGK} *die Darstellung*

$$\begin{aligned}
\Psi_\ell^{GGK}\left(e^{\ell,j}\right) &= s_j\, e^{\ell,j} + s_j\, e^{\ell,\bar{\jmath}} && \textit{für } j \in \{1,\ldots,N_{\ell-1}\} \textit{ und } \bar{\jmath} = N_\ell + 1 - j,\\
\Psi_\ell^{GGK}\left(e^{\ell,j}\right) &= e^{\ell,j} && \textit{für } j = N_{\ell-1} + 1,\\
\Psi_\ell^{GGK}\left(e^{\ell,j}\right) &= c_{\bar{\jmath}}\, e^{\ell,j} + c_{\bar{\jmath}}\, e^{\ell,\bar{\jmath}} && \textit{für } j = N_\ell + 1 - \bar{\jmath} \textit{ mit } \bar{\jmath} \in \{1,\ldots,N_{\ell-1}\}
\end{aligned}$$

sowie $c_{\bar{\jmath}} = \cos^2\left(\bar{\jmath}\pi\frac{h_\ell}{2}\right)$ *und* $s_j = \sin^2\left(j\pi\frac{h_\ell}{2}\right)$.

Beweis:
Da die Fourier-Moden $e^{\ell,j}$ für jedes Gitter Ω_ℓ laut Lemma 4.40 stets Eigenvektoren zu den Eigenwerten $\mu^{\ell,j} = 4h_\ell^{-2}\sin^2\left(\frac{j\pi h_\ell}{2}\right)$ der Matrix A_ℓ sind, erhalten wir neben

$$A_\ell e^{\ell,j} = \mu^{\ell,j} e^{\ell,j} \text{ für } j = 1,\ldots,N_\ell$$

auch

$$A_{\ell-1}^{-1} e^{\ell-1,j} = \frac{1}{\mu^{\ell-1,j}} e^{\ell-1,j} \text{ für } j = 1,\ldots,N_{\ell-1}.$$

Blicken wir auf die Matrixdarstellung der Abbildung Ψ_ℓ^{GGK} , so erwarten wir einen Quotienten $\mu^{\ell,j}/\mu^{\ell-1,j}$, den wir daher vorab etwas näher betrachten wollen. Aufgrund der Gitterweitenbeziehung $h_{\ell-1} = 2h_\ell$ folgt

$$\sin\left(j\pi\frac{h_{\ell-1}}{2}\right) = \sin\left(j\pi h_\ell\right) \overset{(4.2.5)}{=} 2\sin\left(j\pi\frac{h_\ell}{2}\right)\cos\left(j\pi\frac{h_\ell}{2}\right) \tag{4.2.32}$$

und somit

$$\frac{\mu^{\ell,j}}{\mu^{\ell-1,j}} = \frac{4h_\ell^{-2}\sin^2\left(\frac{j\pi h_\ell}{2}\right)}{4h_{\ell-1}^{-2}\sin^2\left(\frac{j\pi h_{\ell-1}}{2}\right)} = \frac{1}{\cos^2\left(j\pi\frac{h_\ell}{2}\right)} = \frac{1}{c_j}$$

für $j = 1,\ldots,N_{\ell-1}$.

An dieser Stelle können wir die Kenntnisse über die Wirkung der linearen Restriktion und der linearen Prolongation auf die Fourier-Moden nutzen, die wir in den Sätzen 4.48 und 4.49 formuliert haben. Für $j = 1,\ldots,N_{\ell-1}$ ergibt sich

$$\begin{aligned}
P_{\ell-1}^{\ell} A_{\ell-1}^{-1} R_\ell^{\ell-1} A_\ell e^{\ell,j} &= \mu^{\ell,j} P_{\ell-1}^{\ell} A_{\ell-1}^{-1} R_\ell^{\ell-1} e^{\ell,j}\\
&= \mu^{\ell,j}\frac{c_j}{\sqrt{2}} P_{\ell-1}^{\ell} A_{\ell-1}^{-1} e^{\ell-1,j} = \frac{\mu^{\ell,j}}{\mu^{\ell-1,j}}\frac{c_j}{\sqrt{2}} P_{\ell-1}^{\ell} e^{\ell-1,j}\\
&= \underbrace{\frac{\mu^{\ell,j}}{\mu^{\ell-1,j}}\frac{c_j}{\sqrt{2}}}_{=1}\sqrt{2}\left(c_j e^{\ell,j} - s_j e^{\ell,N_\ell+1-j}\right),
\end{aligned}$$

womit

$$\Psi_\ell^{GGK}\left(e^{\ell,j}\right) = e^{\ell,j} - \left(c_j e^{\ell,j} - s_j e^{\ell,N_\ell+1-j}\right) = s_j e^{\ell,j} + s_j e^{\ell,N_\ell+1-j} = s_j e^{\ell,j} + s_j e^{\ell,\bar{\jmath}}$$

folgt. Der Spezialfall $j = N_{\ell-1} + 1$ ergibt sich direkt aufgrund von

$$\boldsymbol{R}_{\ell}^{\ell-1} \boldsymbol{A}_{\ell} \boldsymbol{e}^{\ell,N_{\ell-1}+1} = \mu^{\ell,j} \boldsymbol{R}_{\ell}^{\ell-1} \boldsymbol{e}^{\ell,N_{\ell-1}+1} \overset{\text{Satz 4.48}}{=} \boldsymbol{0}.$$

Für die komplementären Moden $\boldsymbol{e}^{\ell,j}$, $j = \frac{N_\ell+1}{2}+1,\ldots,N_\ell$ oder wie im Satz beschrieben $j = N_\ell + 1 - \bar{\jmath}$ mit $\bar{\jmath} \in \{1,\ldots,N_{\ell-1}\}$ betrachten wir zunächst die Zusammenhänge

$$\sin\left(j\pi\frac{h_\ell}{2}\right) = \sin\left(\frac{\pi}{2} - \bar{\jmath}\pi\frac{h_\ell}{2}\right) = \cos\left(\bar{\jmath}\pi\frac{h_\ell}{2}\right)$$

sowie

$$\frac{\mu^{\ell,j}}{\mu^{\ell-1,\bar{\jmath}}} = \frac{4h_\ell^{-2}\sin^2\left(\frac{j\pi h_\ell}{2}\right)}{4h_{\ell-1}^{-2}\sin^2\left(\frac{\bar{\jmath}\pi h_{\ell-1}}{2}\right)} \overset{(4.2.32)}{=} \frac{\sin^2\left(\frac{j\pi h_\ell}{2}\right)}{\sin^2\left(\frac{\bar{\jmath}\pi h_\ell}{2}\right)\cos^2\left(\frac{\bar{\jmath}\pi h_\ell}{2}\right)} = \frac{1}{\sin^2\left(\frac{\bar{\jmath}\pi h_\ell}{2}\right)} = \frac{1}{s_{\bar{\jmath}}}.$$

Analog zur obigen Vorgehensweise ergibt sich demzufolge

$$\begin{aligned}
&\boldsymbol{P}_{\ell-1}^{\ell} \boldsymbol{A}_{\ell-1}^{-1} \boldsymbol{R}_{\ell}^{\ell-1} \boldsymbol{A}_{\ell} \boldsymbol{e}^{\ell,j} \\
&= \mu^{\ell,j} \boldsymbol{P}_{\ell-1}^{\ell} \boldsymbol{A}_{\ell-1}^{-1} \boldsymbol{R}_{\ell}^{\ell-1} \boldsymbol{e}^{\ell,j} = -\mu^{\ell,j} \frac{s_{\bar{\jmath}}}{\sqrt{2}} \boldsymbol{P}_{\ell-1}^{\ell} \boldsymbol{A}_{\ell-1}^{-1} \boldsymbol{e}^{\ell-1,\bar{\jmath}} \\
&= -\frac{\mu^{\ell,j}}{\mu^{\ell-1,\bar{\jmath}}} \frac{s_{\bar{\jmath}}}{\sqrt{2}} \boldsymbol{P}_{\ell-1}^{\ell} \boldsymbol{e}^{\ell-1,\bar{\jmath}} = -\underbrace{\frac{\mu^{\ell,j}}{\mu^{\ell-1,\bar{\jmath}}} \frac{s_{\bar{\jmath}}}{\sqrt{2}}}_{=1} \sqrt{2} \left(c_{\bar{\jmath}} \boldsymbol{e}^{\ell,\bar{\jmath}} - s_{\bar{\jmath}} \boldsymbol{e}^{\ell,N_\ell+1-\bar{\jmath}}\right) \\
&= s_{\bar{\jmath}} \boldsymbol{e}^{\ell,j} - c_{\bar{\jmath}} \boldsymbol{e}^{\ell,\bar{\jmath}},
\end{aligned}$$

so dass entsprechend

$$\Psi_\ell^{GGK}\left(\boldsymbol{e}^{\ell,j}\right) = \boldsymbol{e}^{\ell,j} - \left(s_{\bar{\jmath}} \boldsymbol{e}^{\ell,j} - c_{\bar{\jmath}} \boldsymbol{e}^{\ell,\bar{\jmath}}\right) = c_{\bar{\jmath}} \boldsymbol{e}^{\ell,j} + c_{\bar{\jmath}} \boldsymbol{e}^{\ell,\bar{\jmath}}$$

gilt. □

Um die in Satz 4.53 aufgeführten analytischen Aussagen mit den numerischen Resultaten in Beziehung zu bringen, nutzen wir wie bereits auf Seite 126 die Ordnungseigenschaften der trigonometrischen Funktionen. Für glatte Moden $\boldsymbol{e}^{\ell,j}$ mit $1 \leq j \leq N_{\ell-1}$ gilt

$$s_j = \sin^2\left(\frac{j\pi h_\ell}{2}\right) = \mathcal{O}\left((jh_\ell)^2\right),$$

womit sich für kleine Wellenzahlen j das Bild als eine stark gedämpfte Summe der eingehenden Mode und ihrer komplementären Mode darstellt. Im Bereich oszillierender Eingangsdaten $\boldsymbol{e}^{\ell,j}$ mit $N_{\ell-1} < j \leq N_\ell$ ergibt sich dagegen mit steigendem j ein fallender Index $\bar{\jmath} = N_\ell + 1 - j$ und somit wegen

$$c_{\bar{\jmath}} = 1 + \mathcal{O}\left((\bar{\jmath}h_\ell)^2\right)$$

ein von unten gegen Eins laufender Koeffizient, wodurch sich das Bild aus einer weitgehend ungedämpften Summation der beiden komplementären Moden berechnet und folglich keine Dämpfung erwartet werden darf. Die analytischen Ergebnisse decken sich damit exakt mit den in Abbildung 4.16 präsentierten numerischen Resultaten.

Zur Festlegung und Analyse einer Zweigittermethode benötigen wir vorab eine grundlegende Definition der Komposition iterativer Verfahren.

Definition 4.54 Sind $\phi,\psi : \mathbb{C}^n \times \mathbb{C}^n \to \mathbb{C}^n$ zwei Iterationsverfahren, dann heißt

$$\phi \circ \psi : \; \mathbb{C}^n \times \mathbb{C}^n \to \mathbb{C}^n$$

mit

$$\boldsymbol{x}_{m+1} = (\phi \circ \psi)\,(\boldsymbol{x}_m,\boldsymbol{b}) := \phi(\psi(\boldsymbol{x}_m,\boldsymbol{b}),\boldsymbol{b})$$

Produktiteration.

Lemma 4.55 *Sind ϕ,ψ zwei lineare Iterationsverfahren mit den Iterationsmatrizen $\boldsymbol{M}_\phi$ und $\boldsymbol{M}_\psi$, dann gilt:*

(a) Sind ϕ und ψ konsistent, dann ist auch die Produktiteration $\phi \circ \psi$ konsistent.

(b) Die Iterationsmatrix der Produktiteration $\phi \circ \psi$ hat die Form

$$\boldsymbol{M}_{\phi\circ\psi} = \boldsymbol{M}_\phi \boldsymbol{M}_\psi .$$

(c) Die beiden Produktiterationen $\phi \circ \psi$ und $\psi \circ \phi$ besitzen die gleichen Konvergenzeigenschaften im Sinne von

$$\rho(\boldsymbol{M}_{\phi\circ\psi}) = \rho(\boldsymbol{M}_{\psi\circ\phi}).$$

Beweis:

zu (a): Sei $\hat{\boldsymbol{x}} = \boldsymbol{A}^{-1}\boldsymbol{b}$, dann folgt die Konsistenz aus

$$(\phi \circ \psi)(\hat{\boldsymbol{x}},\boldsymbol{b}) = \phi\,(\psi(\hat{\boldsymbol{x}},\boldsymbol{b}),\boldsymbol{b}) = \phi(\hat{\boldsymbol{x}},\boldsymbol{b}) = \hat{\boldsymbol{x}}.$$

zu (b): Mit $\phi(\boldsymbol{x}_m,\boldsymbol{b}) = \boldsymbol{M}_\phi \boldsymbol{x}_m + \boldsymbol{N}_\phi \boldsymbol{b}$ und $\psi(\boldsymbol{x}_m,\boldsymbol{b}) = \boldsymbol{M}_\psi \boldsymbol{x}_m + \boldsymbol{N}_\psi \boldsymbol{b}$ folgt die Behauptung gemäß

$$(\phi \circ \psi)(\boldsymbol{x}_m,\boldsymbol{b}) = \boldsymbol{M}_\phi\,(\boldsymbol{M}_\psi \boldsymbol{x}_m + \boldsymbol{N}_\psi \boldsymbol{b}) + \boldsymbol{N}_\phi \boldsymbol{b} = \underbrace{\boldsymbol{M}_\phi \boldsymbol{M}_\psi}_{=\boldsymbol{M}_{\phi\circ\psi}} \boldsymbol{x}_m + \underbrace{(\boldsymbol{M}_\phi \boldsymbol{N}_\psi + \boldsymbol{N}_\phi)}_{=\boldsymbol{N}_{\phi\circ\psi}}\boldsymbol{b}.$$

zu (c): Sei $\boldsymbol{x}$ Eigenvektor der Matrix $\boldsymbol{M}_\phi \boldsymbol{M}_\psi$ zum Eigenwert $\lambda \neq 0$, so ergibt sich aus $\boldsymbol{M}_\phi \boldsymbol{M}_\psi \boldsymbol{x} = \lambda \boldsymbol{x} \neq \boldsymbol{0}$ die Eigenschaft $\boldsymbol{M}_\psi \boldsymbol{x} \neq \boldsymbol{0}$, wodurch aufgrund der Gleichung $\boldsymbol{M}_\psi \boldsymbol{M}_\phi \boldsymbol{M}_\psi \boldsymbol{x} = \lambda \boldsymbol{M}_\psi \boldsymbol{x}$ stets $\rho\,(\boldsymbol{M}_\phi \boldsymbol{M}_\psi) \leq \rho\,(\boldsymbol{M}_\psi \boldsymbol{M}_\phi)$ gilt. Analog erhalten wir $\rho\,(\boldsymbol{M}_\psi \boldsymbol{M}_\phi) \leq \rho\,(\boldsymbol{M}_\phi \boldsymbol{M}_\psi)$. Damit stimmen die Spektralradien der Iterationsmatrizen und somit auch das Konvergenzverhalten der Produktiterationen $\phi \circ \psi$ und $\psi \circ \phi$ überein.

□

Lineare Iterationsverfahren wie zum Beispiel die gedämpfte Jacobi-Methode wirken sich glättend auf den Fehlerverlauf aus und werden daher im Folgenden als *Glätter* bezeichnet. Seien $\nu \in \mathbb{N}$ die Anzahl der Iterationsschritte auf dem feinen Gitter Ω_ℓ und ϕ_ℓ das Glättungsverfahren, dann erhalten wir das Zweigitterverfahren als Produktiteration in der Form

$$\phi_\ell^{ZGM} = \phi_\ell^{GGK} \circ \phi_\ell^\nu . \tag{4.2.33}$$

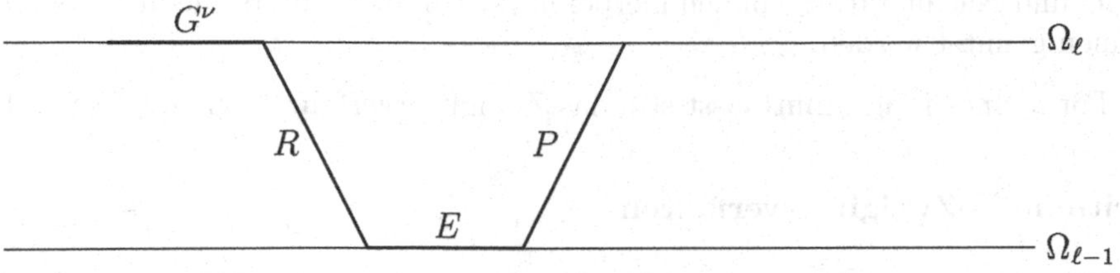

Bild 4.17 Zweigitterverfahren ohne Nachglättung

Bezeichnet R die Restriktion, P die Prolongation und E das exakte Lösen des Gleichungssystems, dann lässt sich (4.2.33) mit dem Glätter G gemäß der in der Abbildung 4.17 dargestellten Form visualisieren.

Seien $\nu_1,\nu_2 \in \mathbb{N}$ mit $\nu = \nu_1 + \nu_2$, dann liegt laut Lemma 4.55 mit

$$\phi_\ell^{ZGM(\nu_1,\nu_2)} := \phi_\ell^{\nu_2} \circ \phi_\ell^{GGK} \circ \phi_\ell^{\nu_1} \tag{4.2.34}$$

ein Verfahren vor, das die gleichen Konvergenzeigenschaften wie (4.2.33) aufweist. Man spricht hierbei von ν_1 Vor- und ν_2 Nachglättungen. Wir erhalten somit die in Abbildung 4.18 präsentierte graphische Darstellung.

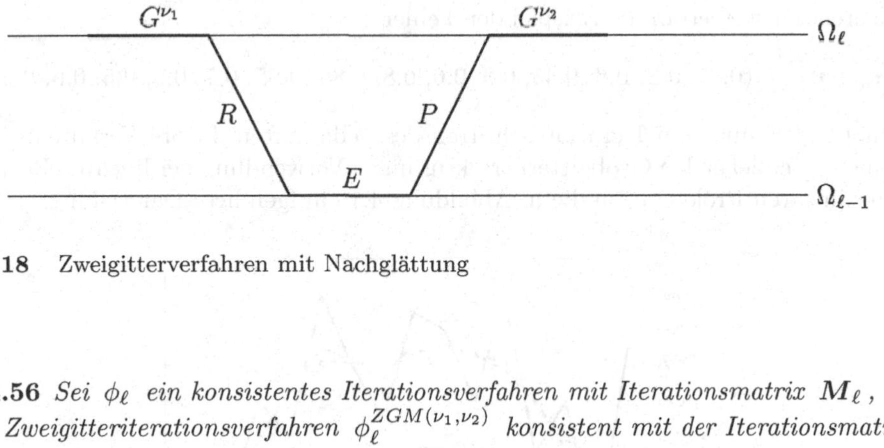

Bild 4.18 Zweigitterverfahren mit Nachglättung

Satz 4.56 *Sei ϕ_ℓ ein konsistentes Iterationsverfahren mit Iterationsmatrix $\boldsymbol{M}_\ell$, dann ist das Zweigitteriterationsverfahren $\phi_\ell^{ZGM(\nu_1,\nu_2)}$ konsistent mit der Iterationsmatrix*

$$\boldsymbol{M}_\ell^{ZGM(\nu_1,\nu_2)} = \boldsymbol{M}_\ell^{\nu_2}\left(\boldsymbol{I} - \boldsymbol{P}_{\ell-1}^{\ell}\boldsymbol{A}_{\ell-1}^{-1}\boldsymbol{R}_\ell^{\ell-1}\boldsymbol{A}_\ell\right)\boldsymbol{M}_\ell^{\nu_1}. \tag{4.2.35}$$

Beweis:
Laut Lemma 4.51 ist die Grobgitterkorrektur ϕ_ℓ^{GGK} konsistent mit Iterationsmatrix $\boldsymbol{M}_\ell^{GGK} = \boldsymbol{I} - \boldsymbol{P}_{\ell-1}^{\ell}\boldsymbol{A}_{\ell-1}^{-1}\boldsymbol{R}_\ell^{\ell-1}\boldsymbol{A}_\ell$. Lemma 4.55 (a) liefert somit die behauptete Konsistenz, und mit Lemma 4.55 (b) folgt

$$\boldsymbol{M}_\ell^{ZGM(\nu_1,\nu_2)} = \boldsymbol{M}_{\phi_\ell^{\nu_2}\circ\phi_\ell^{GGK}\circ\phi_\ell^{\nu_1}} = \boldsymbol{M}_\ell^{\nu_2}\left(\boldsymbol{I} - \boldsymbol{P}_{\ell-1}^{\ell}\boldsymbol{A}_{\ell-1}^{-1}\boldsymbol{R}_\ell^{\ell-1}\boldsymbol{A}_\ell\right)\boldsymbol{M}_\ell^{\nu_1}.$$

□

Zur Vor- und Nachiteration können hierbei natürlich auch unterschiedliche Glättungsalgorithmen genutzt werden.

In der Form eines Diagramms lässt sich das Zweigitterverfahren wie folgt schreiben:

Algorithmus - Zweigitterverfahren —

Für $i = 1,\ldots,\nu_1$

$$\boldsymbol{u}^\ell := \phi_\ell\left(\boldsymbol{u}^\ell,\boldsymbol{f}^\ell\right)$$

$$\boldsymbol{d}^{\ell-1} := \boldsymbol{R}_\ell^{\ell-1}\left(\boldsymbol{A}_\ell\boldsymbol{u}^\ell - \boldsymbol{f}^\ell\right)$$

$$\boldsymbol{e}^{\ell-1} := \boldsymbol{A}_{\ell-1}^{-1}\boldsymbol{d}^{\ell-1}$$

$$\boldsymbol{u}^\ell := \boldsymbol{u}^\ell - \boldsymbol{P}_{\ell-1}^\ell\boldsymbol{e}^{\ell-1}$$

Für $i = 1,\ldots,\nu_2$

$$\boldsymbol{u}^\ell := \phi_\ell\left(\boldsymbol{u}^\ell,\boldsymbol{f}^\ell\right)$$

Betrachten wir wiederum als Beispiel den Fehler

$$\boldsymbol{e}_0^3 := \boldsymbol{u}_0^3 - \boldsymbol{u}^{3,*} = (0.75,\ 0.2,\ 0.6,\ 0.45,\ 0.9,\ 0.6,\ 0.8,\ 0.85,\ 0.55,\ 0.7,\ 0.9,\ 0.5,\ 0.6,\ 0.3,\ 0.2)^T,$$

so erhalten wir mit zwei Iterationsschritten des gedämpften Jacobi-Verfahrens auf Ω_3 und einer anschließenden Grobgitterkorrektur unter Verwendung der linearen Restriktion und der linearen Prolongation die in Abbildung 4.19 aufgeführte Darstellung.

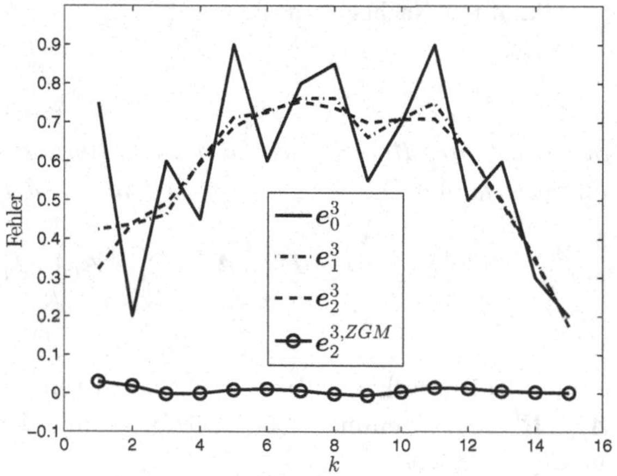

Bild 4.19 Entwicklung des Fehlers beim Zweigitterverfahren auf Ω_3 mit zwei Glättungsschritten und einer anschließenden Grobgitterkorrektur

Es zeigt sich neben der bereits aus Abbildung 4.9 aufgezeigten Glättungseigenschaft des gedämpften Jacobi-Verfahrens die immense Fehlerreduktion der anschließenden Grobgitterkorrektur. Aufgrund des fast bei Eins liegenden Wertes für den Spektralradius der Iterationsmatrix des gedämpften Jacobi-Verfahrens wird bereits hier schon deutlich, dass eine Weiterführung der Dämpfungsschritte ohne Nutzung der Grobgitterkorrektur einen deutlich höheren Rechenaufwand im Vergleich zu dem Zweigitterverfahren nach sich ziehen würde, um den Fehler auf einen vorgegebenen maximalen Wert zu reduzieren.

Abschließend wollen wir die Eigenschaften der Zweigittermethode nun auch analytisch untersuchen. Durch die vorgestellte Komposition bestehend aus Vor- und Nachglättungsschritten sowie einer zugeschalteten Grobgitterkorrektur sollte eine Dämpfung aller vorliegenden Fourier-Moden erzielt werden.

Für die Zweigittermethode gilt

$$\boldsymbol{u}_{m+1}^{\ell} = \phi_{\ell}^{ZGM(\nu_1,\nu_2)}\left(\boldsymbol{u}_m^{\ell},\boldsymbol{f}^{\ell}\right) = \boldsymbol{M}_{\ell}^{ZGM(\nu_1,\nu_2)}\boldsymbol{u}_m^{\ell} + \boldsymbol{N}_{\ell}^{ZGM(\nu_1,\nu_2)}\boldsymbol{f}^{\ell},$$

wobei hierdurch deutlich gemacht werden soll, dass das Zweigitterverfahren ein lineares Iterationsverfahren darstellt und folglich mehrfach hintereinander ausgeführt werden darf. Dabei besteht jeder Iterationsschritt aus $\nu = \nu_1 + \nu_2$ Iterationen einer Splitting-Methode und einer Grobgitterkorrektur. Für die Entwicklung des Fehlers $\boldsymbol{e}_m^{\ell} = \boldsymbol{u}_m^{\ell} - \boldsymbol{u}^{\ell,*}$ gilt aufgrund der im Satz 4.56 nachgewiesenen Konsistenz

$$\begin{aligned}
\boldsymbol{e}_{m+1}^{\ell} &= \boldsymbol{u}_{m+1}^{\ell} - \boldsymbol{u}^{\ell,*} \\
&= \boldsymbol{M}_{\ell}^{ZGM(\nu_1,\nu_2)}\boldsymbol{u}_m^{\ell} + \boldsymbol{N}_{\ell}^{ZGM(\nu_1,\nu_2)}\boldsymbol{f}^{\ell} - \left(\boldsymbol{M}_{\ell}^{ZGM(\nu_1,\nu_2)}\boldsymbol{u}^{\ell,*} + \boldsymbol{N}_{\ell}^{ZGM(\nu_1,\nu_2)}\boldsymbol{f}^{\ell}\right) \\
&= \boldsymbol{M}_{\ell}^{ZGM(\nu_1,\nu_2)}(\boldsymbol{u}_m^{\ell} - \boldsymbol{u}^{\ell,*}) \\
&= \boldsymbol{M}_{\ell}^{ZGM(\nu_1,\nu_2)}\boldsymbol{e}_m^{\ell}.
\end{aligned}$$

Entsprechend der Grobgitterkorrektur definieren wir unter Verwendung von (4.2.35)

$$\begin{aligned}
\Psi_{\ell}^{ZGM(\nu_1,\nu_2)} :\ & \mathbb{R}^{N_\ell} \longrightarrow \mathbb{R}^{N_\ell} \\
& \boldsymbol{e} \ \mapsto\ \Psi_{\ell}^{ZGM(\nu_1,\nu_2)}(\boldsymbol{e}) = \boldsymbol{M}_{\ell}^{\nu_2}\left(\boldsymbol{I} - \boldsymbol{P}_{\ell-1}^{\ell}\boldsymbol{A}_{\ell-1}^{-1}\boldsymbol{R}_{\ell}^{\ell-1}\boldsymbol{A}_{\ell}\right)\boldsymbol{M}_{\ell}^{\nu_1}\boldsymbol{e}
\end{aligned}$$

und betrachten wiederum die Wirkung dieser Abbildung auf die Fourier-Moden zum Gitter Ω_ℓ.

Satz 4.57 *Sei das Zweigitterverfahren unter Verwendung des gedämpften Jacobi-Verfahrens sowie der linearen Restriktion* (4.2.12) *und der linearen Prolongation* (4.2.13) *festgelegt. Dann ergibt sich für die Fourier-Moden* $\boldsymbol{e}^{\ell,j}$, $j = 1,\ldots,N_\ell$ *auf* Ω_ℓ *unter der Abbildung* $\Psi_{\ell}^{ZGM(\nu_1,\nu_2)}$ *die Darstellung*

$$\begin{aligned}
\Psi_{\ell}^{ZGM(\nu_1,\nu_2)}\left(\boldsymbol{e}^{\ell,j}\right) &= (\lambda^{\ell,j})^{\nu_1} s_j \left((\lambda^{\ell,j})^{\nu_2}\boldsymbol{e}^{\ell,j} + (\lambda^{\ell,\bar{\jmath}})^{\nu_2}\boldsymbol{e}^{\ell,\bar{\jmath}}\right) \\
&\qquad \textit{für } j \in \{1,\ldots,N_{\ell-1}\} \textit{ und } \bar{\jmath} = N_\ell + 1 - j, \\
\Psi_{\ell}^{ZGM(\nu_1,\nu_2)}\left(\boldsymbol{e}^{\ell,j}\right) &= (\lambda^{\ell,j})^{\nu_1+\nu_2}\boldsymbol{e}^{\ell,j} \qquad \textit{für } j = N_{\ell-1}+1, \\
\Psi_{\ell}^{ZGM(\nu_1,\nu_2)}\left(\boldsymbol{e}^{\ell,j}\right) &= (\lambda^{\ell,j})^{\nu_1} c_{\bar{\jmath}} \left((\lambda^{\ell,j})^{\nu_2}\boldsymbol{e}^{\ell,j} + (\lambda^{\ell,\bar{\jmath}})^{\nu_2}\boldsymbol{e}^{\ell,\bar{\jmath}}\right) \\
&\qquad \textit{für } j = N_\ell + 1 - \bar{\jmath} \textit{ mit } \bar{\jmath} \in \{1,\ldots,N_{\ell-1}\}
\end{aligned}$$

sowie $c_{\bar{\jmath}} = \cos^2\left(\bar{\jmath}\pi\frac{h_\ell}{2}\right)$, $s_j = \sin^2\left(j\pi\frac{h_\ell}{2}\right)$, $\lambda^{\ell,j} = \lambda^{\ell,j}(1/4)$ *und* $\lambda^{\ell,\bar{\jmath}} = \lambda^{\ell,\bar{\jmath}}(1/4)$.

Beweis:
Wie bereits in den vorhergehenden Beweise zu den Sätzen dieser Bauart betrachten wir drei unterschiedliche Fälle. Wenden wir uns zunächst dem Indexbereich $j = 1,\dots,N_{\ell-1}$ mit $\bar{\jmath} = N_{\ell-1} + 1 - j$ zu. Unter Verwendung der Satzes 4.53 ergibt sich

$$\begin{aligned}
\Psi_\ell^{ZGM(\nu_1,\nu_2)}\left(e^{\ell,j}\right) &= M_\ell^{\nu_2}\left(I - P_{\ell-1}^{\ell} A_{\ell-1}^{-1} R_\ell^{\ell-1} A_\ell\right) M_\ell^{\nu_1} e^{\ell,j} \\
&= (\lambda^{\ell,j})^{\nu_1} M_\ell^{\nu_2}\left(I - P_{\ell-1}^{\ell} A_{\ell-1}^{-1} R_\ell^{\ell-1} A_\ell\right) e^{\ell,j} \\
&= (\lambda^{\ell,j})^{\nu_1} M_\ell^{\nu_2}\left(s_j\, e^{\ell,j} + s_j\, e^{\ell,\bar{\jmath}}\right) \\
&= (\lambda^{\ell,j})^{\nu_1} s_j\left(\left(\lambda^{\ell,j}\right)^{\nu_2} e^{\ell,j} + \left(\lambda^{\ell,\bar{\jmath}}\right)^{\nu_2} e^{\ell,\bar{\jmath}}\right).
\end{aligned}$$

Entsprechend erhalten wir durch den oben genannten Satz für $j = N_{\ell-1}+1$ die Gleichung

$$\begin{aligned}
\Psi_\ell^{ZGM(\nu_1,\nu_2)}\left(e^{\ell,j}\right) &= (\lambda^{\ell,j})^{\nu_1} M_\ell^{\nu_2}\left(I - P_{\ell-1}^{\ell} A_{\ell-1}^{-1} R_\ell^{\ell-1} A_\ell\right) e^{\ell,j} = (\lambda^{\ell,j})^{\nu_1} M_\ell^{\nu_2} e^{\ell,j} \\
&= (\lambda^{\ell,j})^{\nu_1+\nu_2} e^{\ell,j}
\end{aligned}$$

sowie für $j = N_\ell + 1 - \bar{\jmath}$ mit $\bar{\jmath} \in \{1,\dots,N_{\ell-1}\}$ die Darstellung

$$\begin{aligned}
\Psi_\ell^{ZGM(\nu_1,\nu_2)}\left(e^{\ell,j}\right) &= M_\ell^{\nu_2}\left(I - P_{\ell-1}^{\ell} A_{\ell-1}^{-1} R_\ell^{\ell-1} A_\ell\right) M_\ell^{\nu_1} e^{\ell,j} \\
&= (\lambda^{\ell,j})^{\nu_1} M_\ell^{\nu_2}\left(I - P_{\ell-1}^{\ell} A_{\ell-1}^{-1} R_\ell^{\ell-1} A_\ell\right) e^{\ell,j} \\
&= (\lambda^{\ell,j})^{\nu_1} M_\ell^{\nu_2}\left(c_{\bar{\jmath}}\, e^{\ell,j} + c_{\bar{\jmath}}\, e^{\ell,\bar{\jmath}}\right) \\
&= (\lambda^{\ell,j})^{\nu_1} c_{\bar{\jmath}}\left(\left(\lambda^{\ell,j}\right)^{\nu_2} e^{\ell,j} + \left(\lambda^{\ell,\bar{\jmath}}\right)^{\nu_2} e^{\ell,\bar{\jmath}}\right),
\end{aligned}$$

womit der Nachweis erbracht ist. □

Der obige Satz belegt sehr genau die umfassende Wirkung der Zweigittermethode auf alle vorliegenden Fourier-Moden. Die langwelligen Moden $e^{\ell,j}$, $j \in \{1,\dots,N_{\ell-1}\}$ beinhalten mit $\frac{1}{2} < \lambda^{\ell,j} < 1$ einen relativ geringen Dämpfungsfaktor aufgrund des integrierten Jacobi-Verfahrens. Hier wird der langwellige Fehleranteil wegen des kleinen Wertes s_j aufgrund der Grobgitterkorrektur reduziert. Die hierbei beinhaltete oszillierende Fourier-Mode weist mit s_j und $\lambda_\ell^{\bar{\jmath}}$ zwei kleine Faktoren auf, so dass eine sehr geringe Amplitude vorliegt. Die Fourier-Mode zur mittleren Wellenzahl $j = N_{\ell-1} + 1$ erfährt mit $(\lambda^{\ell,j})^{\nu_1+\nu_2} = (1/2)^\nu$ ausschließlich eine Dämpfung durch das Jacobi-Verfahren, die jedoch für wachsendes $\nu = \nu_1 + \nu_2$ schnell zu einer Fehlerreduktion führt. Desweiteren werden die oszillierenden Moden vorrangig durch das Jacobi-Verfahren über den kleinen Eigenwert $\lambda^{\ell,j}$ schnell gedämpft.

4.2.2 Der Mehrgitteralgorithmus

Das Zweigitterverfahren hat sich als effizient herausgestellt. Es ist jedoch für große Systeme unpraktikabel, da es die exakte Lösung der Korrekturgleichung

$$A_{\ell-1} e^{\ell-1} = d^{\ell-1} \tag{4.2.36}$$

auf $\Omega_{\ell-1}$ benötigt. Da aber die Prolongation der exakten Lösung $e^{\ell-1}$ auf das feine Gitter Ω_ℓ nur eine Näherung an den gesuchten Fehlervektor

$$\boldsymbol{e}^{\ell} = \boldsymbol{u}^{\ell} - \boldsymbol{u}^{\ell,*}$$

liefert, erweist sich auch eine approximative Lösung der Korrekturgleichung als ausreichend.

Die Gleichung (4.2.36) weist die gleiche Form wie die Ausgangsgleichung $\boldsymbol{A}_{\ell}\boldsymbol{u}^{\ell} = \boldsymbol{f}^{\ell}$ auf. Die Idee liegt daher in der Nutzung einer Zweigittermethode auf $\Omega_{\ell-1}$ und $\Omega_{\ell-2}$ zur Approximation von $\boldsymbol{e}^{\ell-1} = \boldsymbol{A}_{\ell-1}^{-1}\boldsymbol{d}^{\ell-1}$. Damit erhalten wir eine Dreigittermethode, bei der $\boldsymbol{A}_{\ell-2}\boldsymbol{e}^{\ell-2} = \boldsymbol{d}^{\ell-2}$ exakt gelöst werden muss. Sukzessives Fortsetzen dieser Idee liefert ein Verfahren auf $\ell+1$ Gittern $\Omega_{\ell},\ldots,\Omega_0$ bei dem lediglich $\boldsymbol{A}_0\boldsymbol{e}^0 = \boldsymbol{d}^0$ exakt gelöst werden muss. Bei der von uns gewählten Gitterverfeinerung mit $h_{\ell-1} = 2h_{\ell}$ und $h_0 = 1/2$ gilt $\boldsymbol{A}_0 \in \mathbb{R}^{1\times 1}$. In der Praxis wird in der Regel mit Ω_0 ein Gitter genutzt, das eine approximative Lösung des Gleichungssystems mit der Matrix $\boldsymbol{A}_0$ auf effiziente und einfache Weise ermöglicht.

Der Mehrgitteralgorithmus lässt sich folglich als rekursives Verfahren in der anschließenden Form darstellen:

Algorithmus - Mehrgitterverfahren $\phi_{\ell}^{\mathrm{MGM}(\nu_1,\nu_2)}\left(\boldsymbol{u}^{\ell},\boldsymbol{f}^{\ell}\right)$ —

$\ell = 0$: Y	N
$\boldsymbol{u}^0 := \boldsymbol{A}_0^{-1}\boldsymbol{f}^0$	Für $i = 1,\ldots,\nu_1$ $\boldsymbol{u}^{\ell} := \phi_{\ell}\left(\boldsymbol{u}^{\ell},\boldsymbol{f}^{\ell}\right)$
Rückgabe von $\boldsymbol{u}^0$	$\boldsymbol{d}^{\ell-1} := \boldsymbol{R}_{\ell}^{\ell-1}\left(\boldsymbol{A}_{\ell}\boldsymbol{u}^{\ell} - \boldsymbol{f}^{\ell}\right)$
	$\boldsymbol{e}_0^{\ell-1} := \boldsymbol{0}$
	Für $i = 1,\ldots,\gamma$ $\boldsymbol{e}_i^{\ell-1} := \phi_{\ell-1}^{\mathrm{MGM}(\nu_1,\nu_2)}\left(\boldsymbol{e}_{i-1}^{\ell-1},\boldsymbol{d}^{\ell-1}\right)$
	$\boldsymbol{u}^{\ell} := \boldsymbol{u}^{\ell} - \boldsymbol{P}_{\ell-1}^{\ell}\boldsymbol{e}_{\gamma}^{\ell-1}$
	Für $i = 1,\ldots,\nu_2$ $\boldsymbol{u}^{\ell} := \phi_{\ell}\left(\boldsymbol{u}^{\ell},\boldsymbol{f}^{\ell}\right)$
	Rückgabe von $\boldsymbol{u}^{\ell}$

In der hier gewählten Darstellung werden zur iterativen Lösung der Grobgittergleichung γ Schritte verwendet. In der Praxis erweisen sich in der Regel $\gamma = 1$ respektive $\gamma = 2$ als geeignet.

Der Fall $\gamma = 1$ liefert den sogenannten V-Zyklus, der sich für $\ell = 3$ graphisch gemäß Abbildung 4.20 darstellen lässt, während für $\gamma = 2$ die als W-Zyklus bezeichnete Iterationsfolge vorliegt. Der für diese Vorgehensweise entstehende algorithmische Ablauf des Verfahrens ist für den Fall von vier genutzten Gittern in Abbildung 4.21 dargestellt.

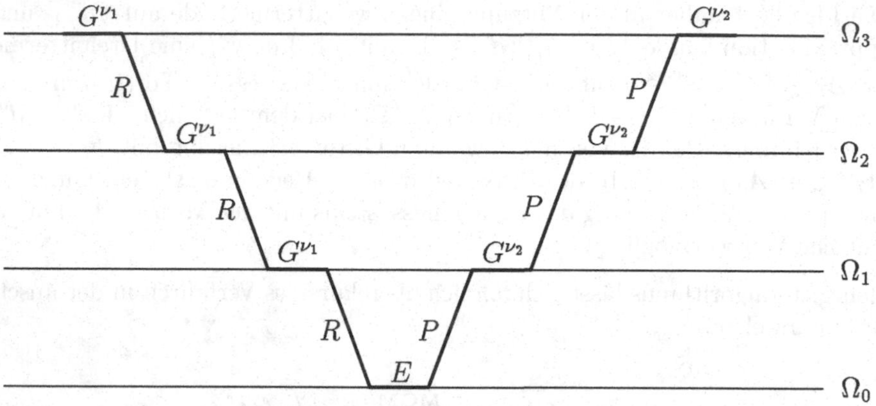

Bild 4.20 Mehrgitterverfahren mit V-Zyklus

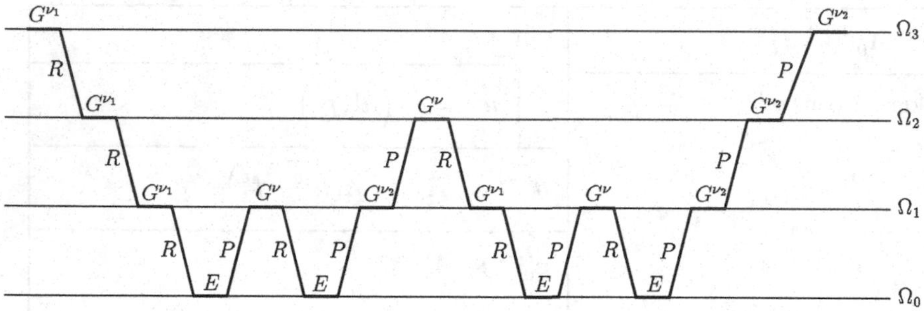

Bild 4.21 Mehrgitterverfahren mit W-Zyklus mit $\nu = \nu_1 + \nu_2$

Um die Wirkung der Mehrgittermethode beispielhaft im Hinblick auf die Fehlerdämpfungseigenschaften zu untersuchen, betrachten wir innerhalb der zugrundeliegenden Poisson-Gleichung (4.2.1) die rechte Seite

$$f(x) = \frac{\pi^2}{8}\left(9\sin\left(\frac{3\pi x}{2}\right) + 25\sin\left(\frac{5\pi x}{2}\right)\right). \tag{4.2.37}$$

Einfaches Nachrechnen belegt, dass mit

$$u(x) = \sin(2\pi x)\cos\left(\frac{\pi x}{2}\right)$$

die Lösung des Dirichlet-Randwertproblems vorliegt. Wir wollen auf dem Gitter Ω_3 mit dem bereits in den vorherigen Beispielen, siehe Abbildungen 4.9 und 4.19, genutzten Fehlervektor

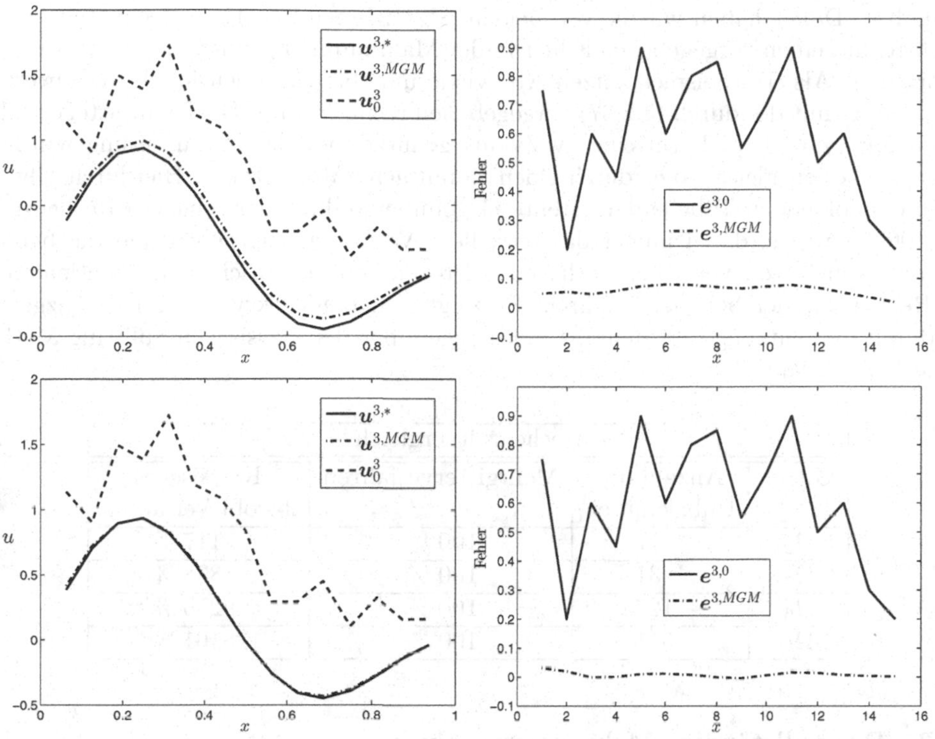

Bild 4.22 Entwicklung der Lösung (links) und des Fehlers (rechts) beim Mehrgitterverfahren mit linearer Restriktion und Prolongation mittels V-Zyklus (oben) und W-Zyklus (unten)

$$e_0^3 := u_0^3 - u^{3,*} = (0.75, 0.2, 0.6, 0.45, 0.9, 0.6, 0.8, 0.85, 0.55, 0.7, 0.9, 0.5, 0.6, 0.3, 0.2)^T$$

beginnen, so dass die Initialisierung der Startnäherung gemäß

$$u_0^3 = \begin{pmatrix} u(x_1) \\ \vdots \\ u(x_{N_3}) \end{pmatrix} - e_0^3 \text{ mit } x_i = ih_3$$

erfolgt. Der entsprechende Verlauf ist in den jeweils linken Grafiken der Abbildung 4.22 dargestellt, wogegen der Fehler in der zugehörigen rechten Grafik zu sehen ist. Genutzt wird stets das Mehrgitterverfahren mit linearer Restriktion und linearer Prolongation sowie $\nu_1 = 2$ Vor- und $\nu_2 = 2$ Nachglättungsschritten. Wie zu erwarten, zeigt sich in Abbildung 4.22 bereits nach einer Mehrgitteriteration eine drastische Fehlerreduktion, so dass sowohl im Fall des oben dargestellten V-Zyklus als auch beim unten aufgeführten W-Zyklus eine sehr gute Übereinstimmung zwischen der Lösung und der numerischen Näherung erkennbar ist. Dabei zeigt der W-Zyklus kleinere absolute Abweichungen, die jedoch auch in Relation dazu verstanden werden müssen, dass ein Iterationsschritt des W-Zyklus einen höheren Rechenaufwand im Vergleich zum V-Zyklus aufweist.

Ein direkter Vergleich des Mehrgitterverfahrens mit der Jacobi-Methode erweist sich als schwierig, da ein Iterationsschritt der Mehrgittermethode mehrere Glättungsprozesse auf verschiedenen Gitterleveln sowie zahlreiche Restriktions- und Prolongationsoperationen beinhaltet. Daher haben wir die von beiden Algorithmen benötigte Rechenzeit zugrundegelegt, um einen vorgegebenen Fehler in der Maximumnorm unter den Wert von 10^{-6} zu bringen. Als Testbeispiel nutzen wir wiederum das eindimensionale Randwertproblem (4.2.1) mit der durch (4.2.37) vorgegebenen rechten Seite. Das Mehrgitterverfahren wurde mit $\gamma = 1$ in Form eines V-Zyklus genutzt und die Initialisierung wurde für beide Methoden gleich, aber durch einen Zufallsgenerator erzeugt. Hierdurch gibt sich die in der folgenden Tabelle dargestellte Gegenüberstellung der relativen Rechenzeiten. Mit 100 % wurde dabei immer das schnellere Verfahren angegeben und die beim rechenzeitintensiveren Verfahren vorliegende Prozentzahl entspricht dem Quotienten aus der Rechenzeit der beiden Verfahren. Es zeigt sich eindrucksvoll der Effizienzgewinn, der durch die Nutzung der Mehrgitteridee gegenüber der klassischen Splitting-Methode erzielt werden kann.

Rechenzeitvergleich			
Gitter	Anzahl der Unbekannten	Mehrgitterverfahren	Klassisches Jacobi-Verfahren
Ω_2	7	100 %	117 %
Ω_4	31	100 %	838 %
Ω_6	127	100 %	9255 %
Ω_8	511	100 %	128161 %

4.2.3 Das vollständige Mehrgitterverfahren

Die Idee des vollständigen Mehrgitterverfahrens (nested iterations, full multigrid method (FMGM)) liegt in der Nutzung der gröberen Gitter zur Verbesserung der Startnäherung $\boldsymbol{u}_0^\ell$ auf dem feinsten Gitter Ω_ℓ.

Die Durchführung lässt sich wie folgt beschreiben:

(a) Löse auf Ω_0 die Gleichung $\boldsymbol{A}_0\boldsymbol{u}^0 = \boldsymbol{f}^0$ exakt.

(b) Prolongiere das Ergebnis auf das nächstfeinere Gitter und führe einige Iterationsschritte mit dem Glättungsverfahren durch.

(c) Wiederhole (b), bis eine Näherungslösung $\boldsymbol{u}_0^\ell$ auf Ω_ℓ ermittelt wurde.

(d) Führe das Mehrgitterverfahren mit der Startnäherung $\boldsymbol{u}_0^\ell$ durch.

Graphisch erhalten wir für den V-Zyklus auf drei Gittern die Darstellung des vollständigen Mehrgitterverfahrens in der in Abbildung 4.23 präsentierten Form.

Varianten des Verfahrens erhält man zum Beispiel durch

(a) eine approximative anstelle einer exakten Lösung der Gleichung $\boldsymbol{A}_0\boldsymbol{u}^0 = \boldsymbol{f}^0$.

(b) die Nutzung unterschiedlicher Anzahlen von Glättungsschritten.

(c) die Verwendung verschiedener Prolongationen und Restriktionen.

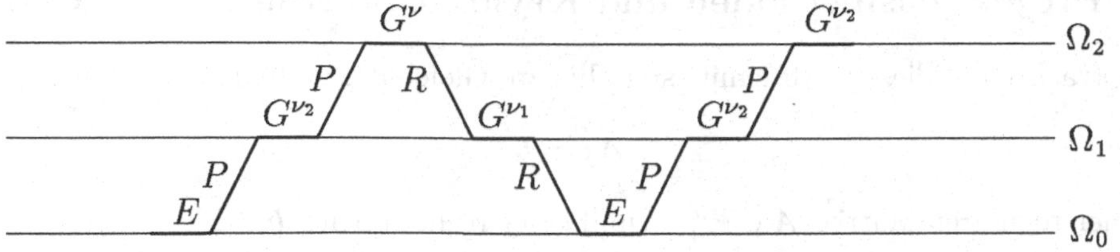

Bild 4.23 Vollständiges Mehrgitterverfahren mit $\nu = \nu_1 + \nu_2$

Abschließend analysieren wir das vollständige Mehrgitterverfahren im Kontext des auf Seite 106 genutzten Randwertproblems $-u''(x) = f(x)$ mit der Funktion f gemäß (4.2.37). Durch die Initialisierung unter Nutzung der kombinierten Prolongations- und Glättungsschritte liegt im Gegensatz zum vorhergehenden Mehrgitteralgorithmus eine deutlich glattere Startnäherung vor, die als $\boldsymbol{u}_0^3$ in den jeweiligen Grafiken der Abbildung 4.24 erkennbar ist. Der entsprechend in den rechten Bildern dargestellte Fehlerverlauf ist bereits deutlich glatter und wir erhalten wiederum eine sehr gute Reduktion des Fehlers sowohl beim V- als auch beim W-Zyklus bereits nach einer Mehrgitteriteration. Dabei wurden analog zum zuvor betrachteten Mehrgitterverfahren die Parameter $\nu_1 = \nu_2 = 2$ verwendet.

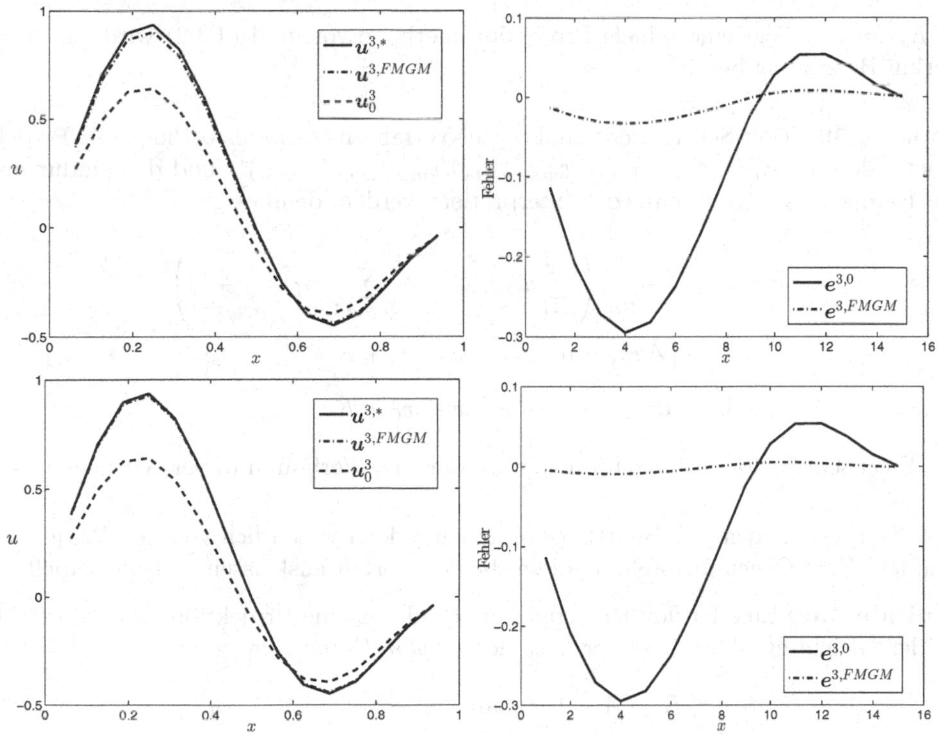

Bild 4.24 Entwicklung der Lösung (links) und des Fehlers (rechts) beim vollständigen Mehrgitterverfahren mit linearer Restriktion und Prolongation mittels V-Zyklus (oben) und W-Zyklus (unten)

4.3 Projektionsmethoden und Krylov-Unterraum-Verfahren

Wir betrachten in diesem Abschnitt stets lineare Gleichungssysteme der Form

$$\boldsymbol{A}\boldsymbol{x} = \boldsymbol{b} \tag{4.3.1}$$

mit einer regulären Matrix $\boldsymbol{A} \in \mathbb{R}^{n\times n}$ und einer rechten Seite $\boldsymbol{b} \in \mathbb{R}^n$.

Definition 4.58 Eine Projektionsmethode zur Lösung der Gleichung (4.3.1) ist ein Verfahren zur Berechnung von Näherungslösungen $\boldsymbol{x}_m \in \boldsymbol{x}_0 + K_m$ unter Berücksichtigung der Bedingung

$$(\boldsymbol{b} - \boldsymbol{A}\boldsymbol{x}_m) \perp L_m, \tag{4.3.2}$$

wobei $\boldsymbol{x}_0 \in \mathbb{R}^n$ beliebig ist und K_m sowie L_m m-dimensionale Unterräume des $\mathbb{R}^n$ repräsentieren. Die Orthogonalitätsbedingung ist hierbei durch das euklidische Skalarprodukt mittels

$$\boldsymbol{x} \perp \boldsymbol{y} \quad \Leftrightarrow \quad (\boldsymbol{x},\boldsymbol{y})_2 = 0$$

definiert.

Gilt $K_m = L_m$, so besagt (4.3.2), dass der Residuenvektor $\boldsymbol{r}_m = \boldsymbol{b} - \boldsymbol{A}\boldsymbol{x}_m$ senkrecht auf K_m steht. In diesem Fall liegt daher eine orthogonale Projektionsmethode vor, und (4.3.2) heißt Galerkin-Bedingung.

Für $K_m \neq L_m$ liegt eine schiefe Projektionsmethode vor, und (4.3.2) wird als Petrov-Galerkin-Bedingung bezeichnet.

Beispiel 4.59 Jeder Schritt des Gauß-Seidel-Verfahrens kann als orthogonale Projektionsmethode mit $\boldsymbol{x}_0 = (x_{m+1,1},\ldots,x_{m+1,i-1},0,x_{m,i+1},\ldots,x_{m,n})^T$ und den eindimensionalen Räumen $K = L = \text{span}\{\boldsymbol{e}_i\}$ interpretiert werden, denn es gilt

$$\begin{aligned} x_i &= -\frac{1}{a_{ii}}\left(\sum_{j=1}^{i-1} a_{ij}x_{m+1,j} + \sum_{j=i+1}^{n} a_{ij}x_{m,j} - b_i\right) \\ \Leftrightarrow \quad & b_i - (\boldsymbol{A}\boldsymbol{x})_i = 0 \quad \text{mit} \quad \boldsymbol{x} \in \boldsymbol{x}_0 + K \\ \Leftrightarrow \quad & \boldsymbol{b} - \boldsymbol{A}\boldsymbol{x} \perp L \qquad \text{mit} \quad \boldsymbol{x} \in \boldsymbol{x}_0 + K. \end{aligned}$$

Diese Eigenschaft lässt sich auch für weitere iterative Verfahren dieser Art nachweisen.

Generell unterscheiden sich Splitting-Methoden jedoch wesentlich von den Projektionsmethoden. Eine Gegenüberstellung dieser beiden Verfahrensklassen gibt die Tabelle 4.1.

Definition 4.60 Eine Krylov-Unterraum-Methode ist eine Projektionsmethode zur Lösung der Gleichung (4.3.1), bei der K_m den *Krylov-Unterraum*

$$K_m = K_m(\boldsymbol{A},\boldsymbol{r}_0) = \text{span}\left\{\boldsymbol{r}_0,\boldsymbol{A}\boldsymbol{r}_0,\ldots,\boldsymbol{A}^{m-1}\boldsymbol{r}_0\right\}$$

mit $\boldsymbol{r}_0 = \boldsymbol{b} - \boldsymbol{A}\boldsymbol{x}_0$ darstellt.

Splitting-Methoden	Projektionsmethoden
Berechnung von Näherungslösungen $\boldsymbol{x}_m \in \mathbb{R}^n$	Berechnung von Näherungslösungen $\boldsymbol{x}_m \in \boldsymbol{x}_0 + K_m \subset \mathbb{R}^n$ $\dim K_m = m \leq n$
Berechnungsvorschrift $\boldsymbol{x}_m = \boldsymbol{M}\boldsymbol{x}_{m-1} + \boldsymbol{N}\boldsymbol{b}$	Berechnungsvorschrift (Orthogonalitätsbed.) $b - \boldsymbol{A}\boldsymbol{x}_m \perp L_m \subset \mathbb{R}^n$ $\dim L_m = m \leq n$

Tabelle 4.1 Gegenüberstellung von Splitting-Methoden und Projektionsverfahren

Krylov-Unterraum-Methoden werden oftmals durch eine Umformulierung des linearen Gleichungssystems in eine Minimierungsaufgabe beschrieben. Zwei der bekanntesten Vertreter dieser Algorithmengruppe sind das von Hestenes und Stiefel [39] entwickelte Verfahren der konjugierten Gradienten und die von Saad und Schulz [64] hergeleitete GMRES-Methode. Beide Verfahren ermitteln die optimale Approximation $\boldsymbol{x}_m \in \boldsymbol{x}_0 + K_m$ an die gesuchte Lösung $\boldsymbol{A}^{-1}\boldsymbol{b}$ im Sinne der Orthogonalitätsbedingung (4.3.2), wobei bei jeder Iteration die Dimension des Unterraums um eins inkrementiert wird. Vernachlässigt man die auftretenden Rundungsfehler, so würden beide Methoden spätestens nach n Iterationen die exakte Lösung liefern.

Bevor wir uns mit der Herleitung der einzelnen Verfahren befassen, werden wir zunächst eine allgemeingültige Konvergenzaussage für Krylov-Unterraum-Methoden formulieren. Hierzu erweist sich das folgende Lemma als hilfreich.

Lemma 4.61 *Gegeben sei eine Projektionsmethode zur Lösung der Gleichung $\boldsymbol{A}\boldsymbol{x} = \boldsymbol{b}$ mit einer regulären Matrix $\boldsymbol{A} \in \mathbb{R}^{n\times n}$. Sei $m \in \mathbb{N}$ fest, und bilden die Spaltenvektoren der Matrix $\boldsymbol{V}_m \in \mathbb{R}^{n\times m}$ beziehungsweise $\boldsymbol{W}_m \in \mathbb{R}^{n\times m}$ eine Basis der Räume K_m respektive L_m derart, dass $\boldsymbol{W}_m^T\boldsymbol{A}\boldsymbol{V}_m \in \mathbb{R}^{m\times m}$ regulär ist, dann besitzt die Lösung der Projektionsmethode die Darstellung*

$$\boldsymbol{x}_m = \boldsymbol{x}_0 + \boldsymbol{V}_m\left(\boldsymbol{W}_m^T\boldsymbol{A}\boldsymbol{V}_m\right)^{-1}\boldsymbol{W}_m^T\boldsymbol{r}_0.$$

Beweis:
Aufgrund der Basiseigenschaft der Spaltenvektoren der Matrix $\boldsymbol{V}_m$ lässt sich der Lösungsvektor in der Form $\boldsymbol{x}_m = \boldsymbol{x}_0 + \boldsymbol{V}_m\boldsymbol{\alpha}_m$ mit $\boldsymbol{\alpha}_m \in \mathbb{R}^m$ schreiben. Aus der Orthogonalitätsbedingung (4.3.2) erhalten wir

$$\boldsymbol{W}_m^T\left(\boldsymbol{b} - \boldsymbol{A}\left(\boldsymbol{x}_0 + \boldsymbol{V}_m\boldsymbol{\alpha}_m\right)\right) = \boldsymbol{0},$$

wodurch

$$\boldsymbol{W}_m^T\boldsymbol{A}\boldsymbol{V}_m\boldsymbol{\alpha}_m = \boldsymbol{W}_m^T\left(\boldsymbol{b} - \boldsymbol{A}\boldsymbol{x}_0\right)$$

folgt. Aufgrund der vorausgesetzten Regularität der Matrix $\boldsymbol{W}_m^T\boldsymbol{A}\boldsymbol{V}_m$ gilt daher

$$\boldsymbol{\alpha}_m = \left(\boldsymbol{W}_m^T\boldsymbol{A}\boldsymbol{V}_m\right)^{-1}\boldsymbol{W}_m^T\boldsymbol{r}_0,$$

wodurch sich die behauptete Gestalt der Iterierten ergibt. □

Aus dem obigen Lemma erhalten wir unmittelbar die Darstellung des zugehörigen Residuenvektors in der Form

$$\boldsymbol{r}_m = \boldsymbol{b} - \boldsymbol{A}\boldsymbol{x}_m = \boldsymbol{r}_0 - \boldsymbol{A}\boldsymbol{V}_m \left(\boldsymbol{W}_m^T \boldsymbol{A}\boldsymbol{V}_m\right)^{-1} \boldsymbol{W}_m^T \boldsymbol{r}_0. \tag{4.3.3}$$

Wir kommen nun zum angekündigten Konvergenzsatz, der in [40] vorgestellt wurde.

Satz 4.62 *Sei die Matrix $\boldsymbol{A} \in \mathbb{R}^{n\times n}$ regulär. Desweiteren bezeichnen $\boldsymbol{v}_1,\ldots,\boldsymbol{v}_m \in \mathbb{R}^n$ und $\boldsymbol{w}_1,\ldots,\boldsymbol{w}_m \in \mathbb{R}^n$ die durch ein beliebiges Krylov-Unterraum-Verfahren erzeugten Basisvektoren des K_m und L_m. Liegt mit den Matrizen $\boldsymbol{V}_m = (\boldsymbol{v}_1 \ldots \boldsymbol{v}_m) \in \mathbb{R}^{n\times m}$ und $\boldsymbol{W}_m = (\boldsymbol{w}_1 \ldots \boldsymbol{w}_m) \in \mathbb{R}^{n\times m}$ eine reguläre Matrix $\boldsymbol{W}_m^T\boldsymbol{A}\boldsymbol{V}_m \in \mathbb{R}^{m\times m}$ vor, dann folgen mit der Projektion*

$$\boldsymbol{P}_m = \boldsymbol{I} - \boldsymbol{A}\boldsymbol{V}_m \left(\boldsymbol{W}_m^T \boldsymbol{A}\boldsymbol{V}_m\right)^{-1} \boldsymbol{W}_m^T \tag{4.3.4}$$

die Abschätzungen für den Fehlervektor $\boldsymbol{e}_m = \boldsymbol{A}^{-1}\boldsymbol{b} - \boldsymbol{x}_m$ und den Residuenvektor $\boldsymbol{r}_m = \boldsymbol{A}\boldsymbol{e}_m$ der Krylov-Unterraum-Methode in der Form

$$\|\boldsymbol{e}_m\| \leq \|\boldsymbol{A}^{-1}\boldsymbol{P}_m\| \min_{p\in\mathcal{P}_m^1} \|p(\boldsymbol{A})\boldsymbol{r}_0\| \tag{4.3.5}$$

und

$$\|\boldsymbol{r}_m\| \leq \|\boldsymbol{P}_m\| \min_{p\in\mathcal{P}_m^1} \|p(\boldsymbol{A})\boldsymbol{r}_0\|, \tag{4.3.6}$$

wobei $\mathcal{P}_m^1$ die Menge aller Polynome p vom Höchstgrad m bezeichnet, die zudem die Nebenbedingung $p(\boldsymbol{0}) = \boldsymbol{I}$ erfüllen.

Beweis:
Aus der Definition der Projektion $\boldsymbol{P}_m$ folgt unter Berücksichtigung der Regularität der Matrix $\boldsymbol{W}_m^T\boldsymbol{A}\boldsymbol{V}_m$ die Gleichung

$$\boldsymbol{P}_m\boldsymbol{A}\boldsymbol{V}_m = \boldsymbol{A}\boldsymbol{V}_m - \boldsymbol{A}\boldsymbol{V}_m \left(\boldsymbol{W}_m^T \boldsymbol{A}\boldsymbol{V}_m\right)^{-1} \boldsymbol{W}_m^T\boldsymbol{A}\boldsymbol{V}_m = \boldsymbol{0}. \tag{4.3.7}$$

Unter Verwendung der Gleichung (4.3.3) ergibt sich $\boldsymbol{r}_m = \boldsymbol{P}_m\boldsymbol{r}_0$, wodurch mit (4.3.7) zudem

$$\boldsymbol{r}_m = \boldsymbol{P}_m \left(\boldsymbol{r}_0 + \boldsymbol{A}\boldsymbol{V}_m\boldsymbol{\alpha}\right)$$

für jeden Vektor $\boldsymbol{\alpha} \in \mathbb{R}^m$ gilt. Wegen $\boldsymbol{A}\boldsymbol{V}_m\boldsymbol{\alpha} \in \boldsymbol{A}K_m$ erhalten wir

$$\boldsymbol{r}_m = \boldsymbol{P}_m p(\boldsymbol{A})\boldsymbol{r}_0$$

für jedes beliebige Polynom $p \in \mathcal{P}_m^1$. Hierdurch folgt

$$\|\boldsymbol{r}_m\| = \min_{p\in\mathcal{P}_m^1} \|\boldsymbol{P}_m p(\boldsymbol{A})\boldsymbol{r}_0\| \leq \|\boldsymbol{P}_m\| \min_{p\in\mathcal{P}_m^1} \|p(\boldsymbol{A})\boldsymbol{r}_0\|.$$

Analog liefert $\boldsymbol{e}_m = \boldsymbol{A}^{-1}\boldsymbol{r}_m$ die Ungleichung (4.3.5). □

Die im obigen Satz geforderte Regularität der Matrix $\boldsymbol{W}_m^T \boldsymbol{A} \boldsymbol{V}_m$ lässt sich für spezielle Krylov-Unterraum-Verfahren direkt nachweisen. Für eine symmetrische, positiv definite Matrix $\boldsymbol{A}$ existiert laut Korollar 2.33 eine orthogonale Matrix $\boldsymbol{U}$ mit $\boldsymbol{U}^T \boldsymbol{A} \boldsymbol{U} = \boldsymbol{D} = \operatorname{diag}\{\lambda_1, \ldots, \lambda_n\}$. Aus der positiven Definitheit folgt $\lambda_i > 0$ für $i = 1, \ldots, n$ und wir erhalten $\boldsymbol{A} = \boldsymbol{U}\boldsymbol{D}^{1/2}\boldsymbol{D}^{1/2}\boldsymbol{U}^T$. Betrachten wir hierbei eine orthogonale Krylov-Unterraum-Methode, so können wegen $L_m = K_m$ die Matrizen $\boldsymbol{W}_m = \boldsymbol{V}_m$ genutzt werden, wodurch sich

$$\boldsymbol{W}_m^T \boldsymbol{A} \boldsymbol{V}_m = \left(\boldsymbol{D}^{1/2}\boldsymbol{U}^T \boldsymbol{V}_m\right)^T \left(\boldsymbol{D}^{1/2}\boldsymbol{U}^T \boldsymbol{V}_m\right) \in \mathbb{R}^{m \times m}$$

ergibt. Da die Vektoren der Matrix $\boldsymbol{V}_m$ eine Basis von K_m darstellen, erhalten wir $\operatorname{rang}(\boldsymbol{V}_m) = m$. Hierdurch ist $\boldsymbol{D}^{1/2}\boldsymbol{U}\boldsymbol{V}_m$ injektiv, so dass

$$\left(\boldsymbol{x}, \left(\boldsymbol{D}^{1/2}\boldsymbol{U}^T \boldsymbol{V}_m\right)^T \left(\boldsymbol{D}^{1/2}\boldsymbol{U}^T \boldsymbol{V}_m\right) \boldsymbol{x}\right)_2 = \left\|\left(\boldsymbol{D}^{1/2}\boldsymbol{U}^T \boldsymbol{V}_m\right) \boldsymbol{x}\right\|_2^2 \neq 0 \;\; \forall \boldsymbol{x} \in \mathbb{R}^m \setminus \{\boldsymbol{0}\}$$

die Regularität der Matrix $\boldsymbol{W}_m^T \boldsymbol{A} \boldsymbol{V}_m$ liefert. Eine derartige Methode stellt zum Beispiel das im Folgenden betrachtete Verfahren der konjugierten Gradienten dar.

Für reguläre Matrizen $\boldsymbol{A} \in \mathbb{R}^{n \times n}$ betrachten wir $L_m = \boldsymbol{A}K_m$, wodurch $\boldsymbol{W}_m = \boldsymbol{A}\boldsymbol{V}_m$ gewählt werden kann. Analog zu der obigen Betrachtung ergibt sich die Regularität der Matrix $\boldsymbol{W}_m^T \boldsymbol{A} \boldsymbol{V}_m$ aus

$$\boldsymbol{W}_m^T \boldsymbol{A} \boldsymbol{V}_m = (\boldsymbol{A}\boldsymbol{V}_m)^T \boldsymbol{A}\boldsymbol{V}_m.$$

Diese Bedingungen erfüllt das im Abschnitt 4.3.2.4 hergeleitete GMRES-Verfahren.

Generell ergibt sich für $m = n$ die Regularität der Matrizen $\boldsymbol{V}_m$ und $\boldsymbol{W}_m$, so dass $\boldsymbol{P}_m = \boldsymbol{0}$ gilt, und wir aus den Abschätzungen (4.3.5) und (4.3.6) jeweils die Aussage erhalten, dass derartige Krylov-Unterraum-Verfahren spätestens nach n Schritten die exakte Lösung ermitteln.

Die Entwicklung modernster numerischer Algorithmen zur Simulation praxisrelevanter Problemstellungen hat zu einer großen Nachfrage hinsichtlich effizienter, schneller und robuster iterativer Gleichungssystemlöser geführt und einen wesentlichen Impuls zum in den letzten zwanzig Jahren erzielten Fortschritt im Bereich der Krylov-Unterraum-Verfahren beigetragen. Aufgrund der Vielzahl dieser Verfahren werden wir uns im vorliegenden Buch neben dem Verfahren der konjugierten Gradienten im Wesentlichen auf die sehr häufig verwendeten Methoden GMRES, CGS, BiCGSTAB, TFQMR und QMRCGSTAB beschränken und die Einordnung weiterer Algorithmen in den vorliegenden Rahmen soweit möglich durch Anmerkungen vornehmen. Der Zusammenhang zwischen den genannten Algorithmen wird in der Abbildung 4.25 schematisch verdeutlicht. Hinsichtlich weiterer Literaturstellen zu dieser Verfahrensklasse sei auf die Bücher von Axelsson [7], Demmel [20], Fischer [26], Greenbaum [34], Kelley [44], Meurant [53], Saad [63], Trefethen und Bau [71], van der Vorst [74] sowie Weiss [76] verwiesen.

4.3.1 Verfahren für symmetrische, positiv definite Matrizen

Innerhalb dieses Abschnitts setzen wir voraus, dass das betrachtete Gleichungssystem (4.3.1) eine symmetrische und positiv definite Matrix aufweist. Zur Herleitung der Verfahren betrachten wir die Funktion

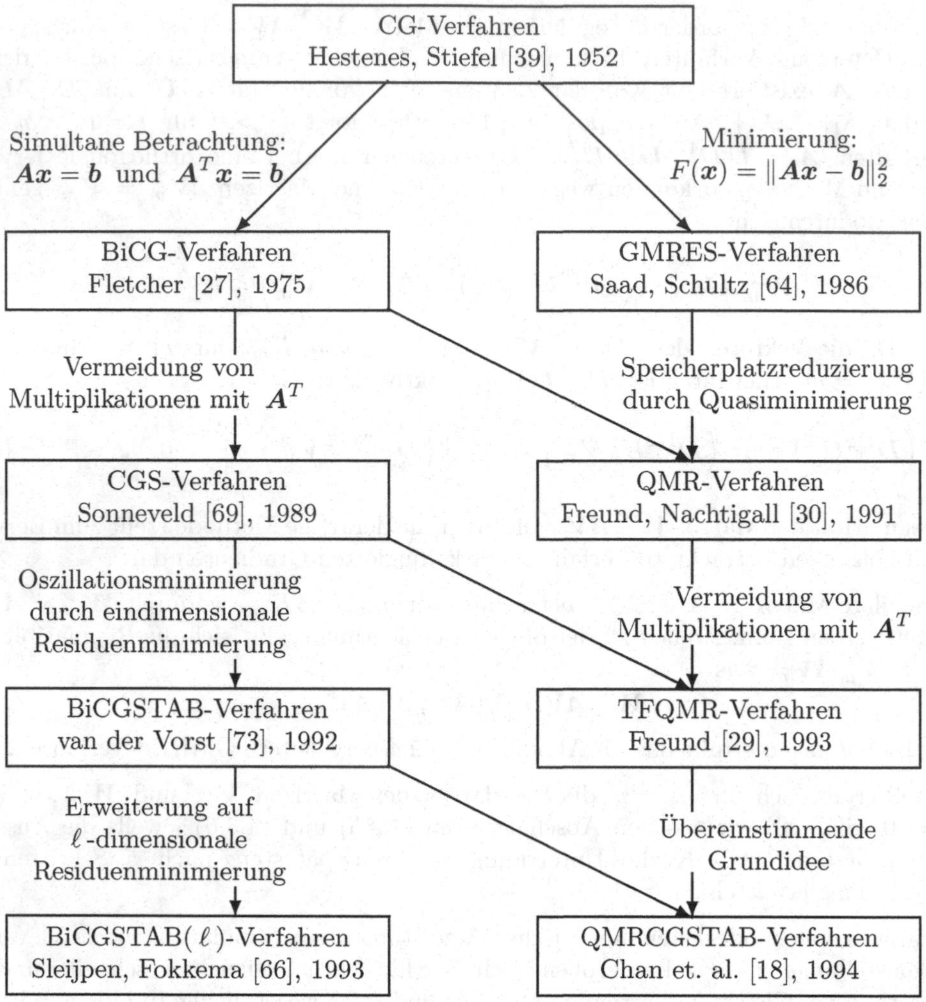

Bild 4.25 Zusammenhänge zwischen Krylov-Unterraum-Verfahren

$$\begin{aligned} F : \mathbb{R}^n &\to \mathbb{R} \\ x &\mapsto \frac{1}{2}(Ax,x)_2 - (b,x)_2 \end{aligned} \tag{4.3.8}$$

und werden zunächst einige ihrer grundlegenden Eigenschaften im Zusammenhang mit dem betrachteten Gleichungssystem studieren.

Lemma 4.63 *Seien $A \in \mathbb{R}^{n\times n}$ symmetrisch, positiv definit und $b \in \mathbb{R}^n$ gegeben, dann gilt mit der durch* (4.3.8) *gegebenen Funktion F*

$$\hat{x} = \arg\min_{x\in\mathbb{R}^n} F(x)$$

genau dann, wenn

$$A\hat{x} = b$$

gilt.

Beweis:
Da $\boldsymbol{A}$ positiv definit ist, existiert die positiv definite Inverse $\boldsymbol{A}^{-1} \in \mathbb{R}^{n\times n}$, und wir erhalten

$$\arg\min_{\boldsymbol{x}\in\mathbb{R}^n} F(\boldsymbol{x}) = \arg\min_{\boldsymbol{x}\in\mathbb{R}^n} G(\boldsymbol{x}) \tag{4.3.9}$$

mit

$$\begin{aligned}
G(\boldsymbol{x}) &= F(\boldsymbol{x}) + \frac{1}{2}\boldsymbol{b}^T\boldsymbol{A}^{-1}\boldsymbol{b} \\
&= \frac{1}{2}(\boldsymbol{A}\boldsymbol{x},\boldsymbol{x})_2 - (\boldsymbol{b},\boldsymbol{x})_2 + \frac{1}{2}\boldsymbol{b}^T\boldsymbol{A}^{-1}\boldsymbol{b} \\
&= \frac{1}{2}(\boldsymbol{A}\boldsymbol{x}-\boldsymbol{b})^T\boldsymbol{x} - \frac{1}{2}\boldsymbol{b}^T(\boldsymbol{x}-\boldsymbol{A}^{-1}\boldsymbol{b}) \\
&= \frac{1}{2}(\boldsymbol{A}\boldsymbol{x}-\boldsymbol{b})^T\boldsymbol{x} - \frac{1}{2}\left(\boldsymbol{A}^{-1}\boldsymbol{b}\right)^T(\boldsymbol{A}\boldsymbol{x}-\boldsymbol{b}) \\
&= \frac{1}{2}(\boldsymbol{A}\boldsymbol{x}-\boldsymbol{b})^T\boldsymbol{A}^{-1}(\boldsymbol{A}\boldsymbol{x}-\boldsymbol{b}).
\end{aligned} \tag{4.3.10}$$

Somit gelten $G(\boldsymbol{x}) \geq 0$ und

$$G(\boldsymbol{x}) = 0 \quad \Leftrightarrow \quad \boldsymbol{x} = \boldsymbol{A}^{-1}\boldsymbol{b}.$$

□

Bei allen in diesem Abschnitt betrachteten Verfahren nehmen wir eine sukzessive Minimierung der Funktion F ausgehend vom Punkt $\boldsymbol{x} \in \mathbb{R}^n$ entlang spezieller Richtungen $\boldsymbol{p} \in \mathbb{R}^n$ vor. Wir definieren daher für $\boldsymbol{x},\boldsymbol{p} \in \mathbb{R}^n$ die Funktion

$$\begin{aligned}
f_{\boldsymbol{x},\boldsymbol{p}} : \mathbb{R} &\to \mathbb{R} \\
\lambda &\mapsto f_{\boldsymbol{x},\boldsymbol{p}}(\lambda) := F(\boldsymbol{x}+\lambda\boldsymbol{p}).
\end{aligned} \tag{4.3.11}$$

Lemma und Definition 4.64 *Seien die Matrix $\boldsymbol{A} \in \mathbb{R}^{n\times n}$ symmetrisch, positiv definit und die Vektoren $\boldsymbol{x},\boldsymbol{p} \in \mathbb{R}^n$ mit $\boldsymbol{p} \neq \boldsymbol{0}$ gegeben, dann gilt*

$$\lambda_{opt} = \lambda_{opt}(\boldsymbol{x},\boldsymbol{p}) := \arg\min_{\lambda\in\mathbb{R}} f_{\boldsymbol{x},\boldsymbol{p}}(\lambda) = \frac{(\boldsymbol{r},\boldsymbol{p})_2}{(\boldsymbol{A}\boldsymbol{p},\boldsymbol{p})_2}$$

mit $\boldsymbol{r} := \boldsymbol{b} - \boldsymbol{A}\boldsymbol{x}$. Der Vektor $\boldsymbol{r}$ wird als Residuenvektor und seine euklidische Norm $\|\boldsymbol{r}\|_2$ als Residuum bezeichnet.

Beweis:
Es gilt

$$\begin{aligned}
f_{\boldsymbol{x},\boldsymbol{p}}(\lambda) &= \tfrac{1}{2}\left(\boldsymbol{A}(\boldsymbol{x}+\lambda\boldsymbol{p}),\boldsymbol{x}+\lambda\boldsymbol{p}\right)_2 - (\boldsymbol{b},\boldsymbol{x}+\lambda\boldsymbol{p})_2 \\
&= F(\boldsymbol{x}) + \lambda(\boldsymbol{A}\boldsymbol{x}-\boldsymbol{b},\boldsymbol{p})_2 + \tfrac{1}{2}\lambda^2(\boldsymbol{A}\boldsymbol{p},\boldsymbol{p})_2.
\end{aligned}$$

Somit folgt

$$f'_{\boldsymbol{x},\boldsymbol{p}}(\lambda) = (\boldsymbol{A}\boldsymbol{x}-\boldsymbol{b},\boldsymbol{p})_2 + \lambda\underbrace{(\boldsymbol{A}\boldsymbol{p},\boldsymbol{p})_2}_{>0}$$

und

$$f'_{x,p}(\lambda_{\text{opt}}) = (Ax - b,p)_2 + \frac{(b - Ax,p)_2}{(Ap,p)_2}(Ap,p)_2 = 0.$$

Mit

$$f''_{x,p}(\lambda) = (Ap,p)_2 \overset{\substack{A \text{ pos.def.} \\ p \neq 0}}{>} 0 \tag{4.3.12}$$

ist λ_{opt} globales Minimum von $f_{x,p}$. □

Ist nun mit $\{p_m\}_{m\in\mathbb{N}_0}$ eine Folge von Suchrichtungen aus $\mathbb{R}^n\backslash\{0\}$ gegeben, dann können wir ein erstes Verfahren erstellen:

Algorithmus - Basislöser —

Wähle $x_0 \in \mathbb{R}^n$
Für $m = 0,1,\ldots$
$r_m = b - Ax_m$
$\lambda_m = \dfrac{(r_m,p_m)_2}{(Ap_m,p_m)_2}$
$x_{m+1} = x_m + \lambda_m p_m$

4.3.1.1 Die Methode des steilsten Abstiegs

Zur Vervollständigung des Basislösers benötigen wir eine Berechnungsvorschrift zur Ermittlung der Suchrichtungen $p_m \in \mathbb{R}^n$. Wir fordern zudem o.B.d.A. $\|p_m\|_2 = 1$. Für $x \neq A^{-1}b$ erhalten wir eine global optimale Wahl durch

$$p = \frac{\hat{x} - x}{\|\hat{x} - x\|_2} \quad \text{mit} \quad \hat{x} = A^{-1}b,$$

denn hiermit folgt bei Definition von λ_{opt} gemäß Lemma 4.64

$$\begin{aligned} \tilde{x} &= x + \lambda_{\text{opt}} p = \\ &= x + \|\hat{x} - x\|_2 \frac{(b - Ax,\hat{x} - x)_2}{(b - Ax,\hat{x} - x)_2} \frac{\hat{x} - x}{\|\hat{x} - x\|_2} \\ &= \hat{x}. \end{aligned}$$

Jedoch benötigen wir hierbei bereits zur Definition der Suchrichtung die exakte Lösung.

Beschränken wir uns auf lokale Optimalität, so erhalten wir diese mit dem negativen Gradienten der Funktion F . Hier gilt

$$\nabla F(x) = \frac{1}{2}(A + A^T)x - b \overset{A \text{ sym.}}{=} Ax - b = -r.$$

Somit liefert

$$p := \begin{cases} \dfrac{r}{\|r\|_2} & \text{für } r \neq 0, \\ 0 & \text{für } r = 0 \end{cases} \tag{4.3.13}$$

die Richtung des steilsten Abstiegs.

Die Funktion F ist wegen

$$\nabla^2 F(x) = A$$

und positiv definitem A strikt konvex. Auch hiermit erkennen wir, dass

$$\hat{x} = A^{-1}b$$

wegen

$$\nabla F(\hat{x}) = 0$$

das einzige und globale Minimum von F darstellt.

Mit (4.3.13) erhalten wir das auch als Gradientenverfahren bezeichnete Verfahren des steilsten Abstiegs in der folgenden Form:

Algorithmus - Verfahren des steilsten Abstiegs —

Wähle $x_0 \in \mathbb{R}^n$

Für $m = 0,1,\ldots$

- $r_m = b - Ax_m$
- $r_m \neq 0$
  - Y: $\lambda_m = \dfrac{\|r_m\|_2^2}{(Ar_m, r_m)_2}$
  - N: $\lambda_m = 0$
- $x_{m+1} = x_m + \lambda_m r_m$

Bemerkung:
In der praktischen Anwendung wird r_0 außerhalb der Schleife ermittelt und innerhalb der Schleife

$$\begin{aligned} r_{m+1} &= b - Ax_{m+1} = b - Ax_m - \lambda_m A r_m \\ &= r_m - \lambda_m A r_m \end{aligned}$$

verwendet, wodurch pro Iteration eine Matrix-Vektor-Multiplikation vermieden wird. Eine MATLAB-Implementierung ist im Anhang A aufgelistet.

Satz 4.65 *Das Verfahren des steilsten Abstiegs ist konsistent und nicht linear.*

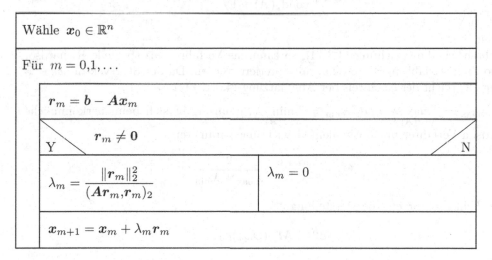

Beweis:
Das Iterationsverfahren $\phi : \mathbb{R}^n \times \mathbb{R}^n \to \mathbb{R}^n$ ist gegeben durch

$$\phi(\boldsymbol{x},\boldsymbol{b}) = (\boldsymbol{I} - \lambda(\boldsymbol{x},\boldsymbol{b})\boldsymbol{A})\,\boldsymbol{x} + \lambda(\boldsymbol{x},\boldsymbol{b})\boldsymbol{b}, \tag{4.3.14}$$

wobei $\lambda : \mathbb{R}^n \times \mathbb{R}^n \to \mathbb{R}$ in der Form

$$\lambda(\boldsymbol{x},\boldsymbol{b}) = \begin{cases} \dfrac{\|\boldsymbol{b} - \boldsymbol{A}\boldsymbol{x}\|_2^2}{(\boldsymbol{A}(\boldsymbol{b} - \boldsymbol{A}\boldsymbol{x}),\boldsymbol{b} - \boldsymbol{A}\boldsymbol{x})_2} & \text{für } \boldsymbol{b} - \boldsymbol{A}\boldsymbol{x} \neq \boldsymbol{0} \\ 0 & \text{sonst.} \end{cases}$$

festgelegt ist. Einfaches Nachrechnen an kleinen Beispielen zeigt, dass λ nicht konstant ist. Für $\hat{\boldsymbol{x}} = \boldsymbol{A}^{-1}\boldsymbol{b}$ ergibt sich $\lambda(\hat{\boldsymbol{x}},\boldsymbol{b}) = 0$. Folglich erhalten wir $\hat{\boldsymbol{x}} = \phi(\hat{\boldsymbol{x}},\boldsymbol{b})$ und $\hat{\boldsymbol{x}}$ stellt einen Fixpunkt der Iteration ϕ dar. □

Satz 4.66 *Sei $\boldsymbol{A}$ positiv definit und symmetrisch, dann konvergiert die durch das Verfahren des steilsten Abstiegs definierte Folge $\{\boldsymbol{x}_m\}_{m\in\mathbb{N}_0}$ für jeden Startvektor $\boldsymbol{x}_0 \in \mathbb{R}^n$ gegen die Lösung $\hat{\boldsymbol{x}} = \boldsymbol{A}^{-1}\boldsymbol{b}$, und es gilt für den Fehlervektor $\boldsymbol{e}_m = \boldsymbol{x}_m - \hat{\boldsymbol{x}}$ die Abschätzung*

$$\|\boldsymbol{e}_m\|_{\boldsymbol{A}} \leq \left(\frac{\operatorname{cond}_2(\boldsymbol{A}) - 1}{\operatorname{cond}_2(\boldsymbol{A}) + 1}\right)^m \|\boldsymbol{e}_0\|_{\boldsymbol{A}}. \tag{4.3.15}$$

Beweis:
Betrachten wir die Gleichung (4.3.14), so kann das Verfahren als spezielle Richardson-Iteration mit variablem $\Theta = \lambda(\boldsymbol{x},\boldsymbol{b})$ interpretiert werden. Da der Startvektor $\boldsymbol{x}_0 \in \mathbb{R}^n$ beliebig ist, reicht der Nachweis der Abschätzung (4.3.15) für $m = 1$.

Seien $\lambda_{\max} = \max\limits_{\lambda\in\sigma(\boldsymbol{A})} \lambda$ und $\lambda_{\min} = \min\limits_{\lambda\in\sigma(\boldsymbol{A})} \lambda$, dann ergibt sich beim herkömmlichen Richardson-Verfahren mit optimalem Gewichtungsparameter

$$\Theta_{\text{opt}} \overset{\text{Satz 4.33}}{=} \frac{2}{\lambda_{\max} + \lambda_{\min}}$$

für den Fehlervektor $\boldsymbol{e}_1^R$ die Darstellung

$$\boldsymbol{e}_1^R = \boldsymbol{M}_R(\Theta_{\text{opt}})\boldsymbol{e}_0$$

mit

$$\boldsymbol{M}_R(\Theta_{\text{opt}}) = \boldsymbol{I} - \Theta_{\text{opt}}\boldsymbol{A}.$$

Aus der Symmetrie der Matrix $\boldsymbol{A}$ folgt, dass $\boldsymbol{M}_R(\Theta_{\text{opt}})$ ebenfalls symmetrisch ist und sich somit

$$\|\boldsymbol{M}_R(\Theta_{\text{opt}})\|_2 \overset{\text{Satz 2.35}}{=} \rho(\boldsymbol{M}_R(\Theta_{\text{opt}})) \overset{\text{Satz 4.33}}{=} \frac{\lambda_{\max} - \lambda_{\min}}{\lambda_{\max} + \lambda_{\min}}$$

ergibt. Zudem gilt für beliebiges $p \in \mathbb{R}$

$$\boldsymbol{M}_R(\Theta_{\text{opt}})\boldsymbol{A}^p = \boldsymbol{A}^p\boldsymbol{M}_R(\Theta_{\text{opt}}),$$

und es folgt mit

$$\tilde{e}_0 = A^{1/2} e_0 \text{ und } \tilde{e}_1^R = A^{1/2} e_1^R$$

die Darstellung

$$\tilde{e}_1^R = A^{1/2} M_R(\Theta_{\text{opt}}) e_0 = M_R(\Theta_{\text{opt}}) \tilde{e}_0.$$

Hiermit erhalten wir

$$\|e_1^R\|_A = \|\tilde{e}_1^R\|_2 \le \|M_R(\Theta_{\text{opt}})\|_2 \|\tilde{e}_0\|_2 = \|M_R(\Theta_{\text{opt}})\|_2 \|e_0\|_A.$$

Unter Verwendung der Gleichung (4.3.10) folgern wir

$$G(x) = \frac{1}{2}(Ax - b)^T A^{-1}(Ax - b) = \frac{1}{2}\|x - \hat{x}\|_A^2$$

so dass sich mit

$$x_1^R = x_0 + \Theta_{\text{opt}} r_0$$

und

$$x_1 = x_0 + \lambda_0 r_0$$

durch

$$x_1 = \arg \min_{x \in x_0 + \text{span}\{r_0\}} F(x) = \arg \min_{x \in x_0 + \text{span}\{r_0\}} G(x) = \arg \min_{x \in x_0 + \text{span}\{r_0\}} \frac{1}{2}\|x - \hat{x}\|_A^2$$

die Abschätzung

$$\|e_1\|_A \le \|e_1^R\|_A \le \underbrace{\frac{\lambda_{\max} - \lambda_{\min}}{\lambda_{\max} + \lambda_{\min}}}_{\xi :=} \|e_0\|_A \tag{4.3.16}$$

ergibt. Für positiv definite, symmetrische Matrizen $A \in \mathbb{R}^{n \times n}$ gilt $\|A\|_2 = \rho(A) = \lambda_{\max} > 0$ und $\|A^{-1}\|_2 = \rho(A^{-1}) = \lambda_{\min}^{-1} > 0$, so dass einerseits mit $|\xi| < 1$ die behauptete Konvergenz des Verfahrens vorliegt und andererseits aus (4.3.16) die Abschätzung

$$\|e_1\|_A \le \left(\frac{\frac{\lambda_{\max}}{\lambda_{\min}} - 1}{\frac{\lambda_{\max}}{\lambda_{\min}} + 1} \right) \|e_0\|_A = \left(\frac{\|A\|_2 \|A^{-1}\|_2 - 1}{\|A\|_2 \|A^{-1}\|_2 + 1} \right) \|e_0\|_A = \left(\frac{\text{cond}_2(A) - 1}{\text{cond}_2(A) + 1} \right) \|e_0\|_A$$

folgt. □

Wegen $\text{cond}_2(A) \ge 1$ ist es aufgrund des obigen Satzes somit stets vorteilhaft, eine möglichst kleine Konditionzahl vorliegen zu haben.

Beispiel 4.67 Wir betrachten

$$Ax = b$$

mit

$$A = \begin{pmatrix} 2 & 0 \\ 0 & 10 \end{pmatrix}, \quad b = \begin{pmatrix} 0 \\ 0 \end{pmatrix}, \quad x_0 = \begin{pmatrix} 4 \\ \sqrt{1.8} \end{pmatrix}.$$

Hiermit erhalten wir den folgenden Konvergenzverlauf:

Verfahren des steilsten Abstiegs (Gradientenverfahren)				
m	$x_{m,1}$	$x_{m,2}$	$\varepsilon_m := \|\boldsymbol{x}_m - \boldsymbol{A}^{-1}\boldsymbol{b}\|_{\boldsymbol{A}}$	$\varepsilon_m/\varepsilon_{m-1}$
0	4.000000e+00	1.341641e+00	7.071068e+00	
10	3.271049e-02	1.097143e-02	5.782453e-02	6.183904e-01
40	1.788827e-08	5.999910e-09	3.162230e-08	6.183904e-01
70	9.782499e-15	3.281150e-15	1.729318e-14	6.183904e-01
72	3.740893e-15	1.254734e-15	6.613026e-15	6.183904e-01

Wir nutzen die in Abbildung 4.26 qualitativ dargestellten Höhenlinien der Funktion F zur Verdeutlichung des Konvergenzverlaufs. Liegen bei der betrachteten Diagonalmatrix gleiche Diagonaleinträge vor, dann beschreiben die Höhenlinien Kreise, und das Verfahren konvergiert bei beliebigem Startvektor bereits bei der ersten Iteration, da der Residuenvektor stets in die Richtung des Koordinatenursprungs zeigt. Weist die Diagonalmatrix positive, jedoch sehr unterschiedlich große Diagonaleinträge auf, dann stellen die Höhenlinien der Funktion F zunehmend gestreckte Ellipsen dar, wodurch die Näherungslösung bei jeder Iteration das Vorzeichen wechseln kann und nur sehr langsam gegen das Minimum der Funktion F konvergiert. Die zunehmende Verringerung der Konvergenzgeschwindigkeit lässt sich hierbei auch deutlich durch Betrachten der Konditionzahl der Matrix $\boldsymbol{A}$ erklären, die bei der zugrundeliegenden Diagonalmatrix mit dem Streckungsverhältnis der Ellipse übereinstimmt.

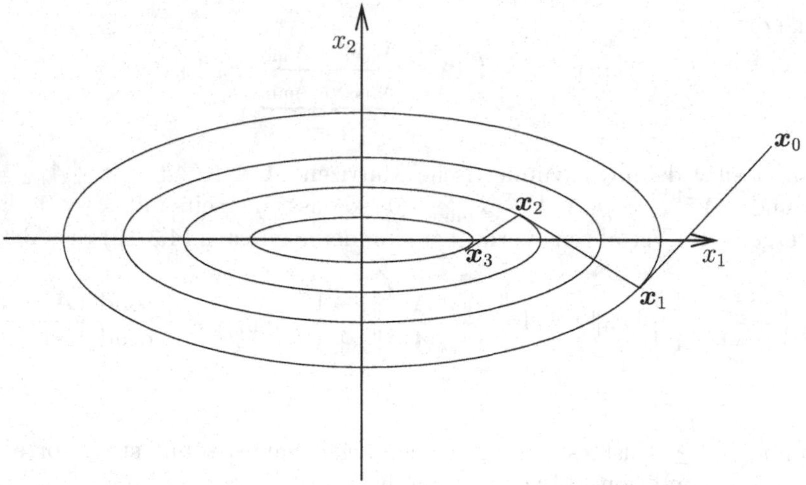

Bild 4.26 Höhenlinien der Funktion F mit qualitativem Konvergenzverlauf

Als Motivation zur Verbesserung führen wir die Begriffe Optimalität bezüglich einer Richtung und eines Unterraums ein.

Definition 4.68 Sei $F : \mathbb{R}^n \to \mathbb{R}$ gegeben, dann heißt $\boldsymbol{x} \in \mathbb{R}^n$

(a) optimal bezüglich der Richtung $\boldsymbol{p} \in \mathbb{R}^n$, falls

$$F(\boldsymbol{x}) \leq F(\boldsymbol{x} + \lambda \boldsymbol{p}) \quad \forall \lambda \in \mathbb{R}$$

gilt.

(b) optimal bezüglich eines Unterraums $U \subset \mathbb{R}^n$, falls

$$F(\boldsymbol{x}) \leq F(\boldsymbol{x} + \boldsymbol{\xi}) \quad \forall \boldsymbol{\xi} \in U$$

gilt.

Lemma 4.69 *Sei F durch* (4.3.8) *gegeben, dann ist $\boldsymbol{x} \in \mathbb{R}^n$ genau dann bezüglich $U \subset \mathbb{R}^n$ optimal, wenn*

$$\boldsymbol{r} = \boldsymbol{b} - A\boldsymbol{x} \perp U$$

gilt.

Beweis:
Für beliebiges $\boldsymbol{\xi} \in U \backslash \{\boldsymbol{0}\}$ betrachten wir für $\lambda \in \mathbb{R}$

$$f_{\boldsymbol{x},\boldsymbol{\xi}}(\lambda) = F(\boldsymbol{x} + \lambda \boldsymbol{\xi}).$$

Die Funktion $f_{\boldsymbol{x},\boldsymbol{\xi}}$ ist laut (4.3.12) strikt konvex und aus

$$f'_{\boldsymbol{x},\boldsymbol{\xi}}(\lambda) = (A\boldsymbol{x} - \boldsymbol{b}, \boldsymbol{\xi})_2 + \lambda (A\boldsymbol{\xi}, \boldsymbol{\xi})_2$$

folgt

$$f'_{\boldsymbol{x},\boldsymbol{\xi}}(0) = 0 \quad \Leftrightarrow \quad A\boldsymbol{x} - \boldsymbol{b} \perp \boldsymbol{\xi}.$$

□

Satz 4.70 *Die Iterierten $\boldsymbol{x}_m$, $m \in \mathbb{N}$ des Gradientenverfahrens sind optimal bezüglich der Richtung $\boldsymbol{r}_{m-1} = \boldsymbol{b} - A\boldsymbol{x}_{m-1}$.*

Beweis:
Im Fall $\boldsymbol{r}_{m-1} = \boldsymbol{0}$ folgt direkt $\boldsymbol{r}_m \perp \boldsymbol{r}_{m-1}$. Sei $\boldsymbol{r}_{m-1} \neq \boldsymbol{0}$, so erhalten wir mit

$$\lambda_{m-1} = \frac{\|\boldsymbol{r}_{m-1}\|_2^2}{(A\boldsymbol{r}_{m-1}, \boldsymbol{r}_{m-1})_2}$$

die Orthogonalität der Residuenvektoren durch

$$\begin{aligned}
(\boldsymbol{r}_m, \boldsymbol{r}_{m-1})_2 &= (\boldsymbol{r}_{m-1} - \lambda_{m-1} A\boldsymbol{r}_{m-1}, \boldsymbol{r}_{m-1})_2 \\
&= (\boldsymbol{r}_{m-1}, \boldsymbol{r}_{m-1})_2 - \frac{\|\boldsymbol{r}_{m-1}\|_2^2}{(A\boldsymbol{r}_{m-1}, \boldsymbol{r}_{m-1})_2} (A\boldsymbol{r}_{m-1}, \boldsymbol{r}_{m-1})_2 \\
&= 0.
\end{aligned}$$

Lemma 4.69 liefert damit die Optimalität. □

Korollar 4.71 *Das Gradientenverfahren stellt in jedem Schritt eine orthogonale Projektionsmethode mit $K = L = \text{span}\,\{\boldsymbol{r}_{m-1}\}$ dar.*

Wünschenswert wäre eine Optimalität der Iterierten bezüglich des gesamten Unterraums $U = \text{span}\,\{\boldsymbol{r}_0, \ldots, \boldsymbol{r}_{m-1}\}$, da für linear unabhängige Residuenvektoren hierdurch spätestens

$$\boldsymbol{x}_n = A^{-1}\boldsymbol{b}$$

folgt. Im Verfahren des steilsten Abstiegs liegt jedoch das Problem vor, dass die ermittelte Näherungslösung $\boldsymbol{x}_m$ stets nur eine Optimalität bezüglich $\boldsymbol{r}_{m-1}$ aufweist und die Bedingung $\boldsymbol{r} \perp \boldsymbol{p}$ nicht transitiv ist, so dass aus $\boldsymbol{r}_{m-2} \perp \boldsymbol{r}_{m-1}$ und $\boldsymbol{r}_{m-1} \perp \boldsymbol{r}_m$ nicht notwendigerweise $\boldsymbol{r}_{m-2} \perp \boldsymbol{r}_m$ folgt.

4.3.1.2 Das Verfahren der konjugierten Richtungen

Die Idee dieses Verfahrens ist die Erweiterung der Optimalität der ermittelten Näherungen $\boldsymbol{x}_m$ auf den gesamten Unterraum $U_m = \text{span}\,\{\boldsymbol{p}_0, \ldots, \boldsymbol{p}_{m-1}\}$ mit linear unabhängigen Suchrichtungen $\boldsymbol{p}_0, \ldots, \boldsymbol{p}_{m-1}$. Hierzu werden wir mit dem folgenden Satz eine Bedingung an die zu verwendenden Suchrichtungen formulieren, die den Erhalt der Optimalität bezüglich U_m im $(m+1)$-ten Schritt garantiert.

Satz 4.72 *Sei F gemäß (4.3.8) gegeben und $\boldsymbol{x} \in \mathbb{R}^n$ optimal bezüglich des Unterraums $U = \text{span}\,\{\boldsymbol{p}_0, \ldots, \boldsymbol{p}_{m-1}\} \subset \mathbb{R}^n$, dann ist $\tilde{\boldsymbol{x}} = \boldsymbol{x} + \boldsymbol{\xi}$ genau dann optimal bezüglich U, wenn*

$$A\boldsymbol{\xi} \perp U$$

gilt.

Beweis:
Sei $\boldsymbol{\eta} \in U$ beliebig, dann folgt die Behauptung unmittelbar aus

$$(\boldsymbol{b} - A\tilde{\boldsymbol{x}}, \boldsymbol{\eta})_2 = \underbrace{(\boldsymbol{b} - A\boldsymbol{x}, \boldsymbol{\eta})_2}_{=0} - (A\boldsymbol{\xi}, \boldsymbol{\eta})_2 .$$

□

Wird mit $\boldsymbol{p}_m$ eine Suchrichtung gewählt, für die

$$A\boldsymbol{p}_m \perp U_m = \text{span}\,\{\boldsymbol{p}_0, \ldots, \boldsymbol{p}_{m-1}\}$$

oder äquivalent

$$A\boldsymbol{p}_m \perp \boldsymbol{p}_j,\ j = 0, \ldots, m-1$$

gilt, so erbt die Näherungslösung

$$\boldsymbol{x}_{m+1} = \boldsymbol{x}_m + \lambda_m \boldsymbol{p}_m$$

laut Satz 4.72 die Optimaltität von $\boldsymbol{x}_m$ bezüglich U_m unabhängig von der Wahl des skalaren Gewichtungsparameters λ_m. Dieser Freiheitsgrad wird im Weiteren zur Erweiterung der Optimalität auf

$$U_{m+1} = \text{span}\,\{\boldsymbol{p}_0, \ldots, \boldsymbol{p}_m\}$$

genutzt.

Definition 4.73 Sei $\boldsymbol{A} \in \mathbb{R}^{n\times n}$, dann heißen die Vektoren $\boldsymbol{p}_0,\ldots,\boldsymbol{p}_m \in \mathbb{R}^n$ paarweise konjugiert oder $\boldsymbol{A}$-orthogonal, falls

$$(\boldsymbol{p}_i,\boldsymbol{p}_j)_{\boldsymbol{A}} := (\boldsymbol{A}\boldsymbol{p}_i,\boldsymbol{p}_j)_2 = 0 \quad \forall\, i,j \in \{0,\ldots,m\} \text{ und } i \neq j$$

gilt.

Eine für das Verfahren wichtige Eigenschaft liegt in der sukzessiven Dimensionserhöhung innerhalb der betrachteten Folge von Untervektorräumen $\{\boldsymbol{U}_m\}_{m=1,2,\ldots}$, die durch das anschließende Lemma nachgewiesen wird.

Lemma 4.74 *Seien $\boldsymbol{A} \in \mathbb{R}^{n\times n}$ symmetrisch, positiv definit und $\boldsymbol{p}_0,\ldots,\boldsymbol{p}_{m-1} \in \mathbb{R}^n\backslash\{\boldsymbol{0}\}$ paarweise $\boldsymbol{A}$-orthogonal, dann gilt*

$$\dim \operatorname{span}\{\boldsymbol{p}_0,\ldots,\boldsymbol{p}_{m-1}\} = m$$

für $m = 1,\ldots,n$.

Beweis:
Gelte $\sum\limits_{j=0}^{m-1} \alpha_j \boldsymbol{p}_j = \boldsymbol{0}$ mit $\alpha_j \in \mathbb{R}$, dann erhalten wir für $i = 0,\ldots,m-1$

$$0 = (\boldsymbol{0},\boldsymbol{A}\boldsymbol{p}_i)_2 = \left(\sum_{j=0}^{m-1} \alpha_j \boldsymbol{p}_j,\boldsymbol{A}\boldsymbol{p}_i\right)_2 = \sum_{j=0}^{m-1} \alpha_j (\boldsymbol{p}_j,\boldsymbol{A}\boldsymbol{p}_i)_2 - \alpha_i \underbrace{(\boldsymbol{p}_i,\boldsymbol{A}\boldsymbol{p}_i)_2}_{\neq 0, \text{ da } \boldsymbol{A} \text{ pos.def.}} .$$

Folglich ergibt sich $\alpha_i = 0$ für $i = 0,\ldots,m-1$, wodurch die lineare Unabhängigkeit der Vektoren nachgewiesen ist. □

Seien mit $\boldsymbol{p}_0,\ldots,\boldsymbol{p}_m \in \mathbb{R}^n\backslash\{\boldsymbol{0}\}$ paarweise konjugierte Suchrichtungen gegeben und $\boldsymbol{x}_m$ optimal bezüglich $U_m = \operatorname{span}\{\boldsymbol{p}_0,\ldots,\boldsymbol{p}_{m-1}\}$, dann erhalten wir die Optimalität von

$$\boldsymbol{x}_{m+1} = \boldsymbol{x}_m + \lambda \boldsymbol{p}_m$$

bezüglich U_{m+1}, wenn

$$0 = (\boldsymbol{b} - \boldsymbol{A}\boldsymbol{x}_{m+1},\boldsymbol{p}_j)_2 = \underbrace{(\boldsymbol{b} - \boldsymbol{A}\boldsymbol{x}_m,\boldsymbol{p}_j)_2}_{=0 \text{ für } j\neq m} - \lambda \underbrace{(\boldsymbol{A}\boldsymbol{p}_m,\boldsymbol{p}_j)_2}_{=0 \text{ für } j\neq m}$$

für $j = 0,\ldots,m$ gilt. Hieraus ergibt sich für λ die Darstellung

$$\lambda = \frac{(\boldsymbol{r}_m,\boldsymbol{p}_m)_2}{(\boldsymbol{A}\boldsymbol{p}_m,\boldsymbol{p}_m)_2},$$

und wir können das Verfahren der konjugierten Richtungen in der folgenden Form schreiben:

Algorithmus - Verfahren der konjugierten Richtungen —

Wähle $\boldsymbol{x}_0 \in \mathbb{R}^n$	
$\boldsymbol{r}_0 := \boldsymbol{b} - \boldsymbol{A}\boldsymbol{x}_0$	
Für $m = 0,\ldots,n-1$	
	$\lambda_m := \dfrac{(\boldsymbol{r}_m,\boldsymbol{p}_m)_2}{(\boldsymbol{A}\boldsymbol{p}_m,\boldsymbol{p}_m)_2}$
	$\boldsymbol{x}_{m+1} := \boldsymbol{x}_m + \lambda_m \boldsymbol{p}_m$
	$\boldsymbol{r}_{m+1} := \boldsymbol{r}_m - \lambda_m \boldsymbol{A}\boldsymbol{p}_m$

Sind die gegebenen Suchrichtungen ungünstig gewählt, so kann mit $\boldsymbol{x}_n$ die exakte Lösung vorliegen, obwohl $\boldsymbol{x}_{n-1}$ noch einen sehr großen Fehler aufweist. Im Extremfall kann hierbei $\boldsymbol{x}_m = \boldsymbol{x}_0 \neq \boldsymbol{A}^{-1}\boldsymbol{b}$ für $m = 1,2,\ldots,n-1$ und $\boldsymbol{x}_n = \boldsymbol{A}^{-1}\boldsymbol{b}$ gelten. Das Verfahren kann daher bei fest vorgegebenen Suchrichtungen in der Regel nur als direktes Verfahren genutzt werden. Diese Eigenschaft führt bei großen n zu einem hohen Rechenaufwand. Eine problemangepasste Auswahl der Suchrichtungen ist also gefordert.

4.3.1.3 Das Verfahren der konjugierten Gradienten

Die von Hestenes und Stiefel [39] vorgestellte Methode der konjugierten Gradienten (CG-Verfahren) kombiniert das Gradientenverfahren mit dem Verfahren der konjugierten Richtungen. Das Verfahren nutzt die Residuenvektoren zur Definition der konjugierten Suchrichtungen, wodurch ein problemangepasstes Vorgehen in Bezug auf die Auswahl der Suchrichtungen vorliegt, und zudem die Optimalität des Verfahrens der konjugierten Richtungen erhalten wird (siehe Schaubild 4.27). Analog zu der bereits vorgestellten Methode der konjugierten Richtungen kann das Verfahren der konjugierten Gradienten als direktes und iteratives Verfahren interpretiert werden.

Mit den Residuenvektoren $\boldsymbol{r}_0,\ldots,\boldsymbol{r}_m$ ermitteln wir die Suchrichtungen sukzessive für $m = 1,\ldots,n-1$ gemäß

$$\begin{aligned} \boldsymbol{p}_0 &= \boldsymbol{r}_0, \\ \boldsymbol{p}_m &= \boldsymbol{r}_m + \sum_{j=0}^{m-1} \alpha_j \boldsymbol{p}_j. \end{aligned} \tag{4.3.17}$$

Für $\alpha_j = 0$ $(j = 0,\ldots,m-1)$ erhalten wir damit eine zum Verfahren des steilsten Abstiegs analoge Auswahl der Suchrichtungen. Mit der Berücksichtigung der bereits genutzten Suchrichtungen $\boldsymbol{p}_0,\ldots,\boldsymbol{p}_{m-1} \in \mathbb{R}^n \setminus \{\boldsymbol{0}\}$ in der obigen Form liegen m Freiheitsgrade in der Wahl der Koeffizienten α_j vor, die zur Gewährleistung der Konjugiertheit der Suchrichtungen genutzt werden. Aus der geforderten $\boldsymbol{A}$-Orthogonalitätsbedingung folgt

$$0 = (\boldsymbol{A}\boldsymbol{p}_m,\boldsymbol{p}_i)_2 = (\boldsymbol{A}\boldsymbol{r}_m,\boldsymbol{p}_i)_2 + \sum_{j=0}^{m-1} \alpha_j \left(\boldsymbol{A}\boldsymbol{p}_j,\boldsymbol{p}_i\right)_2$$

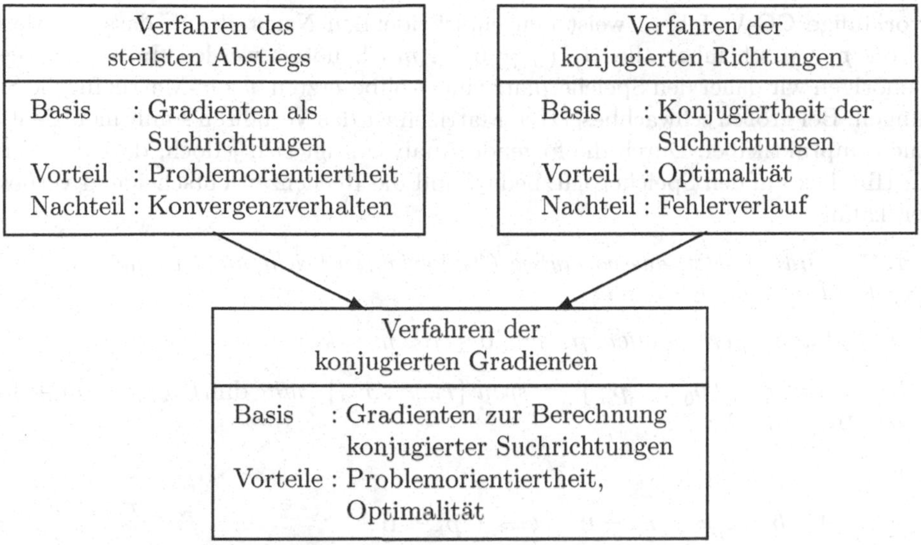
Verfahren des steilsten Abstiegs
Basis : Gradienten als Suchrichtungen
Vorteil : Problemorientiertheit
Nachteil : Konvergenzverhalten
Verfahren der konjugierten Richtungen
Basis : Konjugiertheit der Suchrichtungen
Vorteil : Optimalität
Nachteil : Fehlerverlauf
Verfahren der konjugierten Gradienten
Basis : Gradienten zur Berechnung konjugierter Suchrichtungen
Vorteile : Problemorientiertheit, Optimalität

Bild 4.27 Herleitung des CG-Verfahrens

für $i = 0, \ldots, m-1$. Mit

$$(\boldsymbol{A}\boldsymbol{p}_j, \boldsymbol{p}_i)_2 = 0 \quad \text{für } i,j \in \{0, \ldots, m-1\} \quad \text{und } i \neq j$$

erhalten wir die benötigte Vorschrift zur Berechnung der Koeffizienten in der Form

$$\alpha_i = -\frac{(\boldsymbol{A}\boldsymbol{r}_m, \boldsymbol{p}_i)_2}{(\boldsymbol{A}\boldsymbol{p}_i, \boldsymbol{p}_i)_2}. \tag{4.3.18}$$

Somit ergibt sich die vorläufige Version des Verfahrens der konjugierten Gradienten in der folgenden Darstellung:

Algorithmus - Vorläufiges Verfahren der konjugierten Gradienten —

Wähle $\boldsymbol{x}_0 \in \mathbb{R}^n$

$\boldsymbol{p}_0 := \boldsymbol{r}_0 := \boldsymbol{b} - \boldsymbol{A}\boldsymbol{x}_0$

Für $m = 0, \ldots, n-1$

$$\lambda_m := \frac{(\boldsymbol{r}_m, \boldsymbol{p}_m)_2}{(\boldsymbol{A}\boldsymbol{p}_m, \boldsymbol{p}_m)_2}$$

$$\boldsymbol{x}_{m+1} := \boldsymbol{x}_m + \lambda_m \boldsymbol{p}_m$$

$$\boldsymbol{r}_{m+1} := \boldsymbol{r}_m - \lambda_m \boldsymbol{A}\boldsymbol{p}_m$$

$$\boldsymbol{p}_{m+1} := \boldsymbol{r}_{m+1} - \sum_{j=0}^{m} \frac{(\boldsymbol{A}\boldsymbol{r}_{m+1}, \boldsymbol{p}_j)_2}{(\boldsymbol{A}\boldsymbol{p}_j, \boldsymbol{p}_j)_2} \boldsymbol{p}_j \tag{4.3.19}$$

Das vorläufige CG-Verfahren weist den entscheidenden Nachteil auf, dass zur Berechnung von $\boldsymbol{p}_{m+1}$ scheinbar alle $\boldsymbol{p}_j$ $(j = 0,\ldots,m)$ benötigt werden. Im ungünstigsten Fall benötigen wir daher den Speicherplatz einer vollbesetzten $n\times n$-Matrix für die Suchrichtungen. Bei großen schwachbesetzten Matrizen ist das Verfahren somit ineffizient und eventuell unpraktikabel. Durch die folgende Analyse zeigt sich jedoch, dass das Verfahren im Hinblick auf den Speicherplatzbedarf und die Rechenzeit entscheidend verbessert werden kann.

Satz 4.75 *Vorausgesetzt, das vorläufige CG-Verfahren bricht nicht vor der Berechnung von $\boldsymbol{p}_k$ für $k > 0$ ab, dann gilt*

(a) $\boldsymbol{p}_m$ *ist konjugiert zu allen* $\boldsymbol{p}_j$ *mit* $0 \le j < m \le k$,

(b) $U_{m+1} :=$ *span* $\{\boldsymbol{p}_0,\ldots,\boldsymbol{p}_m\}$ $=$ *span* $\{\boldsymbol{r}_0,\ldots,\boldsymbol{r}_m\}$ *mit* $\dim U_{m+1} = m+1$ *für* $m = 0,\ldots,k-1$,

(c) $\boldsymbol{r}_m \perp \boldsymbol{U}_m$ *für* $m = 1,\ldots,k$,

(d) $\boldsymbol{x}_k = \boldsymbol{A}^{-1}\boldsymbol{b} \iff \boldsymbol{r}_k = \boldsymbol{0} \iff \boldsymbol{p}_k = \boldsymbol{0}$,

(e) $U_{m+1} =$ *span* $\{\boldsymbol{r}_0,\ldots,\boldsymbol{A}^m\boldsymbol{r}_0\}$ *für* $m = 0,\ldots,k-1$,

(f) $\boldsymbol{r}_m$ *ist konjugiert zu allen* $\boldsymbol{p}_j$ *mit* $0 \le j < m-1 < k-1$.

Beweis:

zu (a): Da $\boldsymbol{p}_k$ berechnet wurde, gilt $\boldsymbol{p}_0,\ldots,\boldsymbol{p}_{k-1} \in \mathbb{R}^n\backslash\{\boldsymbol{0}\}$. Die Behauptung folgt aus den Berechnungsvorschriften (4.3.17) und (4.3.18).

zu (b): Induktion über m.

Für $m = 0$ folgt $\boldsymbol{p}_0 = \boldsymbol{r}_0 \in \mathbb{R}^n\backslash\{\boldsymbol{0}\}$ und damit die Behauptung. Sei (b) für $m < k-1$ erfüllt. Wegen $\boldsymbol{p}_{m+1} \in \mathbb{R}^n\backslash\{\boldsymbol{0}\}$ folgt mit (a) die Konjugiertheit von $\boldsymbol{p}_{m+1}$ zu allen $\boldsymbol{p}_0,\ldots,\boldsymbol{p}_m$. Aus Lemma 4.74 erhalten wir somit $\dim U_{m+2} = m+2$, und

$$\boldsymbol{p}_{m+1} - \boldsymbol{r}_{m+1} \overset{(4.3.17)}{=} \sum_{j=0}^{m} \alpha_j \boldsymbol{p}_j \in U_{m+1}$$

liefert

$$U_{m+2} = \text{span}\left\{U_{m+1},\boldsymbol{p}_{m+1}\right\} = \text{span}\left\{U_{m+1},\boldsymbol{r}_{m+1}\right\}.$$

zu (c): Induktion über m:

Für $m = 1$ erhalten wir mit $\boldsymbol{p}_0 \neq \boldsymbol{0}$ die Gleichung

$$(\boldsymbol{r}_1,\boldsymbol{r}_0)_2 = (\boldsymbol{r}_0,\boldsymbol{r}_0)_2 - \frac{(\boldsymbol{r}_0,\boldsymbol{p}_0)_2}{(\boldsymbol{A}\boldsymbol{p}_0,\boldsymbol{p}_0)_2}(\boldsymbol{A}\boldsymbol{p}_0,\boldsymbol{r}_0)_2 \overset{\boldsymbol{r}_0=\boldsymbol{p}_0}{=} 0.$$

Sei (c) für $m < k$ erfüllt und $\boldsymbol{\eta} \in U_m$, dann folgt mit Teil (a)

$$(\boldsymbol{r}_{m+1},\boldsymbol{\eta})_2 = \underbrace{(\boldsymbol{r}_m,\boldsymbol{\eta})_2}_{=0} - \lambda_m \underbrace{(\boldsymbol{A}\boldsymbol{p}_m,\boldsymbol{\eta})_2}_{=0} = 0.$$

Unter Berücksichtigung von $\boldsymbol{p}_m \neq \boldsymbol{0}$ erhalten wir die Behauptung durch

$$(\boldsymbol{r}_{m+1},\boldsymbol{p}_m)_2 = (\boldsymbol{r}_m,\boldsymbol{p}_m)_2 - \frac{(\boldsymbol{r}_m,\boldsymbol{p}_m)_2}{(\boldsymbol{A}\boldsymbol{p}_m,\boldsymbol{p}_m)_2}(\boldsymbol{A}\boldsymbol{p}_m,\boldsymbol{p}_m)_2 = 0.$$

zu (d): Aus $\boldsymbol{r}_k = \boldsymbol{b} - \boldsymbol{A}\boldsymbol{x}_k$ folgt direkt die Äquivalenz zwischen $\boldsymbol{x}_k = \boldsymbol{A}^{-1}\boldsymbol{b}$ und $\boldsymbol{r}_k = \boldsymbol{0}$. Sei $\boldsymbol{r}_k = \boldsymbol{0}$, dann liefert (4.3.19) die Gleichung $\boldsymbol{p}_k = \boldsymbol{0}$. Gelte $\boldsymbol{p}_k = \boldsymbol{0}$, dann gilt wiederum mit (4.3.19) $\boldsymbol{r}_k \in U_k$. Laut Teil (c) gilt aber $\boldsymbol{r}_k \perp U_k$, womit $\boldsymbol{r}_k = \boldsymbol{0}$ folgt.

zu (e): Induktion über m:

Für $m = 0$ ist die Aussage trivial.

Sei (e) für $m < k-1$ erfüllt, dann folgt mit (b)

$$\boldsymbol{r}_m \in U_{m+1} = \operatorname{span}\{\boldsymbol{r}_0,\ldots,\boldsymbol{r}_m\} = \operatorname{span}\{\boldsymbol{r}_0,\ldots,\boldsymbol{A}^m\boldsymbol{r}_0\}$$

sowie

$$\boldsymbol{A}\boldsymbol{p}_m \in \boldsymbol{A}U_{m+1} = \operatorname{span}\left\{\boldsymbol{A}\boldsymbol{r}_0,\ldots,\boldsymbol{A}^{m+1}\boldsymbol{r}_0\right\}.$$

Folglich erhalten wir $\boldsymbol{r}_{m+1} = \boldsymbol{r}_m - \lambda_m\boldsymbol{A}\boldsymbol{p}_m \in \operatorname{span}\left\{\boldsymbol{r}_0,\ldots,\boldsymbol{A}^{m+1}\boldsymbol{r}_0\right\}$, so dass $U_{m+2} = \operatorname{span}\{\boldsymbol{r}_0,\ldots,\boldsymbol{r}_{m+1}\} \subset \operatorname{span}\left\{\boldsymbol{r}_0,\ldots,\boldsymbol{A}^{m+1}\boldsymbol{r}_0\right\}$ gilt. Teil (b) liefert $\dim U_{m+2} = m+2$, wodurch $U_{m+2} = \operatorname{span}\left\{\boldsymbol{r}_0,\ldots,\boldsymbol{A}^{m+1}\boldsymbol{r}_0\right\}$ folgt.

zu (f): Für $0 \le j < m-1 \le k-1$ gilt $\boldsymbol{p}_j \in U_{m-1}$. Somit gilt $\boldsymbol{A}\boldsymbol{p}_j \in U_m$, und wir erhalten

$$\left(\boldsymbol{A}\boldsymbol{r}_m,\boldsymbol{p}_j\right)_2 \overset{\boldsymbol{A}\text{ symm.}}{=} \left(\boldsymbol{r}_m,\boldsymbol{A}\boldsymbol{p}_j\right)_2 \overset{(c)}{=} 0.$$

□

Dem obigen Satz können wir drei wesentliche Aussagen zur Verbesserung des Verfahrens entnehmen:

- Mit Aussage (f) folgt

$$\boldsymbol{p}_m = \boldsymbol{r}_m - \sum_{j=0}^{m-1}\frac{\left(\boldsymbol{A}\boldsymbol{r}_m,\boldsymbol{p}_j\right)_2}{\left(\boldsymbol{A}\boldsymbol{p}_j,\boldsymbol{p}_j\right)_2}\boldsymbol{p}_j = \boldsymbol{r}_m - \frac{\left(\boldsymbol{A}\boldsymbol{r}_m,\boldsymbol{p}_{m-1}\right)_2}{\left(\boldsymbol{A}\boldsymbol{p}_{m-1},\boldsymbol{p}_{m-1}\right)_2}\boldsymbol{p}_{m-1}. \tag{4.3.20}$$

  Damit ist der Speicheraufwand unabhängig von der Anzahl der Iterationen.

- Das Verfahren bricht in der $k+1$-ten Iteration genau dann ab, wenn $\boldsymbol{p}_k = \boldsymbol{0}$ gilt. Mit (d) liefert $\boldsymbol{x}_k$ in diesem Fall bereits die exakte Lösung, so dass $\boldsymbol{p}_k = \boldsymbol{0}$ als Abbruchkriterium genutzt werden kann. Im folgenden Diagramm stellen wir zudem eine Variante dar, die ohne zusätzlichen Rechenaufwand als Abbruchkriterium das Residuum verwendet.

- Aus $\boldsymbol{r}_{m+1} = \boldsymbol{r}_m - \lambda_m\boldsymbol{A}\boldsymbol{p}_m$ erhalten wir aufgrund der Eigenschaft (c) die Gleichung $(\boldsymbol{r}_m - \lambda_m\boldsymbol{A}\boldsymbol{p}_m,\boldsymbol{r}_m)_2 = 0$, wodurch sich die skalare Größe in der Form

$$\lambda_m = \frac{(\boldsymbol{r}_m,\boldsymbol{p}_m)_2}{(\boldsymbol{A}\boldsymbol{p}_m,\boldsymbol{p}_m)_2} = \frac{(\boldsymbol{r}_m,\boldsymbol{r}_m)_2}{(\boldsymbol{A}\boldsymbol{p}_m,\boldsymbol{r}_m)_2} \tag{4.3.21}$$

  schreiben lässt. Verwendung der Gleichung (4.3.20) offenbart

$$(\boldsymbol{A}\boldsymbol{p}_m,\boldsymbol{r}_m)_2 = \left(\boldsymbol{A}\boldsymbol{p}_m,\boldsymbol{p}_m + \frac{(\boldsymbol{A}\boldsymbol{r}_m,\boldsymbol{p}_{m-1})_2}{(\boldsymbol{A}\boldsymbol{p}_{m-1},\boldsymbol{p}_{m-1})_2}\boldsymbol{p}_{m-1}\right)_2 = (\boldsymbol{A}\boldsymbol{p}_m,\boldsymbol{p}_m)_2,$$

so dass (4.3.21) die Eigenschaft

$$(\boldsymbol{r}_m,\boldsymbol{r}_m)_2 = (\boldsymbol{r}_m,\boldsymbol{p}_m)_2 \tag{4.3.22}$$

liefert. Desweiteren ergibt sich im Fall $\lambda_m \neq 0$ aus dem vorläufigen CG-Verfahren stets

$$\boldsymbol{A}\boldsymbol{p}_m = -\frac{1}{\lambda_m}(\boldsymbol{r}_{m+1} - \boldsymbol{r}_m), \tag{4.3.23}$$

so dass

$$\begin{aligned}
\frac{(\boldsymbol{A}\boldsymbol{r}_{m+1},\boldsymbol{p}_m)_2}{(\boldsymbol{A}\boldsymbol{p}_m,\boldsymbol{p}_m)_2} &\overset{\boldsymbol{A}\text{ symm.}}{=} \frac{(\boldsymbol{A}\boldsymbol{p}_m,\boldsymbol{r}_{m+1})_2}{(\boldsymbol{A}\boldsymbol{p}_m,\boldsymbol{p}_m)_2} \overset{(4.3.23)}{=} \frac{(\boldsymbol{r}_{m+1}-\boldsymbol{r}_m,\boldsymbol{r}_{m+1})_2}{(\boldsymbol{r}_{m+1}-\boldsymbol{r}_m,\boldsymbol{p}_m)_2} \\
&\overset{(b),(c)}{=} -\frac{(\boldsymbol{r}_{m+1},\boldsymbol{r}_{m+1})_2}{(\boldsymbol{r}_m,\boldsymbol{p}_m)_2} \overset{(4.3.22)}{=} -\frac{(\boldsymbol{r}_{m+1},\boldsymbol{r}_{m+1})_2}{(\boldsymbol{r}_m,\boldsymbol{r}_m)_2}
\end{aligned}$$

folgt und hierdurch innerhalb jeder Iteration eine Matrix-Vektor-Multiplikation entfällt.

Hiermit ergibt sich das CG-Verfahren in der folgenden Form. Der interessierte Leser findet eine Implementierung der Methode im Anhang A.

Algorithmus - Verfahren der konjugierten Gradienten —

Wähle $\boldsymbol{x}_0 \in \mathbb{R}^n$	
$\boldsymbol{p}_0 := \boldsymbol{r}_0 := \boldsymbol{b} - \boldsymbol{A}\boldsymbol{x}_0$, $\alpha_0 := \lVert\boldsymbol{r}_0\rVert_2^2$	
Für $m = 0,\ldots,n-1$	
$\alpha_m \neq 0$	
Y	N
$\boldsymbol{v}_m := \boldsymbol{A}\boldsymbol{p}_m$, $\lambda_m := \dfrac{\alpha_m}{(\boldsymbol{v}_m,\boldsymbol{p}_m)_2}$	STOP
$\boldsymbol{x}_{m+1} := \boldsymbol{x}_m + \lambda_m\boldsymbol{p}_m$	
$\boldsymbol{r}_{m+1} := \boldsymbol{r}_m - \lambda_m\boldsymbol{v}_m$	
$\alpha_{m+1} := \lVert\boldsymbol{r}_{m+1}\rVert_2^2$	
$\boldsymbol{p}_{m+1} := \boldsymbol{r}_{m+1} + \dfrac{\alpha_{m+1}}{\alpha_m}\boldsymbol{p}_m$	

Beispiel 4.76 Wir betrachten das eindimensionale Randwertproblem (4.2.1) mit $h_\ell = \frac{1}{8}$ (das heißt $N_\ell = 7$), wodurch sich $\boldsymbol{A}_\ell \boldsymbol{u}^\ell = \boldsymbol{f}^\ell$ mit

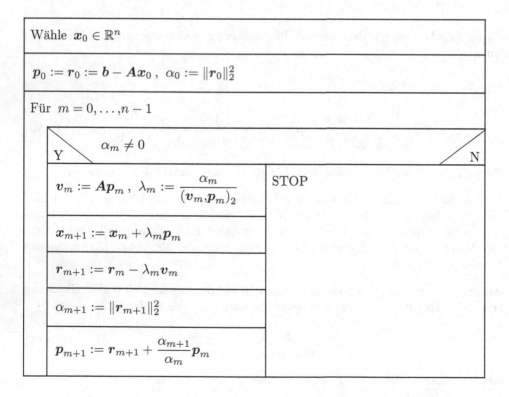

$$\mathbb{R}^{N_\ell \times N_\ell} \ni \boldsymbol{A}_\ell = \text{tridiag}\,\{-64{,}128, -64\}$$

ergibt. Zudem sei die rechte Seite gemäß

$$\boldsymbol{f}^\ell = (128, -448{,}704, -832{,}512{,}128{,}320)^T$$

gegeben. Mit dem Startvektor $\boldsymbol{u}_0 = \boldsymbol{0}$ erhalten wir den in der folgenden Tabelle präsentierten Konvergenzverlauf:

Verfahren der konjugierten Gradienten (CG-Verfahren)								
m	$u_{m,1}$	$u_{m,2}$	$u_{m,3}$	$u_{m,4}$	$u_{m,5}$	$u_{m,6}$	$u_{m,7}$	$\|\boldsymbol{r}_m\|_2$
0	0.00	0.00	0.00	0.00	0.00	0.00	0.00	1336.36
1	0.58	-2.04	3.21	-3.79	2.33	0.58	1.46	363.57
2	-0.39	-1.72	2.81	-4.57	3.00	4.99	4.26	252.76
3	-0.01	-2.38	2.06	-3.53	4.87	6.07	6.25	153.30
4	-0.14	-2.88	2.57	-2.13	6.50	7.48	5.93	117.64
5	-0.70	-2.18	3.53	-1.12	7.65	7.81	6.27	103.52
6	0.13	-1.14	5.40	0.54	8.23	8.54	6.98	89.70
7	1.00	0.00	6.00	1.00	9.00	9.00	7.00	0.00

Dieses einfache Beispiel bestätigt die theoretische Eigenschaft des Verfahrens, nach spätestens N_ℓ Iterationen die exakte Lösung zu ermitteln. Im Allgemeinen weist der numerische Algorithmus jedoch Ungenauigkeiten aufgrund von Rundungsfehlern auf, wodurch bei einem Gleichungssystem (4.3.1) das nach n Iterationen vorliegende Ergebnis in der Regel von der gesuchten Lösung abweicht. Daher führt man in der Praxis bei kleinem n zusätzliche Iterationen durch, bis eine hinreichend genaue Lösung berechnet wurde. Ein Algol-Programm für eine Variante dieses Algorithmus findet man in [78], einen umfangreichen Bericht über numerische Erfahrungen in [59].

Viele aus technischen Anwendungen resultierende Gleichungssysteme besitzen eine große, schwachbesetzte Matrix $\boldsymbol{A} \in \mathbb{R}^{n \times n}$. An einer exakten Lösung dieses Gleichungssystems ist man dabei aus folgenden zwei Gründen nicht interessiert: Zunächst würde auch bei exakter Arithmetik die eventuell benötigten n Iterationen auf extrem hohe Rechenzeiten und folglich zu einem unbrauchbaren Verfahren führen. Desweiteren stellt die exakte Lösung des Gleichungssystems gewöhnlich nur eine Approximation an die Lösung der zugrundeliegenden Problemstellung dar. Man ist deshalb nur an einer Fehlerordnung interessiert, die im Bereich der Approximationsgüte des Diskretisierungsverfahrens liegt. Diese Argumente zeigen, dass auch ein theoretisch direkter Algorithmus wie das CG-Verfahren üblicherweise nur als iterative Methode verwendet wird.

Die im CG-Algorithmus auftretenden Quotienten verdeutlichen die grundlegende Abhängigkeit des Verfahrens von der positiven Definitheit der Matrix. Gleichungssystemlöser, die die Symmetrie der Matrix ausnutzen, jedoch keine positive Definitheit fordern, werden ausführlich von Fischer [26] diskutiert.

Beispiel 4.77 Als weiteres Beispiel betrachten wir die Poisson-Gleichung (siehe Beispiel 1.1), wobei $N = 200$ gewählt wird und folglich 40.000 Unbekannte vorliegen. Zudem verwenden wir $\varphi \equiv 0$ und $f(x,y) = 2x + 2y$. Aus der folgenden Tabelle wird ersichtlich, dass der CG-Algorithmus bereits nach 641 Iterationen eine übliche Grenze der Maschinengenauigkeit erreicht hat. Auch hierdurch zeigt sich nachdrücklich, dass das Verfahren bei großen Gleichungssystemen als iterative Methode genutzt werden sollte. Innerhalb des Beispiels 4.15 haben wir bereits nachgewiesen, dass die Matrix des betrachteten Gleichungssystems den Voraussetzungen des Satzes 4.14 genügt und folglich das Jacobi-Verfahren konvergiert. Der Residuenverlauf dieser Splitting-Methode ist ebenfalls in der Tabelle enthalten und unterstreicht die durch das CG-Verfahren gewonnene immense Effizienzsteigerung.

	CG-Verfahren	Jacobi-Verfahren
Iterationen	Residuenverlauf	
0	140.348	140.348
150	1.83245	134.735
300	2.40822e-05	131.221
450	1.77391e-12	128.135
600	1.88161e-15	125.292
641	8.91038e-17	124.547

Bemerkung:
Es gilt beim CG-Verfahren stets

$$\boldsymbol{x}_m \in \boldsymbol{x}_0 + \underbrace{\text{span}\{\boldsymbol{p}_0, \ldots, \boldsymbol{p}_{m-1}\}}_{=\text{span}\{\boldsymbol{r}_0, \ldots, \boldsymbol{A}^{m-1}\boldsymbol{r}_0\} = K_m},$$

und $\boldsymbol{x}_m$ ist optimal bezüglich K_m, da

$$\boldsymbol{r}_m \perp K_m$$

gilt. Das CG-Verfahren stellt somit eine orthogonale Krylov-Unterraum-Methode dar. Zudem gilt

$$\boldsymbol{x}_m = \arg \min_{\boldsymbol{x} \in \boldsymbol{x}_0 + K_m} F(\boldsymbol{x}). \tag{4.3.24}$$

Wir haben bereits beim Verfahren des steilsten Abstiegs eine Konvergenzaussage auf der Basis der Konditionszahl der Matrix des linearen Gleichungssystems herleiten können. Eine analoge Aussage werden wir nun für das CG-Verfahren formulieren.

Satz 4.78 *Seien $\boldsymbol{A} \in \mathbb{R}^{n \times n}$ symmetrisch, positiv definit und $\{\boldsymbol{x}_m\}_{m \in \mathbb{N}_0}$ die durch das Verfahren der konjugierten Gradienten erzeugte Folge von Näherungslösungen. Dann erfüllt der zu $\boldsymbol{x}_m$ korrespondierende Fehlervektor $\boldsymbol{e}_m = \boldsymbol{x}_m - \boldsymbol{A}^{-1}\boldsymbol{b}$ die Ungleichung*

$$\|\boldsymbol{e}_m\|_{\boldsymbol{A}} \leq 2 \left(\frac{\sqrt{\text{cond}_2(\boldsymbol{A})} - 1}{\sqrt{\text{cond}_2(\boldsymbol{A})} + 1} \right)^m \|\boldsymbol{e}_0\|_{\boldsymbol{A}}.$$

Beweis:
Wir nutzen wiederum die Menge $\mathcal{P}_m^1$ aller Polynome p vom Höchstgrad m, die der Nebenbedingung $p(\mathbf{0}) = \boldsymbol{I}$ genügen. Folglich existiert aufgrund der Gleichung

$$\boldsymbol{e}_m = \boldsymbol{x}_m - \boldsymbol{A}^{-1}\boldsymbol{b} = \underbrace{\boldsymbol{x}_0 - \boldsymbol{A}^{-1}\boldsymbol{b}}_{=\boldsymbol{e}_0} - \sum_{i=1}^{m} c_i \underbrace{\boldsymbol{A}^{i-1}\boldsymbol{r}_0}_{=-\boldsymbol{A}^i\boldsymbol{e}_0}$$

ein Polynom $p \in \mathcal{P}_m^1$ mit

$$\boldsymbol{e}_m = p(\boldsymbol{A})\boldsymbol{e}_0. \tag{4.3.25}$$

Die Gleichung (4.3.24) liefert $\|\boldsymbol{x}_m - \boldsymbol{A}^{-1}\boldsymbol{b}\|_{\boldsymbol{A}} = \min_{\boldsymbol{x}\in\boldsymbol{x}_0+K_m} \|\boldsymbol{x} - \boldsymbol{A}^{-1}\boldsymbol{b}\|_{\boldsymbol{A}}$, wodurch

$$\|\boldsymbol{e}_m\|_{\boldsymbol{A}} = \min_{p\in\mathcal{P}_m^1} \|p(\boldsymbol{A})\boldsymbol{e}_0\|_{\boldsymbol{A}} \tag{4.3.26}$$

folgt. Als symmetrische und positiv definite Matrix besitzt $\boldsymbol{A}$ reelle und positive Eigenwerte $\lambda_n \geq \ldots \geq \lambda_1 > 0$ und die zugehörigen Eigenvektoren $\boldsymbol{v}_1,\ldots,\boldsymbol{v}_n$ können als Orthonormalbasis des $\mathbb{R}^n$ gewählt werden. Somit existiert eine Darstellung des Fehlervektors $\boldsymbol{e}_0$ in der Form

$$\boldsymbol{e}_0 = \sum_{i=1}^{n} \alpha_i \boldsymbol{v}_i$$

mit $\alpha_i \in \mathbb{R}$ für $i = 1,\ldots,n$. Hieraus erhalten wir

$$\|\boldsymbol{e}_0\|_{\boldsymbol{A}}^2 = \left(\sum_{i=1}^{n} \alpha_i \boldsymbol{v}_i, \sum_{i=1}^{n} \alpha_i \lambda_i \boldsymbol{v}_i\right)_2 = \sum_{i=1}^{n} \alpha_i^2 \lambda_i$$

und analog

$$\|p(\boldsymbol{A})\boldsymbol{e}_0\|_{\boldsymbol{A}}^2 = \sum_{i=1}^{n} p(\lambda_i)^2 \alpha_i^2 \lambda_i.$$

Folglich ergibt sich unter Ausnutzung der Gleichung (4.3.26) die Ungleichung

$$\begin{aligned}
\|\boldsymbol{e}_m\|_{\boldsymbol{A}} &= \min_{p\in\mathcal{P}_m^1} \|p(\boldsymbol{A})\boldsymbol{e}_0\|_{\boldsymbol{A}} \\
&= \min_{p\in\mathcal{P}_m^1} \left(\sum_{i=1}^{n} p(\lambda_i)^2 \alpha_i^2 \lambda_i\right)^{1/2} \\
&\leq \min_{p\in\mathcal{P}_m^1} \max_{j=1,\ldots,n} |p(\lambda_j)| \left(\sum_{i=1}^{n} \alpha_i^2 \lambda_i\right)^{1/2} \\
&\leq \min_{p\in\mathcal{P}_m^1} \max_{\lambda\in[\lambda_1,\lambda_n]} |p(\lambda)| \|\boldsymbol{e}_0\|_{\boldsymbol{A}}.
\end{aligned} \tag{4.3.27}$$

Die weitere Aufgabe zum Nachweis der Behauptung besteht in der Angabe eines speziellen Polynoms. Für die Tschebyscheff-Polynome $T_m : [-1,1] \mapsto [-1,1]$ mit

$$T_m(x) = \cos(m \arccos x), \quad m \in \mathbb{N}_0$$

lässt sich mittels einer Induktion unter Verwendung von $T_0(x) = 1$ und $T_1(x) = x$ die Rekursionsformel

$$T_{m+1}(x) = 2xT_m(x) - T_{m-1}(x) \text{ für } m \in \mathbb{N}$$

aus dem Kosinus-Additionstheorem herleiten. Diese Darstellung belegt $T_m \in \mathcal{P}_m$ und wird zudem zur Fortsetung der Tschebyscheff-Polynome auf $\mathbb{R}$ genutzt. Ebenfalls ergibt sich durch eine vollständige Induktion die Gleichung

$$T_m\left(\frac{1}{2}\left(x + \frac{1}{x}\right)\right) = \frac{1}{2}\left(x^m + \frac{1}{x^m}\right) \text{ für } m \in \mathbb{N}_0. \tag{4.3.28}$$

Wir betrachten zunächst den Fall $\lambda_1 \neq \lambda_n$. Unter dieser Voraussetzung ist das Polynom

$$p_m(\lambda) = \frac{T_m\left(\frac{2\lambda-(\lambda_n+\lambda_1)}{\lambda_1-\lambda_n}\right)}{T_m\left(\frac{\lambda_n+\lambda_1}{\lambda_n-\lambda_1}\right)}$$

wohldefiniert und es gilt $p_m \in \mathcal{P}_m^1$. Ausgehend von der Ungleichung (4.3.27) erhalten wir mit

$$\left|T_m\left(\frac{2\lambda-(\lambda_n+\lambda_1)}{\lambda_1-\lambda_n}\right)\right| \leq 1 \ \forall \lambda \in [\lambda_1,\lambda_n]$$

und

$$\frac{\lambda_n+\lambda_1}{\lambda_n-\lambda_1} = \frac{\text{cond}_2(\boldsymbol{A})+1}{\text{cond}_2(\boldsymbol{A})-1} = \frac{1}{2}\left(\frac{\sqrt{\text{cond}_2(\boldsymbol{A})}+1}{\sqrt{\text{cond}_2(\boldsymbol{A})}-1} + \frac{\sqrt{\text{cond}_2(\boldsymbol{A})}-1}{\sqrt{\text{cond}_2(\boldsymbol{A})}+1}\right) \tag{4.3.29}$$

die Abschätzung

$$\begin{aligned}
\|\boldsymbol{e}_m\|_{\boldsymbol{A}} &\leq \max_{\lambda\in[\lambda_1,\lambda_n]} |p_m(\lambda)| \|\boldsymbol{e}_0\|_{\boldsymbol{A}} \\
&\leq \frac{1}{\left|T_m\left(\frac{\lambda_n+\lambda_1}{\lambda_n-\lambda_1}\right)\right|}\|\boldsymbol{e}_0\|_{\boldsymbol{A}} \\
&\overset{(4.3.29),(4.3.28)}{=} \left|2\left(\underbrace{\left(\frac{\sqrt{\text{cond}_2(\boldsymbol{A})}+1}{\sqrt{\text{cond}_2(\boldsymbol{A})}-1}\right)^m}_{>0} + \underbrace{\left(\frac{\sqrt{\text{cond}_2(\boldsymbol{A})}-1}{\sqrt{\text{cond}_2(\boldsymbol{A})}+1}\right)^m}_{>0}\right)^{-1}\right| \|\boldsymbol{e}_0\|_{\boldsymbol{A}} \\
&\leq 2\left(\frac{\sqrt{\text{cond}_2(\boldsymbol{A})}-1}{\sqrt{\text{cond}_2(\boldsymbol{A})}+1}\right)^m \|\boldsymbol{e}_0\|_{\boldsymbol{A}}.
\end{aligned}$$

Für den Spezialfall $\lambda_1 = \lambda_n > 0$ nutzen wir $p_m \in \mathcal{P}_m^1$ mit $p_m(\lambda) = 1 - \frac{\lambda}{\lambda_n}$ und erhalten mit $\text{cond}_2(\boldsymbol{A}) = \frac{\lambda_n}{\lambda_1} = 1$ die behauptete Ungleichung

$$\|\boldsymbol{e}_m\|_{\boldsymbol{A}} \leq \underbrace{\max_{\lambda\in[\lambda_1,\lambda_n]} |p_m(\lambda)|}_{=0} \|\boldsymbol{e}_0\|_{\boldsymbol{A}} = 0 = 2\left(\frac{\sqrt{\text{cond}_2(\boldsymbol{A})}-1}{\sqrt{\text{cond}_2(\boldsymbol{A})}+1}\right)^m \|\boldsymbol{e}_0\|_{\boldsymbol{A}}.$$

□

4.3.2 Verfahren für reguläre Matrizen

Im Kontext komplexer Anwendungsfälle können häufig keine Aussagen über die Eigenschaften der auftretenden Gleichungssysteme getroffen werden. Bereits die Diskretisierung der Konvektions-Diffusions-Gleichung (Beispiel 1.4) zeigt, dass selbst bei einfachen Grundgleichungen die Symmetrie der Matrix nicht gewährleistet werden kann. Wir werden uns in diesem Abschnitt daher mit Verfahren beschäftigen, die neben der Regularität der Matrix zunächst keine weiteren Forderungen an das betrachtete Gleichungssystem stellen. Diese Bedingung erweist sich beim GMRES-Verfahren als theoretisch hinreichend für die Konvergenz und Stabilität des Verfahrens. Die weiteren iterativen Gleichungssystemlöser basieren direkt oder indirekt auf dem Bi-Lanczos-Algorithmus und erben demzufolge im Fall einer indefiniten Matrix auch dessen mögliche vorzeitige Verfahrensabbrüche. Trotz dieser Problematik sind die angesprochenen Algorithmen im Bereich des wissenschaftlichen Rechnens sehr verbreitet und haben sich als robust, stabil und effizient erwiesen.

4.3.2.1 Der Arnoldi-Algorithmus und die FOM

Arnoldi entwickelte 1951 ein Verfahren zur sukzessiven Transformation dichtbesetzter Matrizen auf die obere Hessenbergform. Dieser Algorithmus wurde später auch zur Ermittlung von Eigenwerten verwendet und dient in der folgenden Form zur Berechnung einer Orthonormalbasis $\mathcal{V}_m = \{\boldsymbol{v}_1, \dots, \boldsymbol{v}_m\}$ des Krylov-Unterraums K_m, die für weitere Verfahren von entscheidender Bedeutung ist.

Zur Herleitung des Arnoldi-Algorithmus setzen wir voraus, dass mit $\{\boldsymbol{v}_1, \dots, \boldsymbol{v}_j\}$ eine Orthogonalbasis des $K_j = \text{span}\{\boldsymbol{r}_0, \dots, \boldsymbol{A}^{j-1}\boldsymbol{r}_0\}$ für $j = 1, \dots, m$ vorliegt. Wegen

$$\boldsymbol{A}K_m = \text{span}\{\boldsymbol{A}\boldsymbol{r}_0, \dots, \boldsymbol{A}^m\boldsymbol{r}_0\} \subset K_{m+1}$$

liegt die Idee nahe, $\boldsymbol{v}_{m+1}$ in der Form

$$\boldsymbol{v}_{m+1} = \boldsymbol{A}\boldsymbol{v}_m + \boldsymbol{\xi} \text{ mit } \boldsymbol{\xi} \in \text{span}\{\boldsymbol{v}_1, \dots, \boldsymbol{v}_m\} = K_m$$

zu definieren. Mit $\boldsymbol{\xi} = -\sum_{j=1}^{m} \alpha_j \boldsymbol{v}_j$ folgt

$$(\boldsymbol{v}_{m+1}, \boldsymbol{v}_j)_2 = (\boldsymbol{A}\boldsymbol{v}_m, \boldsymbol{v}_j)_2 - \alpha_j(\boldsymbol{v}_j, \boldsymbol{v}_j)_2,$$

wodurch aufgrund der Orthogonalitätsbedingung

$$\alpha_j = \frac{(\boldsymbol{A}\boldsymbol{v}_m, \boldsymbol{v}_j)_2}{(\boldsymbol{v}_j, \boldsymbol{v}_j)_2}$$

für $j = 1, \dots, m$ gilt. Betrachten wir zudem ausschließlich normierte Basisvektoren, dann vereinfacht sich die Berechnung der Koeffizienten zu

$$\alpha_j = (\boldsymbol{v}_j, \boldsymbol{A}\boldsymbol{v}_m)_2$$

und wir erhalten unter der Voraussetzung $\boldsymbol{r}_0 \neq 0$ das folgende Verfahren:

Algorithmus - Arnoldi —

$$v_1 := \frac{r_0}{\|r_0\|_2}$$

Für $j = 1,\ldots,m$

  Für $i = 1,\ldots,j$

    $$h_{ij} := (v_i, Av_j)_2 \tag{4.3.30}$$

  $$w_j := Av_j - \sum_{i=1}^{j} h_{ij} v_i \tag{4.3.31}$$

  $$h_{j+1,j} := \|w_j\|_2 \tag{4.3.32}$$

  $h_{j+1,j} \neq 0$

  Y: $$v_{j+1} := \frac{w_j}{h_{j+1,j}} \tag{4.3.33}$$

  N: $v_{j+1} := 0$

  STOP

Eine Implementierung dieses Verfahrens in Form eines MATLAB-Files befindet sich im Anhang A.

Satz 4.79 *Vorausgesetzt, der Arnoldi-Algorithmus bricht nicht vor der Berechnung von* $v_m \neq 0$ *ab, dann stellt* $\mathcal{V}_j = \{v_1,\ldots,v_j\}$ *eine Orthonormalbasis des* j*-ten Krylov-Unterraums* K_j *für* $j = 1,\ldots,m$ *dar.*

Beweis:
Wir weisen zunächst nach, dass die Vektoren $v_1,\ldots,v_j$ für alle $j = 1,\ldots,m$ ein Orthonormalsystem (ONS) repräsentieren. Hierzu führen wir eine Induktion über j durch.

Für $j = 1$ ist die Aussage wegen $r_0 \neq 0$ trivial. Sei $\mathcal{V}_k$ für $k = 1,\ldots,j < m$ ein ONS, dann folgt unter Ausnutzung der Voraussetzung $v_{j+1} \neq 0$ die Gleichung

$$\begin{aligned}
(v_{j+1}, v_k)_2 &\overset{\substack{(4.3.31)\\(4.3.33)}}{=} \frac{1}{h_{j+1,j}} \left(Av_j - \sum_{i=1}^{j} h_{ij} v_i, v_k \right)_2 \\
&= \frac{1}{h_{j+1,j}} \left((Av_j, v_k)_2 - h_{kj} \right) \\
&\overset{(4.3.30)}{=} \frac{1}{h_{j+1,j}} \left((Av_j, v_k)_2 - (v_k, Av_j)_2 \right) \\
&= 0.
\end{aligned}$$

Die Normierung (4.3.33) liefert die Behauptung.

Wir kommen nun zum Nachweis der Basiseigenschaft und führen wiederum eine Induktion über j durch.

Für $j = 1$ ist die Aussage trivial. Sei $\mathcal{V}_k$ für $k = 1,\ldots,j < m$ eine Basis von K_k, dann folgt

$$\boldsymbol{w}_j = \boldsymbol{A} \underbrace{\boldsymbol{v}_j}_{\in K_j} - \underbrace{\sum_{i=1}^{j} h_{ij}\boldsymbol{v}_i}_{\in K_j} \in K_{j+1}.$$

Somit gilt $\operatorname{span}\{\boldsymbol{v}_1,\ldots,\boldsymbol{v}_{j+1}\} \subset K_{j+1}$. Aufgrund der nachgewiesenen Orthonormalität der Vektoren $\boldsymbol{v}_1,\ldots,\boldsymbol{v}_{j+1} \in \mathbb{R}^n \setminus \{\boldsymbol{0}\}$ gilt $\dim\operatorname{span}\{\boldsymbol{v}_1,\ldots,\boldsymbol{v}_{j+1}\} = j+1$, wodurch $\operatorname{span}\{\boldsymbol{v}_1,\ldots,\boldsymbol{v}_{j+1}\} = K_{j+1}$ folgt. □

Satz 4.80 *Vorausgesetzt, der Arnoldi-Algorithmus bricht nicht vor der Berechnung von $\boldsymbol{v}_m \neq \boldsymbol{0}$ ab, dann erhalten wir unter Verwendung von $\boldsymbol{V}_m = (\boldsymbol{v}_1 \ldots \boldsymbol{v}_m) \in \mathbb{R}^{n\times m}$ mit*

$$\boldsymbol{H}_m := \boldsymbol{V}_m^T \boldsymbol{A} \boldsymbol{V}_m \in \mathbb{R}^{m\times m} \tag{4.3.34}$$

eine obere Hessenbergmatrix, für die

$$(\boldsymbol{H}_m)_{ij} = \begin{cases} h_{ij} & \text{aus dem Arnoldi-Algorithmus für } i \leq j+1, \\ 0 & \text{für } i > j+1 \end{cases}$$

gilt.

Beweis:
Bezeichnen wir die Elemente der Matrix $\boldsymbol{H}_m$ mit $\tilde{h}_{ij}$, dann folgt mit (4.3.34)

$$\tilde{h}_{ij} = (\boldsymbol{v}_i,\boldsymbol{A}\boldsymbol{v}_j)_2 \overset{(4.3.30)}{=} h_{ij} \quad \text{für} \quad i \leq j.$$

Seien $j \in \{1,\ldots,m-1\}$ beliebig, aber fest, dann erhalten wir für $k \in \{1,\ldots,m-j\}$ die Darstellung

$$\begin{aligned} \tilde{h}_{j+k,j} &= (\boldsymbol{v}_{j+k},\boldsymbol{A}\boldsymbol{v}_j)_2 \\ &\overset{(4.3.31)}{=} (\boldsymbol{v}_{j+k},\boldsymbol{w}_j)_2 + \sum_{i=1}^{j} h_{ij} \underbrace{(\boldsymbol{v}_{j+k},\boldsymbol{v}_i)_2}_{=0} \\ &\overset{(4.3.33)}{=} h_{j+1,j}(\boldsymbol{v}_{j+k},\boldsymbol{v}_{j+1})_2 \\ &= \begin{cases} h_{j+1,j} & \text{für } k = 1 \\ 0 & \text{für } k = 2,\ldots,m-j. \end{cases} \end{aligned}$$

□

Satz 4.81 *Vorausgesetzt, der Arnoldi-Algorithmus bricht nicht vor der Berechnung von $\boldsymbol{v}_{m+1}$ ab, dann gilt*

$$\boldsymbol{A}\boldsymbol{V}_m = \boldsymbol{V}_{m+1}\overline{\boldsymbol{H}}_m, \tag{4.3.35}$$

wobei $\overline{\boldsymbol{H}}_m \in \mathbb{R}^{(m+1)\times m}$ durch

$$\overline{\boldsymbol{H}}_m = \begin{pmatrix} \boldsymbol{H}_m \\ 0\ldots 0\ h_{m+1,m} \end{pmatrix} \tag{4.3.36}$$

gegeben ist.

Beweis:
Aus (4.3.31) und (4.3.33) folgt

$$A v_j = h_{j+1,j} v_{j+1} + \sum_{i=1}^{j} h_{ij} v_i \text{ für } j = 1,\ldots,m$$

und somit (4.3.35). □

Mit dem Arnoldi-Algorithmus kann direkt ein iteratives Verfahren zur Lösung der Gleichung $\boldsymbol{Ax} = \boldsymbol{b}$ definiert werden. Zunächst lässt sich jeder Vektor $\boldsymbol{x}_m \in \boldsymbol{x}_0 + K_m$ in der Form

$$\boldsymbol{x}_m = \boldsymbol{x}_0 + \boldsymbol{V}_m \boldsymbol{\alpha}_m \quad \text{mit} \quad \boldsymbol{\alpha}_m \in \mathbb{R}^m \tag{4.3.37}$$

schreiben, da die Spalten der Matrix $\boldsymbol{V}_m$ eine Basis des Krylov-Unterraums K_m darstellen.

Machen wir den Ansatz einer orthogonalen Krylov-Unterraum-Methode, dann ergibt sich unter Verwendung des ersten Einheitsvektors $\boldsymbol{e}_1 = (1,0,\ldots,0)^T \in \mathbb{R}^m$ die Bedingung

$$\begin{aligned} \boldsymbol{r}_m &= \boldsymbol{b} - \boldsymbol{A}\boldsymbol{x}_m \perp K_m \\ \Longleftrightarrow (\boldsymbol{b} - \boldsymbol{A}\boldsymbol{x}_m, \boldsymbol{v}_j)_2 &= 0 \text{ für } j = 1,\ldots,m \\ \Longleftrightarrow \qquad \mathbb{R}^m \ni \boldsymbol{0} &= \boldsymbol{V}_m^T(\boldsymbol{b} - \boldsymbol{A}\boldsymbol{x}_m) \\ &\overset{(4.3.37)}{=} \boldsymbol{V}_m^T(\boldsymbol{r}_0 - \boldsymbol{A}\boldsymbol{V}_m\boldsymbol{\alpha}_m) \\ &= \|\boldsymbol{r}_0\|_2 \boldsymbol{e}_1 - \underbrace{\boldsymbol{V}_m^T \boldsymbol{A} \boldsymbol{V}_m}_{=\boldsymbol{H}_m} \boldsymbol{\alpha}_m. \end{aligned} \tag{4.3.38}$$

Hiermit erhalten wir die als Full Orthogonalization Method (FOM) bezeichnete orthogonale Krylov-Unterraum-Methode in der folgenden Form:

Algorithmus - Full Orthogonalization Method (FOM) —

<table>
<tr><td colspan="2">Wähle $\boldsymbol{x}_0 \in \mathbb{R}^n$ und $m \in \mathbb{N}$.</td></tr>
<tr><td colspan="2">$\boldsymbol{r}_0 := \boldsymbol{b} - \boldsymbol{A}\boldsymbol{x}_0$</td></tr>
<tr><td colspan="2">$\boldsymbol{r}_0 \neq \boldsymbol{0}$
Y / N</td></tr>
<tr><td>Berechne $\boldsymbol{V}_m$ und $\boldsymbol{H}_m$ gemäß dem Arnoldi-Algorithmus unter Verwendung von $\boldsymbol{r}_0$</td><td rowspan="3">STOP</td></tr>
<tr><td>$\boldsymbol{\alpha}_m := \|\boldsymbol{r}_0\|_2 \boldsymbol{H}_m^{-1} \boldsymbol{e}_1$</td></tr>
<tr><td>$\boldsymbol{x}_m := \boldsymbol{x}_0 + \boldsymbol{V}_m \boldsymbol{\alpha}_m$</td></tr>
</table>

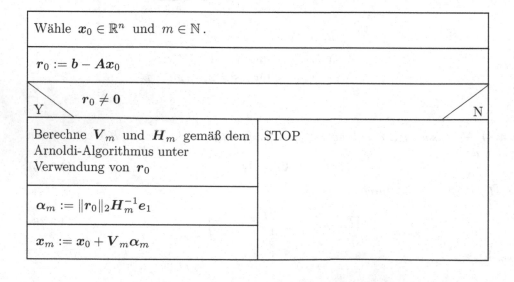

Die Lösung der Gleichung

$$\boldsymbol{H}_m \boldsymbol{\alpha}_m = \|\boldsymbol{r}_0\|_2 \boldsymbol{e}_1$$

kann zum Beispiel durch $m-1$ Givens-Rotationen mit $\boldsymbol{G} = \boldsymbol{G}_{m,m-1} \cdot \ldots \cdot \boldsymbol{G}_{2,1}$ und anschließendem Rückwärtslösen des verbleibenden Systems

$$\boldsymbol{R}\boldsymbol{\alpha}_m = \|\boldsymbol{r}_0\|_2 \boldsymbol{G}\boldsymbol{e}_1$$

mit einer rechten oberen Dreiecksmatrix $\boldsymbol{R}$ erfolgen. Für das Residuum ergibt sich hierbei

$$\begin{aligned}
\|\boldsymbol{r}_m\|_2 &= \|\boldsymbol{b} - \boldsymbol{A}(\boldsymbol{x}_0 + \boldsymbol{V}_m \boldsymbol{\alpha}_m)\|_2 \\
&\overset{\text{Satz 4.81}}{=} \|\boldsymbol{V}_{m+1}\left(\|\boldsymbol{r}_0\|_2 \boldsymbol{e}_1 - \overline{\boldsymbol{H}}_m \boldsymbol{\alpha}_m\right)\|_2 \\
&= \left\| \boldsymbol{G}\|\boldsymbol{r}_0\|_2 \boldsymbol{e}_1 - \begin{pmatrix} \boldsymbol{R} \\ 0 \ldots 0\ h_{m+1,m} \end{pmatrix} \boldsymbol{\alpha}_m \right\|_2 \\
&= h_{m+1,m} \left|(\boldsymbol{\alpha}_m)_m\right| .
\end{aligned}$$

Bei der FOM muss durchaus m sehr groß gewählt werden, um eine akzeptable Lösung erwarten zu dürfen. Eine Überprüfung des Residuums als Indikator für einen Verfahrensabbruch wäre daher wünschenswert. Eine Möglichkeit besteht darin, mit $\varepsilon > 0$ eine Genauigkeitsschranke vorzugeben. Erfüllt $\boldsymbol{x}_m$ die Bedingung $\|\boldsymbol{b} - \boldsymbol{A}\boldsymbol{x}_m\|_2 \leq \varepsilon$ dann wird das Verfahren beendet, ansonsten wird ein „Restart" mit $\boldsymbol{x}_0 = \boldsymbol{x}_m$ durchgeführt. Hierdurch wird der Speicherplatzbedarf für die Orthonormalbasis auf $n \cdot m$ reelle Zahlen beschränkt.

Zur Aufwandsminimierung in Bezug auf die Rechenzeit und den benötigten Speicherplatz erhalten wir somit die folgende Variante der Full Orthogonalization Method, zu der eine MATLAB-Implementierung im Anhang A aufgeführt ist.

Algorithmus - Restarted FOM —

- Wähle $\boldsymbol{x}_0 \in \mathbb{R}^n$, $\varepsilon > 0$ und $m \in \mathbb{N}$.
- $\boldsymbol{r}_0 := \boldsymbol{b} - \boldsymbol{A}\boldsymbol{x}_0$
- Solange $\|\boldsymbol{r}_0\|_2 > \varepsilon$
    - Berechne $\boldsymbol{V}_m$ und $\boldsymbol{H}_m$ gemäß Arnoldi-Algorithmus unter Verwendung von $\boldsymbol{r}_0$
    - $\boldsymbol{\alpha}_m := \|\boldsymbol{r}_0\|_2 \boldsymbol{H}_m^{-1} \boldsymbol{e}_1$
    - $\boldsymbol{x}_m := \boldsymbol{x}_0 + \boldsymbol{V}_m \boldsymbol{\alpha}_m$
    - $\boldsymbol{x}_0 := \boldsymbol{x}_m$
    - $\boldsymbol{r}_0 := \boldsymbol{b} - \boldsymbol{A}\boldsymbol{x}_0$

Ein Problem des vorgestellten Algorithmus liegt darin, dass die Orthogonalität der Vektoren bereits nach wenigen Iterationen verloren gehen kann. Eine Verbesserung liefert der sogenannte Arnoldi-modifizierte Gram-Schmidt-Algorithmus. Dieser ergibt sich aus dem Arnoldi-Verfahren, indem (4.3.30) und (4.3.31)

Aktuelle Schleife (Arnoldi) —

<table>
<tr><td colspan="2">Für $i = 1,\dots,j$</td></tr>
<tr><td></td><td>$h_{ij} := (\boldsymbol{v}_i,\boldsymbol{A}\boldsymbol{v}_j)_2$</td></tr>
<tr><td colspan="2">$\boldsymbol{w}_j := \boldsymbol{A}\boldsymbol{v}_j - \sum_{i=1}^{j} h_{ij}\boldsymbol{v}_i$</td></tr>
</table>

durch

Modifizierte Schleife (Arnoldi) —

<table>
<tr><td colspan="2">$\boldsymbol{w}_j := \boldsymbol{A}\boldsymbol{v}_j$</td></tr>
<tr><td colspan="2">Für $i = 1,\dots,j$</td></tr>
<tr><td></td><td>$h_{ij} := (\boldsymbol{v}_i,\boldsymbol{w}_j)_2$</td></tr>
<tr><td></td><td>$\boldsymbol{w}_j := \boldsymbol{w}_j - h_{ij}\boldsymbol{v}_i$</td></tr>
</table>

(4.3.39)

ersetzt werden.

Legt man eine maximale Bandbreite der Matrix $\boldsymbol{H}_m$ fest und vernachlässigt anschließend alle außerhalb liegenden Matrixeinträge, so ergibt sich die IOM (Incomplete Orthogonalization Method), die analog zu DIOM (Direct IOM) eine schiefe Projektionsmethode darstellt. DIOM und IOM unterscheiden sich einzig darin, dass bei der direkten Version eine LU-Zerlegung der Matrix $\boldsymbol{H}_m$ vorgenommen wird, wodurch sich ein einfach programmierbarer Algorithmus ergibt. Eine spezielle Implementierung der IOM wird in [60] vorgestellt.

4.3.2.2 Der Lanczos-Algorithmus und die D-Lanczos-Methode

Mit dem Ziel der Eigenvektor- und Eigenwertbestimmung stellte Lanczos [46] bereits 1950 ein Verfahren zur Umformung symmetrischer Matrizen auf Tridiagonalgestalt vor. Wie wir sehen werden, kann die Methode als Vereinfachung des Arnoldi-Algorithmus für symmetrische Matrizen aufgefasst werden. Betrachten wir eine symmetrische Matrix $\boldsymbol{A} \in \mathbb{R}^{n\times n}$, dann folgt mit (4.3.34)

$$\boldsymbol{H}_m = \boldsymbol{V}_m^T \boldsymbol{A} \boldsymbol{V}_m = \boldsymbol{V}_m^T \boldsymbol{A}^T \boldsymbol{V}_m = (\boldsymbol{V}_m^T \boldsymbol{A} \boldsymbol{V}_m)^T = \boldsymbol{H}_m^T.$$

Hiermit erhalten wir den Lanczos-Algorithmus aus dem Arnoldi-Algorithmus, da

(a) das Matrixelement $h_{j-1,j}$ bereits durch $h_{j,j-1}$ im vorhergehenden Schritt berechnet wurde und somit die Schleife (4.3.30) zu $h_{jj} = (\boldsymbol{v}_j, \boldsymbol{A}\boldsymbol{v}_j)_2$ degeneriert und

(b) (4.3.31) sich auf $\boldsymbol{w}_j = \boldsymbol{A}\boldsymbol{v}_j - h_{j-1,j}\boldsymbol{v}_{j-1} - h_{jj}\boldsymbol{v}_j$ verkürzt.

Wählen wir die Notationen $a_j = h_{jj}$ und $c_j = h_{j-1,j}$, dann hat $\boldsymbol{H}_m$ die Gestalt

$$\boldsymbol{H}_m = \begin{pmatrix} a_1 & c_2 & & & \\ c_2 & a_2 & \ddots & & \\ & \ddots & \ddots & \ddots & \\ & & \ddots & a_{m-1} & c_m \\ & & & c_m & a_m \end{pmatrix}.$$

Aus der modifizierten Variante des Arnoldi-Algorithmus (siehe (4.3.39)) ergibt sich unter Ausnutzung von $h_{j-1,j} = h_{j,j-1}$ der Lanczos-Algorithmus in der Form

Algorithmus - Lanczos —

$\boldsymbol{v}_1 := \dfrac{\boldsymbol{r}_0}{\|\boldsymbol{r}_0\|_2}$, $c_1 := 0$, $\boldsymbol{v}_0 := \boldsymbol{0}$

Für $j = 1, \ldots, m$

- $\boldsymbol{w}_j := \boldsymbol{A}\boldsymbol{v}_j - c_j\boldsymbol{v}_{j-1}$
- $a_j := (\boldsymbol{w}_j, \boldsymbol{v}_j)_2$
- $\boldsymbol{w}_j := \boldsymbol{w}_j - a_j\boldsymbol{v}_j$
- $c_{j+1} := \|\boldsymbol{w}_j\|_2$
- $c_{j+1} \neq 0$
  - Y: $\boldsymbol{v}_{j+1} := \dfrac{\boldsymbol{w}_j}{c_{j+1}}$
  - N: $\boldsymbol{v}_{j+1} := \boldsymbol{0}$; STOP

Analog zum Arnoldi-Algorithmus lässt sich auch die Lanczos-Methode zur Lösung des linearen Gleichungssystems $\boldsymbol{A}\boldsymbol{x} = \boldsymbol{b}$ verwenden. Vorausgesetzt, die Matrix $\boldsymbol{H}_m$ lässt sich in der Form

$$\boldsymbol{H}_m = \underbrace{\begin{pmatrix} 1 & & & & \\ \gamma_2 & \ddots & & & 0 \\ & \ddots & \ddots & & \\ 0 & & \ddots & \ddots & \\ & & & \gamma_m & 1 \end{pmatrix}}_{=: \boldsymbol{L}_m} \underbrace{\begin{pmatrix} \beta_1 & \delta_2 & & & \\ & \ddots & \ddots & & 0 \\ & & \ddots & \ddots & \\ 0 & & & \ddots & \delta_m \\ & & & & \beta_m \end{pmatrix}}_{=: \boldsymbol{U}_m} \tag{4.3.40}$$

zerlegen, dann folgt

$$\begin{aligned}
\delta_j &= c_j \text{ für } j = 2,\ldots,m \\
\beta_1 &= a_1, && (4.3.41)\\
\gamma_j &= \frac{c_j}{\beta_{j-1}} \text{ für } j = 2,\ldots,m, && (4.3.42)\\
\beta_j &= a_j - \gamma_j c_j \text{ für } j = 2,\ldots,m. && (4.3.43)
\end{aligned}$$

Analog zur FOM schreiben wir die Näherungslösung unter Verwendung des ersten Einheitsvektors $\boldsymbol{e}_1 \in \mathbb{R}^m$ in der Form

$$\begin{aligned}
\boldsymbol{x}_m &= \boldsymbol{x}_0 + \boldsymbol{V}_m \boldsymbol{H}_m^{-1} \underbrace{\|\boldsymbol{r}_0\|_2 \boldsymbol{e}_1}_{=:\, \tilde{\boldsymbol{e}}_1} \overset{(4.3.40)}{=} \boldsymbol{x}_0 + \boldsymbol{V}_m \boldsymbol{U}_m^{-1} \boldsymbol{L}_m^{-1} \tilde{\boldsymbol{e}}_1 \\
&= \boldsymbol{x}_0 + \boldsymbol{P}_m \boldsymbol{z}_m
\end{aligned}$$

mit $\boldsymbol{P}_m := \boldsymbol{V}_m \boldsymbol{U}_m^{-1} \in \mathbb{R}^{n\times m}$ und $\boldsymbol{z}_m := \boldsymbol{L}_m^{-1}\tilde{\mathrm{e}}_1$. Seien $\boldsymbol{p}_1,\ldots,\boldsymbol{p}_m \in \mathbb{R}^n$ die Spaltenvektoren von $\boldsymbol{P}_m$, dann folgt mit

$$\boldsymbol{P}_m \begin{pmatrix} \beta_1 & \delta_2 & & \\ & \ddots & \ddots & \\ & & \ddots & \delta_m \\ & & & \beta_m \end{pmatrix} = (\boldsymbol{v}_1 \ldots \boldsymbol{v}_m)$$

die Gleichung $\delta_m \boldsymbol{p}_{m-1} + \beta_m \boldsymbol{p}_m = \boldsymbol{v}_m$, wodurch sich die Vorschrift zur Berechnung der m-ten Spalte mittels

$$\boldsymbol{p}_m = \frac{1}{\beta_m}(\boldsymbol{v}_m - \delta_m \boldsymbol{p}_{m-1}) \tag{4.3.44}$$

unter Berücksichtigung der Festlegung $\delta_1 := 0$ respektive $\boldsymbol{p}_0 := \boldsymbol{0}$ ergibt. Gilt die Beziehung $\boldsymbol{P}_{m-1}\boldsymbol{U}_{m-1} = \boldsymbol{V}_{m-1}$, dann folgt mit (4.3.44) die Gleichung $\boldsymbol{P}_m \boldsymbol{U}_m = \boldsymbol{V}_m$, wodurch sich $\boldsymbol{P}_m = \boldsymbol{V}_m \boldsymbol{U}_m^{-1}$ ergibt. Sei desweiteren $\boldsymbol{z}_{m-1} = (\xi_1,\ldots,\xi_{m-1})^T \in \mathbb{R}^{m-1}$ die Lösung von $\boldsymbol{L}_{m-1}\boldsymbol{z}_{m-1} = \tilde{\boldsymbol{e}}_1 \in \mathbb{R}^{m-1}$, so erhalten wir durch Inkrementierung der Raumdimension

$$\mathbb{R}^m \ni \tilde{\boldsymbol{e}}_1 = \boldsymbol{L}_m \boldsymbol{z}_m = \begin{pmatrix} & & & 0 \\ & \boldsymbol{L}_{m-1} & & \vdots \\ & & & 0 \\ 0 & \ldots & 0 \quad \gamma_m & 1 \end{pmatrix} \begin{pmatrix} \boldsymbol{z}_{m-1} \\ \xi_m \end{pmatrix} = \begin{pmatrix} \tilde{\boldsymbol{e}}_1 \\ \gamma_m \xi_{m-1} + \xi_m \end{pmatrix}$$

und somit

$$\xi_m = -\gamma_m \xi_{m-1}. \tag{4.3.45}$$

Hierbei liefert die erste Gleichung direkt $\xi_1 = 1$. Für die Näherungslösung folgt daher

$$\begin{aligned}
\boldsymbol{x}_m &= \boldsymbol{x}_0 + (\boldsymbol{P}_{m-1},\boldsymbol{p}_m) \begin{pmatrix} \boldsymbol{z}_{m-1} \\ \xi_m \end{pmatrix} = \boldsymbol{x}_0 + \boldsymbol{P}_{m-1}\boldsymbol{z}_{m-1} + \xi_m \boldsymbol{p}_m \\
&= \boldsymbol{x}_{m-1} + \xi_m \boldsymbol{p}_m && (4.3.46)
\end{aligned}$$

und wir erhalten zusammenfassend das D(Direct)-Lanczos-Verfahren:

D-Lanczos-Algorithmus —

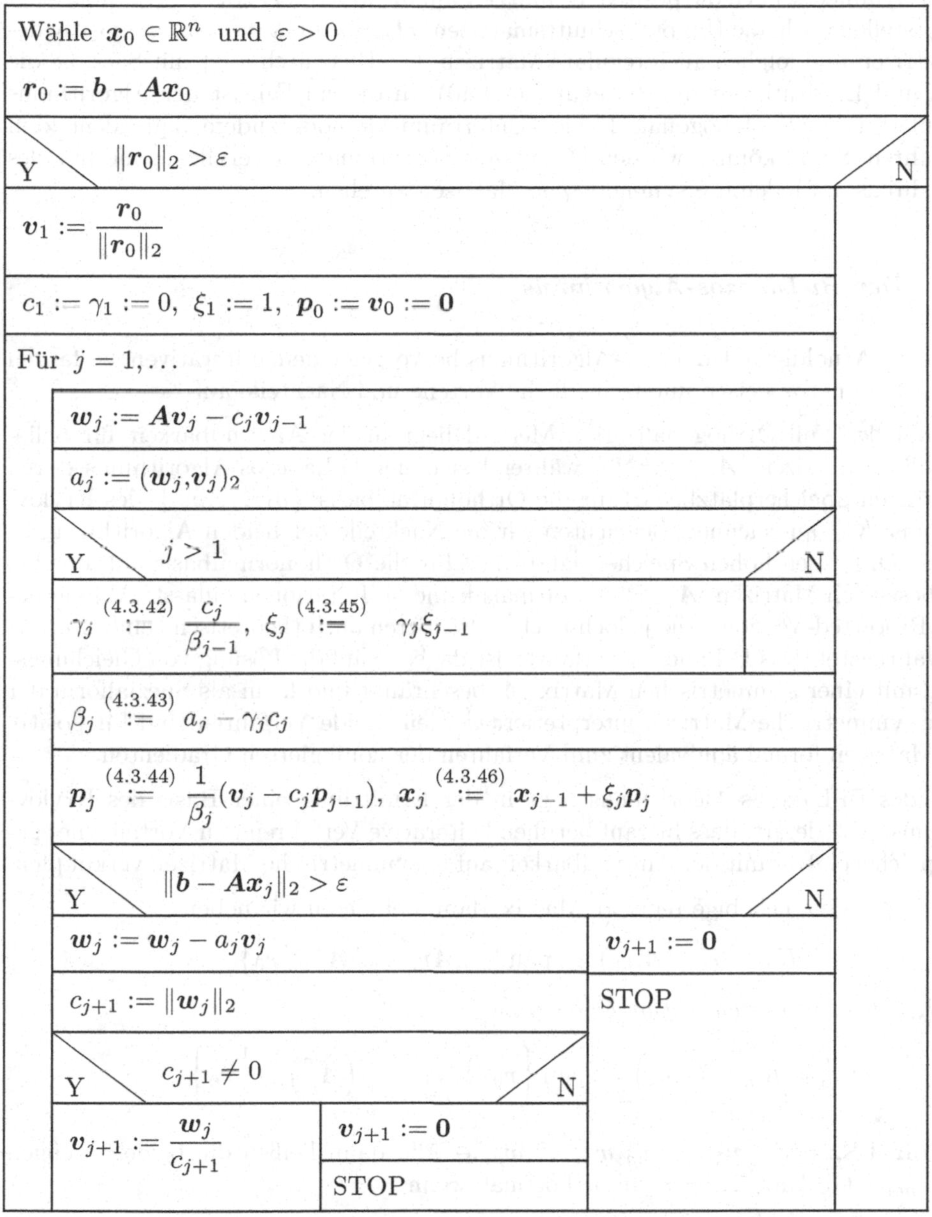

Die Anwendung einer LQ-Zerlegung anstelle einer LU-Zerlegung führt auf das Verfahren SYMMLQ, welches 1975 von Paige und Saunders [56] vorgestellt wurde. Die naheliegende Idee der Nutzung einer QR-Zerlegung wird zudem in [26] vorgestellt.

Der D-Lanczos-Algorithmus wurde auf der Basis der Umformung (4.3.38) hergeleitet und stellt somit analog zur FOM eine orthogonale Krylov-Unterraum-Methode dar. Betrachten wir nun den Spezialfall einer positiv definiten und symmetrischen Matrix A. Da V_m

orthonormale Spaltenvektoren besitzt, erhalten wir $\boldsymbol{V}_m\boldsymbol{x} \neq \boldsymbol{0}$ für alle $\boldsymbol{x} \in \mathbb{R}^n \setminus \{\boldsymbol{0}\}$, wodurch sich mit

$$(\boldsymbol{x},\boldsymbol{H}_m\boldsymbol{x})_2 = (\boldsymbol{V}_m\boldsymbol{x},\boldsymbol{A}\boldsymbol{V}_m\boldsymbol{x})_2$$

neben der Symmetrie auch die positive Definitheit auf die Matrix $\boldsymbol{H}_m \in \mathbb{R}^{m\times m}$ überträgt. Mit $\boldsymbol{H}_m$ stellen auch alle Hauptabschnittsmatrizen $\boldsymbol{H}_m[k]$ für $k = 1,\ldots,m$ positiv definite Matrizen und folglich auch reguläre Matrizen dar. Hierdurch folgt mit Satz 3.8 die Existenz und Eindeutigkeit der Zerlegung (4.3.40). In diesem Fall ist der Algorithmus wohldefiniert und als orthogonale Krylov-Unterraum-Methode zudem äquivalent zum CG-Verfahren. Somit können wir den D-Lanczos-Algorithmus als Verallgemeinerung des CG-Verfahrens auf indefinite symmetrische Matrizen ansehen.

4.3.2.3 Der Bi-Lanczos-Algorithmus

Die aus dem Arnoldi- und Lanczos-Algorithmus hervorgegangenen iterativen Verfahren FOM und D-Lanczos weisen unterschiedliche Vorteile und Nachteile auf.

Der Vorteil der Full Orthogonalization Method liegt in der Anwendbarkeit für beliebige reguläre Matrizen $\boldsymbol{A} \in \mathbb{R}^{n\times n}$, während sich der D-Lanczos-Algorithmus durch einen geringen Speicherplatzbedarf für die Orthonormalbasis $\{\boldsymbol{v}_1,\ldots,\boldsymbol{v}_m\}$ des Krylov-Unterraums K_m auszeichnet. Betrachten wir die Nachteile der beiden Algorithmen, so weist die FOM einen hohen Speicherplatzbedarf für die Orthonormalbasis auf, der bei schwachbesetzten Matrizen $\boldsymbol{A} \in \mathbb{R}^{n\times n}$ oftmals keine n Iterationen zulässt. Abhilfe liefert die „Restarted-Version", die jedoch nach n Schritten auch theoretisch keine Konvergenz gewährleistet. Das D-Lanczos-Verfahren ist dagegen auf die Lösung von Gleichungssystemen mit einer symmetrischen Matrix $\boldsymbol{A}$ beschränkt und kann als Spezialform der FOM für symmetrische Matrizen interpretiert werden. Beide Verfahren sind für positiv definite Matrizen formal äquivalent zum Verfahren der konjugierten Gradienten.

Das Ziel des Bi-Lanczos-Algorithmus liegt in der Ermittlung einer Basis des Krylov-Unterraums K_m derart, dass hierauf beruhende iterative Verfahren den Vorteil eines geringen Speicherplatzes mit der Anwendbarkeit auf unsymmetrische Matrizen verknüpfen.

Sei $\boldsymbol{A} \in \mathbb{R}^{n\times n}$ eine beliebige reguläre Matrix, dann definieren wir neben

$$K_m = K_m(\boldsymbol{A},\boldsymbol{r}_0) = \operatorname{span}\left\{\boldsymbol{r}_0,\boldsymbol{A}\boldsymbol{r}_0,\ldots,\boldsymbol{A}^{m-1}\boldsymbol{r}_0\right\}$$

den zu K_m *transponierten Krylov-Unterraum*

$$K_m^T = K_m\left(\boldsymbol{A}^T,\boldsymbol{r}_0\right) = \operatorname{span}\left\{\boldsymbol{r}_0,\boldsymbol{A}^T\boldsymbol{r}_0,\ldots,\left(\boldsymbol{A}^T\right)^{m-1}\boldsymbol{r}_0\right\}.$$

Definition 4.82 Seien $\boldsymbol{v}_1,\ldots,\boldsymbol{v}_m,\boldsymbol{w}_1,\ldots,\boldsymbol{w}_m \in \mathbb{R}^n$, dann heißen die beiden Mengen $\{\boldsymbol{v}_1,\ldots,\boldsymbol{v}_m\}$ und $\{\boldsymbol{w}_1,\ldots,\boldsymbol{w}_m\}$ bi-orthogonal, wenn

$$(\boldsymbol{v}_i,\boldsymbol{w}_j)_2 = \delta_{ij}c_{ij} \text{ mit } c_{ij} \in \mathbb{R}\setminus\{0\} \text{ für } i,j = 1,\ldots,m \tag{4.3.47}$$

gilt. Im Fall $c_{ii} = 1$ für $i = 1,\ldots,m$ heißen die Mengen bi-orthonormal.

Eine wesentliche Eigenschaft bi-orthogonaler Mengen wird durch das folgende Lemma beschrieben.

Lemma 4.83 *Seien die Mengen* $\{\boldsymbol{v}_1,\dots,\boldsymbol{v}_m\}$ *und* $\{\boldsymbol{w}_1,\dots,\boldsymbol{w}_m\}$ *bi-orthogonal, dann gilt*

$$\dim \operatorname{span}\{\boldsymbol{v}_1,\dots,\boldsymbol{v}_m\} = m = \dim \operatorname{span}\{\boldsymbol{w}_1,\dots,\boldsymbol{w}_m\}$$

Beweis:
Aus Symmetriegründen ist es hierbei ausreichend, die Behauptung für die Vektoren $\boldsymbol{v}_1,\dots,\boldsymbol{v}_m$ nachzuweisen. Gelte $\boldsymbol{0} = \sum_{i=1}^{m} \lambda_i \boldsymbol{v}_i$, so erhalten wir für $j = 1,\dots,m$ die Darstellung

$$\lambda_j = \frac{1}{c_{jj}} \sum_{i=1}^{m} \lambda_i c_{ij} \delta_{ij} = \frac{1}{c_{jj}} \sum_{i=1}^{m} \lambda_i \left(\boldsymbol{v}_i,\boldsymbol{w}_j\right)_2 = \frac{1}{c_{jj}} \left(\sum_{i=1}^{m} \lambda_i \boldsymbol{v}_i,\boldsymbol{w}_j \right)_2 = \frac{1}{c_{jj}} \left(\boldsymbol{0},\boldsymbol{w}_j\right)_2 = 0.$$

□

Der Bi-Lanczos-Algorithmus basiert auf der folgenden Idee: Anstelle eine Orthonormalbasis des K_m zu ermitteln, wird simultan eine Basis $\{\boldsymbol{v}_1,\dots,\boldsymbol{v}_m\}$ des K_m und eine Basis $\{\boldsymbol{w}_1,\dots,\boldsymbol{w}_m\}$ des K_m^T berechnet, die der Bi-Orthogonalitätsbedingung (4.3.47) genügen.

Bi-Lanczos-Algorithmus —

$h_{1,0} = h_{0,1} := 0$

$\boldsymbol{v}_0 = \boldsymbol{w}_0 := \boldsymbol{0}$

$\boldsymbol{v}_1 = \boldsymbol{w}_1 := \dfrac{\boldsymbol{r}_0}{\|\boldsymbol{r}_0\|_2}$ (4.3.48)

für $j = 1,\dots,m$

- $h_{jj} := (\boldsymbol{w}_j,\boldsymbol{A}\,\boldsymbol{v}_j)_2$ (4.3.49)
- $\boldsymbol{v}_{j+1}^* := \boldsymbol{A}\,\boldsymbol{v}_j - h_{jj}\boldsymbol{v}_j - h_{j-1,j}\boldsymbol{v}_{j-1}$ (4.3.50)
- $\boldsymbol{w}_{j+1}^* := \boldsymbol{A}^T\boldsymbol{w}_j - h_{jj}\boldsymbol{w}_j - h_{j,j-1}\boldsymbol{w}_{j-1}$ (4.3.51)
- $h_{j+1,j} := |(\boldsymbol{v}_{j+1}^*,\boldsymbol{w}_{j+1}^*)_2|^{1/2}$
- $h_{j+1,j} \neq 0$

Y	N
$h_{j,j+1} := \dfrac{(\boldsymbol{v}_{j+1}^*,\boldsymbol{w}_{j+1}^*)_2}{h_{j+1,j}}$ (4.3.52)	$h_{j,j+1} := 0$
$\boldsymbol{v}_{j+1} := \dfrac{\boldsymbol{v}_{j+1}^*}{h_{j+1,j}}$ (4.3.53)	$\boldsymbol{v}_{j+1} := \boldsymbol{0}$
$\boldsymbol{w}_{j+1} := \dfrac{\boldsymbol{w}_{j+1}^*}{h_{j,j+1}}$ (4.3.54)	$\boldsymbol{w}_{j+1} := \boldsymbol{0}$
	STOP

Mit dem nächsten Satz werden wir nachweisen, dass der vorliegende Bi-Lanczos-Algorithmus tatsächlich bi-orthonormale Basen der Krylov-Unterräume K_m und K_m^T generiert.

Satz 4.84 *Vorausgesetzt, der Bi-Lanczos-Algorithmus bricht nicht vor der Berechnung von $\boldsymbol{w}_m \neq \boldsymbol{0}$ ab, dann stellen $\mathcal{V}_j = \{\boldsymbol{v}_1,\ldots,\boldsymbol{v}_j\}$ und $\mathcal{W}_j = \{\boldsymbol{w}_1,\ldots,\boldsymbol{w}_j\}$ eine Basis des Krylov-Unterraums K_j beziehungsweise K_j^T für $j = 1,\ldots,m$ dar. Zudem erfüllen die Basisvektoren die Bi-Orthogonalitätsbedingung* (4.3.47) *mit $c_{ii} = 1$ für $i = 1,\ldots,m$.*

Beweis:
Den Nachweis der Bi-Orthonormalität erhalten wir durch eine vollständige Induktion über j.

Für $j = 1$ folgt

$$(\boldsymbol{w}_1,\boldsymbol{v}_1)_2 = \frac{(\boldsymbol{r}_0,\boldsymbol{r}_0)_2}{\|\boldsymbol{r}_0\|_2^2} = 1.$$

Sei die Bedingung für $\ell = 1,\ldots,j < m$ erfüllt, dann erhalten wir

$$\begin{aligned}(\boldsymbol{v}_{j+1},\boldsymbol{w}_j)_2 &\overset{\substack{(4.3.50)\\(4.3.53)}}{=} \frac{1}{h_{j+1,j}}\Big(\underbrace{(\boldsymbol{A}\boldsymbol{v}_j,\boldsymbol{w}_j)_2}_{=h_{jj}} - h_{jj}\underbrace{(\boldsymbol{v}_j,\boldsymbol{w}_j)_2}_{=1} - h_{j-1,j}\underbrace{(\boldsymbol{v}_{j-1},\boldsymbol{w}_j)_2}_{=0}\Big)\\ &= 0,\end{aligned}$$

wobei sich im Fall $j = 1$ die Eigenschaft $(\boldsymbol{v}_{j-1},\boldsymbol{w}_j)_2 = (\boldsymbol{v}_0,\boldsymbol{w}_1)_2 = 0$ durch die Definition von $\boldsymbol{v}_0 := 0$ ergibt. Zudem gilt für $0 < i < j$

$$\begin{aligned}(\boldsymbol{A}\boldsymbol{v}_j,\boldsymbol{w}_i)_2 &= \left(\boldsymbol{v}_j,\boldsymbol{A}^T\boldsymbol{w}_i\right)_2\\ &\overset{\substack{(4.3.51)\\(4.3.54)}}{=} h_{i,i+1}(\boldsymbol{v}_j,\boldsymbol{w}_{i+1})_2 + \underbrace{(\boldsymbol{v}_j,h_{ii}\boldsymbol{w}_i + h_{i,i-1}\boldsymbol{w}_{i-1})_2}_{=0}\\ &= \begin{cases} h_{j-1,j} & \text{für } i = j-1,\\ 0 & \text{für } i < j-1.\end{cases}\end{aligned}$$

Die Verwendung der beiden obigen Aussagen liefert für $0 < i < j$ die Gleichung

$$\begin{aligned}(\boldsymbol{v}_{j+1},\boldsymbol{w}_i)_2 &\overset{\substack{(4.3.50)\\(4.3.53)}}{=} \frac{1}{h_{j+1,j}}\Big(\underbrace{(\boldsymbol{A}\boldsymbol{v}_j,\boldsymbol{w}_i)_2}_{=\begin{cases}h_{j-1,j}, & i=j-1\\ 0, & j<j-1\end{cases}} - h_{jj}\underbrace{(\boldsymbol{v}_j,\boldsymbol{w}_i)_2}_{=0} - h_{j-1,j}\underbrace{(\boldsymbol{v}_{j-1},\boldsymbol{w}_i)_2}_{=\begin{cases}1, & i=j-1\\ 0, & i<j-1\end{cases}}\Big)\\ &= 0.\end{aligned}$$

Analog ergibt sich $(\boldsymbol{w}_{j+1},\boldsymbol{v}_i)_2 = 0$ für $i \leq j$. Mit

$$
\begin{aligned}
(\boldsymbol{v}_{j+1},\boldsymbol{w}_{j+1})_2 &= \left(\frac{\boldsymbol{v}_{j+1}^*}{h_{j+1,j}},\frac{\boldsymbol{w}_{j+1}^*}{h_{j,j+1}}\right)_2 \\
&\overset{(4.3.52)}{=} \frac{1}{h_{j+1,j}}\cdot\frac{h_{j+1,j}}{(\boldsymbol{v}_{j+1}^*,\boldsymbol{w}_{j+1}^*)_2}\cdot(\boldsymbol{v}_{j+1}^*,\boldsymbol{w}_{j+1}^*)_2 \\
&= 1
\end{aligned}
$$

erhalten wir abschließend die behauptete Bi-Orthonormalität der Vektoren.

Seien $q_0,\ldots,q_{m-1}$ beliebige Polynome mit $\text{grad}(q_i)=i$ für $i=0,\ldots,m-1$ und $q_0\not\equiv 0$, dann lässt sich jedes $\boldsymbol{x}\in K_m$ in der Form

$$\boldsymbol{x}=\sum_{i=0}^{m-1}\alpha_i\boldsymbol{A}^i\boldsymbol{r}_0=\sum_{i=0}^{m-1}\beta_i q_i(\boldsymbol{A})\boldsymbol{r}_0$$

darstellen, wodurch

$$\text{span}\,\{q_0(\boldsymbol{A})\boldsymbol{r}_0,\ldots,q_{m-1}(\boldsymbol{A})\boldsymbol{r}_0\}=K_m \tag{4.3.55}$$

folgt.

Basierend auf der Gleichung (4.3.55) erhalten wir den Nachweis der Erzeugendeneigenschaften durch eine vollständige Induktion über j. Für $j=1$ folgt

$$\boldsymbol{v}_1=\frac{\boldsymbol{r}_0}{\|\boldsymbol{r}_0\|_2}=q_0(\boldsymbol{A})\boldsymbol{r}_0 \quad\text{mit}\quad q_0(\boldsymbol{A})=\frac{1}{\|\boldsymbol{r}_0\|_2}\boldsymbol{A}^0.$$

Mit $\text{grad}(q_0)=0$ und $q_0(\boldsymbol{A})\neq\boldsymbol{0}$ erhalten wir folglich $\text{span}\{\boldsymbol{v}_1\}=K_1$.

Für $j=2$ ergibt sich aus (4.3.49) und (4.3.53) unter Berücksichtigung von $\boldsymbol{v}_0=\boldsymbol{0}$ und $h_{j+1,j}\neq 0$ die Darstellung

$$\boldsymbol{v}_2=\frac{1}{h_{2,1}}(\boldsymbol{A}\boldsymbol{v}_1-h_{2,2}\boldsymbol{v}_1-h_{1,2}\boldsymbol{v}_0)=\underbrace{\frac{1}{h_{2,1}}((\boldsymbol{A}-h_{2,2}\boldsymbol{I})\,q_0(\boldsymbol{A}))}_{q_1(\boldsymbol{A}):=}\boldsymbol{r}_0$$

mit $\text{grad}(q_1)=1$. Sei die Erzeugendeneigenschaft für $\ell=1,\ldots,j<m$ mit $j\geq 2$ erfüllt, dann folgt für die im Bi-Lanczos-Algorithmus berechneten skalaren Größen $h_{j+1,j}$ aufgrund des vorausgesetzten Nichtabbruchs des Verfahrens unter Berücksichtigung von $j<m$ die Eigenschaft $h_{j+1,j}\neq 0$. Hierdurch ergibt sich

$$\boldsymbol{v}_{j+1}\overset{\substack{(4.3.50)\\(4.3.53)}}{=}\frac{1}{h_{j+1,j}}(\boldsymbol{A}\boldsymbol{v}_j-h_{jj}\boldsymbol{v}_j-h_{j-1,j}\boldsymbol{v}_{j-1})=q_j(\boldsymbol{A})\boldsymbol{r}_0$$

mit

$$q_j(\boldsymbol{A}) = \frac{1}{h_{j+1,j}}\left(\,(\boldsymbol{A}-h_{jj}\boldsymbol{I})\,q_{j-1}(\boldsymbol{A})-h_{j-1,j}q_{j-2}(\boldsymbol{A})\,\right).$$

Somit erhalten wir $\text{grad}(q_j)=j$, wodurch

$$\text{span}\,\{\boldsymbol{v}_1,\ldots,\boldsymbol{v}_{j+1}\}=\text{span}\,\{q_0(\boldsymbol{A})\boldsymbol{r}_0,\ldots,q_j(\boldsymbol{A})\boldsymbol{r}_0\}=K_{j+1}$$

folgt. Der Beweis für K_m^T ergibt sich analog. Die lineare Unabhängigkeit folgt durch Lemma 4.83 aus der Bi-Orthonormalität der Vektoren. □

Die in den Sätzen 4.80 und 4.81 beschriebenen Eigenschaften der Basisvektoren haben sich bereits bei der Beschreibung der FOM als hilfreich erwiesen und werden auch bei der Herleitung des GMRES-Verfahrens von entscheidender Bedeutung sein. Analoge und für die weiteren Verfahren grundlegende Aussagen hinsichtlich der vorliegenden bi-orthonormalen Basisvektoren liefert der folgende Satz.

Satz 4.85 *Vorausgesetzt, der Bi-Lanczos-Algorithmus bricht nicht vor der Berechnung von* $\boldsymbol{w}_m \neq \boldsymbol{0}$ *ab, dann seien* $\boldsymbol{V}_m = (\boldsymbol{v}_1 \ldots \boldsymbol{v}_m) \in \mathbb{R}^{n\times m}$ *und* $\boldsymbol{W}_m = (\boldsymbol{w}_1 \ldots \boldsymbol{w}_m) \in \mathbb{R}^{n\times m}$ *die aus den ermittelten Basisvektoren des* K_m *und* K_m^T *gebildeten Matrizen. Desweiteren seien* h_{ij} *die im Algorithmus auftretenden skalaren Größen, dann gelten die Gleichungen*

$$\boldsymbol{T}_m = \boldsymbol{W}_m^T \boldsymbol{A} \boldsymbol{V}_m \tag{4.3.56}$$

$$\boldsymbol{A}\boldsymbol{V}_m = \boldsymbol{V}_m \boldsymbol{T}_m + h_{m+1,m} \boldsymbol{v}_{m+1} \boldsymbol{e}_m^T \tag{4.3.57}$$

$$\boldsymbol{A}^T \boldsymbol{W}_m = \boldsymbol{W}_m \boldsymbol{T}_m^T + h_{m,m+1} \boldsymbol{w}_{m+1} \boldsymbol{e}_m^T \tag{4.3.58}$$

mit $\boldsymbol{e}_m = (0,\ldots,0,1)^T \in \mathbb{R}^m$ *sowie der durch*

$$(\boldsymbol{T}_m)_{ij} := \begin{cases} h_{ij} \textit{ für } j-1 \leq i \leq j+1, \\ 0 \quad \textit{sonst} \end{cases}$$

gegebenen Tridiagonalmatrix $\boldsymbol{T}_m \in \mathbb{R}^{m\times m}$ *und die Matrizen* $\boldsymbol{V}_m$ *und* $\boldsymbol{W}_m$ *besitzen maximalen Rang.*

Beweis:
Aus (4.3.49) folgt direkt

$$(\boldsymbol{T}_m)_{jj} = h_{jj} = (\boldsymbol{w}_j, \boldsymbol{A}\boldsymbol{v}_j)_2 \,.$$

Die Definition des Vektors $\boldsymbol{v}_{j+1}^*$ innerhalb des Bi-Lanczos-Verfahrens liefert mit (4.3.53) für $i > j$ die Gleichung

$$\begin{aligned}(\boldsymbol{w}_i, \boldsymbol{A}\boldsymbol{v}_j)_2 &= \underbrace{(\boldsymbol{w}_i, \boldsymbol{v}_{j+1}^*)_2}_{= h_{j+1,j}(\boldsymbol{w}_i, \boldsymbol{v}_{j+1})_2} + h_{jj} \underbrace{(\boldsymbol{w}_i, \boldsymbol{v}_j)_2}_{=0} + h_{j,j-1} \underbrace{(\boldsymbol{w}_i, \boldsymbol{v}_{j-1})}_{=0} \\ &= \begin{cases} h_{j+1,j} & \text{für } i = j+1, \\ 0 & \text{für } i > j+1. \end{cases}\end{aligned}$$

Analog erhalten wir mit der Definition von $\boldsymbol{w}_{j+1}^*$ und (4.3.51) für $i < j$

$$(\boldsymbol{w}_i, \boldsymbol{A}\boldsymbol{v}_j) = \left(\boldsymbol{A}^T \boldsymbol{w}_i, \boldsymbol{v}_j\right) = \begin{cases} h_{j-1,j} & \text{für } i = j-1, \\ 0 & \text{für } i < j-1, \end{cases}$$

womit die behauptete Darstellung der Matrix $\boldsymbol{T}_m$ gemäß (4.3.56) gezeigt ist.

Berücksichtigen wir die Gestalt der Matrix $\boldsymbol{T}_m$, dann stellen die Gleichungen (4.3.57) und (4.3.58) die Matrixdarstellungen der Gleichungen (4.3.50) und (4.3.51) unter Verwendung von (4.3.53) respektive (4.3.54) dar.

Der Nachweis $\text{rang}(\boldsymbol{V}_m) = \text{rang}(\boldsymbol{W}_m) = m$ folgt unmittelbar aus der Basiseigenschaft der entsprechenden Spaltenvektoren. □

Der Bi-Lanczos-Algorithmus terminiert in der präsentierten Form im Fall $h_{j+1,j} = 0$. Eine derartige Situation tritt auf, wenn einer der beiden Basisvektoren identisch verschwindet. Gilt $\boldsymbol{v}_{j+1}^* = \boldsymbol{0}$, so liegt mit K_j ein $\boldsymbol{A}$-invarianter Krylov-Unterraum vor, d. h. es gilt $K_j = K_{j+1}$, und hierauf basierende orthogonale als auch schiefe Krylov-Unterraum-Methoden liefern die exakte Lösung des Gleichungssystems, siehe [63]. Eine analoge Aussage ergibt sich für $\boldsymbol{w}_{j+1}^* = \boldsymbol{0}$. Diese beiden Fälle werden als reguläre Verfahrensabbrüche beschrieben. Bei orthogonalen Vektoren $\boldsymbol{v}_{j+1}^* \neq \boldsymbol{0} \neq \boldsymbol{w}_{j+1}^*$ liegt ein sogenannter ernsthafter Abbruch (serious breakdown) vor, da hierauf beruhende Projektionsmethoden in der Regel ohne Berechnung einer akzeptablen Näherungslösung terminieren. Diese Problematik kann oftmals durch eine vorausschauende Variante des Verfahrens (Look-ahead Lanczos algorithm) behoben werden. Hierbei wird ausgenutzt, dass häufig die Vektoren $\boldsymbol{v}_{j+2}^*$ und $\boldsymbol{w}_{j+2}^*$ auch ohne explizite Verwendung von $\boldsymbol{v}_{j+1}^*$ und $\boldsymbol{w}_{j+1}^*$ definiert werden können. Sollten auch $\boldsymbol{v}_{j+2}^*$ und $\boldsymbol{w}_{j+2}^*$ nicht ermittelt werden können, dann versucht der Algorithmus die Vektoren $\boldsymbol{v}_{j+3}^*$ und $\boldsymbol{w}_{j+3}^*$ zu berechnen, usw.. Gelingt die Berechnung eines solchen Vektorpaares, so kann der Algorithmus in seiner ursprünglichen Form weitergeführt werden. Die auf dem Bi-Lanczos-Algorithmus beruhenden Iterationsverfahren haben sich innerhalb praktischer Anwendungen auch bei Nutzung der beschriebenen Lanczos-Version als stabil erwiesen [50, 52]. Wir verzichten daher auf eine detailierte Beschreibung der vorausschauenden Variante und verweisen den interessierten Leser auf die Arbeiten von Brezinski, Zaglia, Sadok [13] und Parlett, Taylor, Liu [57], wobei in letzterem auch sogenannte unheilbare Verfahrensabbrüche diskutiert werden.

4.3.2.4 Das GMRES-Verfahren

Das von Saad und Schultz [64] 1986 vorgestellte GMRES-Verfahren (Generalized Minimal Residual) ist bei beliebigen regulären Matrizen anwendbar. Analog zum CG-Algorithmus kann das Verfahren formal als direktes und iteratives Verfahren aufgefasst werden. Die Verwendung des GMRES-Verfahrens in einer direkten Form ist jedoch in der Regel aufgrund des benötigten Speicherplatzes nicht praktikabel. Der Algorithmus wird daher bei praxisrelevanten Problemstellungen zumeist in einer Restarted-Version genutzt, die bereits bei der FOM vorgestellt wurde. Das Verfahren kann auf zwei unterschiedliche Arten betrachtet werden.

Einen Zugang erhalten wir, indem wir GMRES als Krylov-Unterraum-Methode betrachten, bei der die Projektion durch eine Petrov-Galerkin-Bedingung mit $L_m = \boldsymbol{A}K_m$ gegeben ist und das Verfahren somit eine schiefe Projektionsmethode darstellt.

Die zweite Möglichkeit zur Herleitung des Verfahrens besteht in der Umformulierung des linearen Gleichungssystems in ein Minimierungsproblem. Wir definieren hierzu im Gegensatz zum Verfahren der konjugierten Gradienten die Funktion F durch

$$
\begin{aligned}
F : \mathbb{R}^n &\rightarrow \mathbb{R} \\
\boldsymbol{x} &\mapsto \|\boldsymbol{b} - \boldsymbol{A}\boldsymbol{x}\|_2^2.
\end{aligned}
\tag{4.3.59}
$$

Lemma 4.86 *Seien* $\boldsymbol{A} \in \mathbb{R}^{n \times n}$ *regulär und* $\boldsymbol{b} \in \mathbb{R}^n$, *dann gilt mit der durch* (4.3.59) *gegebenen Funktion* F

$$
\hat{\boldsymbol{x}} = \arg\min_{\boldsymbol{x} \in \mathbb{R}^n} F(\boldsymbol{x})
$$

genau dann, wenn $\hat{\boldsymbol{x}} = \boldsymbol{A}^{-1}\boldsymbol{b}$ *gilt.*

Beweis:
Es gilt $F(\boldsymbol{x}) = \|\boldsymbol{b} - \boldsymbol{A}\boldsymbol{x}\|_2^2 \geq 0$ für alle $\boldsymbol{x} \in \mathbb{R}^n$. Somit erhalten wir durch

$$F(\hat{\boldsymbol{x}}) = 0 \quad \Leftrightarrow \quad \boldsymbol{A}\hat{\boldsymbol{x}} = \boldsymbol{b}$$

die Aussage

$$\hat{\boldsymbol{x}} = \arg\min_{\boldsymbol{x}\in\mathbb{R}^n} F(\boldsymbol{x}) = \boldsymbol{A}^{-1}\boldsymbol{b}.$$

□

Zum Abschluss dieser kurzen Einordnung der GMRES-Methode müssen wir noch nachweisen, dass beide Herleitungen zum gleichen Verfahren führen, das heißt, dass die bei den unterschiedlichen Bedingungen erzielten Näherungslösungen übereinstimmen. Diese Aussage liefert uns das folgende Lemma.

Lemma 4.87 *Seien* $F : \mathbb{R}^n \to \mathbb{R}$ *durch* (4.3.59) *gegeben und* $\boldsymbol{x}_0 \in \mathbb{R}^n$ *beliebig. Dann folgt*

$$\widetilde{\boldsymbol{x}} = \arg\min_{\boldsymbol{x}\in\boldsymbol{x}_0+K_m} F(\boldsymbol{x}) \tag{4.3.60}$$

genau dann, wenn

$$\boldsymbol{b} - \boldsymbol{A}\widetilde{\boldsymbol{x}} \perp L_m = \boldsymbol{A}K_m \tag{4.3.61}$$

gilt.

Beweis:
Seien $\boldsymbol{x}_m,\widetilde{\boldsymbol{x}} \in \boldsymbol{x}_0 + K_m$ mit $\widetilde{\boldsymbol{x}} = \boldsymbol{x}_0 + \boldsymbol{z}$ und $\boldsymbol{x}_m = \boldsymbol{x}_0 + \boldsymbol{z}_m$, dann erhalten wir

$$\begin{aligned}
& F(\boldsymbol{x}_m) - F(\widetilde{\boldsymbol{x}}) \\
= \;& (\boldsymbol{A}\boldsymbol{x}_m - \boldsymbol{b},\boldsymbol{A}\boldsymbol{x}_m - \boldsymbol{b})_2 - (\boldsymbol{A}\widetilde{\boldsymbol{x}} - \boldsymbol{b},\boldsymbol{A}\widetilde{\boldsymbol{x}} - \boldsymbol{b})_2 \\
= \;& (\boldsymbol{A}(\boldsymbol{x}_0 + \boldsymbol{z}_m) - \boldsymbol{b},\boldsymbol{A}(\boldsymbol{x}_0 + \boldsymbol{z}_m) - \boldsymbol{b})_2 - (\boldsymbol{A}(\boldsymbol{x}_0 + \boldsymbol{z}) - \boldsymbol{b},\boldsymbol{A}(\boldsymbol{x}_0 + \boldsymbol{z}) - \boldsymbol{b})_2 \\
= \;& (\boldsymbol{A}\boldsymbol{z}_m,\boldsymbol{A}\boldsymbol{z}_m)_2 + 2\,(\boldsymbol{A}\boldsymbol{x}_0 - \boldsymbol{b},\boldsymbol{A}\boldsymbol{z}_m)_2 + (\boldsymbol{A}\boldsymbol{x}_0 - \boldsymbol{b},\boldsymbol{A}\boldsymbol{x}_0 - \boldsymbol{b})_2 \\
& - (\boldsymbol{A}\boldsymbol{z},\boldsymbol{A}\boldsymbol{z})_2 - 2\,(\boldsymbol{A}\boldsymbol{x}_0 - \boldsymbol{b},\boldsymbol{A}\boldsymbol{z})_2 - (\boldsymbol{A}\boldsymbol{x}_0 - \boldsymbol{b},\boldsymbol{A}\boldsymbol{x}_0 - \boldsymbol{b})_2 \\
= \;& \underbrace{(\boldsymbol{A}\boldsymbol{z}_m,\boldsymbol{A}\boldsymbol{z}_m)_2 - 2\,(\boldsymbol{A}\boldsymbol{z},\boldsymbol{A}\boldsymbol{z}_m)_2 + (\boldsymbol{A}\boldsymbol{z},\boldsymbol{A}\boldsymbol{z})_2}_{= (\boldsymbol{A}(\boldsymbol{z}_m - \boldsymbol{z}),\boldsymbol{A}(\boldsymbol{z}_m - \boldsymbol{z}))_2} \\
& +2\underbrace{\left\{(\boldsymbol{A}\boldsymbol{x}_0 - \boldsymbol{b},\boldsymbol{A}\boldsymbol{z}_m)_2 + (\boldsymbol{A}\boldsymbol{z},\boldsymbol{A}\boldsymbol{z}_m)_2 - (\boldsymbol{A}\boldsymbol{x}_0 - \boldsymbol{b},\boldsymbol{A}\boldsymbol{z})_2 - (\boldsymbol{A}\boldsymbol{z},\boldsymbol{A}\boldsymbol{z})_2\right\}}_{= (\boldsymbol{A}\widetilde{\boldsymbol{x}} - \boldsymbol{b},\boldsymbol{A}(\boldsymbol{z}_m - \boldsymbol{z}))_2} \\
= \;& (\boldsymbol{A}(\boldsymbol{z}_m - \boldsymbol{z}),\boldsymbol{A}(\boldsymbol{z}_m - \boldsymbol{z}))_2 + 2\,(\boldsymbol{A}\widetilde{\boldsymbol{x}} - \boldsymbol{b},\boldsymbol{A}(\boldsymbol{z}_m - \boldsymbol{z}))_2 .
\end{aligned} \tag{4.3.62}$$

„(4.3.61) $\Rightarrow$ (4.3.60)“

Gelte $\boldsymbol{b} - \boldsymbol{A}\widetilde{\boldsymbol{x}} \perp \boldsymbol{A}K_m$.

Dann ergibt sich $(\boldsymbol{b} - \boldsymbol{A}\widetilde{\boldsymbol{x}},\boldsymbol{A}\boldsymbol{z})_2 = 0$ für alle $\boldsymbol{z} \in K_m$ und wir erhalten

$$F(\boldsymbol{x}_m) - F(\widetilde{\boldsymbol{x}}) \overset{(4.3.62)}{=} \|\boldsymbol{A}(\boldsymbol{z}_m - \boldsymbol{z})\|_2^2 .$$

Unter Berücksichtigung der Regularität der Matrix $\boldsymbol{A}$ folgt somit

$$F(\boldsymbol{x}_m) > F(\widetilde{\boldsymbol{x}}) \text{ für alle } \boldsymbol{x}_m \in \{\boldsymbol{x}_0 + K_m\} \backslash \{\widetilde{\boldsymbol{x}}\}.$$

„(4.3.60) $\Rightarrow$ (4.3.61)“

Gelte $\widetilde{\boldsymbol{x}} = \arg \min_{\boldsymbol{x} \in \boldsymbol{x}_0 + K_m} F(\boldsymbol{x})$.

Wir führen einen Widerspruchsbeweis durch und nehmen hierzu an, dass ein $\boldsymbol{z}_m \in K_m$ derart existiert, dass

$$(\boldsymbol{b} - \boldsymbol{A}\widetilde{\boldsymbol{x}},\boldsymbol{A}\boldsymbol{z}_m)_2 = \varepsilon \neq 0$$

gilt. O.B.d.A. können wir $\varepsilon > 0$ voraussetzen. Mit der Regularität der Matrix $\boldsymbol{A}$ gilt $\boldsymbol{z}_m \neq \boldsymbol{0}$ und wir definieren

$$\eta := (\boldsymbol{A}\boldsymbol{z}_m,\boldsymbol{A}\boldsymbol{z}_m)_2 > 0.$$

Desweiteren betrachten wir für gegebenes $\xi \in \mathbb{R}$ mit $0 < \xi < \dfrac{2\varepsilon}{\eta}$ die Vektoren

$$\boldsymbol{z}_m^\xi := \xi \boldsymbol{z}_m + \boldsymbol{z} \in K_m \tag{4.3.63}$$

und

$$\boldsymbol{x}_m^\xi := \boldsymbol{x}_0 + \boldsymbol{z}_m^\xi.$$

Somit folgt

$$\begin{aligned} F\left(\boldsymbol{x}_m^\xi\right) - F(\widetilde{\boldsymbol{x}}) &\overset{(4.3.62)}{=} \left(\boldsymbol{A}\left(\boldsymbol{z}_m^\xi - \boldsymbol{z}\right),\boldsymbol{A}\left(\boldsymbol{z}_m^\xi - \boldsymbol{z}\right)\right)_2 + 2\left(\boldsymbol{A}\widetilde{\boldsymbol{x}} - \boldsymbol{b},\boldsymbol{A}\left(\boldsymbol{z}_m^\xi - \boldsymbol{z}\right)\right)_2 \\ &\overset{(4.3.63)}{=} \left(\boldsymbol{A}\left(\xi \boldsymbol{z}_m\right),\boldsymbol{A}\left(\xi \boldsymbol{z}_m\right)\right)_2 + 2\left(\boldsymbol{A}\widetilde{\boldsymbol{x}} - \boldsymbol{b},\boldsymbol{A}\left(\xi \boldsymbol{z}_m\right)\right)_2 \\ &= \xi^2 \eta - 2\xi\varepsilon \\ &= \xi(\xi\eta - 2\varepsilon) \\ &< 0. \end{aligned}$$

Hiermit liegt ein Widerspruch zur Minimalitätseigenschaft von $\widetilde{\boldsymbol{x}}$ vor. □

Die GMRES-Methode basiert auf der vom Arnoldi-Algorithmus berechneten Orthonormalbasis $\{\boldsymbol{v}_1, \ldots, \boldsymbol{v}_m\}$ des K_m . Prinzipiell kann die Ermittlung der Orthonormalbasis auch mittels hiervon abweichender Verfahren wie zum Beispiel einer Householder Transformation durchgeführt werden. Eine derartige Implementierung wird in [75] beschrieben. Bei der Herleitung gehen wir von der Darstellung des Verfahrens als Minimierungsproblem aus. Sei $\boldsymbol{V}_m = (\boldsymbol{v}_1 \ldots \boldsymbol{v}_m) \in \mathbb{R}^{n \times m}$, dann lässt sich jedes $\boldsymbol{x}_m \in \boldsymbol{x}_0 + K_m$ in der Form

$$\boldsymbol{x}_m = \boldsymbol{x}_0 + \boldsymbol{V}_m \boldsymbol{\alpha}_m \text{ mit } \boldsymbol{\alpha}_m \in \mathbb{R}^m$$

darstellen. Mit

$$\begin{aligned} J_m : \mathbb{R}^m &\to \mathbb{R} \\ \boldsymbol{\alpha} &\mapsto \|\boldsymbol{b} - \boldsymbol{A}(\boldsymbol{x}_0 + \boldsymbol{V}_m \boldsymbol{\alpha})\|_2 \end{aligned} \tag{4.3.64}$$

ist die Minimierung gemäß (4.3.60) äquivalent zu

$$\boldsymbol{\alpha}_m := \arg \min_{\boldsymbol{\alpha} \in \mathbb{R}^m} J_m(\boldsymbol{\alpha}), \tag{4.3.65}$$

$$\boldsymbol{x}_m := \boldsymbol{x}_0 + \boldsymbol{V}_m \boldsymbol{\alpha}_m. \tag{4.3.66}$$

Zwei zentrale Ziele der weiteren Untersuchung sind nun eine möglichst einfache Berechnung von $\boldsymbol{\alpha}_m$ zu finden und $\boldsymbol{\alpha}_m$ erst dann berechnen zu müssen, wenn

$$\|\boldsymbol{b} - \boldsymbol{A}\boldsymbol{x}_m\|_2 \leq \varepsilon$$

mit einer vorgegebenen Genauigkeitsschranke $\varepsilon > 0$ gilt.

Mit dem Residuenvektor $\boldsymbol{r}_0 = \boldsymbol{b} - \boldsymbol{A}\boldsymbol{x}_0$ schreiben wir unter Verwendung des ersten Einheitsvektors $\boldsymbol{e}_1 = (1,0,\ldots,0)^T \in \mathbb{R}^{m+1}$

$$\begin{aligned} J_m(\boldsymbol{\alpha}) &= \|\boldsymbol{b} - \boldsymbol{A}(\boldsymbol{x}_0 + \boldsymbol{V}_m \boldsymbol{\alpha})\|_2 \\ &= \|\boldsymbol{r}_0 - \boldsymbol{A}\boldsymbol{V}_m \boldsymbol{\alpha}\|_2 \\ &= \|\, \|\boldsymbol{r}_0\|_2 \boldsymbol{v}_1 - \boldsymbol{A}\boldsymbol{V}_m \boldsymbol{\alpha}\, \|_2 \\ &\overset{\text{Satz 4.81}}{=} \left\|\, \|\boldsymbol{r}_0\|_2 \boldsymbol{v}_1 - \boldsymbol{V}_{m+1} \overline{\boldsymbol{H}}_m \boldsymbol{\alpha}\, \right\|_2 \\ &= \left\| \boldsymbol{V}_{m+1} \left(\|\boldsymbol{r}_0\|_2 \boldsymbol{e}_1 - \overline{\boldsymbol{H}}_m \boldsymbol{\alpha} \right) \right\|_2. \end{aligned} \tag{4.3.67}$$

Hierbei stellt $\overline{\boldsymbol{H}}_m$ die Matrix

$$\overline{\boldsymbol{H}}_m = \begin{pmatrix} \boldsymbol{H}_m \\ 0 \ldots 0 \; h_{m+1,m} \end{pmatrix} \in \mathbb{R}^{(m+1)\times m}$$

mit einer rechten oberen Hessenbergmatrix $\boldsymbol{H}_m$ dar.

Der Sinn der vorgenommenen äquivalenten Umformung der Minimierungsaufgabe liegt in der speziellen Gestalt der $(m+1) \times m$ Matrix $\overline{\boldsymbol{H}}_m$. Die erste Formulierung des Minimierungsproblems beinhaltet den Nachteil, dass wir bei einer vorgegebenen Genauigkeit eine sukzessive Berechnung der Folge

$$\boldsymbol{x}_m = \arg \min_{\boldsymbol{x} \in \boldsymbol{x}_0 + K_m} F(\boldsymbol{x}), \quad m = 1, \ldots$$

explizit bis zum Erreichen der Genauigkeitsschranke durchführen müssen. Wie wir im Folgenden nachweisen werden, ermöglicht uns die durch (4.3.65) und (4.3.66) gegebene Formulierung des Problems, die Berechnung des minimalen Fehlers

$$\min_{\boldsymbol{x} \in \boldsymbol{x}_0 + K_m} F(\boldsymbol{x})$$

vorzunehmen, ohne $\boldsymbol{x}_m$ explizit ermitteln zu müssen. Damit haben wir die Möglichkeit, erst dann $\boldsymbol{x}_m$ zu bestimmen, wenn der zu erwartende Fehler die geforderte Genauigkeit erfüllt.

Lemma 4.88 *Es sei vorausgesetzt, dass der Arnoldi-Algorithmus nicht vor der Berechnung von* $\boldsymbol{v}_{m+1}$ *abbricht und die Matrizen* $\boldsymbol{G}_{i+1,i} \in \mathbb{R}^{(m+1)\times(m+1)}$ *für* $i = 1,\ldots,m$ *durch*

$$\boldsymbol{G}_{i+1,i} := \begin{pmatrix} 1 & & & & & & \\ & \ddots & & & & & \\ & & 1 & & & & \\ & & & c_i & s_i & & & \\ & & & -s_i & c_i & & & \\ & & & & & 1 & & \\ & & & & & & \ddots & \\ & & & & & & & 1 \end{pmatrix}$$

gegeben sind, wobei c_i *und* s_i *gemäß*

$$c_i := \frac{a}{\sqrt{a^2+b^2}} \quad \text{und} \quad s_i := \frac{b}{\sqrt{a^2+b^2}} \tag{4.3.68}$$

mit

$$a := \left(\boldsymbol{G}_{i,i-1} \cdot \ldots \cdot \boldsymbol{G}_{3,2} \cdot \boldsymbol{G}_{2,1}\overline{\boldsymbol{H}}_m\right)_{i,i}$$

und

$$b := \left(\boldsymbol{G}_{i,i-1} \cdot \ldots \cdot \boldsymbol{G}_{3,2} \cdot \boldsymbol{G}_{2,1}\overline{\boldsymbol{H}}_m\right)_{i+1,i}$$

definiert sind. Dann stellt

$$\boldsymbol{Q}_m := \boldsymbol{G}_{m+1,m} \cdot \ldots \cdot \boldsymbol{G}_{2,1}$$

eine orthogonale Matrix dar, für die

$$\boldsymbol{Q}_m\overline{\boldsymbol{H}}_m = \overline{\boldsymbol{R}}_m$$

mit

$$\overline{\boldsymbol{R}}_m = \begin{pmatrix} \overline{r}_{11} & \ldots & \ldots & \overline{r}_{1m} \\ 0 & \ddots & & \vdots \\ \vdots & \ddots & \ddots & \vdots \\ \vdots & & \ddots & \overline{r}_{mm} \\ 0 & \ldots & \ldots & 0 \end{pmatrix} =: \begin{pmatrix} \boldsymbol{R}_m \\ 0 \ldots 0 \end{pmatrix} \in \mathbb{R}^{(m+1)\times m} \tag{4.3.69}$$

gilt und $\boldsymbol{R}_m$ *regulär ist.*

Beweis:
Gilt $\boldsymbol{v}_{m+1} \neq \boldsymbol{0}$, dann folgt $h_{j+1,j} \neq 0$ für $j = 1,\ldots,m$, wodurch alle Spaltenvektoren der Matrix $\overline{\boldsymbol{H}}_m$ linear unabhängig sind und somit $\text{rang}\overline{\boldsymbol{H}}_m = m$ gilt. Im Fall $\boldsymbol{v}_{m+1} = \boldsymbol{0}$ gilt $h_{m+1,m} = 0$, so dass mit (4.3.35) $\boldsymbol{A}\boldsymbol{V}_m = \boldsymbol{V}_m\boldsymbol{H}_m$ und wegen $\text{rang}(\boldsymbol{A}\boldsymbol{V}_m) = \text{rang}(\boldsymbol{V}_m\boldsymbol{H}_m) = m$ die Eigenschaft $\text{rang}\overline{\boldsymbol{H}}_m = \text{rang}\boldsymbol{H}_m = m$ folgt.

Wir führen den Beweis mittels einer vollständigen Induktion über i durch.

Für $i = 1$ erhalten wir mit $\text{rang}\overline{\boldsymbol{H}}_m = m$ direkt

$$h_{11}^2 + h_{21}^2 \neq 0$$

und somit die Wohldefiniertheit der Rotationsmatrix $\boldsymbol{G}_{2,1}$. Durch elementares Nachrechnen wird leicht ersichtlich, dass eine orthogonale Transformation der Matrix $\overline{\boldsymbol{H}}_m$ durch $\boldsymbol{G}_{2,1}$

$$\boldsymbol{G}_{2,1}\overline{\boldsymbol{H}}_m = \begin{pmatrix} h_{11}^{(1)} & h_{12}^{(1)} & \dots & \dots & h_{1m}^{(1)} \\ 0 & h_{22}^{(1)} & \dots & \dots & h_{2m}^{(1)} \\ 0 & h_{32} & & & \vdots \\ 0 & 0 & \ddots & & \vdots \\ \vdots & \vdots & & \ddots & \vdots \\ 0 & 0 & \dots & 0 & h_{m+1,m} \end{pmatrix}$$

liefert. Gelte nun für $i < m$

$$\boldsymbol{G}_{i+1,i} \cdot \ldots \cdot \boldsymbol{G}_{2,1}\overline{\boldsymbol{H}}_m = \begin{pmatrix} h_{11}^{(i)} & \dots & \dots & \dots & \dots & \dots & h_{1m}^{(i)} \\ 0 & \ddots & & & & & \vdots \\ \vdots & \ddots & \ddots & & & & \vdots \\ \vdots & & 0 & h_{i+1,i+1}^{(i)} & \dots & \dots & h_{i+1,m}^{(i)} \\ \vdots & & \vdots & h_{i+2,i+1} & \dots & \dots & h_{i+2,m} \\ \vdots & & \vdots & 0 & \ddots & & \vdots \\ \vdots & & \vdots & \vdots & \ddots & \ddots & \vdots \\ 0 & \dots & 0 & 0 & \dots & 0 & h_{m+1,m} \end{pmatrix}.$$

Da alle Givensrotationen $\boldsymbol{G}_{j+1,j}$, $j = 1,\dots,i$ orthogonale Drehmatrizen darstellen, folgt

$$\operatorname{rang}\left(\boldsymbol{G}_{i+1,i} \cdot \ldots \cdot \boldsymbol{G}_{2,1}\overline{\boldsymbol{H}}_m\right) = m,$$

wodurch sich

$$\left(h_{i+1,i+1}^{(i)}\right)^2 + \left(h_{i+2,i+1}\right)^2 \neq 0$$

ergibt. Somit ist auch die Matrix $\boldsymbol{G}_{i+2,i+1}$ wohldefiniert und es folgt

$$\boldsymbol{G}_{i+2,i+1} \cdot \ldots \cdot \boldsymbol{G}_{2,1}\overline{\boldsymbol{H}}_m = \begin{pmatrix} h_{11}^{(i+1)} & \dots & \dots & \dots & \dots & \dots & h_{1m}^{(i+1)} \\ 0 & \ddots & & & & & \vdots \\ \vdots & \ddots & \ddots & & & & \vdots \\ \vdots & & 0 & h_{i+2,i+2}^{(i+1)} & \dots & \dots & h_{i+2,m}^{(i+1)} \\ \vdots & & \vdots & h_{i+3,i+2} & \dots & \dots & h_{i+3,m} \\ \vdots & & \vdots & 0 & \ddots & & \vdots \\ \vdots & & \vdots & \vdots & \ddots & \ddots & \vdots \\ 0 & \dots & 0 & 0 & \dots & 0 & h_{m+1,m} \end{pmatrix}.$$

Die Matrix $\boldsymbol{Q}_m = \boldsymbol{G}_{m+1,m} \cdot \ldots \cdot \boldsymbol{G}_{21} \in \mathbb{R}^{(m+1)\times(m+1)}$ ist mit Lemma 2.27 orthogonal und es gilt

$$Q_m \overline{H}_m = \overline{R}_m \quad \text{mit} \quad \overline{r}_{ij} = h_{ij}^{(m)}$$

für $i = 1, \ldots, m$, $j = 1, \ldots, m$. Aus $\text{rang}\overline{R}_m = \text{rang}(Q_m \overline{H}_m) = \text{rang}\overline{H}_m = m$ folgt abschließend die Regularität der Matrix R_m. □

Definieren wir mit der durch Lemma 4.88 gegebenen Matrix $Q_m \in \mathbb{R}^{(m+1)\times(m+1)}$ unter Verwendung von $e_1 = (1,0,\ldots,0)^T \in \mathbb{R}^{m+1}$ den Vektor

$$\overline{g}_m := \|r_0\|_2 \, Q_m e_1 = \left(\gamma_1^{(m)}, \ldots, \gamma_m^{(m)}, \gamma_{m+1}\right)^T = \left(g_m^T, \gamma_{m+1}\right)^T \in \mathbb{R}^{m+1}, \tag{4.3.70}$$

dann folgt mit (4.3.67) im Fall $v_{m+1} \neq 0$ die Darstellung

$$\begin{aligned}
\min_{\alpha \in \mathbb{R}^m} J_m(\alpha) &= \min_{\alpha \in \mathbb{R}^m} \left\| V_{m+1} \left(\|r_0\|_2 \, e_1 - \overline{H}_m \alpha \right) \right\|_2 \\
&= \min_{\alpha \in \mathbb{R}^m} \left\| \, \|r_0\|_2 \, e_1 - \overline{H}_m \alpha \, \right\|_2 \\
&= \min_{\alpha \in \mathbb{R}^m} \left\| Q_m \left(\|r_0\|_2 \, e_1 - \overline{H}_m \alpha \right) \right\|_2 \\
&\overset{\text{Lemma 4.88}}{=} \min_{\alpha \in \mathbb{R}^m} \left\| \overline{g}_m - \overline{R}_m \alpha \right\|_2 \\
&= \min_{\alpha \in \mathbb{R}^m} \sqrt{|\gamma_{m+1}|^2 + \|g_m - R_m \alpha\|_2^2}.
\end{aligned} \tag{4.3.71}$$

Durch die Regularität der Matrix R_m ergibt sich somit

$$\min_{\alpha \in \mathbb{R}^m} J_m(\alpha) = |\gamma_{m+1}| \, . \tag{4.3.72}$$

Liegt $v_{m+1} = 0$ vor, so erhalten wir

$$\min_{\alpha \in \mathbb{R}^m} J_m(\alpha) = \min_{\alpha \in \mathbb{R}^m} \|V_m (\|r_0\|_2 \, e_1 - H_m \alpha)\|_2 = \min_{\alpha \in \mathbb{R}^m} \|g_m - R_m \alpha\|_2 = 0.$$

Bemerkung:
Für die durch (4.3.70) gegebenen Fehlergrößen $\gamma_1, \ldots, \gamma_{m+1}$ gilt

$$\|r_j\|_2 = |\gamma_{j+1}| \leq |\gamma_j| = \|r_{j-1}\|_2$$

für $j = 1, \ldots, m$.

Zusammenfassend erhalten wir den GMRES-Algorithmus in der folgenden Form. Auch zu diesem Verfahren kann dem Anhang A eine mögliche Umsetzung in MATLAB entnommen werden. Hierbei sei angemerkt, dass die anschließende algorithmische Darstellung den Arnoldi-Algorithmus in seiner Grundform verwendet, während innerhalb der MATLAB-Implementierung die stabilere und in der Praxis zu bevorzugende modifizierte Form des Arnoldi-Verfahrens genutzt wird.

GMRES-Algorithmus —

Wähle $\boldsymbol{x}_0 \in \mathbb{R}^n$

$\boldsymbol{r}_0 := \boldsymbol{b} - \boldsymbol{A}\boldsymbol{x}_0$

$\boldsymbol{r}_0 = \boldsymbol{0}$?

- Y: $\boldsymbol{x} := \boldsymbol{x}_0$
- N:
  - $\boldsymbol{v}_1 := \dfrac{\boldsymbol{r}_0}{\|\boldsymbol{r}_0\|_2}$, $\gamma_1 := \|\boldsymbol{r}_0\|_2$
  - Für $j = 1, \ldots, n$
    - Für $i = 1, \ldots, j$ setze $h_{ij} := (\boldsymbol{v}_i, \boldsymbol{A}\boldsymbol{v}_j)_2$
    - $\boldsymbol{w}_j := \boldsymbol{A}\boldsymbol{v}_j - \sum\limits_{i=1}^{j} h_{ij}\boldsymbol{v}_i\,,\ h_{j+1,j} := \|\boldsymbol{w}_j\|_2$
    - Für $i = 1, \ldots, j-1$
      - $\begin{pmatrix} h_{ij} \\ h_{i+1,j} \end{pmatrix} := \begin{pmatrix} c_i & s_i \\ -s_i & c_i \end{pmatrix} \begin{pmatrix} h_{ij} \\ h_{i+1,j} \end{pmatrix}$
    - $\beta := \sqrt{h_{jj}^2 + h_{j+1,j}^2};\ s_j := \dfrac{h_{j+1,j}}{\beta}$
    - $c_j := \dfrac{h_{jj}}{\beta};\ h_{jj} := \beta$
    - $\gamma_{j+1} := -s_j\gamma_j;\ \gamma_j := c_j\gamma_j$
    - $\gamma_{j+1} = 0$?
      - Y:
        - Für $i = j, \ldots, 1$
          - $\alpha_i := \dfrac{1}{h_{ii}} \left(\gamma_i - \sum\limits_{k=i+1}^{j} h_{ik}\alpha_k \right)$
        - $\boldsymbol{x} := \boldsymbol{x}_0 + \sum\limits_{i=1}^{j} \alpha_i \boldsymbol{v}_i$
        - STOP
      - N: $\boldsymbol{v}_{j+1} := \dfrac{\boldsymbol{w}_j}{h_{j+1,j}}$

Untersucht man das Verfahren, so erkennt man, dass die einzige Abbruchmöglichkeit im Verschwinden von $h_{j+1,j}$ liegt. Ein wesentliches Merkmal des Verfahrens besteht darin, dass GMRES an dieser Stelle nicht zusammenbricht, sondern die exakte Lösung liefert. Eine mathematische Beschreibung dieser Eigenschaft liefert uns der folgende Satz.

Satz 4.89 *Seien* $\boldsymbol{A} \in \mathbb{R}^{n\times n}$ *eine reguläre Matrix sowie* $h_{j+1,j}$ *und* $\boldsymbol{w}_j$ *durch den Arnoldi-Algorithmus gegeben und gelte* $j < n$ *. Dann sind die folgenden Aussagen äquivalent:*

(1) Für die Folge der Krylov-Unterräume gilt

$$K_1 \subset K_2 \subset \ldots \subset K_j = K_{j+1} = \ldots .$$

(2) Das GMRES-Verfahren liefert im j *-ten Schritt die exakte Lösung.*

(3) $\boldsymbol{w}_j = \boldsymbol{0} \in \mathbb{R}^n$ *.*

(4) $h_{j+1,j} = 0$ *.*

Beweis:
„(1) $\Leftrightarrow$ (3)“
Wir erhalten die Aussage direkt durch die folgenden äquivalenten Umformulierungen:

$$\begin{aligned} & K_{j+1} = K_j \\ \Leftrightarrow\quad & \operatorname{span}\{\boldsymbol{r}_0,\ldots,\boldsymbol{A}^j\boldsymbol{r}_0\} = \operatorname{span}\{\boldsymbol{r}_0,\ldots,\boldsymbol{A}^{j-1}\boldsymbol{r}_0\} \\ \Leftrightarrow\quad & \operatorname{span}\{\boldsymbol{v}_1,\ldots,\boldsymbol{v}_j,\boldsymbol{w}_j\} = \operatorname{span}\{\boldsymbol{v}_1,\ldots,\boldsymbol{v}_j\} \\ \Leftrightarrow\quad & \boldsymbol{w}_j \in \operatorname{span}\{\boldsymbol{v}_1,\ldots,\boldsymbol{v}_j\} \\ \Leftrightarrow\quad & \boldsymbol{w}_j = \boldsymbol{0} \in \mathbb{R}^n, \text{ da } (\boldsymbol{v}_i,\boldsymbol{w}_j)_2 = 0 \text{ für } i = 1,\ldots,j \text{ gilt.} \end{aligned}$$

„(3) $\Leftrightarrow$ (4)“
Der Nachweis folgt unmittelbar aus $h_{j+1,j} = \|\boldsymbol{w}_j\|_2$.

„(2) $\Rightarrow$ (4)“
Sei $\boldsymbol{x}_j$ die exakte Lösung von $\boldsymbol{A}\boldsymbol{x} = \boldsymbol{b}$, dann folgt mit (4.3.72) $\gamma_{j+1} = 0$. O.B.d.A. setzen wir voraus, dass $\boldsymbol{x}_{j-1} \neq \boldsymbol{x}_j$ und somit $\gamma_j \neq 0$ gilt. Wir nutzen die Gleichung

$$\begin{aligned} 0 = \gamma_{j+1} &= \boldsymbol{e}_{j+1}^T \boldsymbol{G}_{j+1,j} \begin{pmatrix} \boldsymbol{Q}_{j-1} & \boldsymbol{0} \\ \boldsymbol{0}^T & 1 \end{pmatrix} \|\boldsymbol{r}_0\|_2 \boldsymbol{e}_1 \\ &= \boldsymbol{e}_{j+1}^T \begin{pmatrix} 1 & & & & \\ & \ddots & & & \\ & & 1 & & \\ & & & c_j & s_j \\ & & & -s_j & c_j \end{pmatrix} \begin{pmatrix} \gamma_1^{(j-1)} \\ \vdots \\ \gamma_{j-1}^{(j-1)} \\ \gamma_j \\ 0 \end{pmatrix} \\ &= -s_j\gamma_j \end{aligned}$$

und erhalten mit $\gamma_j \neq 0$ die Aussage $s_j = 0$. Unter Verwendung der Gleichung (4.3.68) ergibt sich hiermit $h_{j+1,j} = 0$.

„(4) $\Rightarrow$ (2)"
Da $h_{j+1,j} = 0$ berechnet wurde, hat kein Abbruch des Arnoldi-Algorithmus vor der Berechnung von $\boldsymbol{v}_j \neq \boldsymbol{0}$ stattgefunden. Mit Lemma 4.88 erhalten wir folglich die Existenz einer orthogonalen Matrix

$$\boldsymbol{Q}_j := \boldsymbol{G}_{j+1,j} \cdot \ldots \cdot \boldsymbol{G}_{2,1} \in \mathbb{R}^{(j+1)\times(j+1)}$$

mit

$$\overline{\boldsymbol{R}}_j = \begin{pmatrix} \boldsymbol{R}_j \\ 0 \ldots 0 \end{pmatrix} = \boldsymbol{Q}_j \overline{\boldsymbol{H}}_j, \tag{4.3.73}$$

wobei $\boldsymbol{R}_j$ eine reguläre obere Dreiecksmatrix darstellt. Die Voraussetzung $h_{j+1,j} = 0$ liefert mit (4.3.68) $s_j = 0$, so dass

$$\boldsymbol{G}_{j+1,j} = \begin{pmatrix} 1 & & & & \\ & \ddots & & & \\ & & 1 & & \\ & & & c_j & \\ & & & & c_j \end{pmatrix} \tag{4.3.74}$$

folgt. Desweiteren stellen die im Arnoldi-Algorithmus ermittelten Vektoren $\boldsymbol{v}_1, \ldots, \boldsymbol{v}_j$ eine Orthonormalbasis des K_j dar.

Sei $\boldsymbol{V}_{j+1} = (\boldsymbol{V}_j, \tilde{\boldsymbol{v}}_{j+1}) \in \mathbb{R}^{n\times(j+1)}$ mit einem normierten und zu $\boldsymbol{v}_1, \ldots, \boldsymbol{v}_j$ orthogonalen Vektor $\tilde{\boldsymbol{v}}_{j+1} \in \mathbb{R}^n$, dann folgt mit $h_{j+1,j} = 0$ durch Satz 4.80 die Gleichung

$$\boldsymbol{A}\boldsymbol{V}_j = \boldsymbol{V}_j \boldsymbol{H}_j = \boldsymbol{V}_{j+1} \overline{\boldsymbol{H}}_j. \tag{4.3.75}$$

Sei $\overline{\boldsymbol{g}}_j$ gemäß (4.3.70) in der Form

$$\overline{\boldsymbol{g}}_j = \|\boldsymbol{r}_0\|_2 \boldsymbol{Q}_j \boldsymbol{e}_1 = \left(\boldsymbol{g}_j^T, \gamma_{j+1}\right)^T \in \mathbb{R}^{j+1}$$

gegeben, dann definieren wir

$$\boldsymbol{\alpha}_j := \boldsymbol{R}_j^{-1} \boldsymbol{g}_j \in \mathbb{R}^j$$

und

$$\boldsymbol{x}_j := \boldsymbol{x}_0 + \boldsymbol{V}_j \boldsymbol{\alpha}_j \in \mathbb{R}^n. \tag{4.3.76}$$

Hiermit folgt unter Verwendung von

$$\begin{aligned} \overline{\boldsymbol{g}}_j &= \|\boldsymbol{r}_0\|_2 \boldsymbol{G}_{j+1,j} \begin{pmatrix} \boldsymbol{Q}_{j-1} & \boldsymbol{0} \\ \boldsymbol{0}^T & 1 \end{pmatrix} \boldsymbol{e}_1 \\ &= \boldsymbol{G}_{j+1,j} \begin{pmatrix} \boldsymbol{g}_{j-1} \\ \gamma_j \\ 0 \end{pmatrix} \\ &\overset{(4.3.74)}{=} \begin{pmatrix} \boldsymbol{g}_j \\ 0 \end{pmatrix} \end{aligned}$$

die Gleichung

$$\begin{aligned}
\|\boldsymbol{b} - \boldsymbol{A}\boldsymbol{x}_j\|_2 &= \|\boldsymbol{r}_0 - \boldsymbol{A}\boldsymbol{V}_j\boldsymbol{\alpha}_j\|_2 \\
&= \left\|\boldsymbol{V}_{j+1}\left(\|\boldsymbol{r}_0\|_2\,\boldsymbol{e}_1 - \overline{\boldsymbol{H}}_j\boldsymbol{\alpha}_j\right)\right\|_2 \\
&= \left\|\boldsymbol{Q}_j\left(\|\boldsymbol{r}_0\|_2\,\boldsymbol{e}_1 - \overline{\boldsymbol{H}}_j\boldsymbol{\alpha}_j\right)\right\|_2 \\
&= \left\|\begin{pmatrix} \boldsymbol{g}_j \\ 0 \end{pmatrix} - \begin{pmatrix} \boldsymbol{R}_j \\ 0 \dots 0 \end{pmatrix}\boldsymbol{\alpha}_j\right\|_2 \\
&= 0.
\end{aligned}$$

Somit stellt $\boldsymbol{x}_j$ die exakte Lösung der Gleichung $\boldsymbol{A}\boldsymbol{x} = \boldsymbol{b}$ dar. □

Das GMRES-Verfahren weist zwei grundlegende Nachteile auf. Die erste Problematik liegt im Rechenaufwand zur Bestimmung der Orthonormalbasis, der mit der Dimension des Krylov-Unterraums anwächst. Desweiteren ergibt sich ein hoher Speicherplatzbedarf für die Basisvektoren. Im Extremfall muss auch bei einer schwachbesetzten Matrix $\boldsymbol{A} \in \mathbb{R}^{n\times n}$ eine vollbesetzte Matrix $\boldsymbol{V}_n \in \mathbb{R}^{n\times n}$ abgespeichert werden. Bei praxisrelevanten Problemen übersteigt der Speicherplatzbedarf daher oftmals die vorhandenen Ressourcen. Aus diesem Grund wird oft ein GMRES-Verfahren mit Restart verwendet, bei dem die maximale Krylov-Unterraumdimension beschränkt wird. Weist das Residuum $\|\boldsymbol{r}_m\|_2$ bei Erreichen dieser Obergrenze nicht eine vorgegebene Genauigkeit $\|\boldsymbol{r}_m\|_2 \le \varepsilon > 0$ auf, so wird dennoch die zur Zeit optimale Näherungslösung $\boldsymbol{x}_m$ bestimmt und als Startvektor innerhalb eines Restarts verwendet. Das folgende Diagramm beschreibt eine GMRES-Version mit Restart und einer maximalen Krylov-Unterraumdimension von m. Das Verfahren wird oftmals als Restarted GMRES(m) bezeichnet. Die theoretisch mögliche Interpretation des GMRES-Verfahrens als direkte Methode geht in dieser Formulierung zwar verloren, aber das Residuum ist dennoch monoton fallend.

Im Rahmen einer impliziten Finite-Volumen-Methode zur Simulation reibungsfreier und reibungsbehafteter Luftströmungen erwies sich bei schwachbesetzten Gleichungssystemen mit etwa 10.000 Unbekannten eine maximale Krylov-Unterraumdimension im Bereich 10 bis 15 als ausreichend, um eine Genauigkeit von $\varepsilon = 10^{-6}$ ohne Restart zu erreichen, falls eine geeignete Präkonditionierung implementiert wurde. Hierbei hat sich gezeigt, dass das Konvergenzverhalten des GMRES-Verfahrens sehr stark vom gewählten Präkonditionierer abhängt. Mit einer unvollständigen LU-Zerlegung (siehe Abschnitt 5.4) erwies sich die Methode als robust, während eine einfache Skalierung (siehe Abschnitt 5.1) analog zum Verfahren ohne Vorkonditionierung häufig auf nicht akzeptable Rechenzeiten führte. Eine ausführliche Diskussion der angesprochenen Ergebnisse kann der Arbeit [50] entnommen werden.

Das Ersetzen der Arnoldi-Methode durch eine unvollständige Orthogonalisierungsvorschrift innerhalb des GMRES-Verfahrens führt auf den sogenannten Quasi-GMRES-Algorithmus (QGMRES). Dieser Ansatz kann auch in einer direkten Version der DQGMRES verwendet werden. Beide Verfahren sind allerdings nicht so stark verbreitet und werden detailliert in [63] beschrieben.

GMRES(m)-Algorithmus mit begrenzter Anzahl von Restarts —

Wähle $\boldsymbol{x}_0 \in \mathbb{R}^n$ und $\varepsilon > 0$

restart $:= 0$; $\boldsymbol{r}_0 := \boldsymbol{b} - \boldsymbol{A}\boldsymbol{x}_0$

$\boldsymbol{r}_0 = \boldsymbol{0}$

- Y: $\boldsymbol{x} := \boldsymbol{x}_0$
- N:
  - $\boldsymbol{v}_1 := \frac{\boldsymbol{r}_0}{\|\boldsymbol{r}_0\|_2}$, $\gamma_1 := \|\boldsymbol{r}_0\|_2$
  - Für $j = 1,\ldots,m$
    - Für $i = 1,\ldots,j$ setze $h_{ij} := (\boldsymbol{v}_i,\boldsymbol{A}\boldsymbol{v}_j)_2$
    - $\boldsymbol{w}_j := \boldsymbol{A}\boldsymbol{v}_j - \sum_{i=1}^{j} h_{ij}\boldsymbol{v}_i$, $h_{j+1,j} := \|\boldsymbol{w}_j\|_2$
    - Für $i = 1,\ldots,j-1$
      - $\begin{pmatrix} h_{ij} \\ h_{i+1,j} \end{pmatrix} := \begin{pmatrix} c_i & s_i \\ -s_i & c_i \end{pmatrix} \begin{pmatrix} h_{ij} \\ h_{i+1,j} \end{pmatrix}$
    - $\beta := \sqrt{h_{jj}^2 + h_{j+1,j}^2}$; $s_j := \frac{h_{j+1,j}}{\beta}$; $c_j := \frac{h_{jj}}{\beta}$
    - $h_{jj} := \beta$; $\gamma_{j+1} := -s_j\gamma_j$; $\gamma_j := c_j\gamma_j$
    - $\gamma_{j+1} \leq \varepsilon$
      - Y:
        - Für $i = j,\ldots,1$
          - $\alpha_i := \frac{1}{h_{ii}}\left(\gamma_i - \sum_{k=i+1}^{j} h_{ik}\alpha_k\right)$
        - $\boldsymbol{x} := \boldsymbol{x}_0 + \sum_{i=1}^{j} \alpha_i \boldsymbol{v}_i$
        - STOP
      - N: $\boldsymbol{v}_{j+1} := \frac{\boldsymbol{w}_j}{h_{j+1,j}}$
  - Für $i = m,\ldots,1$
    - $\alpha_i := \frac{1}{h_{ii}}\left(\gamma_i - \sum_{k=i+1}^{m} h_{ik}\alpha_k\right)$
  - $\boldsymbol{x} := \boldsymbol{x}_0 + \sum_{i=1}^{m} \alpha_i \boldsymbol{v}_i$
  - $\boldsymbol{x}_0 := \boldsymbol{x}$; $\boldsymbol{r}_0 := \boldsymbol{b} - \boldsymbol{A}\boldsymbol{x}_0$; *restart* $:=$ *restart* $+ 1$

  solange *restart* $\leq$ Maximale Anzahl von Restarts

Unter Verwendung von $\boldsymbol{W}_m = (\boldsymbol{A}\boldsymbol{v}_1 \ldots \boldsymbol{A}\boldsymbol{v}_m)$ erfüllt das GMRES-Verfahren die Voraussetzung des Satzes 4.62. Folglich gilt

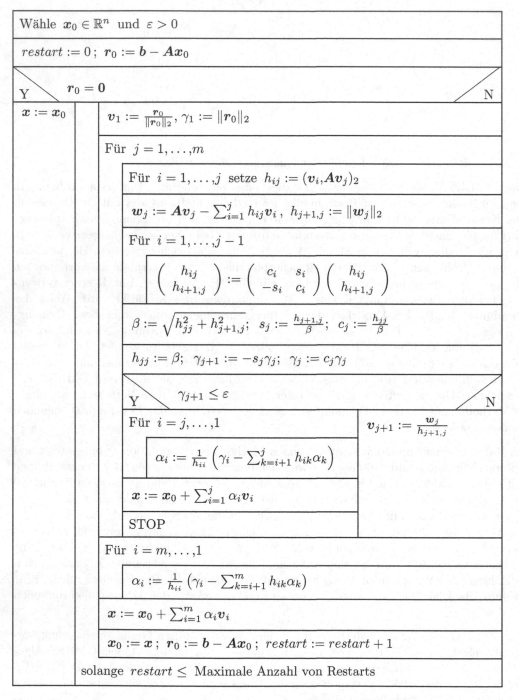

$$\|\boldsymbol{r}_m\| \le \|\boldsymbol{P}_m\| \min_{p\in\mathcal{P}_m^1} \|p(\boldsymbol{A})\boldsymbol{r}_0\|$$

bezüglich jeder Norm, wobei $\boldsymbol{P}_m$ die in (4.3.4) aufgeführte Projektion darstellt. Für Projektionen gilt mit $\boldsymbol{P}_m^2 = \boldsymbol{P}_m$ stets $\|\boldsymbol{P}_m\| \ge 1$, wodurch sich für den Spezialfall der euklidischen Norm schon aus der Definition der Funktion F gemäß (4.3.59) für die durch das GMRES-Verfahren ermittelte Näherungslösung $\boldsymbol{x}_m$ mit

$$\|\boldsymbol{r}_m\|_2 = \min_{p\in\mathcal{P}_m^1} \|p(\boldsymbol{A})\boldsymbol{r}_0\|_2 \tag{4.3.77}$$

eine Verbesserung der Aussage ergibt. Unter zusätzlichen Voraussetzungen an die Matrix ergeben sich mit den anschließenden Aussagen weitere Abschätzungen des Residuums.

Zu einer gegebenen symmetrischen Matrix $\boldsymbol{B} \in \mathbb{R}^{n\times n}$ bezeichne $\lambda_{\min}(\boldsymbol{B})$ und $\lambda_{\max}(\boldsymbol{B})$ im Folgenden stets den betragskleinsten beziehungsweise betragsgrößten Eigenwert von $\boldsymbol{B}$.

Satz 4.90 *Sei $\boldsymbol{A} \in \mathbb{R}^{n\times n}$ positiv definit und $\boldsymbol{r}_m$ der im GMRES-Verfahren ermittelte m-te Residuenvektor, dann konvergiert das GMRES-Verfahren, und es gilt*

$$\|\boldsymbol{r}_m\|_2 \le \left(1 - \frac{\lambda_{\min}^2\left(\frac{\boldsymbol{A}^T+\boldsymbol{A}}{2}\right)}{\lambda_{\max}\left(\boldsymbol{A}^T\boldsymbol{A}\right)}\right)^{\frac{m}{2}} \|\boldsymbol{r}_0\|_2. \tag{4.3.78}$$

Beweis:
Aus (4.3.77) erhalten wir

$$\|\boldsymbol{r}_m\|_2 \le \min_{p\in\mathcal{P}_m^1} \|p(\boldsymbol{A})\|_2 \|\boldsymbol{r}_0\|_2. \tag{4.3.79}$$

Wir werden nun den Nachweis der Abschätzung (4.3.78) durch eine explizite Angabe eines Polynoms $p \in \mathcal{P}_m^1$ erbringen.

Für $\alpha > 0$ definieren wir $p_1(\boldsymbol{A}) = \boldsymbol{I} - \alpha\boldsymbol{A} \in \mathcal{P}_1^1$, wodurch $(p_1(\boldsymbol{A}))^m \in \mathcal{P}_m^1$ und

$$\min_{p\in\mathcal{P}_m^1} \|p(\boldsymbol{A})\|_2 \le \|(p_1(\boldsymbol{A}))^m\|_2 \le \|p_1(\boldsymbol{A})\|_2^m \tag{4.3.80}$$

gilt. Aus

$$\begin{aligned} \|p_1(\boldsymbol{A})\|_2^2 &\overset{(2.2.2)}{=} \sup_{\|\boldsymbol{x}\|_2=1} \|(\boldsymbol{I}-\alpha\boldsymbol{A})\boldsymbol{x}\|_2^2 = \sup_{\boldsymbol{x}\neq\boldsymbol{0}} \frac{\|(\boldsymbol{I}-\alpha\boldsymbol{A})\boldsymbol{x}\|_2^2}{\|\boldsymbol{x}\|_2^2} \\ &= \sup_{\boldsymbol{x}\neq\boldsymbol{0}} \left\{1 - 2\alpha\frac{(\boldsymbol{x},\boldsymbol{A}\boldsymbol{x})_2}{(\boldsymbol{x},\boldsymbol{x})_2} + \alpha^2\frac{(\boldsymbol{A}\boldsymbol{x},\boldsymbol{A}\boldsymbol{x})_2}{(\boldsymbol{x},\boldsymbol{x})_2}\right\} \end{aligned}$$

ergibt sich für $\boldsymbol{x} \neq \boldsymbol{0}$ unter Verwendung von

$$0 < \frac{(\boldsymbol{A}\boldsymbol{x},\boldsymbol{A}\boldsymbol{x})_2}{(\boldsymbol{x},\boldsymbol{x})_2} = \frac{(\boldsymbol{x},\boldsymbol{A}^T\boldsymbol{A}\boldsymbol{x})_2}{(\boldsymbol{x},\boldsymbol{x})_2} \le \lambda_{\max}\left(\boldsymbol{A}^T\boldsymbol{A}\right)$$

und

$$\frac{(\boldsymbol{x},\boldsymbol{A}\boldsymbol{x})_2}{(\boldsymbol{x},\boldsymbol{x})_2} = \frac{\left(\boldsymbol{x},\frac{\boldsymbol{A}^T+\boldsymbol{A}}{2}\boldsymbol{x}\right)_2}{(\boldsymbol{x},\boldsymbol{x})_2} \geq \lambda_{\min}\left(\frac{\boldsymbol{A}^T+\boldsymbol{A}}{2}\right) \overset{\boldsymbol{A}\text{ pos. def.}}{>} 0$$

die Ungleichung

$$\|p_1(\boldsymbol{A})\|_2^2 \leq 1 - 2\alpha\lambda_{\min}\left(\frac{\boldsymbol{A}^T+\boldsymbol{A}}{2}\right) + \alpha^2\lambda_{\max}\left(\boldsymbol{A}^T\boldsymbol{A}\right). \tag{4.3.81}$$

Das Minimum der rechten Seite bezüglich α erhalten wir im Punkt

$$\alpha_{\min} = \frac{\lambda_{\min}\left(\frac{\boldsymbol{A}^T+\boldsymbol{A}}{2}\right)}{\lambda_{\max}\left(\boldsymbol{A}^T\boldsymbol{A}\right)} > 0.$$

Durch Einsetzen der Größe $\alpha_{\min}$ in die Abschätzung (4.3.81) folgt für $p_1(\boldsymbol{A}) = \boldsymbol{I}-\alpha_{\min}\boldsymbol{A}$ die Ungleichung

$$0 \leq \|p_1(\boldsymbol{A})\|_2^2 \leq 1 - \frac{\lambda_{\min}^2\left(\frac{\boldsymbol{A}^T+\boldsymbol{A}}{2}\right)}{\lambda_{\max}\left(\boldsymbol{A}^T\boldsymbol{A}\right)} < 1. \tag{4.3.82}$$

Somit konvergiert das GMRES-Verfahren, und es gilt

$$\begin{aligned}
\|\boldsymbol{r}_m\|_2 &\overset{(4.3.79)}{\leq} \min_{p\in\mathcal{P}_m^1} \|p(\boldsymbol{A})\|_2\|\boldsymbol{r}_0\|_2 \\
&\overset{(4.3.80)}{\leq} \|p_1(\boldsymbol{A})\|_2^m\|\boldsymbol{r}_0\|_2 \\
&\overset{(4.3.82)}{\leq} \left(1 - \frac{\lambda_{\min}^2\left(\frac{\boldsymbol{A}^T+\boldsymbol{A}}{2}\right)}{\lambda_{\max}\left(\boldsymbol{A}^T\boldsymbol{A}\right)}\right)^{\frac{m}{2}} \|\boldsymbol{r}_0\|_2.
\end{aligned}$$

□

Für eine symmetrische Matrix ergibt sich hieraus zudem eine Abschätzung unter Verwendung der Konditionszahl der Matrix $\boldsymbol{A}$, die den Vorteil einer kleineren Konditionszahl verdeutlicht.

Korollar 4.91 *Sei $\boldsymbol{A} \in \mathbb{R}^{n\times n}$ positiv definit und symmetrisch. Zudem sei $\boldsymbol{r}_m$ der im GMRES-Verfahren ermittelte m-te Residuenvektor, dann konvergiert das GMRES-Verfahren und es gilt*

$$\|\boldsymbol{r}_m\|_2 \leq \left(\frac{\text{cond}_2^2(\boldsymbol{A})-1}{\text{cond}_2^2(\boldsymbol{A})}\right)^{\frac{m}{2}} \|\boldsymbol{r}_0\|_2.$$

Zum Abschluss dieses Abschnitts wenden wir uns nochmals dem GMRES(m)-Verfahren zu. Während mit Satz 4.89 das GMRES-Verfahren spätestens nach n Iterationen die exakte Lösung liefert, kann aufgrund des Restarts eine solche Aussage für die GMRES(m)-Methode ($m < n$) nicht nachgewiesen werden. Zwar liegt auch bei der Restarted-Version ein monotones Abfallen des Residuums vor, es bleibt jedoch zu befürchten, dass sich ein konstanter Residuenverlauf einstellt. Wir sind daher an Konvergenzaussagen für das GMRES(m)-Verfahren interessiert, die zudem aus praktischen Gesichtspunkten eine möglichst kleine untere Schranke für die maximale Krylov-Unterraumdimension m fordern sollten. Eine derartige Aufgabenstellung kann in Spezialfällen durch die anschließenden Sätze positiv beantwortet werden.

Satz 4.92 *Sei* $\boldsymbol{A} \in \mathbb{R}^{n \times n}$ *positiv definit, dann konvergiert das GMRES(* m *)-Verfahren für* $m \geq 1$.

Beweis:
Durch die Ungleichung (4.3.82) ergibt sich mit Satz 4.90 stets

$$\|\boldsymbol{r}_1\|_2 \leq \gamma \|\boldsymbol{r}_0\|_2 \tag{4.3.83}$$

mit $\gamma < 1$. Da γ unabhängig vom Startvektor $\boldsymbol{x}_0$ ist, folgt aus (4.3.83) die Behauptung.

□

Satz 4.93 *Sei* $\boldsymbol{A} \in \mathbb{R}^{n \times n}$ *regulär und symmetrisch, dann konvergiert das GMRES(* m *)-Verfahren für* $m \geq 2$.

Beweis:
Ausgehend von der Abschätzung (4.3.79) wählen wir $p(\boldsymbol{A}) = \boldsymbol{I} - \alpha \boldsymbol{A}^2$ mit $\alpha > 0$. Analog zum Beweis des Satzes 4.90 folgt unter Verwendung der Symmetrie der Matrix $\boldsymbol{A}$ die Ungleichung

$$\|p(\boldsymbol{A})\|_2^2 \leq 1 - 2\alpha \lambda_{\min}\left(\boldsymbol{A}^2\right) + \alpha^2 \lambda_{\max}\left(\boldsymbol{A}^4\right).$$

Für den optimalen Parameter ergibt sich

$$\alpha_{\min} = \frac{\lambda_{\min}\left(\boldsymbol{A}^2\right)}{\lambda_{\max}\left(\boldsymbol{A}^4\right)}$$

wodurch mit $p_1(\boldsymbol{A}) = \boldsymbol{I} - \alpha_{\min} \boldsymbol{A}^2$ die Abschätzung

$$\|\boldsymbol{r}_2\|_2 \leq \underbrace{\left(1 - \frac{\lambda_{\min}^2\left(\boldsymbol{A}^2\right)}{\lambda_{\max}\left(\boldsymbol{A}^4\right)}\right)^{\frac{1}{2}}}_{<1} \|\boldsymbol{r}_0\|_2$$

folgt. □

Weitere Konvergenzaussagen für das GMRES-Verfahren wie auch für die Methoden CGN und CGS werden in [54] hergeleitet.

Liegt mit $\boldsymbol{A}$ eine symmetrische Matrix vor, dann degeneriert der Arnoldi-Algorithmus zum Lanczos-Verfahren (siehe Abschnitt 4.3.2.2) und wir erhalten mit $\boldsymbol{H}_m$ eine Tridiagonalmatrix. Aufgrund der speziellen Gestalt der Matrix lässt sich das GMRES-Verfahren in der Form einer Dreitermrekursion schreiben, wodurch das angesprochene Speicherplatzproblem entfällt und keine Notwendigkeit zur Betrachtung einer Version mit Restart vorliegt. Diese spezielle Form des GMRES-Algorithmus wurde bereits 1975 von Paige und Saunders [56] vorgestellt und trägt den Namen MINRES (Minimal Residual). Eine Herleitung dieses Verfahrens wird in [34] präsentiert.

4.3.2.5 Das BiCG-Verfahren

Das BiCG-Verfahren (Bi-Conjugate Gradient) wurde ursprünglich bereits 1952 von Lanczos [47] vorgeschlagen. Seine große Verbreitung erzielte es jedoch erst in der von Fletcher [27] präsentierten Formulierung. Das Verfahren stellt eine auf dem Bi-Lanczos-Algorithmus basierende Krylov-Unterraum-Methode dar, wobei die Orthogonalität durch eine Petrov-Galerkin-Bedingung $L_m = K_m^T = \text{span}\{\boldsymbol{r}_0, \boldsymbol{A}^T\boldsymbol{r}_0, \ldots, (\boldsymbol{A}^T)^{m-1}\boldsymbol{r}_0\}$ gegeben ist. Im Vergleich zur GMRES-Methode zeichnet sich der Algorithmus durch einen deutlich geringeren Speicherplatzbedarf aus. Jedoch weist das Verfahren zwei entscheidende Nachteile auf. Vererbt durch den zugrundeliegenden Bi-Lanczos-Algorithmus werden Multiplikationen mit der zu $\boldsymbol{A}$ transponierten Matrix benötigt, und das Verfahren kann, wie in Abschnitt 4.3.2.3 beschrieben, bei einer regulären Matrix abbrechen, ohne die exakte Lösung berechnet zu haben.

Satz 4.94 *Vorausgesetzt, der Bi-Lanczos-Algorithmus bricht nicht vor der Berechnung von $\boldsymbol{v}_m \neq \boldsymbol{0}$ ab, und die in Satz 4.85 definierte Tridiagonalmatrix $\boldsymbol{T}_m$ ist regulär, dann stellt*

$$\boldsymbol{x}_m = \boldsymbol{x}_0 + \boldsymbol{V}_m\boldsymbol{T}_m^{-1}(\|\boldsymbol{r}_0\|_2\boldsymbol{e}_1) \in \boldsymbol{x}_0 + K_m \tag{4.3.84}$$

mit $\boldsymbol{e}_1 = (1,0,\ldots,0)^T \in \mathbb{R}^m$ die eindeutig bestimmte Lösung der auf der Petrov-Galerkin-Bedingung

$$\boldsymbol{b} - \boldsymbol{A}\boldsymbol{x}_m \perp K_m^T \tag{4.3.85}$$

basierenden Krylov-Unterraum-Methode dar.

Beweis:
Da die Vektoren der Matrix $\boldsymbol{V}_m$ laut Satz 4.84 eine Basis des K_m darstellen, folgt direkt

$$\boldsymbol{x}_m \in \boldsymbol{x}_0 + K_m.$$

Laut Satz 4.84 und Satz 4.85 gilt zudem

$$\boldsymbol{T}_m = \boldsymbol{W}_m^T\boldsymbol{A}\boldsymbol{V}_m \tag{4.3.86}$$

sowie

$$\boldsymbol{W}_m^T\boldsymbol{V}_m = \boldsymbol{V}_m^T\boldsymbol{W}_m = \boldsymbol{I}.$$

Somit erhalten wir für $i = 1,\ldots,m$

$$\begin{aligned}
(\boldsymbol{b} - \boldsymbol{A}\boldsymbol{x}_m, \boldsymbol{w}_i)_2 &= \left(\boldsymbol{r}_0 - \boldsymbol{A}\boldsymbol{V}_m\boldsymbol{T}_m^{-1}(\|\boldsymbol{r}_0\|_2\boldsymbol{e}_1), \boldsymbol{w}_i\right)_2 \\
&= \|\boldsymbol{r}_0\|_2\Bigg[\underbrace{\left(\frac{\boldsymbol{r}_0}{\|\boldsymbol{r}_0\|_2}, \boldsymbol{w}_i\right)_2}_{=\delta_{i1}} - \left(\boldsymbol{A}\boldsymbol{V}_m\boldsymbol{T}_m^{-1}\boldsymbol{e}_1, \boldsymbol{w}_i\right)_2\Bigg] \\
&= \|\boldsymbol{r}_0\|_2\Bigg[\delta_{i1} - \underbrace{\boldsymbol{w}_i^T\boldsymbol{A}\boldsymbol{V}_m\boldsymbol{T}_m^{-1}}_{\overset{(4.3.86)}{=}\ \boldsymbol{e}_i^T}\boldsymbol{e}_1\Bigg] \\
&= 0,
\end{aligned}$$

wodurch $\boldsymbol{b} - \boldsymbol{A}\boldsymbol{x}_m \perp \boldsymbol{w}_i$ für $i = 1,\ldots,m$ folgt, und daher

$$b - Ax_m \perp K_m^T = \operatorname{span}\{w_1, \ldots, w_m\}$$

gilt.

Wir kommen nun zum Nachweis der Eindeutigkeit der Lösung. Seien x_m, $\widetilde{x}_m \in x_0 + K_m$ zwei Vektoren, die der Bedingung (4.3.85) genügen, dann folgt

$$x_m = x_0 + V_m \alpha_m \quad \text{und} \quad \widetilde{x}_m = x_0 + V_m \widetilde{\alpha}_m$$

mit $\alpha_m, \widetilde{\alpha}_m \in \mathbb{R}^m$. Aus der Orthogonalitätsbedingung ergibt sich

$$\begin{aligned} 0 &= W_m^T (b - A\widetilde{x}_m - b + Ax_m) \\ &= W_m^T A (x_m - \widetilde{x}_m) \\ &= W_m^T A V_m (\alpha_m - \widetilde{\alpha}_m) \\ &= T_m (\alpha_m - \widetilde{\alpha}_m). \end{aligned}$$

Laut Voraussetzung ist $T_m \in \mathbb{R}^{m \times m}$ regulär, und wir erhalten somit $\alpha_m = \widetilde{\alpha}_m$ und folglich $x_m = \widetilde{x}_m$. □

Zur Herleitung des Verfahrens setzen wir voraus, dass sich die Matrix T_m in der Form

$$T_m = \underbrace{\begin{pmatrix} 1 & & & \\ \ell_{21} & \ddots & & \\ & \ddots & \ddots & \\ & & \ell_{m,m-1} & 1 \end{pmatrix}}_{=: L_m} \underbrace{\begin{pmatrix} u_{11} & h_{12} & & \\ & \ddots & \ddots & \\ & & \ddots & h_{m-1,m} \\ & & & u_{mm} \end{pmatrix}}_{=: U_m}$$

zerlegen lässt. Mit

$$\widetilde{P}_m = (\widetilde{p}_0 \cdots \widetilde{p}_{m-1}) := V_m U_m^{-1} \in \mathbb{R}^{n \times m}$$

und

$$z_m = (\xi_1, \ldots, \xi_m)^T := L_m^{-1} (\|r_0\|_2 e_1) \in \mathbb{R}^m$$

folgt

$$\begin{aligned} x_m &= x_0 + V_m T_m^{-1} (\|r_0\|_2 e_1) = x_0 + V_m U_m^{-1} L_m^{-1} (\|r_0\|_2 e_1) \\ &= x_0 + \widetilde{P}_m z_m \end{aligned} \tag{4.3.87}$$

mit dem ersten Einheitsvektor $e_1 \in \mathbb{R}^m$. Wegen $V_m = \widetilde{P}_m U_m$ gilt unter Berücksichtigung der Festlegung $\widetilde{p}_{-1} := 0$ respektive $h_{0,1} := 0$ für den m-ten Spaltenvektor der Matrix V_m die Darstellung $v_m = h_{m-1,m}\widetilde{p}_{m-2} + u_{mm}\widetilde{p}_{m-1}$ und somit

$$\widetilde{p}_{m-1} = \frac{1}{u_{mm}} \left(v_m - h_{m-1,m} \widetilde{p}_{m-2} \right). \tag{4.3.88}$$

Zudem erhalten wir aus $L_m z_m = \|r_0\|_2 e_1$ für $m > 1$ die Gleichung

$$\xi_m + \ell_{m,m-1} \xi_{m-1} = 0. \tag{4.3.89}$$

Zudem gilt $\xi_1 = \|\boldsymbol{r}_0\|_2$, und aus (4.3.87) ergibt sich daher

$$\begin{aligned}\boldsymbol{x}_m &= \boldsymbol{x}_0 + \widetilde{\boldsymbol{P}}_m \boldsymbol{z}_m = \boldsymbol{x}_0 + \widetilde{\boldsymbol{P}}_{m-1}\boldsymbol{z}_{m-1} + \tilde{\boldsymbol{p}}_{m-1}\xi_m \\ &= \boldsymbol{x}_{m-1} + \xi_m \tilde{\boldsymbol{p}}_{m-1}\end{aligned} \tag{4.3.90}$$

und

$$\boldsymbol{r}_m = \boldsymbol{b} - \boldsymbol{A}\boldsymbol{x}_m = \boldsymbol{r}_{m-1} - \xi_m \boldsymbol{A}\tilde{\boldsymbol{p}}_{m-1}. \tag{4.3.91}$$

Für den Residuenvektor erhalten wir somit die Darstellung

$$\begin{aligned}\boldsymbol{r}_m &= \boldsymbol{b} - \boldsymbol{A}\boldsymbol{x}_m \\ &\overset{(4.3.84)}{=} \boldsymbol{r}_0 - \boldsymbol{A}\boldsymbol{V}_m\boldsymbol{T}_m^{-1}\left(\|\boldsymbol{r}_0\|_2 \boldsymbol{e}_1\right) \\ &\overset{\text{Satz 4.85}}{=} \boldsymbol{r}_0 - \left(\boldsymbol{V}_m\boldsymbol{T}_m + h_{m+1,m}\boldsymbol{v}_{m+1}\boldsymbol{e}_m^T\right)\boldsymbol{T}_m^{-1}\left(\|\boldsymbol{r}_0\|_2 \boldsymbol{e}_1\right) \\ &= \underbrace{\boldsymbol{r}_0 - \boldsymbol{V}_m\|\boldsymbol{r}_0\|_2\boldsymbol{e}_1}_{=0} - h_{m+1,m}\boldsymbol{v}_{m+1}\underbrace{\boldsymbol{e}_m^T\boldsymbol{T}_m^{-1}\left(\|\boldsymbol{r}_0\|_2\boldsymbol{e}_1\right)}_{\in\mathbb{R}} \\ &= \sigma_m \boldsymbol{v}_{m+1}\end{aligned} \tag{4.3.92}$$

mit $\sigma_m \in \mathbb{R}$. Der Vektor $\tilde{\boldsymbol{p}}_{m-1}$ lässt sich folglich unter Verwendung der Gleichung (4.3.88) in der Form

$$\tilde{\boldsymbol{p}}_{m-1} = \frac{1}{u_{mm}}\left(\frac{1}{\sigma_{m-1}}\boldsymbol{r}_{m-1} - h_{m-1,m}\tilde{\boldsymbol{p}}_{m-2}\right).$$

schreiben. Analog erhalten wir für das transponierte Problem

$$\boldsymbol{b} - \boldsymbol{A}^T\boldsymbol{x}_m^* \perp K_m$$

mit $\boldsymbol{x}_m^* = \boldsymbol{x}_0^* + K_m^T$ und $\boldsymbol{x}_0^* = \boldsymbol{A}^{-T}\boldsymbol{A}\boldsymbol{x}_0$ bei vorausgesetzter Regularität der Matrix $\boldsymbol{T}_m$ die eindeutig bestimmte Lösung in der Form

$$\boldsymbol{x}_m^* = \boldsymbol{x}_0^* + \boldsymbol{W}_m\boldsymbol{T}_m^{-T}\left(\|\boldsymbol{r}_0\|_2\boldsymbol{e}_1\right)$$

mit $\boldsymbol{W}_m$ gemäß Satz 4.85. Für den Residuenvektor $\boldsymbol{r}_m^* = \boldsymbol{b} - \boldsymbol{A}^T\boldsymbol{x}_m^*$ ergibt sich entsprechend der Gleichung (4.3.92) die Darstellung

$$\boldsymbol{r}_m^* = \sigma_m^*\boldsymbol{w}_{m+1}$$

mit $\sigma_m^* \in \mathbb{R}$. Definieren wir

$$\widetilde{\boldsymbol{P}}_m^* = \left(\tilde{\boldsymbol{p}}_0^* \ldots \tilde{\boldsymbol{p}}_{m-1}^*\right) := \boldsymbol{W}_m\boldsymbol{L}_m^{-T},$$

so gilt

$$\tilde{\boldsymbol{p}}_{m-1}^* = \boldsymbol{w}_m - \ell_{m,m-1}\tilde{\boldsymbol{p}}_{m-2}^* = \sigma_{m-1}^*\boldsymbol{r}_{m-1}^* - \ell_{m,m-1}\tilde{\boldsymbol{p}}_{m-2}^*,$$

wobei analog zur Bestimmung der Vektoren $\widetilde{\boldsymbol{p}}_{m-1}$ laut (4.3.88) die Festlegung $\widetilde{\boldsymbol{p}}^*_{-1} := \mathbf{0}$ respektive $\ell_{1,0} := 0$ berücksichtigt werden muss. Die Näherungslösung lässt sich in der Form

$$\boldsymbol{x}^*_m = \boldsymbol{x}^*_0 + \widetilde{\boldsymbol{P}}^*_m \boldsymbol{z}^*_m$$

mit

$$\boldsymbol{z}^*_m = (\xi^*_1, \ldots, \xi^*_m)^T := \boldsymbol{U}_m^{-T} \left(\|\boldsymbol{r}_0\|_2 \boldsymbol{e}_1 \right)$$

schreiben. Analog zu (4.3.89) gilt für $m > 1$

$$\xi^*_m = -\frac{h_{m-1,m}}{u_{mm}} \xi^*_{m-1}$$

und

$$\xi_1 = -\frac{\|\boldsymbol{r}_0\|_2}{u_{11}}.$$

Daher ergibt sich

$$\boldsymbol{x}^*_m = \boldsymbol{x}^*_{m-1} + \xi^*_m \tilde{\boldsymbol{p}}^*_{m-1}$$

sowie

$$\boldsymbol{r}^*_m = \boldsymbol{r}^*_{m-1} - \xi^*_m \boldsymbol{A}^T \tilde{\boldsymbol{p}}^*_{m-1}.$$

Skalieren wir die Suchvektoren gemäß

$$\boldsymbol{p}_{m-1} = \frac{\xi_m}{\alpha_{m-1}} \tilde{\boldsymbol{p}}_{m-1} \quad \text{und} \quad \boldsymbol{p}^*_{m-1} = \frac{\xi^*_m}{\alpha_{m-1}} \tilde{\boldsymbol{p}}^*_{m-1},$$

dann folgt

$$\begin{aligned} \boldsymbol{x}_m &= \boldsymbol{x}_{m-1} + \alpha_{m-1} \boldsymbol{p}_{m-1}, \\ \boldsymbol{x}^*_m &= \boldsymbol{x}^*_{m-1} + \alpha_{m-1} \boldsymbol{p}^*_{m-1} \end{aligned}$$

und

$$\begin{aligned} \boldsymbol{p}_m &= \tau_m \boldsymbol{r}_m + \beta_{m-1} \boldsymbol{p}_{m-1}, \\ \boldsymbol{p}^*_m &= \tau^*_m \boldsymbol{r}^*_m + \beta^*_{m-1} \boldsymbol{p}^*_{m-1} \end{aligned}$$

mit $\tau_m, \tau^*_m, \beta_{m-1}, \beta^*_{m-1} \in \mathbb{R}$. Hierbei bleibt die Berechnung der skalaren Größen anzugeben. Es erweist sich als übersichtlich, zunächst den BiCG-Algorithmus in der folgenden Form aufzuführen und anschließend nachzuweisen, dass in der gewählten Formulierung mit $\boldsymbol{x}_{j+1}$ für $j \in \mathbb{N}_0$ stets die Lösung der auf der Petrov-Galerkin-Bedingung (4.3.85) basierenden Krylov-Unterraum-Methode vorliegt. Ein direkt ausführbares Programm wird im Anhang A dargestellt.

BiCG-Algorithmus —

Wähle $\boldsymbol{x}_0 \in \mathbb{R}^n$ und $\varepsilon > 0$

$\boldsymbol{r}_0 = \boldsymbol{r}_0^* = \boldsymbol{p}_0 = \boldsymbol{p}_0^* := \boldsymbol{b} - \boldsymbol{A}\,\boldsymbol{x}_0$

$j := 0$

Solange $\|\boldsymbol{r}_j\|_2 > \varepsilon$

$$\alpha_j := \frac{(\boldsymbol{r}_j,\boldsymbol{r}_j^*)_2}{(\boldsymbol{A}\,\boldsymbol{p}_j,\boldsymbol{p}_j^*)_2}$$

$\boldsymbol{x}_{j+1} := \boldsymbol{x}_j + \alpha_j \boldsymbol{p}_j$

$\boldsymbol{r}_{j+1} := \boldsymbol{r}_j - \alpha_j \boldsymbol{A}\,\boldsymbol{p}_j$

$\boldsymbol{r}_{j+1}^* := \boldsymbol{r}_j^* - \alpha_j \boldsymbol{A}^T \boldsymbol{p}_j^*$

$$\beta_j := \frac{(\boldsymbol{r}_{j+1},\boldsymbol{r}_{j+1}^*)_2}{(\boldsymbol{r}_j,\boldsymbol{r}_j^*)_2}$$

$\boldsymbol{p}_{j+1} := \boldsymbol{r}_{j+1} + \beta_j \boldsymbol{p}_j$

$\boldsymbol{p}_{j+1}^* := \boldsymbol{r}_{j+1}^* + \beta_j \boldsymbol{p}_j^*$

$j := j + 1$

Lemma 4.95 *Vorausgesetzt, der BiCG-Algorithmus bricht nicht vor der Berechnung von* $\boldsymbol{p}_m^*$ *ab, dann gilt für* $j = 0,\ldots,m$

$$\boldsymbol{r}_j = \sum_{i=1}^{j+1} \gamma_{i,j} \boldsymbol{v}_i, \quad \boldsymbol{r}_j^* = \sum_{i=1}^{j+1} \gamma_{i,j}^* \boldsymbol{w}_i, \tag{4.3.93}$$

$$\boldsymbol{p}_j = \sum_{i=1}^{j+1} \lambda_{i,j} \boldsymbol{v}_i, \quad \boldsymbol{p}_j^* = \sum_{i=1}^{j+1} \lambda_{i,j}^* \boldsymbol{w}_i \tag{4.3.94}$$

mit $\gamma_{j+1,j},\gamma_{j+1,j}^*,\lambda_{j+1,j},\lambda_{j+1,j}^* \neq 0$ *und den aus dem Bi-Lanczos-Algorithmus resultierenden bi-orthonormalen Vektoren* $\boldsymbol{v}_1,\ldots,\boldsymbol{v}_{j+1}$ *und* $\boldsymbol{w}_1,\ldots,\boldsymbol{w}_{j+1}$ *.*

Beweis:
Der Nachweis ergibt sich durch eine Induktion über j. Für $j = 0$ gilt $\boldsymbol{v}_1 = \boldsymbol{w}_1 = \boldsymbol{r}_0 = \boldsymbol{p}_0 = \boldsymbol{r}_0^* = \boldsymbol{p}_0^*$, so dass die Darstellung mit $\gamma_{1,0} = \gamma_{1,0}^* = \lambda_{1,0} = \lambda_{1,0}^* = 1$ erfüllt ist.

Vorausgesetzt, die Behauptung sei für $\ell = 0,\ldots,j < m$ erfüllt, dann folgt aus dem BiCG-Verfahren

$$\begin{aligned}\boldsymbol{r}_{j+1} &= \boldsymbol{r}_j - \alpha_j \boldsymbol{A}\boldsymbol{p}_j \\ &\overset{\substack{(4.3.93)\\(4.3.94)}}{=} -\alpha_j \lambda_{j+1,j} \underbrace{\boldsymbol{A}\boldsymbol{v}_{j+1}}_{\in K_{j+2}} + \underbrace{\sum_{i=1}^{j+1} \gamma_{i,j} \boldsymbol{v}_i - \alpha_j \sum_{i=1}^{j} \lambda_{i,j} \boldsymbol{A}\boldsymbol{v}_i}_{\in K_{j+1}}.\end{aligned}$$

Laut Voraussetzung konnte $\boldsymbol{p}_{j+1}$ berechnet werden, wodurch $\alpha_j \neq 0$ folgt und mit $\lambda_{j+1,j} \neq 0$ sich der Residuenvektor in der Form

$$\boldsymbol{r}_{j+1} = \gamma_{j+2,j+1} \boldsymbol{v}_{j+2} + \underbrace{\psi_{j+1}}_{\in K_{j+1}} \in K_{j+2}$$

mit $\gamma_{j+2,j+1} \neq 0$ schreiben lässt. Für den Suchvektor ergibt sich entsprechend

$$\boldsymbol{p}_{j+1} = \boldsymbol{r}_{j+1} + \underbrace{\beta_j \boldsymbol{p}_j}_{\in K_{j+1}} \overset{\substack{(4.3.93)\\(4.3.94)}}{=} \lambda_{j+2,j+1} \boldsymbol{v}_{j+2} + \underbrace{\phi_{j+1}}_{\in K_{j+1}} \in K_{j+2}.$$

mit $\lambda_{j+2,j+1} \neq 0$. Die Aussage für die verbleibenden zwei Vektoren folgt analog. □

Lemma 4.96 *Vorausgesetzt, der BiCG-Algorithmus bricht nicht vor der Berechnung von $\boldsymbol{p}_{m+1}^*$ ab, dann gilt*

$$(\boldsymbol{r}_j,\boldsymbol{r}_i^*)_2 = 0 \quad \text{für} \quad i \neq j \leq m+1, \tag{4.3.95}$$

$$(\boldsymbol{A}\boldsymbol{p}_j,\boldsymbol{p}_i^*)_2 = 0 \quad \text{für} \quad i \neq j \leq m+1. \tag{4.3.96}$$

Beweis:
Wir führen den Beweis mittels einer vollständigen Induktion über m durch. Für $m = 0$ ergibt sich die Behauptung gemäß

$$(\boldsymbol{r}_1,\boldsymbol{r}_0^*)_2 = (\boldsymbol{r}_0,\boldsymbol{r}_0^*)_2 - \frac{(\boldsymbol{r}_0,\boldsymbol{r}_0^*)_2}{(\boldsymbol{A}\boldsymbol{r}_0,\boldsymbol{r}_0^*)_2} (\boldsymbol{A}\boldsymbol{r}_0,\boldsymbol{r}_0^*)_2 = 0 \tag{4.3.97}$$

und

$$\begin{aligned}(\boldsymbol{A}\boldsymbol{p}_1,\boldsymbol{p}_0^*)_2 &= (\boldsymbol{A}\boldsymbol{r}_1,\boldsymbol{p}_0^*)_2 + \beta_0 (\boldsymbol{A}\boldsymbol{p}_0,\boldsymbol{p}_0^*)_2 \\ &= \left(\boldsymbol{r}_1,\boldsymbol{A}^T\boldsymbol{p}_0^*\right)_2 + \frac{\beta_0}{\alpha_0} (\boldsymbol{r}_0,\boldsymbol{r}_0^*)_2 \\ &= \left(\boldsymbol{r}_1,\frac{\boldsymbol{r}_0^* - \boldsymbol{r}_1^*}{\alpha_0}\right)_2 + \frac{(\boldsymbol{r}_1,\boldsymbol{r}_1^*)_2}{\alpha_0} \\ &= 0.\end{aligned} \tag{4.3.98}$$

Analog ergibt sich die behauptete Aussage für $(\boldsymbol{r}_0,\boldsymbol{r}_1^*)_2$ sowie $(\boldsymbol{A}\boldsymbol{p}_0,\boldsymbol{p}_1^*)_2$.

Sei die Behauptung für $\ell = 0,\ldots,m$ erfüllt, dann folgt der Nachweis in den folgenden Schritten. Für $j < m$ erhalten wir unter Berücksichtigung von $\beta_{-1} := 0$ respektive $\boldsymbol{p}_{-1}^* := \boldsymbol{0}$ die Gleichungen

$$
\begin{aligned}
\left(\boldsymbol{r}_{m+1},\boldsymbol{r}_j^*\right)_2 &= \underbrace{\left(\boldsymbol{r}_m,\boldsymbol{r}_j^*\right)_2}_{=0} - \alpha_m \left(\boldsymbol{A}\boldsymbol{p}_m,\boldsymbol{r}_j^*\right)_2 \\
&= -\alpha_m \left(\boldsymbol{A}\boldsymbol{p}_m,\boldsymbol{p}_j^* - \beta_{j-1}\boldsymbol{p}_{j-1}^*\right)_2 \\
&\overset{(4.3.96)}{=} 0
\end{aligned}
\tag{4.3.99}
$$

und

$$
\begin{aligned}
(\boldsymbol{r}_{m+1},\boldsymbol{r}_m^*)_2 &= (\boldsymbol{r}_m,\boldsymbol{r}_m^*)_2 - \alpha_m (\boldsymbol{A}\boldsymbol{p}_m,\boldsymbol{r}_m^*)_2 \\
&= (\boldsymbol{r}_m,\boldsymbol{r}_m^*)_2 - \alpha_m (\boldsymbol{A}\boldsymbol{p}_m,\boldsymbol{p}_m^*)_2 + \alpha_m \underbrace{(\boldsymbol{A}\boldsymbol{p}_m,\beta_{m-1}\boldsymbol{p}_{m-1}^*)_2}_{=0} \\
&= (\boldsymbol{r}_m,\boldsymbol{r}_m^*)_2 - \frac{(\boldsymbol{r}_m,\boldsymbol{r}_m^*)_2}{(\boldsymbol{A}\boldsymbol{p}_m,\boldsymbol{p}_m^*)_2} (\boldsymbol{A}\boldsymbol{p}_m,\boldsymbol{p}_m^*)_2 \\
&= 0.
\end{aligned}
\tag{4.3.100}
$$

Desweiteren ergibt sich für $j < m$

$$
\begin{aligned}
\left(\boldsymbol{A}\boldsymbol{p}_{m+1},\boldsymbol{p}_j^*\right)_2 &= \left(\boldsymbol{A}\boldsymbol{r}_{m+1},\boldsymbol{p}_j^*\right)_2 + \beta_m \underbrace{\left(\boldsymbol{A}\boldsymbol{p}_m,\boldsymbol{p}_j^*\right)_2}_{=0} = \left(\boldsymbol{r}_{m+1},\boldsymbol{A}^T\boldsymbol{p}_j^*\right)_2 \\
&= \left(\boldsymbol{r}_{m+1},\frac{\boldsymbol{r}_j^* - \boldsymbol{r}_{j+1}^*}{\alpha_j}\right)_2 \\
&\overset{\substack{(4.3.99)\\(4.3.100)}}{=} 0
\end{aligned}
$$

und

$$
\begin{aligned}
\left(\boldsymbol{A}\boldsymbol{p}_{m+1},\boldsymbol{p}_m^*\right)_2 &= (\boldsymbol{A}\boldsymbol{r}_{m+1},\boldsymbol{p}_m^*)_2 + \beta_m (\boldsymbol{A}\boldsymbol{p}_m,\boldsymbol{p}_m^*)_2 \\
&= \left(\boldsymbol{r}_{m+1},\boldsymbol{A}^T\boldsymbol{p}_m^*\right)_2 + \frac{\beta_m}{\alpha_m}(\boldsymbol{r}_m,\boldsymbol{r}_m^*)_2 \\
&= \left(\boldsymbol{r}_{m+1},\frac{\boldsymbol{r}_m^* - \boldsymbol{r}_{m+1}^*}{\alpha_m}\right)_2 + \frac{\left(\boldsymbol{r}_{m+1},\boldsymbol{r}_{m+1}^*\right)_2}{\alpha_m} \\
&= 0.
\end{aligned}
$$

Eine analoge Vorgehensweise liefert die verbleibenden Gleichungen $\left(\boldsymbol{r}_j,\boldsymbol{r}_{m+1}^*\right)_2 = 0$ und $\left(\boldsymbol{A}\boldsymbol{p}_j,\boldsymbol{p}_{m+1}^*\right)_2 = 0$ für $j < m+1$. □

Satz 4.97 *Unter der Voraussetzung, dass der BiCG-Algorithmus nicht vor der Berechnung von $\boldsymbol{r}_m^*$ abbricht, stellt $\boldsymbol{x}_m$ die Lösung des Problems*

$$\boldsymbol{b} - \boldsymbol{A}\boldsymbol{x} \perp K_m^T$$

mit $\boldsymbol{x} \in \boldsymbol{x}_0 + K_m$ dar.

Beweis:
Das Einsetzen von (4.3.93) in (4.3.95) liefert

$$0 \overset{(4.3.95)}{=} \boldsymbol{r}_m^T \boldsymbol{r}_i^* \overset{(4.3.93)}{=} \sum_{j=1}^{m+1} \gamma_j \boldsymbol{v}_j^T \boldsymbol{r}_i^* \quad \text{für} \quad i = 0, \ldots, m-1.$$

Startend von $i = 0$ erhalten wir mittels der Bi-Orthogonalitätsbedingung (4.3.47) und der Darstellung (4.3.93) für $\boldsymbol{r}_i^*$ sukzessive die Gleichung

$$\gamma_1 = \ldots = \gamma_m = 0,$$

wodurch

$$\boldsymbol{b} - \boldsymbol{A}\boldsymbol{x}_m = \boldsymbol{r}_m = \gamma_{m+1}\boldsymbol{v}_{m+1} \perp K_m^T$$

gilt und folglich mit $\boldsymbol{x}_m$ die Lösung der Krylov-Unterraum-Methode vorliegt. □

Bemerkung:
Der im BiCG Verfahren implizit vorliegende Vektor $\boldsymbol{x}_m^* = \boldsymbol{A}^{-T}(\boldsymbol{b} - \boldsymbol{r}_m^*)$ stellt analog zur Näherungslösung $\boldsymbol{x}_m$ die Lösung des transponierten Problems

$$\boldsymbol{b} - \boldsymbol{A}^T\boldsymbol{x} \perp K_m$$

mit $\boldsymbol{x} \in \boldsymbol{x}_0^* + K_m^T$, $\boldsymbol{x}_0^* = \boldsymbol{A}^{-T}\boldsymbol{A}\boldsymbol{x}_0$ dar.

Der BiCG-Algorithmus weist im Wesentlichen drei Nachteile auf. Zunächst können Residuenvektoren $\boldsymbol{r}_j \neq 0$ und $\boldsymbol{r}_j^* \neq 0$ mit $(\boldsymbol{r}_j, \boldsymbol{r}_j^*) = 0$ auftreten, die zu einem Verfahrensabbruch führen, obwohl die Lösung der betrachteten Gleichung nicht berechnet wurde. Desweiteren werden bei jeder Iteration Matrix-Vektor-Multiplikationen mit $\boldsymbol{A}$ und $\boldsymbol{A}^T$ benötigt, und die BiCG-Iterierten sind im Gegensatz zu den GMRES-Iterierten in der Regel durch keine Minimierungseigenschaft charakterisiert, wodurch sich Oszillationen im Konvergenzverhalten zeigen können [28, 30, 34, 43, 76]. Im Fall einer symmetrischen, positiv definiten Matrix $\boldsymbol{A}$ stimmt der Bi-Lanczos-Algorithmus mit der Lanczos-Methode und entsprechend das BiCG-Verfahren mit dem CG-Verfahren überein.

4.3.2.6 Das CGS-Verfahren

Das CGS-Verfahren (Conjugate Gradient Squared) wurde 1989 von Sonneveld [69] präsentiert und stellt eine Weiterentwicklung des BiCG-Verfahrens dar, bei dem die Berechnung der skalaren Größen α_j und β_j ohne Verwendung des Residuenvektors $\boldsymbol{r}_m^*$ und des Suchvektors $\boldsymbol{p}_m^*$ möglich ist, wodurch der Zugriff auf $\boldsymbol{A}^T$ entfällt.

Wir betrachten $\mathcal{P}_j$ als die Menge der Polynome vom Höchstgrad j und schreiben

$$\boldsymbol{r}_j = \varphi_j(\boldsymbol{A})\boldsymbol{r}_0, \quad \boldsymbol{r}_j^* = \varphi_j(\boldsymbol{A}^T)\boldsymbol{r}_0$$
$$\boldsymbol{p}_j = \psi_j(\boldsymbol{A})\boldsymbol{r}_0, \quad \boldsymbol{p}_j^* = \psi_j(\boldsymbol{A}^T)\boldsymbol{r}_0$$

mit $\varphi_j,\psi_j \in \mathcal{P}_j$. Auf der Basis des BiCG-Algorithmus sind in unserem Fall die Polynome φ_j und ψ_j rekursiv durch

$$\psi_j(\lambda) = \varphi_j(\lambda) + \beta_{j-1}\psi_{j-1}(\lambda) \tag{4.3.101}$$

und

$$\varphi_{j+1}(\lambda) = \varphi_j(\lambda) - \alpha_j\lambda\psi_j(\lambda) \tag{4.3.102}$$

mit $\varphi_0(\lambda) = \psi_0(\lambda) = 1$ gegeben. Die grundlegende Idee des CGS-Verfahrens liegt in der Nutzung der Eigenschaft

$$\left(\phi_j(\boldsymbol{A})\boldsymbol{r}_0,\phi_j(\boldsymbol{A}^T)\boldsymbol{r}_0\right)_2 = \left(\phi_j^2(\boldsymbol{A})\boldsymbol{r}_0,\boldsymbol{r}_0\right)_2,$$

die für alle Polynome $\phi_j \in \mathcal{P}_j$ gültig ist. Definieren wir

$$\hat{\boldsymbol{r}}_j := \varphi_j^2(\boldsymbol{A})\boldsymbol{r}_0 \quad \text{und} \quad \hat{\boldsymbol{p}}_j := \psi_j^2(\boldsymbol{A})\boldsymbol{r}_0$$

dann folgt

$$\alpha_j = \frac{\left(\varphi_j(\boldsymbol{A})\boldsymbol{r}_0,\varphi_j(\boldsymbol{A}^T)\boldsymbol{r}_0\right)_2}{\left(\boldsymbol{A}\psi_j(\boldsymbol{A})\boldsymbol{r}_0,\psi_j(\boldsymbol{A}^T)\boldsymbol{r}_0\right)_2} = \frac{\left(\varphi_j^2(\boldsymbol{A})\boldsymbol{r}_0,\boldsymbol{r}_0\right)_2}{\left(\boldsymbol{A}\psi_j^2(\boldsymbol{A})\boldsymbol{r}_0,\boldsymbol{r}_0\right)_2}$$

$$= \frac{(\hat{\boldsymbol{r}}_j,\boldsymbol{r}_0)_2}{(\boldsymbol{A}\hat{\boldsymbol{p}}_j,\boldsymbol{r}_0)_2} \tag{4.3.103}$$

und

$$\beta_j = \frac{\left(\varphi_{j+1}(\boldsymbol{A})\boldsymbol{r}_0,\varphi_{j+1}(\boldsymbol{A}^T)\boldsymbol{r}_0\right)_2}{\left(\varphi_j(\boldsymbol{A})\boldsymbol{r}_0,\varphi_j(\boldsymbol{A}^T)\boldsymbol{r}_0\right)_2} = \frac{(\hat{\boldsymbol{r}}_{j+1},\boldsymbol{r}_0)_2}{(\hat{\boldsymbol{r}}_j,\boldsymbol{r}_0)_2}. \tag{4.3.104}$$

Mit (4.3.101) und (4.3.102) erhalten wir

$$\psi_j^2(\lambda) = \varphi_j^2(\lambda) + 2\beta_{j-1}\varphi_j(\lambda)\psi_{j-1}(\lambda) + \beta_{j-1}^2\psi_{j-1}^2(\lambda), \tag{4.3.105}$$

$$\varphi_{j+1}^2(\lambda) = \varphi_j^2(\lambda) - \alpha_j\lambda\left(2\varphi_j^2(\lambda) + 2\beta_{j-1}\varphi_j(\lambda)\psi_{j-1}(\lambda) - \alpha_j\lambda\psi_j^2(\lambda)\right) \tag{4.3.106}$$

und für die gemischten Terme

$$\varphi_{j+1}(\lambda)\psi_j(\lambda) = \varphi_j^2(\lambda) + \beta_{j-1}\varphi_j(\lambda)\psi_{j-1}(\lambda) - \alpha_j\lambda\psi_j^2(\lambda). \tag{4.3.107}$$

Wir definieren

$$\hat{\boldsymbol{q}}_j := \varphi_{j+1}(\boldsymbol{A})\psi_j(\boldsymbol{A})\boldsymbol{r}_0 \tag{4.3.108}$$

und

$$\begin{aligned}\hat{\boldsymbol{u}}_j &:= \varphi_j(\boldsymbol{A})\psi_j(\boldsymbol{A})\boldsymbol{r}_0\\ &\overset{(4.3.101)}{=} \varphi_j^2(\boldsymbol{A})\boldsymbol{r}_0 + \beta_{j-1}\varphi_j(\boldsymbol{A})\psi_{j-1}(\boldsymbol{A})\boldsymbol{r}_0\\ &= \hat{\boldsymbol{r}}_j + \beta_{j-1}\hat{\boldsymbol{q}}_{j-1}.\end{aligned} \tag{4.3.109}$$

Damit ergibt sich

$$\begin{aligned}\hat{\boldsymbol{q}}_j &\overset{(4.3.107)}{=} \varphi_j^2(\boldsymbol{A})\boldsymbol{r}_0 + \beta_{j-1}\varphi_j(\boldsymbol{A})\psi_{j-1}(\boldsymbol{A})\boldsymbol{r}_0 - \alpha_j\boldsymbol{A}\psi_j^2(\boldsymbol{A})\boldsymbol{r}_0\\ &= \hat{\boldsymbol{r}}_j + \beta_{j-1}\hat{\boldsymbol{q}}_{j-1} - \alpha_j\boldsymbol{A}\hat{\boldsymbol{p}}_j\\ &\overset{(4.3.109)}{=} \hat{\boldsymbol{u}}_j - \alpha_j\boldsymbol{A}\hat{\boldsymbol{p}}_j,\end{aligned} \tag{4.3.110}$$

$$\begin{aligned}\hat{\boldsymbol{r}}_{j+1} &= \varphi_{j+1}^2(\boldsymbol{A})\boldsymbol{r}_0\\ &\overset{(4.3.106)}{=} \varphi_j^2(\boldsymbol{A})\boldsymbol{r}_0 - \alpha_j\boldsymbol{A}\left(2\varphi_j^2(\boldsymbol{A})\boldsymbol{r}_0 + 2\beta_{j-1}\varphi_j(\boldsymbol{A})\psi_{j-1}(\boldsymbol{A})\boldsymbol{r}_0 - \alpha_j\boldsymbol{A}\psi_j^2(\boldsymbol{A})\boldsymbol{r}_0\right)\\ &= \hat{\boldsymbol{r}}_j - \alpha_j\boldsymbol{A}\left(2\hat{\boldsymbol{r}}_j + 2\beta_{j-1}\hat{\boldsymbol{q}}_{j-1} - \alpha_j\boldsymbol{A}\hat{\boldsymbol{p}}_j\right)\\ &= \hat{\boldsymbol{r}}_j - \alpha_j\boldsymbol{A}\Bigg(\underbrace{\hat{\boldsymbol{r}}_j + \beta_{j-1}\hat{\boldsymbol{q}}_{j-1}}_{=\,\hat{\boldsymbol{u}}_j} + \underbrace{\hat{\boldsymbol{r}}_j + \beta_{j-1}\hat{\boldsymbol{q}}_{j-1} - \alpha_j\boldsymbol{A}\hat{\boldsymbol{p}}_j}_{=\,\hat{\boldsymbol{q}}_j}\Bigg)\\ &= \hat{\boldsymbol{r}}_j - \alpha_j\boldsymbol{A}\left(\hat{\boldsymbol{u}}_j + \hat{\boldsymbol{q}}_j\right)\end{aligned} \tag{4.3.111}$$

und

$$\begin{aligned}\hat{\boldsymbol{p}}_{j+1} &= \psi_{j+1}^2(\boldsymbol{A})\boldsymbol{r}_0\\ &\overset{(4.3.105)}{=} \varphi_{j+1}^2(\boldsymbol{A})\boldsymbol{r}_0 + 2\beta_j\varphi_{j+1}(\boldsymbol{A})\psi_j(\boldsymbol{A})\boldsymbol{r}_0 + \beta_j^2\psi_j^2(\boldsymbol{A})\boldsymbol{r}_0\\ &= \hat{\boldsymbol{r}}_{j+1} + 2\beta_j\hat{\boldsymbol{q}}_j + \beta_j^2\hat{\boldsymbol{p}}_j\\ &= \hat{\boldsymbol{u}}_{j+1} + \beta_j\left(\hat{\boldsymbol{q}}_j + \beta_j\hat{\boldsymbol{p}}_j\right).\end{aligned} \tag{4.3.112}$$

Mit dem Residuenvektor $\hat{\boldsymbol{r}}_{j+1}$ erhalten wir

$$\hat{\boldsymbol{x}}_{j+1} = \hat{\boldsymbol{x}}_j + \alpha_j\left(\hat{\boldsymbol{u}}_j + \hat{\boldsymbol{q}}_j\right). \tag{4.3.113}$$

Vernachlässigen wir das Superskript $\hat{}$, so folgt der CGS-Algorithmus durch (4.3.103), (4.3.104) sowie (4.3.109) bis (4.3.113) in der folgenden Form. Die Umsetzung eines derartigen Pseudocodes in ein ausführbares MATLAB-Programm liefert Anhang A.

CGS-Algorithmus —

Wähle $\boldsymbol{x}_0 \in \mathbb{R}^n$ und $\varepsilon > 0$
$\boldsymbol{u}_0 = \boldsymbol{r}_0 = \boldsymbol{p}_0 := \boldsymbol{b} - \boldsymbol{A}\,\boldsymbol{x}_0\,,\; j := 0$
Solange $\lVert\boldsymbol{r}_j\rVert_2 > \varepsilon$
$\boldsymbol{v}_j := \boldsymbol{A}\,\boldsymbol{p}_j\,,\; \alpha_j := \dfrac{(\boldsymbol{r}_j,\boldsymbol{r}_0)_2}{(\boldsymbol{v}_j,\boldsymbol{r}_0)_2}$
$\boldsymbol{q}_j := \boldsymbol{u}_j - \alpha_j \boldsymbol{v}_j$
$\boldsymbol{x}_{j+1} := \boldsymbol{x}_j + \alpha_j\left(\boldsymbol{u}_j + \boldsymbol{q}_j\right)$
$\boldsymbol{r}_{j+1} := \boldsymbol{r}_j - \alpha_j \boldsymbol{A}\left(\boldsymbol{u}_j + \boldsymbol{q}_j\right)$
$\beta_j := \dfrac{(\boldsymbol{r}_{j+1},\boldsymbol{r}_0)_2}{(\boldsymbol{r}_j,\boldsymbol{r}_0)_2}$
$\boldsymbol{u}_{j+1} := \boldsymbol{r}_{j+1} + \beta_j \boldsymbol{q}_j$
$\boldsymbol{p}_{j+1} := \boldsymbol{u}_{j+1} + \beta_j\left(\boldsymbol{q}_j + \beta_j \boldsymbol{p}_j\right)\,,\; j := j+1$

4.3.2.7 Das BiCGSTAB-Verfahren

Der vorgestellte CGS-Algorithmus zeichnet sich im Vergleich zum BiCG-Verfahren durch zwei Vorteile aus. Zum einen benötigt die Methode keinerlei Operationen mit $\boldsymbol{A}^T$ und zum anderen weist sie aufgrund der Quadrierung des Polynoms zur Definition des Residuenvektors ein schnelleres Konvergenzverhalten bei gleichbleibendem Rechenaufwand auf. Jedoch beinhaltet auch das CGS-Verfahren die bereits im Bi-Lanczos-Algorithmus vorliegende Problematik eines vorzeitigen Abbruchs, und es zeigen sich teilweise Oszillationen im Residuenverlauf [29, 32, 52, 54, 72]. Die auftretenden vorzeitigen Verfahrensabbrüche können analog zum Look-ahead Ansatz teilweise behoben werden [14].

Mit der BiCGSTAB-Methode (BiCG Stabilized) hat van der Vorst [73] eine Variante des CGS-Verfahrens vorgestellt, die ein wesentlich glatteres Konvergenzverhalten aufweist. Hierzu werden im Gegensatz zum CGS-Algorithmus gezielt unterschiedliche Polynome bei der Definition der Suchrichtungen und Residuenvektoren betrachtet, womit bei jeder

Iteration ein zusätzlicher Freiheitsgrad zur Verfügung steht, der zur Minimierung des Residuums genutzt wird.

Zunächst werden der Residuenvektor $\boldsymbol{r}_j$ und der Suchvektor $\boldsymbol{p}_j$ entsprechend dem CGS-Verfahren definiert, wobei die hierbei benötigten Polynome φ_j und ψ_j gemäß (4.3.101) und (4.3.102) gegeben sind. Wir setzen weiterhin

$$\tilde{\boldsymbol{p}}_j^* := \tilde{\boldsymbol{r}}_j^* := \phi_j\left(\boldsymbol{A}^T\right)\boldsymbol{r}_0,$$

wobei das Polynom durch die einfache Rekursionsvorschrift

$$\phi_{j+1}(\lambda) := (1-\omega_j\lambda)\,\phi_j(\lambda) \tag{4.3.114}$$

mit $\phi_0(\lambda) := 1$ festgelegt ist. Als Folgerung des Satzes 4.97 erhalten wir

$$\varphi_j(\boldsymbol{A})\,\boldsymbol{r}_0 = \boldsymbol{r}_j \perp K_j^T$$

und damit

$$\left(\varphi_j(\boldsymbol{A})\,\boldsymbol{r}_0, \pi_{j-1}\left(\boldsymbol{A}^T\right)\boldsymbol{r}_0\right)_2 = 0, \tag{4.3.115}$$

für alle $\pi_{j-1} \in \mathcal{P}_{j-1}$. Hiermit folgt die Darstellung

$$\begin{aligned}
\alpha_j &= \alpha_j \frac{\left(\varphi_j(\boldsymbol{A})\,\boldsymbol{r}_0, \phi_j\left(\boldsymbol{A}^T\right)\boldsymbol{r}_0\right)_2}{\left(\varphi_j(\boldsymbol{A})\,\boldsymbol{r}_0, \phi_j\left(\boldsymbol{A}^T\right)\boldsymbol{r}_0\right)_2} \\
&\overset{(4.3.115)}{=} \frac{\left(\phi_j(\boldsymbol{A})\,\varphi_j(\boldsymbol{A})\,\boldsymbol{r}_0, \boldsymbol{r}_0\right)_2}{\left(\frac{\varphi_j(\boldsymbol{A}) - \varphi_{j+1}(\boldsymbol{A})}{\alpha_j}\boldsymbol{r}_0, \phi_j\left(\boldsymbol{A}^T\right)\boldsymbol{r}_0\right)_2} \\
&\overset{(4.3.102)}{=} \frac{\left(\phi_j(\boldsymbol{A})\,\varphi_j(\boldsymbol{A})\,\boldsymbol{r}_0, \boldsymbol{r}_0\right)_2}{\left(\phi_j(\boldsymbol{A})\,\boldsymbol{A}\psi_j(\boldsymbol{A})\,\boldsymbol{r}_0, \boldsymbol{r}_0\right)_2},
\end{aligned}$$

und wir definieren daher

$$\hat{\boldsymbol{r}}_j := \phi_j(\boldsymbol{A})\,\varphi_j(\boldsymbol{A})\,\boldsymbol{r}_0 \tag{4.3.116}$$

sowie

$$\hat{\boldsymbol{p}}_j := \phi_j(\boldsymbol{A})\,\psi_j(\boldsymbol{A})\,\boldsymbol{r}_0. \tag{4.3.117}$$

Damit folgt

$$\begin{aligned}
\hat{\boldsymbol{s}}_j &:= \phi_j(\boldsymbol{A})\,\varphi_{j+1}(\boldsymbol{A})\,\boldsymbol{r}_0 \\
&\overset{(4.3.102)}{=} \phi_j(\boldsymbol{A})\,\varphi_j(\boldsymbol{A})\,\boldsymbol{r}_0 - \alpha_j\boldsymbol{A}\phi_j(\boldsymbol{A})\,\psi_j(\boldsymbol{A})\,\boldsymbol{r}_0 \\
&= \hat{\boldsymbol{r}}_j - \alpha_j\boldsymbol{A}\hat{\boldsymbol{p}}_j
\end{aligned} \tag{4.3.118}$$

und wir erhalten die Rekursionsformeln

$$\begin{aligned}
\hat{\boldsymbol{r}}_{j+1} &= \phi_{j+1}(\boldsymbol{A})\,\varphi_{j+1}(\boldsymbol{A})\,\boldsymbol{r}_0 \\
&= (\boldsymbol{I} - \omega_j\boldsymbol{A})\,\phi_j(\boldsymbol{A})\,\varphi_{j+1}(\boldsymbol{A})\,\boldsymbol{r}_0 \\
&= (\boldsymbol{I} - \omega_j\boldsymbol{A})\,\hat{\boldsymbol{s}}_j
\end{aligned} \tag{4.3.119}$$

und

$$\begin{aligned}
\hat{\boldsymbol{p}}_{j+1} &= \phi_{j+1}(\boldsymbol{A})\,\psi_{j+1}(\boldsymbol{A})\,\boldsymbol{r}_0 \\
&\overset{(4.3.101)}{=} \phi_{j+1}(\boldsymbol{A})\,\varphi_{j+1}(\boldsymbol{A})\,\boldsymbol{r}_0 + \beta_j\phi_{j+1}(\boldsymbol{A})\,\psi_j(\boldsymbol{A})\,\boldsymbol{r}_0 \\
&= \hat{\boldsymbol{r}}_{j+1} + \beta_j(\boldsymbol{I} - \omega_j\boldsymbol{A})\,\phi_j(\boldsymbol{A})\,\psi_j(\boldsymbol{A})\,\boldsymbol{r}_0 \\
&= \hat{\boldsymbol{r}}_{j+1} + \beta_j(\boldsymbol{I} - \omega_j\boldsymbol{A})\,\hat{\boldsymbol{p}}_j. \qquad (4.3.120)
\end{aligned}$$

Um eine vollständige Darstellung des Verfahrens zu erhalten, müssen wir abschließend die Berechnung der skalaren Größen β_j und ω_j erläutern. Wir schreiben

$$\begin{aligned}
\varphi_j(\lambda) &\overset{(4.3.101)}{\underset{(4.3.102)}{=}} -\alpha_{j-1}\lambda\varphi_{j-1}(\lambda) + \pi_{j-1}(\lambda) \\
&= \alpha_{j-1}\alpha_{j-2}\lambda^2\varphi_{j-2}(\lambda) + \tilde{\pi}_{j-1}(\lambda) \\
&= (-1)^j\alpha_{j-1}\dots\alpha_0\lambda^j + \overline{\pi}_{j-1}(\lambda) \qquad (4.3.121)
\end{aligned}$$

mit $\pi_{j-1},\tilde{\pi}_{j-1},\overline{\pi}_{j-1} \in \mathcal{P}_{j-1}$. Analog ergibt sich die Darstellung

$$\phi_j(\lambda) = (-1)^j\omega_{j-1}\dots\omega_0\lambda^j + \hat{\pi}_{j-1}(\lambda) \qquad (4.3.122)$$

mit $\hat{\pi}_{j-1} \in \mathcal{P}_{j-1}$, wodurch mit $\boldsymbol{r}_j^* = \varphi_j\left(\boldsymbol{A}^T\right)\boldsymbol{r}_0$ die Gleichung

$$\begin{aligned}
\frac{\left(\boldsymbol{r}_j,\boldsymbol{r}_j^*\right)_2}{\left(\boldsymbol{r}_j,\tilde{\boldsymbol{r}}_j^*\right)_2} &= \frac{\left(\varphi_j(\boldsymbol{A})\,\boldsymbol{r}_0,\varphi_j\left(\boldsymbol{A}^T\right)\boldsymbol{r}_0\right)_2}{\left(\varphi_j(\boldsymbol{A})\,\boldsymbol{r}_0,\phi_j\left(\boldsymbol{A}^T\right)\boldsymbol{r}_0\right)_2} \\
&\overset{(4.3.121)}{\underset{(4.3.122)}{=}} \frac{\left(\varphi_j(\boldsymbol{A})\,\boldsymbol{r}_0,(-1)^j\alpha_{j-1}\dots\alpha_0\left(\boldsymbol{A}^T\right)^j\boldsymbol{r}_0 + \overline{\pi}_{j-1}\left(\boldsymbol{A}^T\right)\boldsymbol{r}_0\right)_2}{\left(\varphi_j(\boldsymbol{A})\,\boldsymbol{r}_0,(-1)^j\omega_{j-1}\dots\omega_0\left(\boldsymbol{A}^T\right)^j\boldsymbol{r}_0 + \hat{\pi}_{j-1}\left(\boldsymbol{A}^T\right)\boldsymbol{r}_0\right)_2} \\
&\overset{(4.3.115)}{=} \frac{\alpha_{j-1}\dots\alpha_0}{\omega_{j-1}\dots\omega_0}\frac{\left(\varphi_j(\boldsymbol{A})\,\boldsymbol{r}_0,\left(\boldsymbol{A}^T\right)^j\boldsymbol{r}_0\right)_2}{\left(\varphi_j(\boldsymbol{A})\,\boldsymbol{r}_0,\left(\boldsymbol{A}^T\right)^j\boldsymbol{r}_0\right)_2} \\
&= \frac{\alpha_{j-1}\dots\alpha_0}{\omega_{j-1}\dots\omega_0}
\end{aligned}$$

folgt. Somit gilt

$$\begin{aligned}
\beta_j &= \frac{(\boldsymbol{r}_{j+1},\boldsymbol{r}^*_{j+1})_2}{(\boldsymbol{r}_j,\boldsymbol{r}^*_j)_2} \\
&= \frac{(\boldsymbol{r}_{j+1},\boldsymbol{r}^*_{j+1})_2}{(\boldsymbol{r}_{j+1},\tilde{\boldsymbol{r}}^*_{j+1})_2}\frac{(\boldsymbol{r}_{j+1},\tilde{\boldsymbol{r}}^*_{j+1})_2}{(\boldsymbol{r}_j,\tilde{\boldsymbol{r}}^*_j)_2}\frac{(\boldsymbol{r}_j,\tilde{\boldsymbol{r}}^*_j)_2}{(\boldsymbol{r}_j,\boldsymbol{r}^*_j)_2} \\
&= \frac{\alpha_j}{\omega_j}\frac{(\boldsymbol{r}_{j+1},\tilde{\boldsymbol{r}}^*_{j+1})_2}{(\boldsymbol{r}_j,\tilde{\boldsymbol{r}}^*_j)_2} \\
&= \frac{\alpha_j}{\omega_j}\frac{\left(\varphi_{j+1}(\boldsymbol{A})\boldsymbol{r}_0,\phi_{j+1}\left(\boldsymbol{A}^T\right)\boldsymbol{r}_0\right)_2}{\left(\varphi_j(\boldsymbol{A})\boldsymbol{r}_0,\phi_j\left(\boldsymbol{A}^T\right)\boldsymbol{r}_0\right)_2} \\
&= \frac{\alpha_j}{\omega_j}\frac{(\hat{\boldsymbol{r}}_{j+1},\boldsymbol{r}_0)_2}{(\hat{\boldsymbol{r}}_j,\boldsymbol{r}_0)_2}.
\end{aligned} \tag{4.3.123}$$

Mit ω_j steht uns ein Parameter zur gezielten Minimierung des Residuums zur Verfügung. Wir betrachten die Funktion $f_j:\mathbb{R}\to\mathbb{R}$

$$f_j(\omega) := \|(\boldsymbol{I}-\omega\boldsymbol{A})\,\hat{\boldsymbol{s}}_j\|_2^2.$$

Für $\hat{\boldsymbol{s}}_j \neq \boldsymbol{0}$ ergibt sich $f_j''(\omega) = 2\|\boldsymbol{A}\hat{\boldsymbol{s}}_j\|_2^2 > 0$, wodurch die Funktion in diesem Fall strikt konvex ist. Wie wir im Folgenden sehen werden, kann im Fall $\hat{\boldsymbol{s}}_j = \boldsymbol{0}$ der Parameter ω_j beliebig gewählt werden und das Verfahren liefert die exakte Lösung. Wir beschränken uns daher auf den Fall $\hat{\boldsymbol{s}}_j \neq \boldsymbol{0}$, wodurch wir

$$\omega_j := \arg\min_{\omega\in\mathbb{R}} f_j(\omega)$$

mittels

$$0 = f_j'(\omega_j) = -2\,(\boldsymbol{A}\hat{\boldsymbol{s}}_j,\hat{\boldsymbol{s}}_j)_2 + 2\,\omega_j\,(\boldsymbol{A}\hat{\boldsymbol{s}}_j,\boldsymbol{A}\hat{\boldsymbol{s}}_j)_2$$

in der Form

$$\omega_j = \frac{(\boldsymbol{A}\hat{\boldsymbol{s}}_j,\hat{\boldsymbol{s}}_j)_2}{(\boldsymbol{A}\hat{\boldsymbol{s}}_j,\boldsymbol{A}\hat{\boldsymbol{s}}_j)_2} \tag{4.3.124}$$

erhalten. Die BiCGSTAB-Iterierte lässt sich folglich gemäß

$$\begin{aligned}
\hat{\boldsymbol{x}}_{j+1} &= \boldsymbol{A}^{-1}(\boldsymbol{b}-\hat{\boldsymbol{r}}_{j+1}) \\
&\overset{(4.3.119)}{=} \boldsymbol{A}^{-1}(\boldsymbol{b}-\hat{\boldsymbol{s}}_j+\omega_j\boldsymbol{A}\hat{\boldsymbol{s}}_j) \\
&\overset{(4.3.118)}{=} \boldsymbol{A}^{-1}\left(\boldsymbol{b}-\hat{\boldsymbol{r}}_j+\alpha_j\boldsymbol{A}\hat{\boldsymbol{p}}_j+\omega_j\boldsymbol{A}\hat{\boldsymbol{s}}_j\right) \\
&= \hat{\boldsymbol{x}}_j+\alpha_j\hat{\boldsymbol{p}}_j+\omega_j\hat{\boldsymbol{s}}_j
\end{aligned} \tag{4.3.125}$$

schreiben. Vernachlässigen wir wiederum das Superskript ^, so ergibt sich mit (4.3.118) bis (4.3.120), (4.3.123) bis (4.3.125) und der Definition der skalaren Größe α_j zusammenfassend der BiCGSTAB-Algorithmus in der folgenden Form. Zur Implementierung siehe Anhang A.

BiCGSTAB-Algorithmus —

Wähle $\boldsymbol{x}_0 \in \mathbb{R}^n$ und $\varepsilon > 0$
$\boldsymbol{r}_0 := \boldsymbol{p}_0 := \boldsymbol{b} - \boldsymbol{A}\boldsymbol{x}_0\,,\ \rho_0 := (\boldsymbol{r}_0,\boldsymbol{r}_0)_2\,,\ j := 0$
Solange $\Vert \boldsymbol{r}_j \Vert_2 > \varepsilon$
$\boldsymbol{v}_j := \boldsymbol{A}\boldsymbol{p}_j\,,\ \alpha_j := \dfrac{\rho_j}{(\boldsymbol{v}_j,\boldsymbol{r}_0)_2}$
$\boldsymbol{s}_j := \boldsymbol{r}_j - \alpha_j \boldsymbol{v}_j\,,\ \boldsymbol{t}_j := \boldsymbol{A}\boldsymbol{s}_j$
$\omega_j := \dfrac{(\boldsymbol{t}_j,\boldsymbol{s}_j)_2}{(\boldsymbol{t}_j,\boldsymbol{t}_j)_2}$
$\boldsymbol{x}_{j+1} := \boldsymbol{x}_j + \alpha_j \boldsymbol{p}_j + \omega_j \boldsymbol{s}_j$
$\boldsymbol{r}_{j+1} := \boldsymbol{s}_j - \omega_j \boldsymbol{t}_j$
$\rho_{j+1} := (\boldsymbol{r}_{j+1},\boldsymbol{r}_0)_2\,,\ \beta_j := \dfrac{\alpha_j}{\omega_j}\dfrac{\rho_{j+1}}{\rho_j}$
$\boldsymbol{p}_{j+1} := \boldsymbol{r}_{j+1} + \beta_j \left(\boldsymbol{p}_j - \omega_j \boldsymbol{v}_j\right),\ j := j+1$

Eine Verallgemeinerung des vorgestellten Verfahrens im Sinne einer ℓ-dimensionalen anstelle einer eindimensionalen Minimierung stellt die BiCGSTAB(ℓ)-Methode dar, die 1993 von Sleipjen und Fokkema [66] hergeleitet wurde. Der Algorithmus kann als Kombination der GMRES(ℓ)-Methode und des BiCG-Verfahrens interpretiert werden und stimmt im Fall $\ell = 1$ mit der BiCGSTAB-Methode überein. Dabei werden zunächst implizit ℓ BiCG-Residuenvektoren berechnet und anschließend eine Minimierung über den hierdurch festgelegten ℓ-dimensionalen Unterraum durchgeführt.

Wir haben bereits im Abschnitt 4.3.2.3 die möglichen Verfahrensabbrüche des Bi-Lanczos-Algorithmus diskutiert. Mit der folgenden Variante des BiCGSTAB-Verfahrens werden wir eine Stabilisierung der Methode hinsichtlich dieser Problematik präsentieren. Zunächst werden wir vor der Berechnung des Skalars α_j die Größe des auftretenden Nenners überprüfen, um bei großen, aber annähernd orthogonalen Vektoren $\boldsymbol{v}_j$ und $\boldsymbol{r}_0$ eine Divisionen durch sehr kleine Werte zu vermeiden. Liegt der Betrag des Nenners relativ zur Länge der Vektoren $\boldsymbol{v}_j$ und $\boldsymbol{r}_0$ unterhalb einer vorgegebenen Schranke, so wird ein Restart des Verfahrens durchgeführt. Eine weitere mögliche Division durch Null tritt bei der Berechnung von ω_j auf. Zur Behebung dieser Problematik wird in [8] eine Kontrolle des Vektors $\boldsymbol{s}_j$ empfohlen, der dem Residuenvektor im BiCG-Verfahren entspricht. Gilt $\Vert \boldsymbol{s}_j \Vert_2 \le \varepsilon$, so erhalten wir mit

$$\boldsymbol{x}_{j+1} = \boldsymbol{x}_j + \alpha_j \boldsymbol{p}_j$$

bereits

$$\Vert \boldsymbol{r}_{j+1} \Vert_2 = \Vert \boldsymbol{r}_j - \alpha_j \boldsymbol{v}_j \Vert_2 = \Vert \boldsymbol{s}_j \Vert_2 \le \varepsilon,$$

wodurch keine Notwendigkeit zur Ermittlung des Vektors $\boldsymbol{t}_j$ und damit der Berechnung der skalaren Größe ω_j vorliegt. Durch die Berücksichtigung der obigen Verbesserungen ergibt sich die folgende Stabilisierung des BiCGSTAB-Verfahrens.

Stabilisierter BiCGSTAB-Algorithmus —

Wähle $\boldsymbol{x}_0 \in \mathbb{R}^n$ und $\varepsilon, \widetilde{\varepsilon} > 0$

$\boldsymbol{r}_0 := \boldsymbol{p}_0 := \boldsymbol{b} - \boldsymbol{A}\boldsymbol{x}_0\,,\ \rho_0 := (\boldsymbol{r}_0,\boldsymbol{r}_0)_2\,,\ j := 0$

Solange $\|\boldsymbol{r}_j\|_2 > \varepsilon$

- $\boldsymbol{v}_j := \boldsymbol{A}\boldsymbol{p}_j$
- $\sigma_j := (\boldsymbol{v}_j,\boldsymbol{r}_0)_2$
- $\sigma_j > \widetilde{\varepsilon}\,\|\boldsymbol{v}_j\|_2\|\boldsymbol{r}_0\|_2$
  - Y:
    - $\alpha_j := \dfrac{\rho_j}{\sigma_j}$
    - $\boldsymbol{s}_j := \boldsymbol{r}_j - \alpha_j\boldsymbol{v}_j$
    - $\|\boldsymbol{s}_j\|_2 > \varepsilon$
      - Y:
        - $\boldsymbol{t}_j := \boldsymbol{A}\boldsymbol{s}_j$
        - $\omega_j := \dfrac{(\boldsymbol{t}_j,\boldsymbol{s}_j)_2}{(\boldsymbol{t}_j,\boldsymbol{t}_j)_2}$
        - $\boldsymbol{x}_{j+1} := \boldsymbol{x}_j + \alpha_j\boldsymbol{p}_j + \omega_j\boldsymbol{s}_j$
        - $\boldsymbol{r}_{j+1} := \boldsymbol{s}_j - \omega_j\boldsymbol{t}_j$
        - $\rho_{j+1} := (\boldsymbol{r}_{j+1},\boldsymbol{r}_0)_2$
        - $\beta_j := \dfrac{\alpha_j}{\omega_j}\dfrac{\rho_{j+1}}{\rho_j}$
        - $\boldsymbol{p}_{j+1} := \boldsymbol{r}_{j+1} + \beta_j\,(\boldsymbol{p}_j - \omega_j\boldsymbol{v}_j)$
        - $j := j+1$
      - N:
        - $\boldsymbol{x}_{j+1} := \boldsymbol{x}_j + \alpha_j\boldsymbol{p}_j$
        - $\boldsymbol{r}_{j+1} := \boldsymbol{s}_j$
        - $j := j+1$
  - N:
    - Restart mit $\boldsymbol{x}_0 = \boldsymbol{x}_j$

Natürlich können zudem weitere Modifikationen zu einem besseren Verhalten der Methode beitragen. Eine Möglichkeit besteht in der Kontrolle der Variation der relevanten Größen. Wegen

$$\frac{\|\boldsymbol{r}_{j+1} - \boldsymbol{r}_j\|_2}{\|\boldsymbol{r}_j\|_2} \leq \frac{\|\boldsymbol{s}_j - \boldsymbol{r}_j\|_2}{\|\boldsymbol{r}_j\|_2} = \frac{|\alpha_j| \|\boldsymbol{v}_j\|_2}{\|\boldsymbol{r}_j\|_2}$$

liegt im Fall

$$\frac{|\alpha_j| \|\boldsymbol{v}_j\|_2}{\|\boldsymbol{r}_j\|_2} \leq \gamma$$

die relative Änderung des Residuums unterhalb einer zu wählenden Grenze γ, so dass ein Restart sinnvoll erscheint. Zur Kontrolle von Rundungsfehlern kann in regelmäßigen Abständen der im Verfahren ermittelte Residuenvektor $\boldsymbol{r}_{j+1}$ mit dem tatsächlichen Residuenvektor $\boldsymbol{b} - \boldsymbol{A}\boldsymbol{x}_{j+1}$ verglichen werden. Größere Abweichungen weisen auf Rundungsfehler hin, wodurch ebenfalls ein Restart angebracht erscheint. Eine Übertragung der Look-ahead-Strategie auf das BiCGSTAB-Verfahren wird in [12] vorgestellt.

4.3.2.8 Das TFQMR-Verfahren

Mit der QMR-Methode (Quasi Minimal Residual) präsentierten Freund und Nachtigal [30] ein neuartiges BiCG-ähnliches Verfahren, das als Kombination zwischen der GMRES-Methode und dem BiCG-Verfahren angesehen werden kann. Das Verfahren verknüpft die Vorteile des geringen Speicher- und Rechenaufwandes der BiCG-Methode, die auf die Verwendung des Bi-Lanczos-Algorithmus zurückgeht, mit der Eigenschaft des glatten Residuenverlaufes des GMRES-Verfahrens, das auf der Minimierung des Residuums beruht. Hierzu wurde die vorausschauende Variante des Bi-Lanczos-Verfahrens, der Look-ahead Lanczos-Algorithmus, zur Berechnung einer Basis $\{\boldsymbol{v}_1, \ldots, \boldsymbol{v}_m\}$ des K_m genutzt. Die aus den Basisvektoren bestehende Matrix $\boldsymbol{V}_m = (\boldsymbol{v}_1 \ldots \boldsymbol{v}_m)$ ist aufgrund des genutzten Bi-Lanczos-Algorithmus nicht notwendigerweise orthogonal, weshalb beim QMR-Verfahren im Gegensatz zur GMRES-Methode lediglich eine Quasiminimierung der durch (4.3.59) gegebenen Funktion vorgenommen wird. In natürlicher Weise impliziert der BiCG-Algorithmus einen notwendigen Zugriff auf die Matrix $\boldsymbol{A}^T$ im QMR-Verfahren. Die im Folgenden beschriebene TFQMR-Methode (Transpose-Free QMR) wurde von Freund [29] auf der Basis des CGS-Verfahrens anstelle der BiCG-Methode entwickelt, wodurch Matrix-Vektor-Multiplikationen mit $\boldsymbol{A}^T$ entfallen. Bevor wir zur direkten Herleitung des Verfahrens kommen, werden wir mit den folgenden beiden Lemmata eine Basis des Krylov-Unterraums K_m definieren und eine Eigenschaft der Basisvektoren beweisen. Hierzu sei die Abbildung $\lfloor\ \rfloor : \mathbb{R} \to \mathbb{Z}$ durch

$$x \xrightarrow{\lfloor\ \rfloor} \lfloor x \rfloor \in \,]x-1, x] \tag{4.3.126}$$

definiert.

Lemma 4.98 *Vorausgesetzt, das CGS-Verfahren bricht nicht vor der Berechnung der Vektoren $\boldsymbol{q}_{\lfloor \frac{m-1}{2} \rfloor}$ und $\boldsymbol{u}_{\lfloor \frac{m-1}{2} \rfloor}$ ab, dann stellen die durch*

$$\boldsymbol{y}_k := \begin{cases} \boldsymbol{u}_{\lfloor \frac{k-1}{2} \rfloor} & \text{, falls } k \text{ ungerade,} \\ \boldsymbol{q}_{\lfloor \frac{k-1}{2} \rfloor} & \text{, falls } k \text{ gerade} \end{cases} \tag{4.3.127}$$

definierten Vektoren $\boldsymbol{y}_1, \ldots, \boldsymbol{y}_m$ eine Basis des K_m dar.

Beweis:
Sei $n \in \mathbb{N}_0$, dann folgt für $k = 2n+1$

$$\begin{aligned} \boldsymbol{y}_k &= \boldsymbol{u}_n = \varphi_n(\boldsymbol{A})\,\psi_n(\boldsymbol{A})\,\boldsymbol{r}_0 \\ &= \alpha_0^2 \cdot \ldots \cdot \alpha_{n-1}^2 \boldsymbol{A}^{k-1}\boldsymbol{r}_0 + \pi(\boldsymbol{A})\,\boldsymbol{r}_0 \quad \text{mit} \quad \pi \in \mathcal{P}_{k-2} \end{aligned}$$

und für $k = 2n > 0$

$$\begin{aligned} \boldsymbol{y}_k &= \boldsymbol{q}_{n-1} = \varphi_n(\boldsymbol{A})\,\psi_{n-1}(\boldsymbol{A})\,\boldsymbol{r}_0 \\ &= -\alpha_0^2 \cdot \ldots \cdot \alpha_{n-2}^2 \alpha_{n-1} \boldsymbol{A}^{k-1}\boldsymbol{r}_0 + \pi(\boldsymbol{A})\,\boldsymbol{r}_0 \quad \text{mit} \quad \pi \in \mathcal{P}_{k-2}. \end{aligned}$$

Laut Voraussetzung gilt $\alpha_i \neq 0$ für $i = 0,\ldots,n-1$ und damit

$$\operatorname{span}\{\boldsymbol{y}_1,\ldots,\boldsymbol{y}_m\} = K_m.$$

□

Lemma 4.99 *Sei*

$$\boldsymbol{w}_k := \begin{cases} \varphi^2_{\lfloor\frac{k-1}{2}\rfloor}(\boldsymbol{A})\,\boldsymbol{r}_0 & , \text{ falls } k \text{ ungerade,} \\ \varphi_{\lfloor\frac{k-1}{2}\rfloor}(\boldsymbol{A})\,\varphi_{\lfloor\frac{k}{2}\rfloor}(\boldsymbol{A})\,\boldsymbol{r}_0 & , \text{ falls } k \text{ gerade,} \end{cases} \tag{4.3.128}$$

dann gilt

$$\boldsymbol{w}_{k+1} = \boldsymbol{w}_k - \alpha_{\lfloor\frac{k-1}{2}\rfloor}\boldsymbol{A}\boldsymbol{y}_k \text{ für } k = 1,\ldots,m$$

mit den durch (4.3.127) *gegebenen Vektoren* $\boldsymbol{y}_1,\ldots,\boldsymbol{y}_m$.

Beweis:
Aus (4.3.102) erhalten wir

$$\lambda\psi_j(\lambda) = \frac{1}{\alpha_j}\left(\varphi_j(\lambda) - \varphi_{j+1}(\lambda)\right). \tag{4.3.129}$$

Sei $n \in \mathbb{N}_0$, dann folgt für $k = 2n+1$

$$\begin{aligned} \boldsymbol{A}\boldsymbol{y}_k &= \boldsymbol{A}\boldsymbol{u}_n \\ &\overset{\substack{(4.3.109)\\(4.3.129)}}{=} \frac{1}{\alpha_n}\left(\varphi_n^2(\boldsymbol{A})\,\boldsymbol{r}_0 - \varphi_n(\boldsymbol{A})\,\varphi_{n+1}(\boldsymbol{A})\,\boldsymbol{r}_0\right) \\ &= \frac{1}{\alpha_{\lfloor\frac{k-1}{2}\rfloor}}\left(\varphi^2_{\lfloor\frac{k-1}{2}\rfloor}(\boldsymbol{A})\,\boldsymbol{r}_0 - \varphi_{\lfloor\frac{(k+1)-1}{2}\rfloor}(\boldsymbol{A})\,\varphi_{\lfloor\frac{k+1}{2}\rfloor}(\boldsymbol{A})\,\boldsymbol{r}_0\right) \\ &= \frac{1}{\alpha_{\lfloor\frac{k-1}{2}\rfloor}}\left(\boldsymbol{w}_k - \boldsymbol{w}_{k+1}\right) \end{aligned}$$

und für $k = 2n > 0$

$$
\begin{aligned}
\boldsymbol{A}\boldsymbol{y}_k &= \boldsymbol{A}\boldsymbol{q}_{n-1} \\
&\overset{(4.3.108)}{\underset{(4.3.129)}{=}} \frac{1}{\alpha_{n-1}}\left(\varphi_{n-1}(\boldsymbol{A})\,\varphi_n(\boldsymbol{A})\,\boldsymbol{r}_0 - \varphi_n^2(\boldsymbol{A})\,\boldsymbol{r}_0\right) \\
&= \frac{1}{\alpha_{\lfloor\frac{k-1}{2}\rfloor}}\left(\varphi_{\lfloor\frac{k-1}{2}\rfloor}(\boldsymbol{A})\,\varphi_{\lfloor\frac{k}{2}\rfloor}(\boldsymbol{A})\,\boldsymbol{r}_0 - \varphi^2_{\lfloor\frac{(k+1)-1}{2}\rfloor}(\boldsymbol{A})\,\boldsymbol{r}_0\right) \\
&= \frac{1}{\alpha_{\lfloor\frac{k-1}{2}\rfloor}}\left(\boldsymbol{w}_k - \boldsymbol{w}_{k+1}\right).
\end{aligned}
$$

□

Aufgrund der vorgenommenen Definition des Vektors $\boldsymbol{w}_k$ gilt stets $\boldsymbol{w}_{2k+1} = \boldsymbol{r}_k$. Mit

$$\boldsymbol{Y}_m = (\boldsymbol{y}_1 \dots \boldsymbol{y}_m), \tag{4.3.130}$$

$$\boldsymbol{W}_{m+1} = (\boldsymbol{w}_1 \dots \boldsymbol{w}_{m+1}) \tag{4.3.131}$$

und

$$
\overline{\boldsymbol{B}}_m = \begin{pmatrix}
\alpha^{-1}_{\lfloor\frac{1-1}{2}\rfloor} & & & \\
-\alpha^{-1}_{\lfloor\frac{1-1}{2}\rfloor} & \alpha^{-1}_{\lfloor\frac{2-1}{2}\rfloor} & & \\
& \ddots & \ddots & \\
& & -\alpha^{-1}_{\lfloor\frac{m-2}{2}\rfloor} & \alpha^{-1}_{\lfloor\frac{m-1}{2}\rfloor} \\
& & & -\alpha^{-1}_{\lfloor\frac{m-1}{2}\rfloor}
\end{pmatrix} \in \mathbb{R}^{(m+1)\times m}
$$

lässt sich Lemma 4.99 in der Form

$$\boldsymbol{A}\boldsymbol{Y}_m = \boldsymbol{W}_{m+1}\overline{\boldsymbol{B}}_m \tag{4.3.132}$$

schreiben. Zudem existiert aufgrund des Lemmas 4.98 für jeden Vektor $\boldsymbol{x}_m \in \boldsymbol{x}_0 + K_m$ die Darstellung

$$\boldsymbol{x}_m = \boldsymbol{x}_0 + \boldsymbol{Y}_m\boldsymbol{\alpha}_m$$

mit $\boldsymbol{\alpha}_m \in \mathbb{R}^m$. Durch (4.3.128) folgt $\boldsymbol{w}_1 = \boldsymbol{r}_0$ und wir erhalten daher für den zu $\boldsymbol{x}_m$ gehörenden Residuenvektor unter Verwendung der Gleichung (4.3.132)

$$
\begin{aligned}
\boldsymbol{r}_m &= \boldsymbol{b} - \boldsymbol{A}\boldsymbol{x}_m \\
&= \boldsymbol{r}_0 - \boldsymbol{A}\boldsymbol{Y}_m\boldsymbol{\alpha}_m \\
&= \boldsymbol{W}_{m+1}\left(\boldsymbol{e}_1 - \overline{\boldsymbol{B}}_m\boldsymbol{\alpha}_m\right)
\end{aligned} \tag{4.3.133}
$$

mit $\boldsymbol{e}_1 = (1,0,\dots,0)^T \in \mathbb{R}^{m+1}$. Die Matrix $\boldsymbol{W}_{m+1}$ ist in der Regel nicht normerhaltend, weshalb bei der Quasiminimierung keine vollständige Minimierung des Residuums betrachtet wird. Unter zusätzlicher Verwendung der Skalierungsmatrix

$$
\boldsymbol{S}_{m+1} := \begin{pmatrix}
\|\boldsymbol{w}_1\|_2 & & \\
& \ddots & \\
& & \|\boldsymbol{w}_{m+1}\|_2
\end{pmatrix} \in \mathbb{R}^{(m+1)\times(m+1)}
$$

folgt

$$\|\boldsymbol{r}_m\|_2 \leq \left\|\boldsymbol{W}_{m+1}\boldsymbol{S}_{m+1}^{-1}\right\|_2 \underbrace{\left\|\|\boldsymbol{w}_1\|_2\boldsymbol{e}_1 - \boldsymbol{S}_{m+1}\overline{\boldsymbol{B}}_m\boldsymbol{\alpha}_m\right\|_2}_{=:\,\tau_m}. \tag{4.3.134}$$

Die Skalierung dient in der obigen Formulierung als Vorkonditionierer, da die Konditionszahl der Matrix $\boldsymbol{W}_{m+1}\boldsymbol{S}_{m+1}^{-1}$ ein Kriterium für die Güte der Abschätzung des Residuums durch die Größe τ_m darstellt. Wir erhalten die im folgenden Lemma bewiesene Abschätzung:

Lemma 4.100 *Sei* $\tau_m := \left\|\|\boldsymbol{w}_1\|_2\boldsymbol{e}_1 - \boldsymbol{S}_{m+1}\overline{\boldsymbol{B}}_m\boldsymbol{\alpha}_m\right\|_2$, *dann folgt*

$$\|\boldsymbol{r}_m\|_2 \leq \sqrt{m+1}\,\tau_m$$

für den durch (4.3.133) *gegebenen Residuenvektor* $\boldsymbol{r}_m$.

Beweis:
Da die euklidische Norm einer beliebigen Matrix $\boldsymbol{A} = (a_{ij}) \in \mathbb{R}^{m\times n}$ der Abschätzung

$$\|\boldsymbol{A}\|_2 \leq \left(\sum_{i=1}^{m}\sum_{j=1}^{n}|a_{ij}|^2\right)^{1/2} = \|\boldsymbol{A}\|_F$$

genügt, folgt die Behauptung durch Einsetzen der Ungleichung

$$\left\|\boldsymbol{W}_{m+1}\boldsymbol{S}_{m+1}^{-1}\right\|_2 \leq \left(\sum_{i=1}^{m+1}\left\|\frac{\boldsymbol{w}_i}{\|\boldsymbol{w}_i\|_2}\right\|_2^2\right)^{1/2} = \sqrt{m+1}$$

in die Gleichung (4.3.134). □

In Anlehnung an die im GMRES-Verfahren durch (4.3.64) eingeführte Abbildung nutzen wir aufgrund der Abschätzung (4.3.134) die Funktion $J_m : \mathbb{R}^m \to \mathbb{R}$ mit

$$J_m(\boldsymbol{\alpha}) := \left\|\|\boldsymbol{w}_1\|_2\boldsymbol{e}_1 - \boldsymbol{S}_{m+1}\overline{\boldsymbol{B}}_m\boldsymbol{\alpha}\right\|_2 \tag{4.3.135}$$

und beschreiben mit den folgenden zwei Sätzen ein Iterationsverfahren zur Lösung der Minimierungsaufgabe

$$\boldsymbol{\alpha}_m = \arg\min_{\boldsymbol{\alpha}\in\mathbb{R}^m} J_m(\boldsymbol{\alpha}),$$

die die TFQMR-Iterierte mittels

$$\boldsymbol{x}_m = \boldsymbol{x}_0 + \boldsymbol{Y}_m\boldsymbol{\alpha}_m \tag{4.3.136}$$

liefert.

Satz 4.101 *Sei* $m \geq 1$ *und gelte*

$$\overline{\boldsymbol{T}}_m = \begin{pmatrix} \boldsymbol{T}_m \\ h_{m+1,1}\dots h_{m+1,m} \end{pmatrix} := \boldsymbol{S}_{m+1}\overline{\boldsymbol{B}}_m \in \mathbb{R}^{(m+1)\times m}$$

mit einer regulären Matrix $\boldsymbol{T}_m$ *. Für* $k = m-1,m$ *seien desweiteren*

$$\boldsymbol{\alpha}_k = \arg\min_{\boldsymbol{\alpha}\in\mathbb{R}^k} J_k(\boldsymbol{\alpha}),$$

und

$$\tau_k := J_k(\boldsymbol{\alpha}_k)$$

mit der durch (4.3.135) *gegebenen Funktion* J_k *. Dann gilt*

$$\boldsymbol{\alpha}_m = (1-c_m^2)\begin{pmatrix}\boldsymbol{\alpha}_{m-1}\\ 0\end{pmatrix} + c_m^2\tilde{\boldsymbol{\alpha}}_m \tag{4.3.137}$$

mit

$$\tilde{\boldsymbol{\alpha}}_m := \left(\alpha_{\lfloor\frac{j-1}{2}\rfloor}\right)^T_{j=1,\ldots,m} = \left(\alpha_0,\alpha_0,\alpha_1,\ldots,\alpha_{\lfloor\frac{m-1}{2}\rfloor}\right)^T \in \mathbb{R}^m,$$

sowie

$$\tau_m = \tau_{m-1}\vartheta_m c_m$$

mit

$$\vartheta_m = \frac{\|\boldsymbol{w}_{m+1}\|_2}{\tau_{m-1}}$$

und

$$c_m = \left(1+\vartheta_m^2\right)^{-1/2}. \tag{4.3.138}$$

Beweis:
Einfaches Nachrechnen liefert

$$\overline{\boldsymbol{T}}_m = \begin{pmatrix} \frac{\|\boldsymbol{w}_1\|_2}{\alpha_0} & & & \\ -\frac{\|\boldsymbol{w}_2\|_2}{\alpha_0} & \frac{\|\boldsymbol{w}_2\|_2}{\alpha_0} & & \\ & \ddots & \ddots & \\ & & -\frac{\|\boldsymbol{w}_m\|_2}{\alpha_{\lfloor\frac{m-2}{2}\rfloor}} & \frac{\|\boldsymbol{w}_m\|_2}{\alpha_{\lfloor\frac{m-1}{2}\rfloor}} \\ & & & -\frac{\|\boldsymbol{w}_{m+1}\|_2}{\alpha_{\lfloor\frac{m-1}{2}\rfloor}} \end{pmatrix},$$

wodurch

$$\tilde{\boldsymbol{\alpha}}_m = \|\boldsymbol{w}_1\|_2\boldsymbol{T}_m^{-1}\boldsymbol{e}_1 \tag{4.3.139}$$

und somit

$$\|\boldsymbol{w}_{m+1}\|_2 = \left\|\|\boldsymbol{w}_1\|_2\boldsymbol{e}_1 - \overline{\boldsymbol{T}}_m\tilde{\boldsymbol{\alpha}}_m\right\|_2 \tag{4.3.140}$$

gilt. Wir führen analog zum Lemma 4.88 eine orthogonale Transformation der Matrix $\overline{\boldsymbol{T}}_m$ mittels Givens-Rotationen durch und erhalten die Darstellung

$$\boldsymbol{Q}_m\overline{\boldsymbol{T}}_m = \overline{\boldsymbol{R}}_m = \begin{pmatrix}\boldsymbol{R}_m\\ \boldsymbol{0}^T\end{pmatrix}. \tag{4.3.141}$$

Zudem definieren wir

$$\overline{\boldsymbol{g}}_m := \|\boldsymbol{w}_1\|_2\boldsymbol{Q}_m\boldsymbol{e}_1.$$

Aufgrund der besonderen Gestalt der Matrix $\overline{\boldsymbol{T}}_m$ stellt die Abbildung $\boldsymbol{R}_m$ eine rechte obere Dreiecksmatrix mit Bandbreite zwei dar. Für den Vektor $\overline{\boldsymbol{g}}_m$ ergibt sich dabei mit

$$\overline{\boldsymbol{g}}_m = \begin{pmatrix} \boldsymbol{g}_m \\ \tilde{\gamma}_{m+1} \end{pmatrix} = \begin{pmatrix} \gamma_1 \\ \vdots \\ \gamma_m \\ \tilde{\gamma}_{m+1} \end{pmatrix} \quad \text{und} \quad \overline{\boldsymbol{g}}_{m-1} = \begin{pmatrix} \boldsymbol{g}_{m-1} \\ \tilde{\gamma}_m \end{pmatrix}$$

unter Verwendung der durch (4.3.141) gegebenen Transformation die Form

$$\begin{aligned} \overline{\boldsymbol{g}}_m &= \begin{pmatrix} \boldsymbol{I} & & \\ & c_m & s_m \\ & -s_m & c_m \end{pmatrix} \begin{pmatrix} \boldsymbol{Q}_{m-1} & \boldsymbol{0} \\ \boldsymbol{0}^T & 1 \end{pmatrix} \begin{pmatrix} \|\boldsymbol{w}_1\|_2 \\ \boldsymbol{0} \end{pmatrix} \\ &= \begin{pmatrix} \boldsymbol{I} & & \\ & c_m & s_m \\ & -s_m & c_m \end{pmatrix} \begin{pmatrix} \boldsymbol{g}_{m-1} \\ \tilde{\gamma}_m \\ 0 \end{pmatrix} = \begin{pmatrix} \boldsymbol{g}_{m-1} \\ c_m \tilde{\gamma}_m \\ -s_m \tilde{\gamma}_m \end{pmatrix}, \end{aligned} \tag{4.3.142}$$

wobei o.B.d.A. $c_m \geq 0$ gelten soll. Analog zum GMRES-Verfahren liegt mit $\boldsymbol{R}_m$ eine reguläre Matrix vor, und wir erhalten

$$\boldsymbol{\alpha}_m = \arg \min_{\boldsymbol{\alpha} \in \mathbb{R}^m} J_m(\boldsymbol{\alpha}) = \boldsymbol{R}_m^{-1} \boldsymbol{g}_m.$$

Desweiteren gilt

$$\begin{pmatrix} \boldsymbol{R}_m \\ \boldsymbol{0}^T \end{pmatrix} = \overline{\boldsymbol{R}}_m = \begin{pmatrix} \boldsymbol{I} & & \\ & c_m & s_m \\ & -s_m & c_m \end{pmatrix} \begin{pmatrix} \boldsymbol{Q}_{m-1} \boldsymbol{T}_m \\ 0 \ldots 0 \, h_{m+1,m} \end{pmatrix},$$

wodurch mit $c_m^2 + s_m^2 = 1$ die Gleichung

$$\boldsymbol{Q}_{m-1} \boldsymbol{T}_m = \begin{pmatrix} \boldsymbol{I} & \boldsymbol{0} \\ \boldsymbol{0}^T & c_m \end{pmatrix} \boldsymbol{R}_m$$

folgt. Mit (4.3.139) erhalten wir daher unter Berücksichtigung der vorausgesetzten Regularität der Matrix $\boldsymbol{T}_m$ die Eigenschaft $c_m \neq 0$ und folglich die Darstellung

$$\begin{aligned} \tilde{\boldsymbol{\alpha}}_m &= \|\boldsymbol{w}_1\|_2 \boldsymbol{T}_m^{-1} \boldsymbol{e}_1 \\ &= \left(\boldsymbol{Q}_{m-1} \boldsymbol{T}_m\right)^{-1} \overline{\boldsymbol{g}}_{m-1} \\ &= \boldsymbol{R}_m^{-1} \begin{pmatrix} \boldsymbol{I} & \boldsymbol{0} \\ \boldsymbol{0}^T & c_m^{-1} \end{pmatrix} \begin{pmatrix} \boldsymbol{g}_{m-1} \\ \tilde{\gamma}_m \end{pmatrix} \\ &= \boldsymbol{R}_m^{-1} \begin{pmatrix} \boldsymbol{R}_{m-1} \boldsymbol{\alpha}_{m-1} \\ \tilde{\gamma}_m c_m^{-1} \end{pmatrix}. \end{aligned} \tag{4.3.143}$$

Elementares Nachrechnen liefert die Form

$$\boldsymbol{R}_m = \begin{pmatrix} \boldsymbol{R}_{m-1} & \begin{matrix} \boldsymbol{0} \\ r_{m-1,m} \end{matrix} \\ \boldsymbol{0}^T & r_{m,m} \end{pmatrix}.$$

Aus (4.3.142) erhalten wir

$$\boldsymbol{g}_m = \begin{pmatrix} \boldsymbol{g}_{m-1} \\ c_m \tilde{\gamma}_m \end{pmatrix},$$

wodurch mit $\boldsymbol{g}_{m-1} = \boldsymbol{R}_{m-1}\boldsymbol{\alpha}_{m-1}$ unter Berücksichtigung der obigen Gestalt der oberen Dreiecksmatrix $\boldsymbol{R}_m$ die behauptete Gestalt des Koeffizientenvektors durch

$$\begin{aligned} \boldsymbol{\alpha}_m &= \boldsymbol{R}_m^{-1}\boldsymbol{g}_m = \boldsymbol{R}_m^{-1} \begin{pmatrix} \boldsymbol{R}_{m-1}\boldsymbol{\alpha}_{m-1} \\ \tilde{\gamma}_m c_m \end{pmatrix} \\ &= \boldsymbol{R}_m^{-1} \left((1-c_m^2) \begin{pmatrix} \boldsymbol{R}_{m-1}\boldsymbol{\alpha}_{m-1} \\ 0 \end{pmatrix} + c_m^2 \begin{pmatrix} \boldsymbol{R}_{m-1}\boldsymbol{\alpha}_{m-1} \\ \tilde{\gamma}_m c_m^{-1} \end{pmatrix} \right) \\ &= (1-c_m^2) \begin{pmatrix} \boldsymbol{\alpha}_{m-1} \\ 0 \end{pmatrix} + c_m^2 \tilde{\boldsymbol{\alpha}}_m \end{aligned} \tag{4.3.144}$$

folgt. Wenden wir die Funktion J_m auf $\tilde{\boldsymbol{\alpha}}_m$ an, so erhalten wir unter Verwendung der Identität $c_m^{-2} - 1 = c_m^{-2} s_m^2$ die Gleichung

$$\begin{aligned} \|\boldsymbol{w}_{m+1}\|_2 &\overset{(4.3.140)}{=} J_m(\tilde{\boldsymbol{\alpha}}_m) = \left\| \boldsymbol{Q}_m \left[\begin{pmatrix} \|\boldsymbol{w}_1\|_2 \\ \boldsymbol{0} \end{pmatrix} - \overline{\boldsymbol{T}}_m \tilde{\boldsymbol{\alpha}}_m \right] \right\|_2 \\ &\overset{\substack{(4.3.141)\\(4.3.142)}}{=} \left\| \begin{pmatrix} \boldsymbol{g}_{m-1} \\ c_m\tilde{\gamma}_m \\ -s_m\tilde{\gamma}_m \end{pmatrix} - \begin{pmatrix} \boldsymbol{R}_m\tilde{\boldsymbol{\alpha}}_m \\ 0 \end{pmatrix} \right\|_2 \\ &\overset{(4.3.143)}{=} \left\| \begin{pmatrix} \boldsymbol{g}_{m-1} \\ c_m\tilde{\gamma}_m \\ -s_m\tilde{\gamma}_m \end{pmatrix} - \begin{pmatrix} \boldsymbol{g}_{m-1} \\ \tilde{\gamma}_m c_m^{-1} \\ 0 \end{pmatrix} \right\|_2 \\ &= \sqrt{\tilde{\gamma}_m^2 \left(c_m^2 - 2 + c_m^{-2} + s_m^2 \right)} = |\tilde{\gamma}_m||s_m|c_m^{-1}, \end{aligned}$$

wodurch mit (4.3.142) und (4.3.144)

$$\begin{aligned} \tau_m &= \left\| \begin{pmatrix} \boldsymbol{g}_{m-1} \\ c_m\tilde{\gamma}_m \\ -s_m\tilde{\gamma}_m \end{pmatrix} - \begin{pmatrix} \boldsymbol{R}_m\boldsymbol{\alpha}_m \\ 0 \end{pmatrix} \right\|_2 = |\tilde{\gamma}_m s_m| \\ &= \tau_{m-1}\frac{\|\boldsymbol{w}_{m+1}\|_2}{\tau_{m-1}} c_m = \tau_{m-1}\vartheta_m c_m \end{aligned}$$

mit $\vartheta_m = \|\boldsymbol{w}_{m+1}\|_2 \tau_{m-1}^{-1}$ folgt, und zudem wegen $s_m^2 + c_m^2 = 1$ unter Einbeziehung von $\tau_{m-1} = |\tilde{\gamma}_m|$

$$c_m = \sqrt{\frac{1}{1 + \frac{s_m^2}{c_m^2}}} = \sqrt{\frac{1}{1 + \vartheta_m^2}}$$

gilt. □

Satz 4.102 *Seien* $c_m, \vartheta_m, \boldsymbol{y}_m$ *durch Lemma* 4.98 *und Satz* 4.101 *gegeben und* $m \geq 1$. *Dann lässt sich die TFQMR-Iterierte mittels*

$$\eta_m := \alpha_{\lfloor \frac{m-1}{2} \rfloor} c_m^2 \tag{4.3.145}$$

und

$$\boldsymbol{d}_m := \boldsymbol{y}_m + \frac{\vartheta_{m-1}^2 \eta_{m-1}}{\alpha_{\lfloor \frac{m-1}{2} \rfloor}} \boldsymbol{d}_{m-1}$$

in der rekursiven Form

$$\boldsymbol{x}_m = \boldsymbol{x}_{m-1} + \eta_m \boldsymbol{d}_m$$

schreiben.

Beweis:
Definieren wir den Vektor

$$\tilde{\boldsymbol{x}}_m = \boldsymbol{x}_0 + \boldsymbol{Y}_m \tilde{\boldsymbol{\alpha}}_m$$

mit dem durch Satz 4.101 gegebenen Vektor $\tilde{\boldsymbol{\alpha}}_m$ und der Matrix $\boldsymbol{Y}_m$ gemäß (4.3.130), so folgt

$$\tilde{\boldsymbol{x}}_m = \boldsymbol{x}_0 + \boldsymbol{Y}_{m-1} \tilde{\boldsymbol{\alpha}}_{m-1} + \alpha_{\lfloor \frac{m-1}{2} \rfloor} \boldsymbol{y}_m = \tilde{\boldsymbol{x}}_{m-1} + \alpha_{\lfloor \frac{m-1}{2} \rfloor} \boldsymbol{y}_m. \tag{4.3.146}$$

Für die TFQMR-Iterierte $\boldsymbol{x}_m$ ergibt sich mit (4.3.136) und (4.3.137) die Rekursionsvorschrift

$$\begin{aligned}
\boldsymbol{x}_m &= \left(1 - c_m^2\right) \left(\boldsymbol{x}_0 + \boldsymbol{Y}_m \begin{pmatrix} \boldsymbol{\alpha}_{m-1} \\ 0 \end{pmatrix} \right) + c_m^2 \left(\boldsymbol{x}_0 + \boldsymbol{Y}_m \tilde{\boldsymbol{\alpha}}_m \right) \\
&= \left(1 - c_m^2\right) \boldsymbol{x}_{m-1} + c_m^2 \tilde{\boldsymbol{x}}_m \\
&\overset{(4.3.145)}{=} \boldsymbol{x}_{m-1} + \frac{\eta_m}{\alpha_{\lfloor \frac{m-1}{2} \rfloor}} \left(\tilde{\boldsymbol{x}}_m - \boldsymbol{x}_{m-1} \right).
\end{aligned} \tag{4.3.147}$$

Legen wir den Vektor $\tilde{\boldsymbol{d}}_m$ gemäß

$$\tilde{\boldsymbol{d}}_m := \frac{\tilde{\boldsymbol{x}}_m - \boldsymbol{x}_{m-1}}{\alpha_{\lfloor \frac{m-1}{2} \rfloor}} \tag{4.3.148}$$

fest, dann folgt die Gleichung

$$\begin{aligned}
\tilde{\boldsymbol{d}}_m &\overset{(4.3.146)}{\overset{(4.3.147)}{=}} \boldsymbol{y}_m + \frac{1}{\alpha_{\lfloor \frac{m-1}{2} \rfloor}} \left(\tilde{\boldsymbol{x}}_{m-1} - \boldsymbol{x}_{m-2} - \eta_{m-1} \tilde{\boldsymbol{d}}_{m-1} \right) \\
&\overset{(4.3.145)}{\overset{(4.3.148)}{=}} \boldsymbol{y}_m + \frac{1}{\alpha_{\lfloor \frac{m-1}{2} \rfloor}} \left(\frac{1}{c_{m-1}^2} \eta_{m-1} \tilde{\boldsymbol{d}}_{m-1} - \eta_{m-1} \tilde{\boldsymbol{d}}_{m-1} \right) \\
&\overset{(4.3.138)}{=} \boldsymbol{y}_m + \frac{\vartheta_{m-1}^2 \eta_{m-1}}{\alpha_{\lfloor \frac{m-1}{2} \rfloor}} \tilde{\boldsymbol{d}}_{m-1},
\end{aligned}$$

wodurch wir $\boldsymbol{d}_m$ mit $\tilde{\boldsymbol{d}}_m$ gleichsetzen können. Das Einsetzen von (4.3.148) in (4.3.147) liefert somit die behauptete Darstellung der TFQMR-Iterierten. □

Betrachten wir die im CGS-Algorithmus auftretenden Vektoren $\boldsymbol{q}_j$,$\boldsymbol{u}_{j+1}$ und $\boldsymbol{p}_{j+1}$, so erhalten wir unter Verwendung der Lemmata 4.98 und 4.99 sowie der Hilfsvariablen

$$\boldsymbol{v}_j := \boldsymbol{A}\boldsymbol{p}_j$$

die Rekursionsvorschriften

$$\begin{aligned}
\boldsymbol{y}_{2j} &= \boldsymbol{q}_{j-1} = \boldsymbol{u}_{j-1} - \alpha_{j-1}\boldsymbol{v}_{j-1} = \boldsymbol{y}_{2j-1} - \alpha_{j-1}\boldsymbol{v}_{j-1}, \\
\boldsymbol{y}_{2j+1} &= \boldsymbol{u}_j = \boldsymbol{r}_j + \beta_{j-1}\boldsymbol{q}_{j-1} = \boldsymbol{w}_{2j+1} + \beta_{j-1}\boldsymbol{y}_{2j}.
\end{aligned}$$

Zudem gilt

$$\boldsymbol{p}_j = \boldsymbol{u}_j + \beta_{j-1}\left(\boldsymbol{q}_{j-1} + \beta_{j-1}\boldsymbol{p}_{j-1}\right) = \boldsymbol{y}_{2j+1} + \beta_{j-1}\left(\boldsymbol{y}_{2j} + \beta_{j-1}\boldsymbol{p}_{j-1}\right),$$

so dass für die Hilfsvariable

$$\boldsymbol{v}_j = \boldsymbol{A}\boldsymbol{y}_{2j+1} + \beta_{j-1}\left(\boldsymbol{A}\boldsymbol{y}_{2j} + \beta_{j-1}\boldsymbol{v}_{j-1}\right)$$

folgt. Mit den Lemmata 4.99 und 4.100 sowie den Sätzen 4.101 und 4.102 erhalten wir zusammenfassend den TFQMR-Algorithmus in der folgenden Formulierung, dessen Umsetzung in MATLAB im Anhang A aufgeführt ist.

TFQMR-Algorithmus —

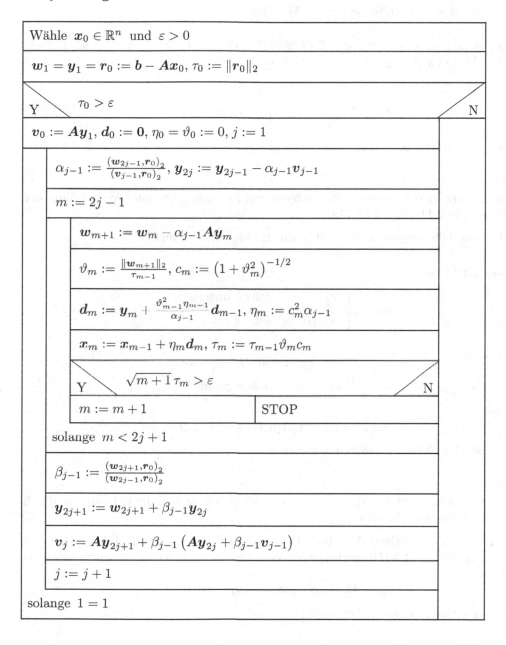

Wähle $\boldsymbol{x}_0 \in \mathbb{R}^n$ und $\varepsilon > 0$

$\boldsymbol{w}_1 = \boldsymbol{y}_1 = \boldsymbol{r}_0 := \boldsymbol{b} - \boldsymbol{A}\boldsymbol{x}_0$, $\tau_0 := \|\boldsymbol{r}_0\|_2$

$\tau_0 > \varepsilon$ — Y:

- $\boldsymbol{v}_0 := \boldsymbol{A}\boldsymbol{y}_1$, $\boldsymbol{d}_0 := \boldsymbol{0}$, $\eta_0 = \vartheta_0 := 0$, $j := 1$
    - $\alpha_{j-1} := \frac{(\boldsymbol{w}_{2j-1}, \boldsymbol{r}_0)_2}{(\boldsymbol{v}_{j-1}, \boldsymbol{r}_0)_2}$, $\boldsymbol{y}_{2j} := \boldsymbol{y}_{2j-1} - \alpha_{j-1}\boldsymbol{v}_{j-1}$
    - $m := 2j - 1$
        - $\boldsymbol{w}_{m+1} := \boldsymbol{w}_m - \alpha_{j-1}\boldsymbol{A}\boldsymbol{y}_m$
        - $\vartheta_m := \frac{\|\boldsymbol{w}_{m+1}\|_2}{\tau_{m-1}}$, $c_m := \left(1 + \vartheta_m^2\right)^{-1/2}$
        - $\boldsymbol{d}_m := \boldsymbol{y}_m + \frac{\vartheta_{m-1}^2 \eta_{m-1}}{\alpha_{j-1}}\boldsymbol{d}_{m-1}$, $\eta_m := c_m^2 \alpha_{j-1}$
        - $\boldsymbol{x}_m := \boldsymbol{x}_{m-1} + \eta_m \boldsymbol{d}_m$, $\tau_m := \tau_{m-1}\vartheta_m c_m$
        - $\sqrt{m+1}\,\tau_m > \varepsilon$ — Y: $m := m + 1$ | N: STOP
    - solange $m < 2j + 1$
    - $\beta_{j-1} := \frac{(\boldsymbol{w}_{2j+1}, \boldsymbol{r}_0)_2}{(\boldsymbol{w}_{2j-1}, \boldsymbol{r}_0)_2}$
    - $\boldsymbol{y}_{2j+1} := \boldsymbol{w}_{2j+1} + \beta_{j-1}\boldsymbol{y}_{2j}$
    - $\boldsymbol{v}_j := \boldsymbol{A}\boldsymbol{y}_{2j+1} + \beta_{j-1}\left(\boldsymbol{A}\boldsymbol{y}_{2j} + \beta_{j-1}\boldsymbol{v}_{j-1}\right)$
    - $j := j + 1$
- solange $1 = 1$

N: (leer)

4.3.2.9 Das QMRCGSTAB-Verfahren

Motiviert durch die Entwicklung der TFQMR-Methode aus dem CGS-Algorithmus veröffentlichten Chan et al. das QMRCGSTAB-Verfahren [18], das sich unter Verwendung des Prinzips der Quasi-Minimierung aus dem BiCGSTAB-Verfahren herleiten lässt. Hierzu definieren wir mit dem folgenden Lemma eine Basis des Krylov-Unterraums K_m unter Nutzung der durch (4.3.126) gegebenen Abbildung.

Lemma 4.103 *Vorausgesetzt, das BiCGSTAB-Verfahren bricht nicht vor der Berechnung der Vektoren* $\boldsymbol{p}_{\lfloor \frac{m-1}{2} \rfloor}$ *und* $\boldsymbol{s}_{\lfloor \frac{m-1}{2} \rfloor}$ *ab, dann stellen die durch*

$$\boldsymbol{y}_k := \begin{cases} \boldsymbol{p}_{\lfloor \frac{k-1}{2} \rfloor} & , \text{ falls } k \text{ ungerade,} \\ \boldsymbol{s}_{\lfloor \frac{k-1}{2} \rfloor} & , \text{ falls } k \text{ gerade} \end{cases} \tag{4.3.149}$$

definierten Vektoren $\boldsymbol{y}_1, \ldots, \boldsymbol{y}_m$ *eine Basis des* K_m *dar.*

Beweis:
Der Beweis ergibt sich analog zum Nachweis des Lemmas 4.98 unter Verwendung der Gleichungen (4.3.117) und (4.3.118). □

Dem Lemma 4.99 entsprechend erhalten wir das folgende Lemma.

Lemma 4.104 *Seien*

$$\boldsymbol{w}_k := \begin{cases} \boldsymbol{r}_{\lfloor \frac{k-1}{2} \rfloor} & , \text{ falls } k \text{ ungerade,} \\ \boldsymbol{s}_{\lfloor \frac{k-1}{2} \rfloor} & , \text{ falls } k \text{ gerade} \end{cases} \tag{4.3.150}$$

und

$$\delta_k := \begin{cases} \alpha_{\lfloor \frac{k-1}{2} \rfloor} & , \text{ falls } k \text{ ungerade,} \\ \omega_{\lfloor \frac{k-1}{2} \rfloor} & , \text{ falls } k \text{ gerade,} \end{cases}$$

dann gilt

$$\boldsymbol{w}_{k+1} = \boldsymbol{w}_k - \delta_k \boldsymbol{A} \boldsymbol{y}_k \text{ für } k = 1, \ldots, m$$

mit den durch (4.3.149) *gegebenen Vektoren* $\boldsymbol{y}_1, \ldots, \boldsymbol{y}_m$.

Beweis:
Mit den Gleichungen (4.3.114), (4.3.116) und (4.3.118) lässt sich die Behauptung durch einfaches Nachrechnen beweisen. □

Definieren wir die Matrizen $\boldsymbol{Y}_m$ und $\boldsymbol{W}_{m+1}$ gemäß (4.3.130) und (4.3.131) mit den durch (4.3.149) und (4.3.150) vorliegenden Vektoren, so lässt sich der Residuenvektor in der Form

$$\boldsymbol{r}_m = \boldsymbol{W}_{m+1} \boldsymbol{S}_{m+1}^{-1} \boldsymbol{S}_{m+1} \left(\boldsymbol{e}_1 - \overline{\boldsymbol{B}}_m \boldsymbol{\alpha}_m \right)$$

mit $\boldsymbol{S}_{m+1} = \operatorname{diag}\{\|\boldsymbol{w}_1\|_2, \ldots, \|\boldsymbol{w}_{m+1}\|_2\}$,

$$\overline{\boldsymbol{B}}_m = \begin{pmatrix} \delta_1^{-1} & & & \\ -\delta_1^{-1} & \delta_2^{-1} & & \\ & \ddots & \ddots & \\ & & -\delta_{m-1}^{-1} & \delta_m^{-1} \\ & & & -\delta_m^{-1} \end{pmatrix} \in \mathbb{R}^{(m+1) \times m}$$

und $\boldsymbol{e}_1 = (1,0,\ldots,0)^T \in \mathbb{R}^{m+1}$ darstellen. Der QMRCGSTAB-Algorithmus unterscheidet sich vom TFQMR-Verfahren einzig in der vorliegenden Matrix $\overline{\boldsymbol{B}}_m$, die bei beiden Verfahren zwar die gleiche Struktur, jedoch unterschiedliche Einträge aufweist. Beim QMRCGSTAB-Verfahren wird daher ebenfalls die Abbildung J_m gemäß (4.3.135) eingeführt und die QMRCGSTAB-Iterierte mittels (4.3.136) definiert, wodurch für die Norm des Residuenvektors ebenfalls die durch Lemma 4.100 gegebene Abschätzung gilt. Zudem können die Sätze 4.101 und 4.102 direkt für das vorliegende QMRCGSTAB-Verfahren umgeschrieben werden, und wir erhalten mit den beiden folgenden Sätzen die mathematische Grundlage der Methode.

Satz 4.105 *Sei* $m \geq 1$ *und desweiteren für* $k = m-1,m$

$$\boldsymbol{\alpha}_k = \arg\min_{\boldsymbol{\alpha} \in \mathbb{R}^k} J_k(\boldsymbol{\alpha}) \text{ und } \tau_k := J_k(\boldsymbol{\alpha}_k)$$

mit der durch (4.3.135) *gegebenen Funktion* J_k. *Dann gilt*

$$\boldsymbol{\alpha}_m = \left(1 - c_m^2\right) \begin{pmatrix} \boldsymbol{\alpha}_{m-1} \\ 0 \end{pmatrix} + c_m^2 \tilde{\boldsymbol{\alpha}}_m$$

mit $\tilde{\boldsymbol{\alpha}}_m := (\delta_1,\delta_2,\ldots,\delta_m)^T \in \mathbb{R}^m$ *sowie* $\tau_m = \tau_{m-1}\vartheta_m c_m$ *mit* $\vartheta_m = \frac{\|\boldsymbol{w}_{m+1}\|_2}{\tau_{m-1}}$ *und* $c_m = \left(1 + \vartheta_m^2\right)^{-1/2}$.

Beweis:
Der Beweis ergibt sich analog zum Nachweis des Satzes 4.101. □

Satz 4.106 *Seien* $c_m,\vartheta_m,\boldsymbol{y}_m$ *durch Lemma* 4.103 *und Satz* 4.105 *gegeben und* $m \geq 1$. *Dann lässt sich die QMRCGSTAB-Iterierte mittels*

$$\eta_m := \delta_m c_m^2$$

und

$$\boldsymbol{d}_m := \boldsymbol{y}_m + \frac{\vartheta_{m-1}^2 \eta_{m-1}}{\delta_m} \boldsymbol{d}_{m-1}$$

in der rekursiven Form

$$\boldsymbol{x}_m = \boldsymbol{x}_{m-1} + \eta_m \boldsymbol{d}_m$$

schreiben.

Beweis:
Die Behauptung lässt sich analog zum Beweis des Satzes 4.102 nachweisen. □

Berücksichtigen wir die spezielle Darstellung der Vektoren $\boldsymbol{y}_1,\ldots,\boldsymbol{y}_m$ und $\boldsymbol{w}_1,\ldots,\boldsymbol{w}_m$, so lässt sich der QMRCGSTAB-Algorithmus in der folgenden Form schreiben. Dem Anhang A kann eine Implementierung in MATLAB entnommen werden.

QMRCGSTAB-Algorithmus —

Wähle $\boldsymbol{x}_0 \in \mathbb{R}^n$ und $\varepsilon > 0$

$\boldsymbol{p}_0 = \boldsymbol{r}_0 := \boldsymbol{b} - \boldsymbol{A}\boldsymbol{x}_0$, $\tau_0 := \|\boldsymbol{r}_0\|_2$, $\boldsymbol{v}_0 := \boldsymbol{A}\boldsymbol{p}_0$

$\tau_0 > \varepsilon$ — Y / N

Y:

$\boldsymbol{d}_0 := \boldsymbol{0}$, $\eta_0 = \vartheta_0 := 0$, $j := 1$

$\alpha_{j-1} := \frac{(\boldsymbol{r}_{j-1},\boldsymbol{r}_0)_2}{(\boldsymbol{v}_{j-1},\boldsymbol{r}_0)_2}$, $\boldsymbol{s}_{j-1} := \boldsymbol{r}_{j-1} - \alpha_{j-1}\boldsymbol{v}_{j-1}$

$\tilde{\vartheta}_j := \frac{\|\boldsymbol{s}_{j-1}\|_2}{\tau_{j-1}}$, $\tilde{c}_j := \left(1 + \tilde{\vartheta}_j^2\right)^{-1/2}$

$\tilde{\boldsymbol{d}}_j := \boldsymbol{p}_{j-1} + \frac{\vartheta_{j-1}^2 \eta_{j-1}}{\alpha_{j-1}} \boldsymbol{d}_{j-1}$, $\tilde{\eta}_j := \tilde{c}_j^2 \alpha_{j-1}$

$\tilde{\boldsymbol{x}}_j := \boldsymbol{x}_{j-1} + \tilde{\eta}_j \tilde{\boldsymbol{d}}_j$, $\tilde{\tau}_j := \tau_{j-1}\tilde{\vartheta}_j \tilde{c}_j$

$\omega_{j-1} := \frac{(\boldsymbol{A}\boldsymbol{s}_{j-1},\boldsymbol{s}_{j-1})_2}{(\boldsymbol{A}\boldsymbol{s}_{j-1},\boldsymbol{A}\boldsymbol{s}_{j-1})_2}$, $\boldsymbol{r}_j := \boldsymbol{s}_{j-1} - \omega_{j-1}\boldsymbol{A}\boldsymbol{s}_{j-1}$

$\vartheta_j := \frac{\|\boldsymbol{r}_j\|_2}{\tilde{\tau}_j}$, $c_j := \left(1 + \vartheta_j^2\right)^{-1/2}$

$\boldsymbol{d}_j := \boldsymbol{s}_{j-1} + \frac{\tilde{\vartheta}_j^2 \tilde{\eta}_j}{\omega_{j-1}} \tilde{\boldsymbol{d}}_j$, $\eta_j := c_j^2 \omega_{j-1}$

$\boldsymbol{x}_j := \tilde{\boldsymbol{x}}_j + \eta_j \boldsymbol{d}_j$, $\tau_j := \tilde{\tau}_j \vartheta_j c_j$

$\sqrt{2j+1}\,\tau_j > \varepsilon$ — Y / N

Y:

$\beta_{j-1} := \frac{\alpha_{j-1}}{\omega_{j-1}} \frac{(\boldsymbol{r}_j,\boldsymbol{r}_0)_2}{(\boldsymbol{r}_{j-1},\boldsymbol{r}_0)_2}$

$\boldsymbol{p}_j := \boldsymbol{r}_j + \beta_{j-1}\left(\boldsymbol{p}_{j-1} - \omega_{j-1}\boldsymbol{A}\boldsymbol{p}_{j-1}\right)$

$\boldsymbol{v}_j := \boldsymbol{A}\boldsymbol{p}_j$, $j = j + 1$

N: STOP

solange $1 = 1$

4.3.2.10 Konvergenzanalysen

In diesem Abschnitt untersuchen wir das Konvergenzverhalten der für reguläre Matrizen anwendbaren Verfahren GMRES, CGS, BiCGSTAB, TFQMR und QMRCGSTAB. Zur

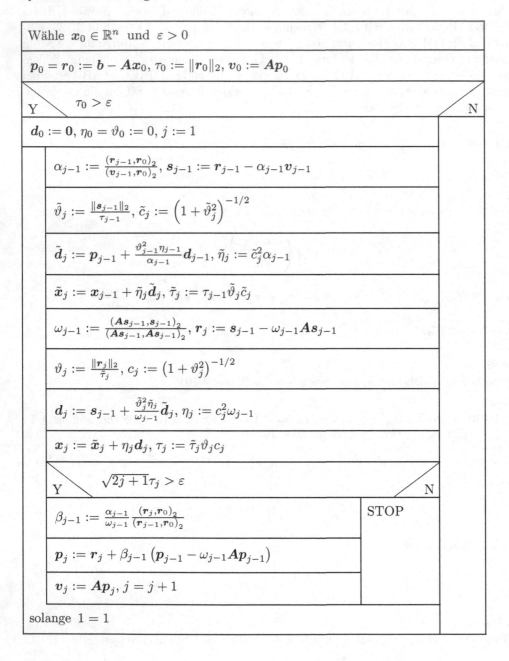

Analyse nutzen wir die im Beispiel 1.4 hergeleitete unsymmetrische Matrix (1.0.9), wobei für den Diffusionsparameter der Wert $\varepsilon = 0.1$ gewählt wurde und mit $N = 100$ stets 10.000 Unbekannte vorliegen.

Alle präsentierten Abbildungen zeigen den Logarithmus des Residuums zur Basis 10 aufgetragen über der Iterationzahl. Aufgrund der vorliegenden Gestalt des Gleichungssystems benötigt eine Matrix-Vektor-Multiplikation stets $5N^2 - 4N$ Operationen, die folglich stets in der Größenordnung einer Skalarmultiplikation mit N^2 Operationen liegt. Die Verfahren CGS, BiCGSTAB, TFQMR und QMRCGSTAB benötigen hierbei pro Iteration jeweils zwei Matrix-Vektor-Multiplikationen. Dagegen weist das GMRES-Verfahren lediglich eine derartige Operationen pro Iteration auf. Jedoch zeigt sich durch den im GMRES-Verfahren enthaltenen Arnoldi-Algorithmus zur Berechnung der Orthonormalbasis eine von der Dimension des Krylov-Unterraums abhängige Anzahl an Skalarprodukten. Das GMRES-Verfahren wurde in unserem Fall in einer Restarted-Version mit einer maximalen Krylov-Unterraumdimension von $m = 30$ verwendet. Eine kleinere obere Grenze führte zu einer Erhöhung der Iterationszahl und wurde daher vermieden. Innerhalb eines Restarts müssen demzufolge 465 Skalarprodukte im Rahmen des Arnoldi-Algorithmus berechnet werden, die etwa 3 Matrix-Vektor-Multiplikationen pro Iteration entsprechen. Alle weiteren Verfahren beinhalten keinerlei iterationsabhängige Anzahl von Skalarprodukten. Je Iteration werden 3 (CGS), 4 (BiCGSTAB, TFQMR) beziehungsweise 6 (QMRCGSTAB) Skalarprodukte berechnet, so dass diese Verfahren einen vergleichbaren Aufwand innerhalb eines Schleifendurchlaufs aufweisen. Dagegen ergibt sich bei GMRES-Verfahren durchschnittlich ein deutlicher höherer Rechenbedarf.

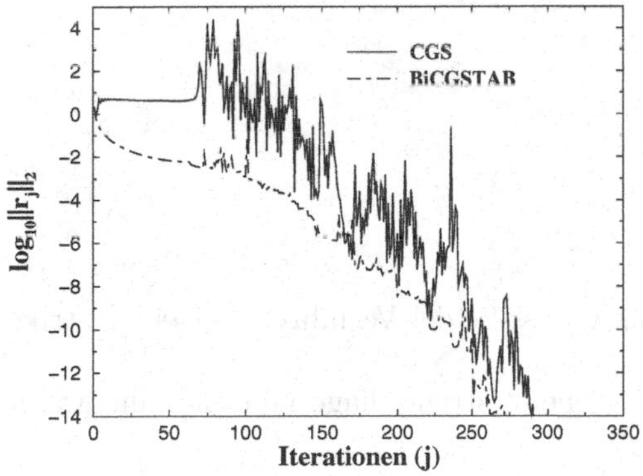

Bild 4.28 Konvergenzverläufe des CGS- und BiCGSTAB-Verfahrens

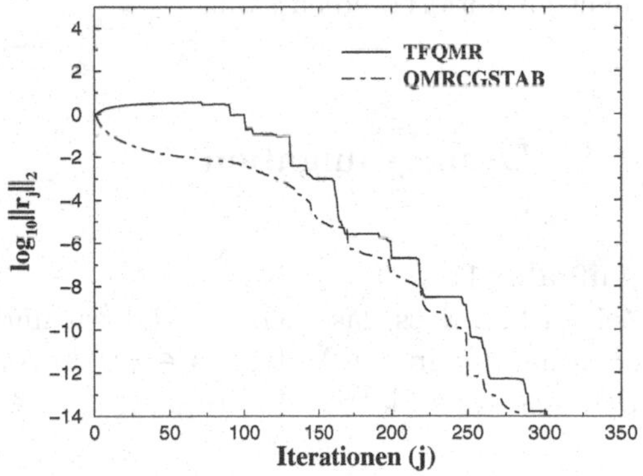

Bild 4.29 Konvergenzverläufe des TFQMR- und QMRCGSTAB-Verfahrens

Die dargestellten Konvergenzverläufe zeigen das zu erwartende typische Verhalten der Gleichungssystemlöser. Während das CGS-Verfahren sehr starke Oszillationen aufweist, ergibt sich bei der BiCGSTAB-Methode durch die eingeführte eindimensionale Residuenminimierung ein deutlich glatteres Abfallverhalten (siehe Bild 4.28). Die Nutzung der Quasiminimierung innerhalb des TFQMR- und QMRCGSTAB-Verfahrens führt, wie in Bild 4.29 zu sehen, auf ein annähernd monotones und oszillationsfreies Konvergenzverhalten. Ein durchgehend monotones Abklingverhalten des Residuums ergibt sich aus theoretischer Sicht für das GMRES-Verfahren und auch dessen GMRES(m)-Variante. Diese Eigenschaft wird auch durch die Abbildung 4.30 wiedergegeben.

Aus den ermittelten Konvergenzverläufen wird ersichtlich, dass bei allen betrachteten Gleichungssystemlösern eine Reduktion des Residuums um 14 Größenordnungen in weniger als 1000 Schleifendurchläufen erzielt wurde. Hierbei ergab sich für die Verfahren BiCGSTAB (272 Iterationen), CGS (291 Iterationen), TFQMR (302 Iterationen), QMRCGSTAB (286 Iterationen) ein vergleichbarer Aufwand. Einzig das GMRES-Verfahren benötigte mit 838 Schleifendurchläufen eine deutlich höhere Iterationszahl.

Im Kontext der Euler- und Navier-Stokes-Gleichungen wird in [50] von einem ähnlichen Verhalten der Gleichungssystemlöser berichtet, wobei sich das GMRES-Verfahren ohne Nutzung einer geeigneten Präkonditionierung sogar teilweise als unpraktikabel erwies.

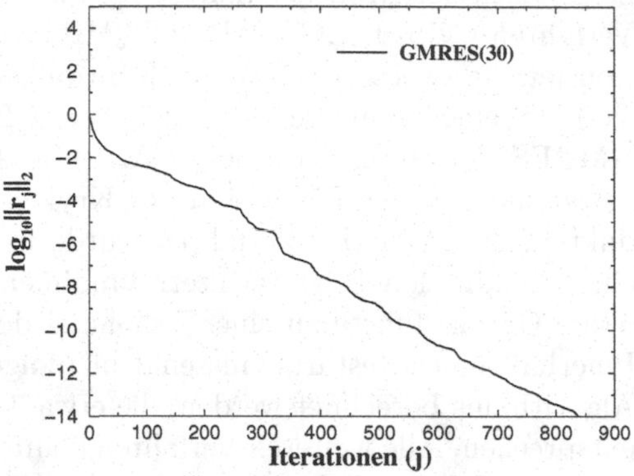

Bild 4.30 Konvergenzverlauf des GMRES(30)-Verfahrens

Die auf dem Bi-Lanczos-Algorithmus beruhenden Verfahren CGS, BiCGSTAB, TFQMR und QMRCGSTAB haben sich in vielen praxisrelevanten Problemstellungen als robust und stabil herausgestellt. Es bleibt hierbei allerdings zu erwähnen, dass diese vier Methoden die möglichen vorzeitigen Verfahrensabbrüche des Bi-Lanczos-Algorithmus erben, und daher die Konvergenz auch bei Vernachlässigung möglicher Rundungsfehler nicht garantiert werden kann.

4.4 Übungsaufgaben

Aufgabe 1:
Zeigen Sie, dass das Jacobi-Verfahren und das Gauss-Seidel-Verfahren bei einer strikt diagonal dominaten Matrix $\boldsymbol{A} \in \mathbb{R}^{n \times n}$ konvergieren.
Hinweis: Eine Matrix $\boldsymbol{A} = (a_{ij})_{i,j=1,\ldots,n} \in \mathbb{R}^{n \times n}$ heißt streng diagonal dominant, wenn

$$|a_{kk}| > \sum_{\substack{i=1 \\ i \neq k}}^{n} |a_{ki}|, \quad k = 1,\ldots,n$$

gilt.

Aufgabe 2:
Seien $\boldsymbol{x},\boldsymbol{y} \in \mathbb{R}^n$ mit $\boldsymbol{y} \neq \boldsymbol{0}$. Sei $\psi : \mathbb{R} \to \mathbb{R}$ definiert durch

$$\psi(a) := \|\boldsymbol{x} - a\boldsymbol{y}\|_2.$$

Zeigen Sie:

$$\frac{\boldsymbol{x}^T\boldsymbol{y}}{\boldsymbol{y}^T\boldsymbol{y}} = \arg\min_{a \in \mathbb{R}} \psi(a).$$

Aufgabe 3:
Sei $\boldsymbol{A} \in \mathbb{C}^{n \times n}$ hermitesch und positiv definit. Zeigen Sie, dass

$$\begin{aligned} \|.\|_{\boldsymbol{A}} : \mathbb{C}^n &\to \mathbb{R} \\ \boldsymbol{x} &\mapsto \|\boldsymbol{x}\|_{\boldsymbol{A}} := \|\boldsymbol{A}^{1/2}\boldsymbol{x}\|_2 \end{aligned}$$

eine Norm auf $\mathbb{C}^n$ darstellt.

Aufgabe 4:
Zeigen Sie, dass die Matrix

$$\boldsymbol{A} = \begin{pmatrix} 2 & -1 & & & \\ -1 & \ddots & \ddots & & \\ & \ddots & \ddots & \ddots & \\ & & \ddots & \ddots & -1 \\ & & & -1 & 2 \end{pmatrix} \in \mathbb{R}^{n \times n}$$

irreduzibel ist, ohne die vorgestellte graphentheoretische Vorgehensweise auszunutzen.

Aufgabe 5:
Gegeben sei die Matrix

$$\boldsymbol{A} = \begin{pmatrix} 1 - \frac{7}{8}\cos\frac{\pi}{4} & \frac{7}{8}\sin\frac{\pi}{4} \\ -\frac{7}{8}\sin\frac{\pi}{4} & 1 - \frac{7}{8}\cos\frac{\pi}{4} \end{pmatrix}$$

und der Vektor

$$\boldsymbol{b} = \begin{pmatrix} 0 \\ 0 \end{pmatrix}.$$

Zeigen Sie, dass das lineare Iterationsverfahren

$$\boldsymbol{x}_{n+1} = (\boldsymbol{I} - \boldsymbol{A})\boldsymbol{x}_n + \boldsymbol{b}, \quad n = 0,1,2,\ldots$$

für beliebigen Starvektor $\boldsymbol{x}_0 \in \mathbb{R}^2$ gegen die eindeutig bestimmte Lösung $\boldsymbol{x} = (0,0)^T$ konvergiert, obwohl eine induzierte Matrixnorm mit

$$\|\boldsymbol{I} - \boldsymbol{A}\| > 1$$

existiert. Veranschaulichen Sie beide Sachverhalte zudem graphisch.

Aufgabe 6:
Geben Sie ein Beispiel an, bei dem die linearen Iterationsverfahren ψ und ϕ nicht konvergieren und die Produktiteration $\psi \circ \phi$ konvergiert.

Aufgabe 7:
Das Einzelschrittverfahren zur Lösung des Gleichungssystems $\boldsymbol{A}\boldsymbol{x} = \boldsymbol{y}$ ist für symmetrische, reelle, positiv definite $n \times n$ Matrizen $\boldsymbol{A}$ konvergent. Beweisen Sie die Aussage für $n = 2$ ohne auf den allgemeinen Beweis (Satz 4.17) zurückzugreifen.

Aufgabe 8:
Eine Matrix $\boldsymbol{A} \in \mathbb{R}^{n \times n}$ heißt M-Matrix, falls

- $a_{ii} > 0\,,\ i = 1,\ldots,n\,,$
- $a_{ij} \leq 0\,,\ i,j = 1,\ldots,n\,,\ i \neq j$ und
- $\boldsymbol{A}$ ist regulär mit $\boldsymbol{A}^{-1} \geq \boldsymbol{0}$

gilt.

(a) Geben Sie ein Beispiel für eine M-Matrix an, die keine Diagonalmatrix darstellt.

(b) Zeigen Sie für eine M-Matrix $\boldsymbol{A} \in \mathbb{R}^{n \times n}$:

(1) Sei $\boldsymbol{A}\boldsymbol{x} = \boldsymbol{b}$ und $\boldsymbol{A}\boldsymbol{x}' = \boldsymbol{b}'$, dann folgt aus $\boldsymbol{b} \leq \boldsymbol{b}'$ auch $\boldsymbol{x} \leq \boldsymbol{x}'$.

(2) Für die zu $\boldsymbol{A}$ gehörige Iterationsmatrix des Jacobi-Verfahrens gilt

$$\boldsymbol{M}_J \geq \boldsymbol{0}$$

und

$$\rho(\boldsymbol{M}_J) < 1.$$

Hinweis: Die Relationen $\boldsymbol{A} \geq \boldsymbol{0}$ respektive $\boldsymbol{x} \geq \boldsymbol{0}$ sind stets komponentenweise zu verstehen. Nutzen Sie die Aussage, dass für $\boldsymbol{A} \geq \boldsymbol{0}$ stets zu $\lambda = \rho(\boldsymbol{A})$ ein Eigenvektor $\boldsymbol{x} \geq \boldsymbol{0}$ gehört.

Aufgabe 9:
Wir betrachten Matrizen $\boldsymbol{A} = (a_{ij})_{i,j=1,\ldots,n} \in \mathbb{R}^{n \times n}$ $(n \geq 2)$ mit $a_{ii} = 1\,,\ i = 1,\ldots,n$ und $a_{ij} = a$ für $i \neq j$.

(a) Wie sieht die Iterationsmatrix des Jacobi-Verfahrens zu $\boldsymbol{A}$ aus? Berechnen Sie ihre Eigenwerte und die Eigenwerte von $\boldsymbol{A}$.

(b) Für welche a konvergiert das Jacobi-Verfahren? Für welche a ist $\boldsymbol{A}$ positiv definit?

(c) Gibt es positiv definite Matrizen $\boldsymbol{A} \in \mathbb{R}^{n \times n}$ für die das Jacobi-Verfahren nicht konvergiert?

Aufgabe 10:
Sei $U := \operatorname{span}\{\boldsymbol{u}_1,\ldots,\boldsymbol{u}_m\}$ ein Unterraum des $\mathbb{R}^n$

(a) Zeigen Sie: Gilt für $\boldsymbol{x},\boldsymbol{y} \in \mathbb{R}^n$, $\boldsymbol{x} - \boldsymbol{y} \in U$, dann folgt

$$\operatorname{span}\{U,\boldsymbol{x}\} = \operatorname{span}\{U,\boldsymbol{y}\}.$$

(b) Sei $\boldsymbol{A} \in \mathbb{R}^{n \times n}$, dann gilt

$$\boldsymbol{A}U := \{\boldsymbol{A}\boldsymbol{x} \mid \boldsymbol{x} \in U\}.$$

Zeigen Sie:

$$\boldsymbol{A}U = \operatorname{span}\{\boldsymbol{A}\boldsymbol{u}_1,\ldots,\boldsymbol{A}\boldsymbol{u}_m\}.$$

Aufgabe 11:
Beweisen Sie:

(a) Wenn $\boldsymbol{A}$ mindestens einen positiven und einen negativen reellen Eigenwert besitzt, dann divergiert das Richardson-Verfahren für jede Wahl von $\Theta \in \mathbb{C}$.

(b) Wenn $\boldsymbol{A}$ unter anderem zwei komplexe Eigenwerte λ_1,λ_2 mit entgegengesetztem Vorzeichen besitzt $(\lambda_1/|\lambda_1| = -\lambda_2/|\lambda_2|)$, so divergiert das Richardson-Verfahren für jede Wahl von $\Theta \in \mathbb{C}$.

(c) Das Spektrum von $\boldsymbol{A}$ liege in einem abgeschlossenen Kreis um $\mu \in \mathbb{C}\backslash\{0\}$ mit dem Radius $r < |\mu|$, dann führt die Wahl $\Theta = 1/\mu$ zur Konvergenz des Richardson-Verfahrens mit

$$\rho(\boldsymbol{I} - \Theta\boldsymbol{A}) \leq r/|\mu| < 1.$$

Aufgabe 12:
Bestimmen Sie für das System

$$\begin{pmatrix} 4 & 0 & 2 \\ 0 & 5 & 2 \\ 5 & 4 & 10 \end{pmatrix} \begin{pmatrix} x_1 \\ x_2 \\ x_3 \end{pmatrix} = \begin{pmatrix} 4 \\ -3 \\ 2 \end{pmatrix}$$

die Spektralradien der Iterationsmatrizen für das Gesamt- und Einzelschrittverfahren und schreiben Sie beide Verfahren in Komponeten. Zeigen Sie, dass die Matrix konsistent geordnet ist und bestimmen Sie den optimalen Relaxationsparameter für das Einzelschrittverfahren.

Aufgabe 13:
Gegeben sei die Iterationsvorschrift

$$\boldsymbol{x}_{k+1} = \boldsymbol{x}_k + a_k(\boldsymbol{b} - \boldsymbol{A}\boldsymbol{x}_k), \quad a_k \in \mathbb{R} \tag{4.4.1}$$

zur Lösung der Gleichung $\boldsymbol{A}\boldsymbol{x} = \boldsymbol{b}$ mit $\boldsymbol{A} \in \mathbb{R}^{n\times n}$ und $\boldsymbol{b} \in \mathbb{R}^n$.

(a) Schreiben Sie den Residuenvektor $\boldsymbol{r}_{k+1} = \boldsymbol{b} - \boldsymbol{A}\boldsymbol{x}_{k+1}$ als Funktion von $\boldsymbol{A}, \boldsymbol{r}_k$ und a_k, das heißt

$$\boldsymbol{r}_{k+1} = \boldsymbol{r}_{k+1}(\boldsymbol{A}, \boldsymbol{r}_k, a_k).$$

(b) Berechnen Sie $a_k \in \mathbb{R}$ derart, dass $\boldsymbol{r}_{k+1}$ minimal bezüglich der euklidischen Norm ist.

(c) Sei $\mathcal{F}(\boldsymbol{A}) := \left\{ \dfrac{\boldsymbol{y}^T\boldsymbol{A}\boldsymbol{y}}{\boldsymbol{y}^T\boldsymbol{y}} : \boldsymbol{y} \in \mathbb{R}^n\backslash\{\boldsymbol{0}\} \right\}.$

Zeigen Sie: Für die Iterationsvorschrift (4.4.1) mit $a_k = \dfrac{(\boldsymbol{r}_k,\boldsymbol{A}\boldsymbol{r}_k)}{(\boldsymbol{A}\boldsymbol{r}_k,\boldsymbol{A}\boldsymbol{r}_k)}$ gilt für beliebiges $\boldsymbol{r}_k \neq \boldsymbol{0}$

$$\|\boldsymbol{r}_{k+1}\|_2 < \|\boldsymbol{r}_k\|_2$$

genau dann, wenn $\boldsymbol{0} \notin \mathcal{F}(\boldsymbol{A}^T)$ gilt.

Aufgabe 14:
Gegeben sei das Gleichungssystem $\boldsymbol{Ax} = \boldsymbol{b}$ mit

$$\boldsymbol{A} = \begin{pmatrix} 0.78 & 0.563 \\ 0.913 & 0.659 \end{pmatrix}, \quad \boldsymbol{b} = \begin{pmatrix} 0.217 \\ 0.254 \end{pmatrix}.$$

(a) Wie lautet die exakte Lösung?

(b) Berechnen Sie für die beiden Näherungslösungen $\boldsymbol{u} = (0.999, -1.001)^T$ und $\boldsymbol{v} = (0.341, -0.087)^T$ die Residuen $r(\boldsymbol{u})$ und $r(\boldsymbol{v})$. Hat die „genauere" Lösung $\boldsymbol{u}$ das kleinere Residuum? Erklären Sie die Diskrepanz durch Betrachtung der Residuenfunktion r.

Hinweis: Das Residuum $r(\boldsymbol{z})$ einer Näherungslösung $\boldsymbol{z}$ der Gleichung $\boldsymbol{Ax} = \boldsymbol{b}$ ist durch $r(\boldsymbol{z}) = \|\boldsymbol{b} - \boldsymbol{Az}\|_2$ definiert.

Aufgabe 15:
Das Gleichungssystem

$$\begin{pmatrix} 3 & -1 \\ -1 & 3 \end{pmatrix} \begin{pmatrix} x_1 \\ x_2 \end{pmatrix} = \begin{pmatrix} 1 \\ -1 \end{pmatrix}$$

soll mit dem Jacobi- und Gauß-Seidel-Verfahren gelöst werden. Wieviele Iterationen sind jeweils ungefähr erforderlich, um den Fehler $\|\boldsymbol{x}_n - \boldsymbol{x}\|_2$ um den Faktor 10^{-6} zu reduzieren?

Aufgabe 16:
Zeigen Sie, dass das Verfahren des steilsten Abstiegs konsistent jedoch nicht linear ist.

Aufgabe 17:
Betrachten Sie das Verfahren der konjugierten Richtungen und konstruieren Sie eine Matrix $\boldsymbol{A} \in \mathbb{R}^{4\times 4}$ sowie vier $\boldsymbol{A}$-orthogonale Suchrichtungen $\boldsymbol{p}_0, \ldots, \boldsymbol{p}_3$ derart, dass für gegebene rechte Seite $\boldsymbol{b} = (10,9,8,7)^T$ und gegebenen Startvektor $\boldsymbol{x}_0 = (1,2,3,4)^T$ der durch das Verfahren ermittelte Fehlervektor

$$\boldsymbol{e}_m = \boldsymbol{x}_m - \boldsymbol{A}^{-1}\boldsymbol{b}$$

die Bedingung

$$\|\boldsymbol{e}_m\|_2 \geq 2{,}749 \quad \text{für} \quad m = 0,1,2,3$$

erfüllt.

Aufgabe 18:
Zeigen Sie: Sei $\boldsymbol{A} \in \mathbb{R}^{n\times n}$ symmetrisch und positiv definit und gelte $\boldsymbol{A}^j = \boldsymbol{A}$ für ein $j \in \mathbb{N}$ mit $n > j > 1$, dann liefert das CG-Verfahren spätestens mit $\boldsymbol{x}_j$ die exakte Lösung der Gleichung $\boldsymbol{Ax} = \boldsymbol{b}$ für beliebiges $\boldsymbol{b} \in \mathbb{R}^n$.

Aufgabe 19:
Zeigen Sie: Seien $\boldsymbol{A} \in \mathbb{R}^{n\times n}$ und $\boldsymbol{\xi} \in \mathbb{R}^n$ gegeben. Desweiteren seien ϕ_j, $\psi_j \in \mathcal{P}_j$, dann gilt

$$\Big(\phi_j(\boldsymbol{A}^T)\boldsymbol{\eta}, \psi_j(\boldsymbol{A})\boldsymbol{\xi}\Big)_2 = 0 \qquad \forall \boldsymbol{\eta} \in \mathbb{R}^n,$$

falls $\boldsymbol{\xi} \in \text{Kern}(\phi_j(\boldsymbol{A})\psi_j(\boldsymbol{A}))$ ist.

Aufgabe 20:
Gegeben sei das lineare Gleichungssystem

$$\begin{pmatrix} a & 14 \\ 7 & 50 \end{pmatrix} \boldsymbol{x} = \begin{pmatrix} 1 \\ 1 \end{pmatrix} \quad \text{mit } a \in \mathbb{R}^+ \setminus \left\{ \frac{49}{25} \right\}.$$

(a) Für welche Werte von a konvergiert das Jacobi-Verfahren respektive das Gauss-Seidel-Verfahren?

(b) Lässt sich die Konvergenzgeschwindigkeit durch Relaxation des Gauß-Seidel-Verfahrens erhöhen?

5 Präkonditionierer

Den Einfluss der Konditionszahl auf die Eigenschaften des Gleichungssystems und den Zusammenhang zwischen dem Fehler- und Residuenvektor haben wir bereits ausführlich im Abschnitt 2.3 studiert. Die erzielten Resultate (Sätze 2.40 und 2.41), wie auch die für das Verfahren des steilsten Abstiegs (Satz 4.66), das CG-Verfahren (Satz 4.78) und die GMRES-Methode (Korollar 4.91) vorliegenden Konvergenzaussagen, verdeutlichen nachdrücklich den Vorteil einer kleinen Konditionszahl der Matrix $\boldsymbol{A} \in \mathbb{R}^{n\times n}$ des linearen Gleichungssystems $\boldsymbol{Ax} = \boldsymbol{b}$.

Motiviert durch diese Sachverhalte liegt die Nutzung einer äquivalenten Umformulierung des Gleichungssystems mit dem Ziel der Verringerung der Konditionszahl der Matrix nahe. Solche Techniken werden als Präkonditionierung des Systems bezeichnet und haben sich im Kontext von Modellproblemen [20, 34, 71, 76] wie auch bei praktischen Anwendungsfällen [2, 23, 41, 50, 51, 52, 58] als effizientes Mittel zur Beschleunigung und Stabilisierung von Krylov-Unterraum-Verfahren erwiesen. Neben der Verwendung eines geeigneten Gleichungssystemlösers ist die Wahl des Präkonditionierers von ausschlaggebender Bedeutung für das resultierende Gesamtverfahren. Aus diesem Grund werden wir uns in diesem Abschnitt ausführlich mit der Beschreibung und Untersuchung möglicher Präkonditionierungstechniken befassen. Einen aktuellen Überblick findet man zudem in der Arbeit von Benzi [9]. Nach einer einführenden Definition werden wir unterschiedliche Varianten zur Präkonditionierung vorstellen. Anschließend präsentieren wir neben dem präkonditionierten CG-Verfahren auch eine spezielle Formulierung einer präkonditionierten BiCGSTAB-Methode, die einen Vergleich von Links- und Rechtspräkonditionierungen ermöglicht. Zur Konvergenzanalyse nutzen wir die Poisson-Gleichung und die Konvektions-Diffusions-Gleichung.

Definition 5.1 Seien $\boldsymbol{P}_L$ und $\boldsymbol{P}_R \in \mathbb{R}^{n\times n}$ regulär. Dann heißt

$$\begin{aligned} \boldsymbol{P}_L\boldsymbol{A}\boldsymbol{P}_R\boldsymbol{x}^P &= \boldsymbol{P}_L\boldsymbol{b} && (5.0.1)\\ \boldsymbol{x} &= \boldsymbol{P}_R\boldsymbol{x}^P && (5.0.2) \end{aligned}$$

das zum Gleichungssystem $\boldsymbol{Ax} = \boldsymbol{b}$ gehörige präkonditionierte System. Gilt $\boldsymbol{P}_L \neq \boldsymbol{I}$, so heißt $\boldsymbol{P}_L$ Linkspräkonditionierer und das System linkspräkonditioniert. Ist $\boldsymbol{P}_R \neq \boldsymbol{I}$, so heißt $\boldsymbol{P}_R$ Rechtspräkonditionierer und das System rechtspräkonditioniert. Ein links- und rechtspräkonditioniertes System heißt beidseitig präkonditioniert.

Aufgrund der Invertierbarkeit der Matrix $\boldsymbol{A}$ stellt zum Beispiel $\boldsymbol{A}^T$ eine mögliche Präkonditionierungsmatrix dar. Mit $\boldsymbol{P}_L = \boldsymbol{A}^T$ und $\boldsymbol{P}_R = \boldsymbol{I}$ erhalten wir die Normalengleichungen

$$\boldsymbol{A}^T\boldsymbol{Ax} = \boldsymbol{A}^T\boldsymbol{b}. \qquad (5.0.3)$$

Die Matrix $\boldsymbol{B} = \boldsymbol{A}^T\boldsymbol{A}$ ist symmetrisch und positiv definit, wodurch die Verwendung des CG-Verfahrens möglich ist. Diese Vorgehensweise wird als CGNR (CG Normal equations

Residual minimizing) bezeichnet. Analog führt $P_L = I$ und $P_R = A^T$ auf das CGNE-Verfahren (CG Normal equations Error minimizing). Beide Verfahren können also als präkonditionierte CG-Methode interpretiert werden. Oftmals erweisen sich diese Ansätze jedoch im Fall schlecht konditionierter Matrizen aufgrund von $\text{cond}_2(AA^T) \gg \text{cond}_2(A)$ als ineffizient. Besitzt A dagegen eine kleine Konditionszahl, so stellen beide Verfahren gute Alternativen zu den im Abschnitt 4.3.2 diskutierten Methoden dar, da sich die positiven Eigenschaften des CG-Algorithmus auf diese Verfahren übertragen. Besonders im Spezialfall orthogonaler Matrizen liefern CGNR und CGNE wegen $A^T A = I$ die exakte Lösung des Gleichungssystems im ersten Iterationsschritt.

Mit $P_L A P_R = I$ liegt eine im Sinne der Konvergenz optimale Wahl der Matrizen P_L und P_R vor. Eine derartige Forderung kommt jedoch einer Invertierung der Matrix A gleich und ist daher aus Speicherplatz- und Rechenzeitgründen üblicherweise nicht realisierbar. Das Ziel der Präkonditionierung liegt in der Definition einfach berechenbarer Matrizen P_L und P_R, die einen geringen Speicherplatzbedarf aufweisen und mit $P_L A P_R$ eine gute Approximation der Einheitsmatrix liefern, so dass $\text{cond}(P_L A P_R) \ll \text{cond}(A)$ gilt. Die beidseitige Variante wird, wie im Abschnitt 4.1.5 erwähnt, bei Verfahren für positiv definite und symmetrische Matrizen und der Wahl $P_L^T = P_R$ verwendet, damit mit $P_L A P_R$ wiederum eine positiv definite und symmetrische Matrix vorliegt.

In der Praxis unterscheidet man oft zwischen expliziten und impliziten Präkonditionierern. Mit dieser Sprechweise will man betonen, dass man entweder die Präkonditionierungsmatrix explizit zur Verfügung hat oder aber den Präkonditionierer nur implizit in seiner Wirkungsweise bei Matrix-Multiplikationen kennt. Ein Beispiel für die implizite Variante ist die unvollständige LU-Zerlegung, bei der die Inverse des Präkonditionierers in faktorisierter Form als Produkt von zwei Dreiecksmatrizen vorliegt. Das Produkt der Matrizen LU kann auch bei schwachbesetzten Matrizen L und U eine vollbesetzte Matrix darstellen. Die explizite Berechnung der Produktmatrix würde daher eventuell die zur Verfügung stehenden Speicherresourcen übersteigen. Desweiteren müsste zur Bestimmung der Präkonditionierungmatrix die hieraus resultierende Matrix aufwendig invertiert werden, während die Invertierung des Produktes LU durch einfache Rückwärts- und Vorwärtselimination implizit gegeben ist.

5.1 Skalierungen

Skalierungen stellen die einfachste Form der Präkonditionierung dar. Den Vorteilen des geringen Speicherplatzsbedarfs und der leichten Berechnung steht der Nachteil entgegen, dass mit der Skalierung in der Regel nur eine sehr grobe Approximation der Inversen der Matrix A vorliegt, und folglich auch zumeist nur eine geringfügige Beschleunigung erzielt wird.

Definition 5.2 Eine reguläre Diagonalmatrix $D = \text{diag}\{d_{11}, \ldots, d_{nn}\} \in \mathbb{R}^{n \times n}$ heißt Skalierung.

Mit der folgenden Auflistung werden wir einige gebräuchliche Formen der Skalierung auf der Basis einer regulären Matrix $A \in \mathbb{R}^{n \times n}$ präsentieren:

(a) Skalierung mit dem Diagonalelement:
Unter der Voraussetzung $a_{ii} \neq 0$ für $i = 1,\ldots,n$ wählt man

$$d_{ii} := \frac{1}{a_{ii}} \text{ für } i = 1,\ldots,n. \tag{5.1.1}$$

(b) Zeilen-/Spaltenskalierung bezüglich der Betragssummennorm:

$$d_{ii} := \frac{1}{\sum\limits_{j=1}^{n} |a_{ij}|} \text{ beziehungsweise } d_{jj} := \frac{1}{\sum\limits_{i=1}^{n} |a_{ij}|} \tag{5.1.2}$$

für $i = 1,\ldots,n$ respektive $j = 1,\ldots,n$.

(c) Zeilen-/Spaltenskalierung bezüglich der euklidischen Norm:

$$d_{ii} := \frac{1}{\left(\sum\limits_{j=1}^{n} |a_{ij}|^2\right)^{\frac{1}{2}}} \text{ beziehungsweise } d_{jj} := \frac{1}{\left(\sum\limits_{i=1}^{n} |a_{ij}|^2\right)^{\frac{1}{2}}} \tag{5.1.3}$$

für $i = 1,\ldots,n$ respektive $j = 1,\ldots,n$.

(d) Zeilen-/Spaltenskalierung bezüglich der Maximumsnorm:

$$d_{ii} := \frac{1}{\max\limits_{j=1,\ldots,n} |a_{ij}|} \text{ beziehungsweise } d_{jj} := \frac{1}{\max\limits_{i=1,\ldots,n} |a_{ij}|} \tag{5.1.4}$$

für $i = 1,\ldots,n$ respektive $j = 1,\ldots,n$.

Wie zu erwarten, hängt die Güte einer Skalierung auch entscheidend von der gewählten Norm ab. In der Betragssummennorm und der Maximumsnorm sind sogar optimale Skalierungen möglich.

Satz 5.3 *Seien $\boldsymbol{A} \in \mathbb{R}^{n\times n}$ regulär und $\widetilde{\boldsymbol{D}} \in \mathbb{R}^{n\times n}$ als Zeilenskalierung bezüglich der Betragssummennorm gemäß (5.1.2) gegeben. Dann gilt*

$$\text{cond}_\infty(\widetilde{\boldsymbol{D}}\boldsymbol{A}) \leq \text{cond}_\infty(\boldsymbol{D}\boldsymbol{A}) \tag{5.1.5}$$

für jede Skalierung $\boldsymbol{D} \in \mathbb{R}^{n\times n}$.

Beweis:
Aufgrund der vorausgesetzten Regularität der Matrix $\boldsymbol{A}$ ist $\widetilde{\boldsymbol{D}}$ wohldefiniert, und es liegt mit $\boldsymbol{C} = \widetilde{\boldsymbol{D}}\boldsymbol{A}$ eine Matrix vor, deren Zeilen die Länge 1 bezüglich der Betragssummennorm aufweisen. Sei eine beliebige Skalierung $\boldsymbol{D} \in \mathbb{R}^{n\times n}$ gegeben, dann definieren wir $\overline{\boldsymbol{D}} = \text{diag}\{\overline{d}_{11},\ldots,\overline{d}_{11}\} = \boldsymbol{D}\widetilde{\boldsymbol{D}}^{-1}$. Aus dem Zeilengleichgewicht der Matrix $\boldsymbol{C}$ folgt

$$\|\boldsymbol{D}\boldsymbol{A}\|_\infty = \|\overline{\boldsymbol{D}}\boldsymbol{C}\|_\infty = \max_{i=1,\ldots,n} |\overline{d}_{ii}|\, \|\boldsymbol{C}\|_\infty = \max_{i=1,\ldots,n} |\overline{d}_{ii}|\, \|\widetilde{\boldsymbol{D}}\boldsymbol{A}\|_\infty,$$

wohingegen stets

$$\|(DA)^{-1}\|_\infty = \|(\overline{D}C)^{-1}\|_\infty = \|C^{-1}\overline{D}^{-1}\|_\infty \geq \frac{\|C^{-1}\|_\infty}{\|\overline{D}\|_\infty} = \frac{1}{\max\limits_{i=1,\dots,n} |\overline{d}_{ii}|} \|(\widetilde{D}A)^{-1}\|_\infty$$

gilt. Zusammenfassend ergibt sich somit die Behauptung. □

Berücksichtigt man $\|A\|_1 = \|A^T\|_\infty$, so erhält man das folgende Korollar.

Korollar 5.4 *Seien $A \in \mathbb{R}^{n\times n}$ regulär und $\widetilde{D} \in \mathbb{R}^{n\times n}$ als Spaltenskalierung bezüglich der Betragssummennorm gemäß (5.1.2) gegeben. Dann gilt*

$$\mathrm{cond}_1(A\widetilde{D}) \leq \mathrm{cond}_1(AD) \tag{5.1.6}$$

für jede Skalierung $D \in \mathbb{R}^{n\times n}$.

Bemerkung:
Die Konditionszahl einer gegebenen Matrix ist invariant gegenüber Multiplikationen mit $\lambda \in \mathbb{R}\backslash\{0\}$. Somit sind alle optimalen Skalierungen stets nur bis auf einen multiplikativen Faktor eindeutig bestimmt.

Für die Konditionszahl in der euklidischen Norm gilt folgende Abschätzung:

Satz 5.5 *Seien A regulär und die Skalierung $\widetilde{D}$ derart gewählt, dass alle Spalten von $A\widetilde{D}$ die gleiche Länge bezüglich der euklidischen Norm besitzen. Dann gilt*

$$\mathrm{cond}_2(A\widetilde{D}) \leq \sqrt{n} \inf_D \mathrm{cond}_2(A\,D), \tag{5.1.7}$$

wobei das Infimum über alle regulären Diagonalmatrizen $D \in \mathbb{R}^{n\times n}$ gebildet wird.

Beweis:
Es sei B eine beliebige Matrix und b_j bezeichne die j-te Spalte von B, so gilt die folgende Kette von Ungleichungen

$$\max_{j=1,\dots,n} \|b_j\|_2 \leq \|B\|_2 \leq \left(\sum_{i,j=1}^{n} |b_{ij}|^2\right)^{\frac{1}{2}} \leq \sqrt{n} \max_{j=1,\dots,n} \|b_j\|_2. \tag{5.1.8}$$

Wir definieren $C = A\widetilde{D}$. Da für jede Skalierung D eine Skalierung $\overline{D}$ mit $D = \widetilde{D}^{-1}\overline{D}$ existiert, kann die Aussage in der äquivalenten Form

$$\mathrm{cond}_2(C) \leq \sqrt{n} \inf_{\overline{D}} \mathrm{cond}_2(C\overline{D})$$

formuliert werden, wobei das Infimum wiederum über alle regulären Diagonalmatrizen $\overline{D} \in \mathbb{R}^{n\times n}$ gebildet wird. Aufgrund der obigen Bemerkung können wir zudem für die Spalten c_j der Matrix C die Eigenschaft

$$\|c_j\|_2 = 1 \tag{5.1.9}$$

o.B.d.A. annehmen. Sei nun eine beliebige Skalierung $\overline{D}$ gegeben, so definieren wir $\hat{D} = \mathrm{diag}\{\hat{d}, \dots, \hat{d}\}$ mit $\hat{d} = \max\limits_{j=1,\dots,n} |\overline{d}_{jj}|$. Diese Festlegung impliziert

$$\|\hat{\boldsymbol{D}}^{-1}\|_2 = \frac{1}{\|\overline{\boldsymbol{D}}\|_2},$$

woraus unter Verwendung der Submultiplikativität laut Satz 2.17 die Ungleichung

$$\|\boldsymbol{C}^{-1}\|_2 = \hat{d}\|(\boldsymbol{C}\hat{\boldsymbol{D}})^{-1}\|_2 = \hat{d}\|(\hat{\boldsymbol{D}}^{-1}\overline{\boldsymbol{D}}\,\overline{\boldsymbol{D}}^{-1}\boldsymbol{C}^{-1}\|_2 \leq \hat{d}\|(\boldsymbol{C}\overline{\boldsymbol{D}})^{-1}\|_2 \tag{5.1.10}$$

folgt. Aus (5.1.8) erhalten wir

$$\frac{\hat{d}}{\sqrt{n}}\|\boldsymbol{C}\|_2 = \frac{1}{\sqrt{n}}\|\boldsymbol{C}\hat{\boldsymbol{D}}\|_2 \leq \max_{j=1,\ldots,n} \|(\boldsymbol{C}\hat{\boldsymbol{D}})_j\|_2 \overset{(5.1.9)}{=} \max_{j=1,\ldots,n} \|(\boldsymbol{C}\overline{\boldsymbol{D}})_j\|_2 \leq \|\boldsymbol{C}\overline{\boldsymbol{D}}\|_2. \tag{5.1.11}$$

Eine Kombination der Ungleichungen (5.1.10) und (5.1.11) liefert die Behauptung. □

Natürlich ist diese Aussage für die Praxis unbefriedigend, da dort die Dimension des Gleichungssystems im Allgemeinen so groß ist, dass auch der Faktor $\sqrt{n}$ untragbar hoch ist. Es ist aber möglich, Verschärfungen dieses Satzes nachzuweisen, wie sie den Arbeiten [67] und [68] entnommen werden können.

Es bleibt zu bemerken, dass eine Skalierung nicht unbedingt zu einer Verbesserung der Konditionszahl der Matrix führen muss. So besagt der Satz 5.3, dass im Fall einer regulären Matrix $\boldsymbol{A}$ deren Zeilen bereits die gleiche Länge bezüglich der Betragssummennorm aufweisen, mittels einer Linkspräkonditionierung in der Form einer Skalierung keine Verbesserung der Konditionzahl hinsichtlich der Zeilensummennorm erzielt werden kann. Eine analoge Aussage ergibt sich für die Rechtspräkonditionierung mit Korollar 5.4 für reguläre Matrizen deren Spalten die gleiche Länge bezüglich der Betragssummennorm besitzen. Betrachten wir die Matrix

$$\boldsymbol{A} = \begin{pmatrix} 2 & 100 \\ 100 & 100 \end{pmatrix},$$

so liefert eine Linkspräkonditionierung des Gleichungssystems mittels einer Skalierung gemäß (5.1.1) die Matrix

$$\boldsymbol{B} = \begin{pmatrix} 1 & 50 \\ 1 & 1 \end{pmatrix}$$

mit $\text{cond}_2(\boldsymbol{B}) = 51{,}062$, so dass die Skalierung wegen $\text{cond}_2(\boldsymbol{A}) = 2{,}6899$ zu einer deutlichen Erhöhung der Konditionszahl geführt hat.

5.2 Polynomiale Präkonditioner

Die grundlegende Idee polynomialer Präkonditionierer beruht auf der Darstellung der Inversen einer Matrix in der Form einer Neumannschen Reihe.

Satz 5.6 *Sei $\rho(\boldsymbol{I} - \boldsymbol{A}) < 1$, dann ist die Matrix $\boldsymbol{A} \in \mathbb{R}^{n\times n}$ regulär, und die Inverse $\boldsymbol{A}^{-1}$ besitzt die Darstellung in der Form einer Neumannschen Reihe*

$$\boldsymbol{A}^{-1} = \sum_{k=0}^{\infty} (\boldsymbol{I} - \boldsymbol{A})^k. \tag{5.2.1}$$

Beweis:
Mit $\rho(\boldsymbol{I}-\boldsymbol{A}) < 1$ existiert laut Satz 2.36 eine induzierte Matrixnorm $\|.\|$ mit $\|\boldsymbol{I}-\boldsymbol{A}\| < 1$. Hiermit folgt aufgrund der geometrischen Reihe

$$\|\sum_{k=0}^{\infty}(\boldsymbol{I}-\boldsymbol{A})^k\| \leq \sum_{k=0}^{\infty}\|(\boldsymbol{I}-\boldsymbol{A})^k\| \leq \sum_{k=0}^{\infty}\|\boldsymbol{I}-\boldsymbol{A}\|^k = \frac{1}{1-\|\boldsymbol{I}-\boldsymbol{A}\|},$$

so dass mit $\boldsymbol{B} = \sum_{k=0}^{\infty}(\boldsymbol{I}-\boldsymbol{A})^k$ ein beschränkter linearer Operator vorliegt, der wegen $\|(\boldsymbol{I}-\boldsymbol{A})^{m+1}\| \leq \|\boldsymbol{I}-\boldsymbol{A}\|^{m+1} \to 0$ für $m \to \infty$ der Eigenschaft

$$\boldsymbol{B}\boldsymbol{A} = \lim_{m\to\infty}\left[\sum_{k=0}^{m}(\boldsymbol{I}-\boldsymbol{A})^k\right]\boldsymbol{A} = \lim_{m\to\infty}\left(\boldsymbol{I}-(\boldsymbol{I}-\boldsymbol{A})^{m+1}\right) = \boldsymbol{I}$$

genügt und folglich die Inverse der Matrix $\boldsymbol{A}$ darstellt. □

Die Voraussetzung über den Spektralradius ist natürlich einschneidend. Wie der folgende Satz zeigt, ist diese Bedingung für gewisse Klassen von Matrizen jedoch stets durch eine geeignete Skalierung erfüllbar.

Satz 5.7 *Sei* $\boldsymbol{A} = (a_{ij})_{i,j=1,\ldots,n} \in \mathbb{R}^{n\times n}$ *regulär und strikt diagonaldominant, die Skalierung* $\boldsymbol{D} = \operatorname{diag}\{d_{11},\ldots,d_{nn}\}$ *sei gegeben durch*

$$d_{ii} := \frac{1}{a_{ii}} \text{ für } i = 1,\ldots,n. \tag{5.2.2}$$

Dann ist

$$\rho(\boldsymbol{I}-\boldsymbol{D}\boldsymbol{A}) < 1, \tag{5.2.3}$$

und es gilt

$$\boldsymbol{A}^{-1} = \left[\sum_{k=0}^{\infty}(\boldsymbol{I}-\boldsymbol{D}\boldsymbol{A})^k\right]\boldsymbol{D}. \tag{5.2.4}$$

Beweis:
Die Existenz und Regularität der Matrix $\boldsymbol{D}$ folgt aus der strikten Diagonaldominanz von $\boldsymbol{A}$. Weiter gilt $\|\boldsymbol{I}-\boldsymbol{D}\boldsymbol{A}\|_\infty < 1$, wodurch (5.2.3) erfüllt ist, und die Darstellung der Inversen $\boldsymbol{A}^{-1}$ aus dem Satz 5.6 folgt. □

Natürlich kann bei Verwendung der Matrix $\boldsymbol{D}$ in Form einer geeigneten Approximation der Inversen $\boldsymbol{A}^{-1}$ die Bedingung (5.2.3) prinzipiell gewährleistet werden. Diese Matrix $\boldsymbol{D}$ stellt dann aber nicht notwendigerweise eine Diagonalmatrix dar, und wir sind wieder beim Ausgangsproblem der Präkonditionierung angelangt.

Die Verwendung einer abgeschnittenen Neumannreihe als Präkonditionierer ergibt sich auf ganz natürliche Weise aus dem Satz 5.6 und wurde erstmalig in [22] vorgeschlagen.

Definition 5.8 Sei $\rho(\boldsymbol{I}-\boldsymbol{A}) < 1$ und $m \in \mathbb{N}$ beliebig, dann heißt

$$\boldsymbol{P}^{(m)} := \sum_{k=0}^{m}(\boldsymbol{I}-\boldsymbol{A})^k \tag{5.2.5}$$

die abgeschnittene Neumannsche Reihe m-ter Stufe zur Matrix $\boldsymbol{A}$.

Bemerkung:
Die so gebildeten Matrizen $\boldsymbol{P}^{(m)}$ können sowohl zur Links- als auch zur Rechtspräkonditionierung verwendet werden. Bei der Implementierung ist zu beachten, dass $\boldsymbol{P}^{(m)}$ nur bei Matrix-Vektor-Multiplikationen benötigt wird, weshalb die Verwendung des Hornerschemas naheliegt.

Realisierung einer Matrix-Vektor-Multiplikation $\boldsymbol{P}^{(m)}\boldsymbol{z}$ —

$\boldsymbol{b}_0 := \boldsymbol{z}$
für $i = 1,\ldots,m$
$\quad \boldsymbol{b}_i := \boldsymbol{z} + (\boldsymbol{I} - \boldsymbol{A})\,\boldsymbol{b}_{i-1}$
$\boldsymbol{P}^{(m)}\boldsymbol{z} = \boldsymbol{b}_m$

Der Polynomansatz (5.2.5) legt es nahe, auch andere Polynome als die abgeschnittene Neumannsche Reihe zu betrachten. So erhält man zum Beispiel durch den Ansatz

$$\boldsymbol{P} := \sum_{k=0}^{m} \theta_k \, (\boldsymbol{I} - \boldsymbol{A})^k \tag{5.2.6}$$

ein parameterabhängiges Polynom, wobei die Gewichte θ_k dazu benutzt werden können, die Konvergenzgeschwindigkeit des Iterationsverfahrens gezielt zu steuern.

Ist die Matrix $\boldsymbol{A} \in \mathbb{C}^{n\times n}$ hermitesch, so kann man aus dem Raum $\mathcal{P}_m$ aller Polynome vom Höchstgrad m die Bestapproximation p^* bestimmen, welche in einer vorgegebenen Norm $\|.\|$ die Bedingung

$$\|\boldsymbol{I} - \boldsymbol{A}\, p^*(\boldsymbol{A})\| \leq \|\boldsymbol{I} - \boldsymbol{A}\, p(\boldsymbol{A})\| \;\; \forall p \in \mathcal{P}_m \tag{5.2.7}$$

erfüllt. Diese Vorgehensweise werden wir anhand der euklidischen Norm demonstrieren. Laut Satz 2.37 ist $\boldsymbol{A}$ unitär diagonalisierbar, und wir erhalten die zu (5.2.7) äquivalente Forderung

$$\|\boldsymbol{I} - \boldsymbol{D}\, p^*(\boldsymbol{D})\|_2 \leq \|\boldsymbol{I} - \boldsymbol{D}\, p(\boldsymbol{D})\|_2 \;\; \forall p \in \mathcal{P}_m,$$

wobei $\boldsymbol{D} = \operatorname{diag}\{\lambda_1,\ldots,\lambda_n\} \in \mathbb{R}^{n\times n}$ die Diagonalmatrix mit den Eigenwerten von $\boldsymbol{A}$ repräsentiert. Folglich minimiert p^* unter allen Polynomen $p \in \mathcal{P}_m$ den Ausdruck

$$\max_{i=1,\ldots,n} |1 - \lambda_i \, p(\lambda_i)|.$$

Für die unbekannten Eigenwerte kann mit dem Satz von Gerschgorin [70] ein Intervall $I = [a,b]$ mit $a < 0 < b$ festgelegt werden, welches alle Eigenwerte enthält. Anschließend wird p^* derart bestimmt, dass der Ausdruck

$$\max_{x\in I} |1 - x\, p(x)|$$

über alle $p \in \mathcal{P}_m$ minimiert wird. An dieser Stelle stellt sich natürlich die Frage nach der Existenz eines derartigen Polynoms. Zunächst liegt mit $\|q\|_\infty := \max_{x\in I} |q(x)|$ eine Norm auf dem linearen Raum $\mathcal{P}_{m+1}(I) := \{q : I \mapsto \mathbb{R} \mid q \in \mathcal{P}_{m+1}\}$ vor. Desweiteren stellt $\mathcal{P}^0_{m+1}(I) := \{q \in \mathcal{P}_{m+1}(I) \mid q(0) = 0\}$ einen endlichdimensionalen Unterraum von $\mathcal{P}_{m+1}(I)$ dar. Wählen wir ein festes aber beliebiges Polynom $\tilde{q} \in \mathcal{P}^0_{m+1}(I)$, so erhalten wir mit

$$\mathcal{M} := \left\{q \in \mathcal{P}^0_{m+1}(I) \mid \|1 - q\|_\infty \leq \|1 - \tilde{q}\|_\infty\right\}$$

eine abgeschlossene und beschränkte Teilmenge von $\mathcal{P}^0_{m+1}(I)$, die folglich kompakt ist. Somit stellt $\mathcal{M}$ zudem eine kompakte Teilmenge von $\mathcal{P}_{m+1}(I)$ dar, wodurch zu jedem $\hat{q} \in \mathcal{P}_{m+1}(I)$ mindestens ein $q \in \mathcal{M}$ mit

$$\|\hat{q} - q\|_\infty \leq \|\hat{q} - \overline{q}\|_\infty \;\; \forall \overline{q} \in \mathcal{M}$$

existiert. Die Wahl $\hat{q}(x) = 1$ liefert

$$\|1 - q\|_\infty \leq \|1 - \overline{q}\|_\infty \leq \|1 - \breve{q}\|_\infty$$

für alle $\breve{q} \in \mathcal{P}^0_{m+1}(I)$. Mit

$$p(x) = q(x)/x \text{ für } x \neq 0$$

und $p(0) = \lim_{x\to 0} q(x)/x$ erhalten wir das gesuchte Polynom. Für Details zur praktischen Berechnung sei auf [5] verwiesen.

Die Bestimmung polynomialer Präkonditionierer als Bestapproximation in einer gewichteten L_2-Norm findet man zum Beispiel in [42] und [61].

5.3 Splitting-assoziierte Präkonditionierer

Im Abschnitt 4.1 haben wir uns ausführlich mit der Herleitung unterschiedlicher Splitting-Methoden und der Diskussion ihrer Eigenschaften beschäftigt. Diese Verfahren basieren auf einer Aufteilung der Matrix $\boldsymbol{A}$ in der Form $\boldsymbol{A} = \boldsymbol{B} + (\boldsymbol{A} - \boldsymbol{B})$. Hierbei soll $\boldsymbol{B}$ eine leicht invertierbare Approximation der Matrix $\boldsymbol{A}$ darstellen, so dass die resultierende Iterationsmatrix $\boldsymbol{M} = \boldsymbol{B}^{-1}(\boldsymbol{B} - \boldsymbol{A})$ einen möglichst kleinen Spektralradius besitzt. Diese Forderung weist eine sehr große Ähnlichkeit zu den gewünschten Eigenschaften von Präkonditionierern auf, wodurch sich eine Verwendung der Matrix $\boldsymbol{N} = \boldsymbol{B}^{-1}$ als Präkonditionierer anbietet.

Definition 5.9 Sei durch $\boldsymbol{x}_{j+1} = \boldsymbol{M}\boldsymbol{x}_j + \boldsymbol{N}\boldsymbol{b}$ eine Splitting-Methode zur Lösung von $\boldsymbol{A}\boldsymbol{x} = \boldsymbol{b}$ mit einer regulären Matrix $\boldsymbol{N}$ gegeben, dann heißt $\boldsymbol{P} = \boldsymbol{N}$ der zur Splitting-Methode assoziierte Präkonditionierer.

Die durch die obige Definition eingeführten Präkonditionierungsmatrizen lassen sich zur Links- und Rechtspräkonditionierung verwenden. Die im Folgenden aufgeführten Möglichkeiten zur Wahl der Matrix $\boldsymbol{N}$ basieren ausschließlich auf den im Abschnitt 4.1 vorgestellten iterativen Verfahren, wodurch sich auch die zur Invertierung der Matrix $\boldsymbol{B}$ notwendige Eigenschaft der Regularität der Diagonalmatrix $\boldsymbol{D} = \text{diag}\{a_{11}, \ldots, a_{nn}\}$ überträgt. Desweiteren stellen die Matrizen $\boldsymbol{L}$ und $\boldsymbol{R}$ gemäß (4.1.12) und (4.1.13) die

Splitting-Methode	Assoziierter Präkonditionierer
Jacobi-Verfahren	$\boldsymbol{P}_{Jac} = \boldsymbol{D}^{-1}$
Gauß-Seidel-Verfahren	$\boldsymbol{P}_{GS} = (\boldsymbol{D}+\boldsymbol{L})^{-1}$
SOR-Verfahren	$\boldsymbol{P}_{GS}(\omega) = \omega\,(\boldsymbol{D}+\omega\boldsymbol{L})^{-1}$
Symm. Gauß-Seidel-Verfahren	$\boldsymbol{P}_{SGS} = (\boldsymbol{D}+\boldsymbol{R})^{-1}\,\boldsymbol{D}\,(\boldsymbol{D}+\boldsymbol{L})^{-1}$
SSOR-Verfahren	$\boldsymbol{P}_{SGS}(\omega) = \omega(2-\omega)\,(\boldsymbol{D}+\omega\boldsymbol{R})^{-1}\,\boldsymbol{D}\,(\boldsymbol{D}+\omega\boldsymbol{L})^{-1}$

Tabelle 5.1 Splitting-assoziierte Präkonditionierer

strikte linke untere beziehungsweise strikte rechte obere Dreiecksmatrix bezüglich $\boldsymbol{A}$ dar. Die Tabelle 5.1 liefert eine Auswahl möglicher Splitting-assoziierter Präkonditionierer.

Bei der Implementierung nutzt man aus, dass bei den vorgestellten Präkonditionierern die zu invertierenden Matrizen stets eine Diagonal- oder Dreiecksgestalt aufweisen und folglich bei der Matrix-Vektor-Multiplikation die entsprechende Eliminationstechnik genutzt werden kann. Der dargestellte Jacobi-assoziierte Präkonditionierer ist äquivalent zur Skalierung mit dem Diagonalelement (5.1.1). Die Eigenschaften der im Bezug zu einem Relaxationsverfahren stehenden Präkonditionierer $\boldsymbol{P}_{GS}(\omega)$ und $\boldsymbol{P}_{SGS}(\omega)$ hängen entscheidend von der Wahl des Relaxationsparameters ω ab. Im Fall einer symmetrischen, positiv definiten Matrix $\boldsymbol{A}$ werden in [6] Abschätzungen für das Spektrum des präkonditionierten Systems und ein im Sinne von cond_2 optimales ω angegeben.

5.4 Die unvollständige LU-Zerlegung

Liegt eine große schwachbesetzte Matrix vor, so erweist sich die Berechnung einer LU-Zerlegung unter den Gesichtspunkten der Rechenzeit und des Speicherplatzbedarfs auch bei Vernachlässigung der Rundungsfehler als ineffizient und häufig sogar unpraktikabel. Die Idee der unvollständigen LU-Zerlegung ist es, eine Zerlegung der Form $\boldsymbol{A} = \boldsymbol{L}\boldsymbol{U} + \boldsymbol{F}$ mit einer linken unteren Dreiecksmatrix $\boldsymbol{L}$ und einer rechten oberen Dreiecksmatrix $\boldsymbol{U}$ durchzuführen, wobei der gesamte Speicherplatzbedarf der Matrizen $\boldsymbol{L}$ und $\boldsymbol{U}$ identisch zu dem der Matrix $\boldsymbol{A}$ sein soll. Das Vernachlässigen der Restmatrix $\boldsymbol{F}$ liefert eine leicht invertierbare Matrix $\widetilde{\boldsymbol{A}} = \boldsymbol{L}\boldsymbol{U}$, deren Inverse als Approximation von $\boldsymbol{A}^{-1}$ zur Präkonditionierung des Gleichungssystems $\boldsymbol{A}\boldsymbol{x} = \boldsymbol{b}$ verwendet werden kann. Um die oben genannten Eigenschaften zu gewährleisten, müssen $n^2 + n$ Bedingungen an die unvollständige LU-Zerlegung gestellt werden.

Bevor wir einen leicht programmierbaren Algorithmus herleiten werden, führen wir die hilfreichen Begriffe Matrix-, Spalten- sowie Zeilenmuster und Besetzungsstruktur ein.

Definition 5.10 Jede Menge

$$\mathcal{M} \subset \{(i,j) \mid i,j \in \{1,\ldots,n\}\}$$

heißt Matrixmuster im Raum $\mathbb{R}^{n\times n}$. Zu gegebenem Matrixmuster $\mathcal{M}$ heißt

$$\mathcal{M}_S(j) := \{i \mid (i,j) \in \mathcal{M}\}$$

das zu $\mathcal{M}$ gehörige j-te Spaltenmuster und

$$\mathcal{M}_Z(j) := \{i \mid (j,i) \in \mathcal{M}\}$$

das zu $\mathcal{M}$ gehörige j-te Zeilenmuster. Zu gegebener Matrix $\boldsymbol{A} \in \mathbb{R}^{n \times n}$ bezeichnet

$$\mathcal{M}^{\boldsymbol{A}} := \{(i,j) \mid a_{ij} \neq 0\}$$

die Besetzungsstruktur von $\boldsymbol{A}$.

Unter Zuhilfenahme der Besetzungsstruktur legen wir nun die Bedingungen zur Berechnung der unvollständigen LU-Zerlegung mittels der folgenden Definition fest.

Definition 5.11 Sei $\boldsymbol{A} \in \mathbb{R}^{n \times n}$. Die Zerlegung

$$\boldsymbol{A} = \boldsymbol{L}\boldsymbol{U} + \boldsymbol{F} \tag{5.4.1}$$

existiere unter den Bedingungen

1) $u_{ii} = 1$ für $i = 1, \ldots, n$,

2) $\ell_{ij} = u_{ij} = 0$, falls $(i,j) \notin \mathcal{M}^{\boldsymbol{A}}$,

3) $(\boldsymbol{L}\boldsymbol{U})_{ij} = a_{ij}$, falls $(i,j) \in \mathcal{M}^{\boldsymbol{A}}$,

und es seien $\boldsymbol{L} = (\ell_{ij})_{i,j=1,\ldots,n}$ und $\boldsymbol{U} = (u_{ij})_{i,j=1,\ldots,n}$ eine reguläre linke untere beziehungsweise rechte obere Dreiecksmatrix, dann heißt (5.4.1) unvollständige LU-Zerlegung (incomplete LU, ILU) der Matrix $\boldsymbol{A}$ zum Muster $\mathcal{M}^{\boldsymbol{A}}$.

Die im Abschnitt 3.1 gewonnenen Existenzaussagen für die LR-Zerlegung lassen sich nicht auf die unvollständige Formulierung übertragen. So existiert aufgrund der Bedingung 2 für

$$\boldsymbol{A} = \begin{pmatrix} 1 & -1 \\ 1 & 0 \end{pmatrix}$$

keine unvollständige LU-Zerlegung, obwohl mit $\det \boldsymbol{A}[k] \neq 0$ ($k = 1,2$) durch die Sätze 3.7 und 3.8 die Existenz und eine Form der Eindeutigkeit der LR-Zerlegung gewährleistet ist. Dennoch stellt die unvollständige LU-Zerlegung eine sehr effiziente Form der Präkonditionierung dar, die bei Simulationen technischer Problemstellungen häufig erfolgreich angewendet wird, da die hierbei auftretenden Gleichungssysteme in der Regel keinen Widerspruch zu den Bedingungen 1 und 2 liefern (siehe die Beispiele 1.1 und 1.4). Existenzaussagen können für den Fall einer M-Matrix der Arbeit von Meijerink und van der Vorst [49] und für H-Matrizen der Veröffentlichung von Manteuffel [48] entnommen werden.

Zur Herleitung der Zerlegung entwickeln wir sukzessive für $i = 1, \ldots, n$ zunächst die i-te Spalte von $\boldsymbol{L}$ und anschließend die i-te Zeile von $\boldsymbol{U}$. Aus den Bedingungen 1 und 3 erhalten wir wegen $u_{mi} = 0$ ($m > i$) die Gleichung

$$a_{ki} = \sum_{m=1}^{n} \ell_{km} u_{mi} = \sum_{m=1}^{i} \ell_{km} u_{mi} = \sum_{m=1}^{i-1} \ell_{km} u_{mi} + \ell_{ki},$$

woraus sich sofort die i-te Spalte von $\boldsymbol{L}$ in der Form

$$\ell_{ki} = a_{ki} - \sum_{m=1}^{i-1} \ell_{km} u_{mi} \quad \text{für} \quad k = i, \ldots, n \tag{5.4.2}$$

ergibt. Mit $\ell_{im} = 0$ $(m > i)$ folgt für $k = i+1, \ldots, n$ die Gleichung

$$a_{ik} = \sum_{m=1}^{n} \ell_{im} u_{mk} = \sum_{m=1}^{i} \ell_{im} u_{mk},$$

und wir erhalten die Darstellung der i-ten Zeile von $\boldsymbol{U}$ gemäß

$$u_{ik} = \frac{1}{\ell_{ii}} \left(a_{ik} - \sum_{m=1}^{i-1} \ell_{im} u_{mk} \right) \quad \text{für} \quad k = i+1, \ldots, n. \tag{5.4.3}$$

Die Berücksichtigung der Bedingung 2 liefert abschließend die unvollständige LU-Zerlegung in der folgenden Schreibweise:

Die unvollständige LU-Zerlegung —

Für $i = 1, \ldots, n$

  Für $k = i, \ldots, n$, $k \in \mathcal{M}_{\mathcal{S}}^{\boldsymbol{A}}(i)$

$$\ell_{ki} = a_{ki} - \sum_{\substack{m=1 \\ m \in \mathcal{M}_{\mathcal{Z}}^{\boldsymbol{A}}(k) \cap \mathcal{M}_{\mathcal{S}}^{\boldsymbol{A}}(i)}}^{i-1} \ell_{km} u_{mi}$$

  Für $k = i+1, \ldots, n$, $k \in \mathcal{M}_{\mathcal{Z}}^{\boldsymbol{A}}(i)$

$$u_{ik} = \frac{1}{\ell_{ii}} \left(a_{ik} - \sum_{\substack{m=1 \\ m \in \mathcal{M}_{\mathcal{Z}}^{\boldsymbol{A}}(i) \cap \mathcal{M}_{\mathcal{S}}^{\boldsymbol{A}}(k)}}^{i-1} \ell_{im} u_{mk} \right)$$

Definition 5.12 Es sei

$$\boldsymbol{A} = \boldsymbol{L}\boldsymbol{U} + \boldsymbol{F}$$

eine unvollständige LU-Zerlegung der Matrix $\boldsymbol{A}$, dann ist

$$\boldsymbol{P} := \boldsymbol{U}^{-1} \boldsymbol{L}^{-1} \tag{5.4.4}$$

der zugehörige ILU-Präkonditionierer.

Wir haben bereits angemerkt, dass die Matrix $\boldsymbol{P}$ nicht explizit berechnet wird, sondern nur implizit in ihrer Wirkung auf der Basis einer Vorwärtselimination und einer anschließenden Rückwärtselimination verwendet wird. Zudem gibt es keine Notwendigkeit zur Speicherung der Diagonalelemente der Matrix $\boldsymbol{U}$, so dass die beiden Matrizen $\boldsymbol{L}$ und $\boldsymbol{U}$ in der Summe einen zu $\boldsymbol{A}$ identischen Speicherplatzbedarf aufweisen.

Bei Matrizen mit einer relativ kleinen Bandbreite erweist sich häufig die unvollständige LU-Zerlegung mit *fill-in* als effektiv. Hierbei wird ausgenutzt, dass die Wahl der Besetzungsstruktur $\mathcal{M}^{\boldsymbol{A}}$ innerhalb der Bedingungen 2 und 3 nicht zwingend ist. Ersetzt man bei diesen Forderungen die Besetzungsstruktur $\mathcal{M}^{\boldsymbol{A}}$ durch ein Muster $\mathcal{M} \supset \mathcal{M}^{\boldsymbol{A}}$, so erhält die Fehlermatrix $\boldsymbol{F}$ weniger von Null verschiedene Einträge, wodurch mit $\boldsymbol{LU}$ zumeist eine bessere Approximation der Matrix $\boldsymbol{A}$ vorliegt. Diese Erweiterung wird mit ILU(p) beschrieben, wobei die natürliche Zahl p einen Grad für die Anzahl der *fill-in*-Elemente darstellt. Für eine ausführliche Beschreibung der angesprochenen Verallgemeinerung sei auf Saad [62] verwiesen.

5.5 Die unvollständige Cholesky-Zerlegung

Bereits im Abschnitt 3.2 hatten wir erkannt, dass im Fall einer symmetrischen und positiv definiten Matrix $\boldsymbol{A}$ der Aufwand der LR-Zerlegung reduziert werden kann, indem die Eigenschaften der Matrix gezielt ausgenutzt werden. Die daraufhin hergeleitete Cholesky-Zerlegung werden wir nun auch zur Präkonditionierung in einer unvollständigen Formulierung betrachten.

Definition 5.13 Sei $\boldsymbol{A} \in \mathbb{R}^{n\times n}$ symmetrisch und positiv definit. Die Zerlegung

$$\boldsymbol{A} = \boldsymbol{L}\boldsymbol{L}^T + \boldsymbol{F} \tag{5.5.1}$$

existiere unter den Bedingungen

1) $\ell_{ij} = 0$, falls $(i,j) \notin \mathcal{M}^{\boldsymbol{A}}$,

2) $(\boldsymbol{L}\boldsymbol{L}^T)_{ij} = a_{ij}$, falls $(i,j) \in \mathcal{M}^{\boldsymbol{A}}$,

und es sei $\boldsymbol{L} = (\ell_{ij})_{i,j=1,\ldots,n}$ eine reguläre linke untere Dreiecksmatrix, dann heißt (5.5.1) unvollständige Cholesky-Zerlegung (incomplete Cholesky, IC) der Matrix $\boldsymbol{A}$ zum Muster $\mathcal{M}^{\boldsymbol{A}}$.

Die wesentlichen Vorteile einer solchen Zerlegung liegen im Rechen- und Speicheraufwand und in der Eigenschaft, dass sich im Fall einer positiv definiten, symmetrischen Matrix $\boldsymbol{A}$ wegen

$$\left(\boldsymbol{L}\boldsymbol{A}\boldsymbol{L}^T\right)^T = \boldsymbol{L}\boldsymbol{A}\boldsymbol{L}^T$$

und

$$\left(\boldsymbol{L}\boldsymbol{A}\boldsymbol{L}^T\boldsymbol{x},\boldsymbol{x}\right)_2 = \left(\boldsymbol{A}\boldsymbol{L}^T\boldsymbol{x},\boldsymbol{L}^T\boldsymbol{x}\right)_2 > 0, \ \forall \boldsymbol{x} \in \mathbb{R}^n \setminus \{\boldsymbol{0}\}$$

die Symmetrie und positive Definitheit auch auf das Produkt $\boldsymbol{L}\boldsymbol{A}\boldsymbol{L}^T$ übertragen, wodurch die Verfahren für symmetrische, positiv definite Matrizen auch auf das präkonditionierte System angewendet werden können.

Aus den Gleichungen (3.2.2) und (3.2.3) ergibt sich unter Berücksichtigung der an die unvollständige Zerlegung gestellten Bedingungen die Berechnung der unvollständigen Cholesky-Zerlegung in der folgenden Form:

Die unvollständige Cholesky-Zerlegung —

Für $k = 1,\ldots,n$

$$\ell_{kk} = \sqrt{a_{kk} - \sum_{\substack{j=1 \\ j \in \mathcal{M}^{A}_{\mathcal{Z}}(k)}}^{k-1} \ell_{kj}^2}$$

Für $i = k+1,\ldots,n,\ i \in \mathcal{M}^{A}_{\mathcal{Z}}(k)$

$$\ell_{ik} = \frac{1}{\ell_{kk}} \left(a_{ik} - \sum_{\substack{j=1 \\ j \in \mathcal{M}^{A}_{\mathcal{Z}}(i) \cap \mathcal{M}^{A}_{\mathcal{Z}}(k)}}^{k-1} \ell_{ij}\ell_{kj} \right)$$

Im Gegensatz zur ILU benötigt die IC keine zusätzliche Bedingung an die Diagonalelemente (siehe Bedingung 1 in der Definition 5.11), da aufgrund der positiven Definitheit stets $(k,k) \in \mathcal{M}^{A}$ gilt.

5.6 Die unvollständige QR-Zerlegung

Bei der Konstruktion der unvollständigen LU-Zerlegung war der Hauptgedanke, den Speicherplatz für den Präkonditionierer a priori einzuschränken, indem eine zu $\boldsymbol{A}$ äquivalente Besetzungsstruktur gefordert wurde. Dieser Gedanke lässt sich auch auf andere Präkonditionierer übertragen.

Definition 5.14 Wird mittels einer modifizierten Variante eines beliebigen Algorithmus zur Bestimmung einer QR-Zerlegung eine Darstellung der Matrix $\boldsymbol{A}$ in der Form

$$\boldsymbol{A} = \boldsymbol{Q}\boldsymbol{R} + \boldsymbol{F} \tag{5.6.1}$$

berechnet, wobei die obere Dreiecksmatrix $\boldsymbol{R}$ und die Matrix $\boldsymbol{Q}$ den Bedingungen

1) $r_{ij} = 0$, falls $(i,j) \notin \mathcal{M}^{A}$

2) $q_{ij} = 0$, falls $(i,j) \notin \mathcal{M}^{A}$

genügen, und liegt bei Ersetzen der Besetzungsstruktur $\mathcal{M}^{A}$ durch $\{(i,j) \,|\, i,j = 1,\ldots,n\}$ mit $\boldsymbol{Q}$ eine orthogonale Matrix und mit $\boldsymbol{F}$ eine Nullmatrix vor, dann heißt (5.6.1) unvollständige QR-Zerlegung (incomplete QR, IQR) der Matrix $\boldsymbol{A}$ zum Muster $\mathcal{M}^{A}$.

Mit dem Gram-Schmidt-Verfahren haben wir bereits in Abschnitt 3.3.1 eine Methode zur Ermittlung einer QR-Zerlegung kennengelernt. Unter Berücksichtigung der aufgestellten Bedingungen 1 und 2 lässt sich das Gram-Schmidt-Verfahren in der folgenden Form zur Berechnung einer unvollständigen QR-Zerlegung nutzen.

Die unvollständige QR-Zerlegung —

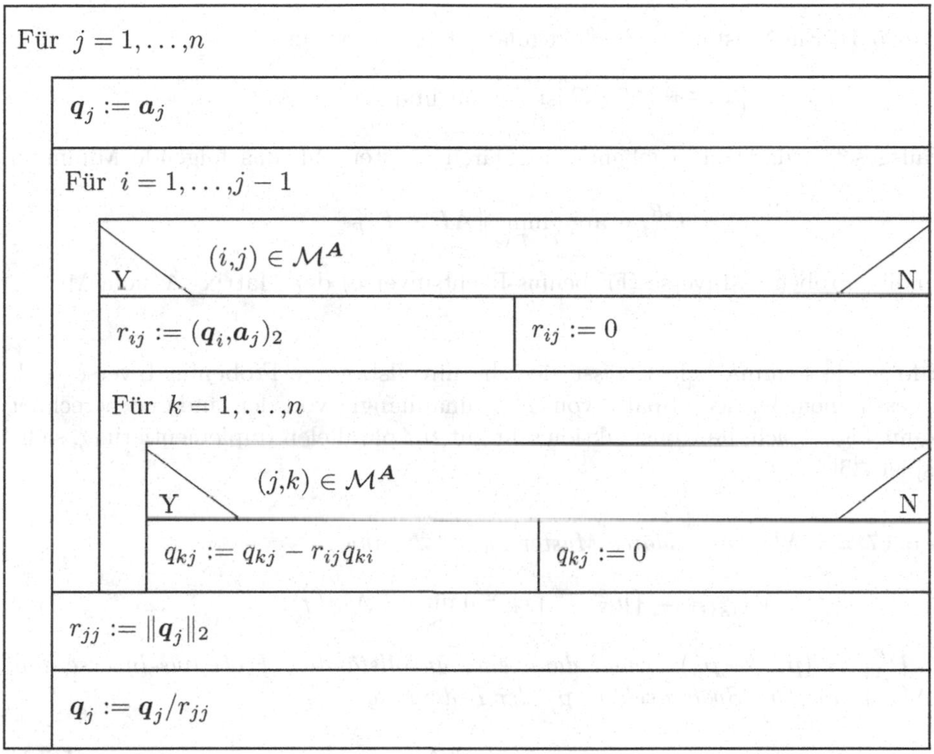

Definition 5.15 Es sei

$$\boldsymbol{A} = \boldsymbol{Q}\boldsymbol{R} + \boldsymbol{F}$$

eine unvollständige QR-Zerlegung der Matrix $\boldsymbol{A}$. Sind $\boldsymbol{Q}$ und $\boldsymbol{R}$ regulär, dann ist

$$\boldsymbol{P} := \boldsymbol{R}^{-1}\boldsymbol{Q}^T \tag{5.6.2}$$

der zugehörige IQR-Präkonditionierer.

Der Speicheraufwand der Matrizen $\boldsymbol{Q}$ und $\boldsymbol{R}$ liegt zusammen geringfügig über dem 1,5-fachen der Matrix $\boldsymbol{A}$. Dabei stellt $\boldsymbol{Q}$ nicht notwendigerweise eine orthogonale Matrix dar, so dass sich mit $\boldsymbol{Q}^T$ auch nur eine Approximation an $\boldsymbol{Q}^{-1}$ ergibt.

5.7 Die unvollständige Frobenius-Inverse

Mit der unvollständigen Frobenius-Inversen werden wir innerhalb dieses Abschnitts eine Präkonditionierungsmatrix vorstellen, die bei vorgegebenem Muster eine Optimalität hinsichtlich der Frobenius-Norm aufweist. Wir werden hierbei stets als Muster die Besetzungsstruktur der Matrix $\boldsymbol{A}$ betrachten. Es existieren jedoch auch Strategien zur adaptiven Wahl des Musters [10].

Definition 5.16 Ein Muster $\mathcal{M}$ heißt regulär im $\mathbb{R}^{n\times n}$, wenn

$$\mathcal{P}_{\mathcal{M}} := \left\{\boldsymbol{P} \in \mathbb{R}^{n\times n} \mid \boldsymbol{P} \text{ ist regulär und } \mathcal{M}^{\boldsymbol{P}} = \mathcal{M}\right\} \neq \emptyset$$

gilt. Vorausgesetzt, dass zu gegebenem regulären Muster $\mathcal{M}$ das folgende Minimum existiert, dann heißt

$$\boldsymbol{P}_{\mathcal{M}}^{R} \in \arg \min_{\boldsymbol{P}\in\mathcal{P}_{\mathcal{M}}} \|\boldsymbol{AP} - \boldsymbol{I}\|_F^2$$

unvollständige Frobenius-Inverse (Frobenius-Rechtsinverse) der Matrix $\boldsymbol{A}$ zum Muster $\mathcal{M}$.

Wie das folgende Lemma belegt, lässt sich die unvollständige Frobenius-Inverse spaltenweise bestimmen. Da jede Spalte von $\boldsymbol{P}_{\mathcal{M}}^{R}$ unabhängig von den anderen berechnet werden kann, eignet sich die Konstruktion sehr gut zur parallelen Implementierung, siehe zum Beispiel [35].

Lemma 5.17 *Sei $\mathcal{M}$ ein reguläres Muster im $\mathbb{R}^{n\times n}$ und*

$$\mathcal{V}_{\mathcal{M}_{\mathcal{S}}(j)} := \{\boldsymbol{v} \in \mathbb{R}^n \mid v_i = 0 \text{ für } i \notin \mathcal{M}_{\mathcal{S}}(j)\},$$

dann ist $\boldsymbol{P}_{\mathcal{M}}^{R} = (\boldsymbol{p}_1,\dots,\boldsymbol{p}_n)$ genau dann eine unvollständige Frobenius-Inverse zum Muster $\mathcal{M}$, wenn jeder Spaltenvektor $\boldsymbol{p}_j$ der Bedingung

$$\boldsymbol{p}_j \in \arg \min_{\boldsymbol{p}\in\mathcal{V}_{\mathcal{M}_{\mathcal{S}}(j)}\setminus\{\boldsymbol{0}\}} \|\boldsymbol{Ap} - \boldsymbol{e}_j\|_2^2 \tag{5.7.1}$$

genügt, wobei $\boldsymbol{e}_j$ den j-ten Einheitsvektor im $\mathbb{R}^n$ repräsentiert.

Beweis:
Die Behauptung folgt unmittelbar aus $\|\boldsymbol{AP}_{\mathcal{M}}^{R} - \boldsymbol{I}\|_F^2 = \sum_{j=1}^{n} \|\boldsymbol{Ap}_j - \boldsymbol{e}_j\|_2^2$. □

Zur Berechnung der unvollständigen Frobenius-Inversen muss mit Lemma 5.17 für jeden Spaltenvektor $\boldsymbol{p}_j$ ein restringiertes Minimierungsproblem (5.7.1) gelöst werden. Mit dem anschließenden Satz werden wir hierzu ein äquivalentes lineares Ausgleichsproblem herleiten.

Satz 5.18 *Seien $\boldsymbol{A} \in \mathbb{R}^{n\times n}$ regulär und $m_j = |\mathcal{M}_{\mathcal{S}}^{\boldsymbol{A}}(j)|$ für $j = 1,\dots,n$. Desweiteren gelte $\mathcal{M}_{\mathcal{S}}^{\boldsymbol{A}}(j) = \left\{i_1^j,\dots,i_{m_j}^j\right\}$ und für $j = 1,\dots,n$ sei die Matrix $\boldsymbol{Z}_j \in \mathbb{R}^{m_j\times n}$ durch*

$$(z_j)_{m\ell} := \delta_{\ell,i_m^j} \text{ für } m = 1,\dots,m_j \text{ und } \ell = 1,\dots,n$$

unter Verwendung des Kronecker-Symbols

$$\delta_{i,j} = \begin{cases} 0, & i \neq j \\ 1, & i = j \end{cases}$$

gegeben. Dann ist $\boldsymbol{P}^R_{\mathcal{M}^{\boldsymbol{A}}} = (\boldsymbol{p}_1, \ldots, \boldsymbol{p}_n)$ *genau dann eine Frobenius-Inverse (Frobenius-Rechtsinverse) der Matrix* $\boldsymbol{A}$ *zum Muster* $\mathcal{M}^{\boldsymbol{A}}$, *wenn für jeden Spaltenvektor* $\boldsymbol{p}_j$ *der zugehörige projizierte Vektor* $\widetilde{\boldsymbol{p}}_j = \boldsymbol{Z}_j \boldsymbol{p}_j$ *die Bedingung*

$$\widetilde{\boldsymbol{p}}_j \in \arg \min_{\boldsymbol{p} \in \mathbb{R}^{m_j} \setminus \{\boldsymbol{0}\}} \|\widetilde{\boldsymbol{A}} \boldsymbol{Z}_j \boldsymbol{p} - \boldsymbol{e}_j\|_2^2 \tag{5.7.2}$$

erfüllt. Außerdem existiert höchstens eine Frobenius-Inverse der Matrix $\boldsymbol{A}$ *zum Muster* $\mathcal{M}^{\boldsymbol{A}}$.

Beweis:
Die Matrix $\boldsymbol{Z}_j \in \mathbb{R}^{m_j \times n}$ stellt einen Isomorphismus zwischen $\mathbb{R}^{m_j} \setminus \{\boldsymbol{0}\}$ und $\mathcal{V}_{\mathcal{M}^{\boldsymbol{A}}_{\mathcal{S}}(j)} \setminus \{\boldsymbol{0}\}$ dar. Zudem gilt $\boldsymbol{Z}_j^T \boldsymbol{Z}_j \boldsymbol{p} = \boldsymbol{p}$ für alle $\boldsymbol{p} \in \mathcal{V}_{\mathcal{M}^{\boldsymbol{A}}_{\mathcal{S}}(j)} \setminus \{\boldsymbol{0}\}$ und $\boldsymbol{Z}_j \boldsymbol{Z}_j^T = \boldsymbol{I} \in \mathbb{R}^{m_j \times m_j}$. Somit folgt

$$\begin{aligned} \boldsymbol{Z}_j \left(\arg \min_{\boldsymbol{p} \in \mathcal{V}_{\mathcal{M}^{\boldsymbol{A}}_{\mathcal{S}}(j)} \setminus \{\boldsymbol{0}\}} \|\boldsymbol{A}\boldsymbol{p} - \boldsymbol{e}_j\|_2^2 \right) &= \boldsymbol{Z}_j \boldsymbol{Z}_j^T \left(\arg \min_{\boldsymbol{p} \in \mathbb{R}^{m_j} \setminus \{\boldsymbol{0}\}} \|\boldsymbol{A}\boldsymbol{Z}_j^T \boldsymbol{p} - \boldsymbol{e}_j\|_2^2 \right) \\ &= \arg \min_{\boldsymbol{p} \in \mathbb{R}^{m_j} \setminus \{\boldsymbol{0}\}} \|\boldsymbol{A}\boldsymbol{Z}_j^T \boldsymbol{p} - \boldsymbol{e}_j\|_2^2 \end{aligned}$$

und

$$\begin{aligned} \boldsymbol{Z}_j^T \left(\arg \min_{\boldsymbol{p} \in \mathbb{R}^{m_j} \setminus \{\boldsymbol{0}\}} \|\boldsymbol{A}\boldsymbol{Z}_j^T \boldsymbol{p} - \boldsymbol{e}_j\|_2^2 \right) &= \boldsymbol{Z}_j^T \boldsymbol{Z}_j \left(\arg \min_{\boldsymbol{p} \in \mathcal{V}_{\mathcal{M}^{\boldsymbol{A}}_{\mathcal{S}}(j)} \setminus \{\boldsymbol{0}\}} \|\boldsymbol{A}\boldsymbol{Z}_j^T \boldsymbol{Z}_j \boldsymbol{p} - \boldsymbol{e}_j\|_2^2 \right) \\ &= \arg \min_{\boldsymbol{p} \in \mathcal{V}_{\mathcal{M}^{\boldsymbol{A}}_{\mathcal{S}}(j)} \setminus \{\boldsymbol{0}\}} \|\boldsymbol{A}\boldsymbol{p} - \boldsymbol{e}_j\|_2^2, \end{aligned}$$

wodurch $\boldsymbol{Z}_j$ und $\boldsymbol{Z}_j^T$ Isomorphismen auf den in (5.7.1) und (5.7.2) aufgeführten Mengen darstellen und hiermit der erste Teil der Behauptung folgt.

Wir kommen nun zur Eindeutigkeit der Frobenius-Inversen. Die Matrix $\boldsymbol{A}_j := \boldsymbol{A}\boldsymbol{Z}_j^T \in \mathbb{R}^{n \times m_j}$ besteht aus den m_j linear unabhängigen Spalten $\boldsymbol{a}_i$, $i \in \mathcal{M}^{\boldsymbol{A}}_{\mathcal{S}}(j)$ der Matrix $\boldsymbol{A}$. Somit existiert mit Satz 3.13 eine Zerlegung der Matrix $\boldsymbol{A}_j$ in der Form

$$\boldsymbol{A}_j = \boldsymbol{Q} \begin{pmatrix} \boldsymbol{R} \\ \boldsymbol{0} \end{pmatrix}$$

mit einer orthogonalen Matrix $\boldsymbol{Q} \in \mathbb{R}^{n \times n}$ und einer regulären rechten oberen Dreiecksmatrix $\boldsymbol{R} \in \mathbb{R}^{m_j \times m_j}$. Mit

$$\boldsymbol{f}_j = \begin{pmatrix} \boldsymbol{f}_{j1} \\ \boldsymbol{f}_{j2} \end{pmatrix} = \boldsymbol{Q}^T \boldsymbol{e}_j$$

erhalten wir

$$\|\boldsymbol{A}\boldsymbol{Z}_j^T \boldsymbol{p} - \boldsymbol{e}_j\|_2^2 = \|\boldsymbol{Q}^T(\boldsymbol{A}_j \boldsymbol{p} - \boldsymbol{e}_j)\|_2^2 = \left\| \begin{pmatrix} \boldsymbol{R} \\ \boldsymbol{0} \end{pmatrix} \boldsymbol{p} - \begin{pmatrix} \boldsymbol{f}_{j1} \\ \boldsymbol{f}_{j2} \end{pmatrix} \right\|_2^2.$$

Aufgrund der geforderten Existenz des Minimums $\min\limits_{P \in \mathcal{P}_{\mathcal{M}}} \|AP - I\|_F^2$ gilt $f_{j1} \neq 0$. Unter Berücksichtigung von

$$\|AZ_j^T p - e_j\|_2^2 = \|Rp - f_{j1}\|_2^2 + \|f_{j2}\|_2^2$$

erhalten wir die eindeutig bestimmte j-te Spalte der Frobenius-Inversen durch

$$p_j = Z_j^T \left(\arg \min_{p \in \mathbb{R}^{m_j} \setminus \{0\}} \|Rp - f_{j1}\|_2^2 \right) = Z_j^T R^{-1} f_{j1} \neq 0.$$

□

Somit lässt sich die Frobenius-Inverse auf der Basis der im Abschnitt 3.3 beschriebenen Verfahren zur QR-Zerlegung bestimmen, wobei natürlich auch weitere Algorithmen (zum Beispiel die Householder-Transformation) genutzt werden können.

Die Forderung nach der Existenz des Minimums innerhalb der Definition 5.16 ist wesentlich, da die Menge $\mathcal{P}_{\mathcal{M}}$ hinsichtlich der Norm nicht abgeschlossen ist. Betrachten wir das Beispiel $A = (e_3, e_1, e_2) \in \mathbb{R}^{3 \times 3}$, so folgt $\mathcal{M}_{\mathcal{S}}^{A}(1) = 3$ und wir erhalten für $p \in \mathcal{V}_{\mathcal{M}_{\mathcal{S}}^{A}(1)} \setminus \{0\} = \{(0,0,\lambda)^T | \lambda \in \mathbb{R} \setminus \{0\}\}$ die Gleichung

$$\|Ap - e_1\|_2^2 = \left\| \begin{pmatrix} 0 \\ \lambda \\ 0 \end{pmatrix} - \begin{pmatrix} 1 \\ 0 \\ 0 \end{pmatrix} \right\|_2^2 = 1 + \lambda^2.$$

Somit existiert $\min\limits_{p \in \mathcal{V}_{\mathcal{M}_{\mathcal{S}}^{A}(1)} \setminus \{0\}} \|Ap - e_1\|_2^2$ nicht, und wir erhalten lediglich

$$\arg \inf_{p \in \mathcal{V}_{\mathcal{M}_{\mathcal{S}}^{A}(1)} \setminus \{0\}} \|Ap - e_1\|_2^2 = 0 \notin \mathcal{V}_{\mathcal{M}_{\mathcal{S}}^{A}(1)} \setminus \{0\}.$$

5.8 Das präkonditionierte CG-Verfahren

Die Nutzung der vorgestellten Präkonditionierer werden wir in diesem Abschnitt am Beispiel des CG-Verfahrens studieren. Sei mit $A \in \mathbb{R}^{n \times n}$ eine symmetrische und positiv definite Matrix des Gleichungssystems

$$Ax = b \tag{5.8.1}$$

gegeben, so transformieren wir das System (5.8.1) unter Verwendung einer regulären Matrix P_L in die äquivalente Form

$$A^P x^P = b^P \tag{5.8.2}$$

mit $A^P = P_L A P_L^T$, $x^P = P_L^{-T} x$ und $b^P = P_L b$. Die Matrix P_L kann hierbei durch die unvollständige Cholesky-Zerlegung oder eine symmetrische Splitting-Methode (zum Beispiel das Jacobi-Verfahren oder das symmetrische Gauß-Seidel-Verfahren) festgelegt werden, wobei das Jacobi-Verfahren ausschließlich bei Matrizen mit unterschiedlichen Diagonalelementen zu einer Veränderung der Konditionszahl führt und somit im Fall der zweidimensionalen Poisson-Gleichung keinen Einfluss auf die Konditionszahl besitzt.

Kennzeichnen wir, wie bereits oben angedeutet, alle präkonditionierten Größen mit dem Superskript ^{P}, so lässt sich das präkonditionierte CG-Verfahren (PCG) in der Form des ursprünglichen Verfahrens der konjugierten Gradienten durch Einfügen des Superskriptes schreiben, wobei eine abschließende Ermittlung der Näherungslösung $\boldsymbol{x}_{m+1} = \boldsymbol{P}_L^T \boldsymbol{x}_{m+1}^P$ ergänzt werden muss.

Wir werden nun eine spezielle Darstellung des PCG-Verfahrens herleiten, die in den ursprünglichen Variablen formuliert ist. Eine formale Nutzung der ursprünglichen Veränderlichen liefert unter Verwendung der Definitionen

$$\hat{\boldsymbol{p}}_m := \boldsymbol{P}_L^T \boldsymbol{p}_m^P \quad \text{und} \quad \hat{\boldsymbol{v}}_m := \boldsymbol{P}_L^{-1} \boldsymbol{v}_m^P$$

das präkonditionierte CG-Verfahren in der vorläufigen Form:

Vorläufiges PCG-Verfahren —

Wähle $\boldsymbol{P}_L^{-T} \boldsymbol{x}_0 \in \mathbb{R}^n$

$$\boldsymbol{P}_L \boldsymbol{r}_0 := \boldsymbol{P}_L \boldsymbol{b} - \boldsymbol{P}_L \boldsymbol{A} \boldsymbol{P}_L^T \boldsymbol{P}_L^{-T} \boldsymbol{x}_0 \tag{5.8.3}$$

$$\boldsymbol{P}_L^{-T} \hat{\boldsymbol{p}}_0 := \boldsymbol{P}_L \boldsymbol{r}_0, \quad \alpha_0^P := \boldsymbol{r}_0^T \boldsymbol{P}_L^T \boldsymbol{P}_L \boldsymbol{r}_0$$

Für $m = 0,\ldots,n-1$

$\alpha_m^P \neq 0$ — Y / N: STOP

$$\boldsymbol{P}_L \hat{\boldsymbol{v}}_m := \boldsymbol{P}_L \boldsymbol{A} \boldsymbol{P}_L^T \boldsymbol{P}_L \boldsymbol{p}_m = \boldsymbol{P}_L \boldsymbol{A} \hat{\boldsymbol{p}}_m \tag{5.8.4}$$

$$\lambda_m^P := \frac{\alpha_m^P}{(\boldsymbol{P}_L \hat{\boldsymbol{v}}_m, \boldsymbol{P}_L \boldsymbol{p}_m)_2} = \frac{\alpha_m^P}{(\hat{\boldsymbol{v}}_m, \hat{\boldsymbol{p}}_m)_2}$$

$$\boldsymbol{P}_L^{-T} \boldsymbol{x}_{m+1} := \boldsymbol{P}_L^{-T} \boldsymbol{x}_m + \lambda_m^P \boldsymbol{P}_L \boldsymbol{p}_m = \boldsymbol{P}_L^{-T} \boldsymbol{x}_m + \lambda_m^P \boldsymbol{P}_L^{-T} \hat{\boldsymbol{p}}_m \tag{5.8.5}$$

$$\boldsymbol{P}_L \boldsymbol{r}_{m+1} := \boldsymbol{P}_L \boldsymbol{r}_m - \lambda_m^P \boldsymbol{P}_L \hat{\boldsymbol{v}}_m \tag{5.8.6}$$

$$\alpha_{m+1}^P := \boldsymbol{r}_{m+1}^T \boldsymbol{P}_L^T \boldsymbol{P}_L \boldsymbol{r}_{m+1}$$

$$\underbrace{\boldsymbol{P}_L \boldsymbol{p}_{m+1}}_{=\boldsymbol{P}_L^{-T} \hat{\boldsymbol{p}}_{m+1}} := \boldsymbol{P}_L \boldsymbol{r}_{m+1} + \frac{\alpha_{m+1}^P}{\alpha_m^P} \underbrace{\boldsymbol{P}_L \boldsymbol{p}_m}_{=\boldsymbol{P}_L^{-T} \hat{\boldsymbol{p}}_m} \tag{5.8.7}$$

Da $\boldsymbol{P}_L^T \in \mathbb{R}^{n \times n}$ regulär und $\boldsymbol{x}_0 \in \mathbb{R}^n$ beliebig wählbar ist, kann die im Algorithmus auftretende Festlegung $\boldsymbol{P}_L^{-T} \boldsymbol{x}_0 \in \mathbb{R}^n$ durch die Wahl von $\boldsymbol{x}_0 \in \mathbb{R}^n$ ersetzt werden.

Linksseitige Multiplikation der Gleichungen (5.8.3), (5.8.4) und (5.8.6) mit $\boldsymbol{P}_L^{-1}$ und der Gleichungen (5.8.5) und (5.8.7) mit $\boldsymbol{P}_L^T$ liefert bei Verwendung von $\boldsymbol{P} = \boldsymbol{P}_L^T \boldsymbol{P}_L$ das präkonditionierte CG-Verfahren:

Algorithmus PCG-Verfahren —

Wähle $\boldsymbol{x}_0 \in \mathbb{R}^n$.
$\boldsymbol{r}_0 := \boldsymbol{b} - \boldsymbol{A}\boldsymbol{x}_0$
$\hat{\boldsymbol{p}}_0 := \boldsymbol{P}\boldsymbol{r}_0 \, , \; \alpha_0^P := (\boldsymbol{r}_0,\hat{\boldsymbol{p}}_0)_2$
Für $m = 0,\ldots,n-1$
$\alpha_m^P \neq 0$ — Y / N
Y: $\hat{\boldsymbol{v}}_m := \boldsymbol{A}\hat{\boldsymbol{p}}_m \, , \; \lambda_m := \dfrac{\alpha_m^P}{(\hat{\boldsymbol{v}}_m,\hat{\boldsymbol{p}}_m)_2}$
Y: $\boldsymbol{x}_{m+1} := \boldsymbol{x}_m + \lambda_m^P \hat{\boldsymbol{p}}_m$
Y: $\boldsymbol{r}_{m+1} := \boldsymbol{r}_m - \lambda_m^P \hat{\boldsymbol{v}}_m$
Y: $\boldsymbol{z}_{m+1} := \boldsymbol{P}\boldsymbol{r}_{m+1} \, , \; \alpha_{m+1}^P := (\boldsymbol{r}_{m+1},\boldsymbol{z}_{m+1})_2$
Y: $\hat{\boldsymbol{p}}_{m+1} := \boldsymbol{z}_{m+1} + \dfrac{\alpha_{m+1}^P}{\alpha_m^P} \hat{\boldsymbol{p}}_m$
N: STOP

Die Kennzeichnungen ^{P} und $\hat{}$ verdeutlichen den verbleibenden Unterschied zum ursprünglichen CG-Verfahren. Auch das PCG-Verfahren wird in der Regel als iterative Methode genutzt. Im CG-Algorithmus ermöglicht die skalare Größe α_m eine direkte Kontrolle des Residuums, wodurch ein Abbruchkriterium in der Form $\sqrt{\alpha_m} \leq \varepsilon$ anstelle $\alpha_m = 0$ verwendet werden kann. Eine analoge Vorgehensweise zur Kontrolle des Residuums ist im PCG-Verfahren nicht möglich, da $\alpha_m^P = \|\boldsymbol{P}_L \boldsymbol{r}_m\|_2^2$ keine direkte Evaluation des Residuums liefert. Daher sollte in diesem Fall stets $\|\boldsymbol{r}_m\|_2 \leq \varepsilon$ als Abbruchbedingung implementiert werden.

Beispiel 5.19 Wir nutzen das bereits im Beispiel 4.77 verwendete und aus der Diskretisierung der zweidimensionalen Poisson-Gleichung resultierende Gleichungssystem zum Vergleich des CG-Verfahrens mit dem PCG-Algorithmus. Es handelt sich wiederum um ein Gleichungssystem mit 40.000 Unbekannten. Zur Präkonditionierung wird hierbei das symmetrische Gauß-Seidel-Verfahren mit

$$\boldsymbol{P} = \boldsymbol{P}_{SGS} = (\boldsymbol{D} + \boldsymbol{R})^{-1} \, \boldsymbol{D} \, (\boldsymbol{D} + \boldsymbol{L})^{-1}$$

verwendet. Die in der folgenden Tabelle präsentierten Ergebnisse zeigen die zu erwartende Beschleunigung des CG-Verfahrens.

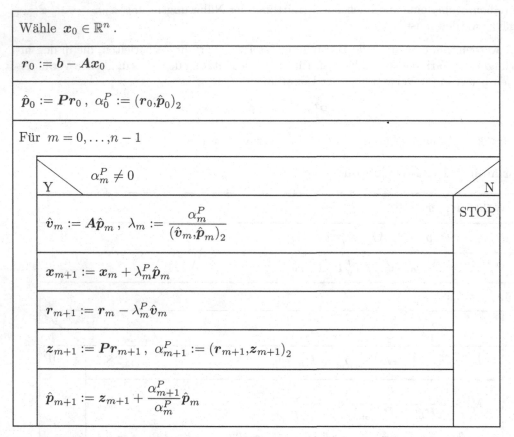

	CG-Verfahren	PCG-Verfahren
Iterationen	Residuenverlauf	
0	140.348	140.348
50	491.151	8.58174
100	150.025	0.0105147
150	1.83245	4.23371e-05
200	0.148948	5.42568e-08
250	0.00307128	1.69676e-11
300	2.40822e-05	6.69697e-15
336	5.07545e-07	9.04322e-17

5.9 Das präkonditionierte BiCGSTAB-Verfahren

In diesem Abschnitt werden wir einige Aspekte der Präkonditionierung am Beispiel des BiCGSTAB-Verfahrens studieren. Im Prinzip kann man aus einem beliebigen Iterationsverfahren zur Lösung von $\boldsymbol{Ax} = \boldsymbol{b}$ eine präkonditionierte Version erhalten, indem die Methode auf die Gleichung (5.0.1) angewendet wird. Im Algorithmus wird dann die Matrix $\boldsymbol{A}$ durch das Produkt $\boldsymbol{P}_L\boldsymbol{A}\boldsymbol{P}_R$ und der Vektor $\boldsymbol{b}$ durch $\boldsymbol{P}_L\boldsymbol{b}$ ersetzt und nach Abbruch der Iteration die Näherungslösung $\boldsymbol{x}_m$ zum Ausgangsproblem gemäß (5.0.2) durch $\boldsymbol{x}_m = \boldsymbol{P}_R\boldsymbol{x}_m^P$ aus der Approximation $\boldsymbol{x}_m^P$ gewonnen. Innerhalb des Iterationsverfahrens ergeben sich daher, verglichen zum Basisalgorithmus, unterschiedliche Werte, die wir mit dem Superskript ^{P} kennzeichnen. Es ist natürlich wünschenswert, dass bei vorgegebenem Startvektor $\boldsymbol{x}_0$ und festgelegter Genauigkeit $\varepsilon > 0$ nach Abbruch des Basisverfahrens und der präkonditionierten Variante stets Näherungslösungen $\boldsymbol{x}_m$ vorliegen, die der Bedingung $\|\boldsymbol{b} - \boldsymbol{A}\boldsymbol{x}_m\| \leq \varepsilon$ genügen. Betrachtet man das im obigen Sinne durch Verwendung von $\boldsymbol{P}_L\boldsymbol{A}\boldsymbol{P}_R$ und $\boldsymbol{P}_L\boldsymbol{b}$ präkonditionierte Verfahren, so wird der Algorithmus stets auf der Grundlage der Norm des Residuenvektors $\boldsymbol{r}_m^P = \boldsymbol{P}_L\boldsymbol{b} - \boldsymbol{P}_L\boldsymbol{A}\boldsymbol{P}_R\boldsymbol{x}_m^P$ terminiert, wodurch sich für $\boldsymbol{x}_m = \boldsymbol{P}_R\boldsymbol{x}_m^P$ das Residuum $\|\boldsymbol{P}_L(\boldsymbol{b} - \boldsymbol{A}\boldsymbol{x}_m)\|$ ergibt. Folglich liegt bei Nutzung einer Linkspräkonditionierung innerhalb des Verfahrens keine Kontrolle des relevanten Residuums vor. Deshalb kann auch bei Terminierung des Verfahrens keine direkte Aussage über die Güte der Approximation getroffen werden. Eine Rechtspräkonditionierung ergibt hingegen $\boldsymbol{r}_m^P = \boldsymbol{r}_m$, so dass zudem ein zuverlässiger Vergleich von Rechts- und Linkspräkonditionierern in dieser Form nicht möglich ist.

In [51] wird eine spezielle Formulierung eines präkonditionierten BiCGSTAB-Verfahrens vorgestellt, die eine Kontrolle des relevanten Residuums auch im Fall einer linksseitigen Präkonditionierung ermöglicht. Diese Variante werden wir im Folgenden beschreiben. Die Vorgehensweise ist hierbei allgemeingültig und kann daher analog auf weitere Verfahren angewendet werden. Grundlegend für die Herleitung ist die Tatsache, dass die explizite Berechnung der Matrix $\boldsymbol{P}_L\boldsymbol{A}\boldsymbol{P}_R$ aus zwei Gründen nicht empfehlenswert ist. Zum einen sind die Präkonditionierer oftmals nur implizit gegeben (zum Beispiel die ILU und IQR), und zum anderen stellt $\boldsymbol{P}_L\boldsymbol{A}\boldsymbol{P}_R$ eventuell eine vollbesetzte Matrix dar, obwohl $\boldsymbol{A}$ schwachbesetzt ist. Die Matrix-Vektor-Multiplikationen werden daher sukzessive durchgeführt, und die Berechnung

$$\boldsymbol{v}^P = \boldsymbol{P}_L\boldsymbol{A}\boldsymbol{P}_R\boldsymbol{p}^P$$

kann ohne zusätzlichen Rechenaufwand in zwei Schritten gemäß

$$\begin{aligned} \boldsymbol{v} &= \boldsymbol{A}\boldsymbol{P}_R\boldsymbol{p}^P \\ \boldsymbol{v}^P &= \boldsymbol{P}_L\boldsymbol{v} \end{aligned} \tag{5.9.1}$$

ausgeführt werden.

Eine rechtsseitige Präkonditionierung weist keinen Einfluss auf die Kontrolle des Residuums auf, so dass wir uns bei den weiteren Betrachtungen im Sinne der Übersichtlichkeit auf den interessanten Fall einer linksseitigen Präkonditionierung beschränken und anschließend die rechtsseitige Präkonditionierung einbeziehen werden.

Mit dem Startvektor $\boldsymbol{x}_0$ ergeben sich die Residuenvektoren $\boldsymbol{r}_0 = \boldsymbol{b} - \boldsymbol{A}\boldsymbol{x}_0$ und $\boldsymbol{r}_0^P = \boldsymbol{P}_L(\boldsymbol{b} - \boldsymbol{A}\boldsymbol{x}_0) = \boldsymbol{P}_L\boldsymbol{r}_0$. Wegen $\boldsymbol{p}_0^P = \boldsymbol{r}_0^P$ können die Vektoren $\boldsymbol{r}_j$, $\boldsymbol{r}_j^P$ und $\boldsymbol{p}_j^P$ im $j+1$-ten Iterationsschritt als bekannt vorausgesetzt werden. Das Einfügen der Größe

$$\boldsymbol{v}_j = \boldsymbol{A}\boldsymbol{p}_j^P \tag{5.9.2}$$

liefert

$$\boldsymbol{v}_j^P = \boldsymbol{P}_L\boldsymbol{v}_j.$$

Somit ergibt sich mit

$$\boldsymbol{s}_j = \boldsymbol{r}_j - \alpha_j^P\boldsymbol{v}_j \tag{5.9.3}$$

die Gleichung

$$\boldsymbol{s}_j^P = \boldsymbol{r}_j^P - \alpha_j^P\boldsymbol{v}_j^P = \boldsymbol{P}_L\boldsymbol{s}_j,$$

und es folgen durch

$$\boldsymbol{t}_j = \boldsymbol{A}\boldsymbol{s}_j^P \tag{5.9.4}$$

die Zusammenhänge

$$\boldsymbol{t}_j^P = \boldsymbol{P}_L\boldsymbol{t}_j \text{ und } \boldsymbol{r}_{j+1}^P = \boldsymbol{s}_j^P - \omega_j^P\boldsymbol{t}_j^P = \boldsymbol{P}_L\left(\boldsymbol{s}_j - \omega_j^P\boldsymbol{t}_j\right).$$

Wegen der Regularität der Matrix $\boldsymbol{P}_L$ ergibt sich aus $\boldsymbol{r}_{j+1}^P = \boldsymbol{P}_L\boldsymbol{r}_{j+1}$ direkt

$$\boldsymbol{r}_{j+1} = \boldsymbol{s}_j - \omega_j^P\boldsymbol{t}_j.$$

Durch die Einführung der Hilfsvektoren $\boldsymbol{v}_j$, $\boldsymbol{s}_j$ und $\boldsymbol{t}_j$ gemäß (5.9.2), (5.9.3) und (5.9.4) sind wir in der Lage das Residuum $\|\boldsymbol{r}_j\|$ anstelle $\|\boldsymbol{r}_j^P\|$ ohne zusätzlichen Rechenaufwand zu kontrollieren. Somit ergibt sich der präkonditionierte BiCGSTAB-Algorithmus in der im folgenden Diagramm darstellten Form.

Aufgrund der Darstellung

$$\begin{aligned} \boldsymbol{x}_{j+1} &= \boldsymbol{P}_R\boldsymbol{x}_{j+1}^P = \boldsymbol{P}_R\boldsymbol{x}_j^P + \alpha_j^P\boldsymbol{P}_R\boldsymbol{p}_j^P + \omega_j^P\boldsymbol{P}_R\boldsymbol{s}_j^P \\ &= \boldsymbol{x}_j + \boldsymbol{P}_R\left(\alpha_j^P\boldsymbol{p}_j^P + \omega_j^P\boldsymbol{s}_j^P\right) \end{aligned} \tag{5.9.5}$$

kann die Gleichung (5.9.6) durch (5.9.5) ersetzt werden, wodurch die Gleichung (5.9.7) entfällt, und der Algorithmus direkt in der gesuchten Näherungslösung $\boldsymbol{x}_j$ formuliert wird. Während die Kontrolle des Residuums $\|\boldsymbol{r}_j\|$ keinen zusätzlichen Rechenaufwand verursacht, benötigt die Nutzung der Gleichung (5.9.5) pro Iteration eine Matrix-Vektor-Multiplikation mit $\boldsymbol{P}_R$, die in der im Diagramm dargestellten Form nur einmal außerhalb der Iteration durchgeführt werden muss.

Das präkonditionierte BiCGSTAB-Verfahren —

Wähle $\boldsymbol{x}_0 \in \mathbb{R}^n$ und $\varepsilon > 0$
$\boldsymbol{r}_0 = \boldsymbol{p}_0 := \boldsymbol{b} - \boldsymbol{A}\boldsymbol{x}_0,\ \boldsymbol{r}_0^P = \boldsymbol{p}_0^P := \boldsymbol{P}_L \boldsymbol{r}_0$
$\rho_0^P := \left(\boldsymbol{r}_0^P, \boldsymbol{r}_0^P\right)_2,\ j := 0$
Solange $\\|\boldsymbol{r}_j\\|_2 > \varepsilon$
$\boldsymbol{v}_j := \boldsymbol{A}\boldsymbol{P}_R \boldsymbol{p}_j^P,\ \boldsymbol{v}_j^P := \boldsymbol{P}_L \boldsymbol{v}_j$
$\alpha_j^P := \dfrac{\rho_j^P}{\left(\boldsymbol{v}_j^P, \boldsymbol{r}_0^P\right)_2},\ \boldsymbol{s}_j := \boldsymbol{r}_j - \alpha_j^P \boldsymbol{v}_j,\ \boldsymbol{s}_j^P := \boldsymbol{P}_L \boldsymbol{s}_j$
$\boldsymbol{t}_j := \boldsymbol{A}\boldsymbol{P}_R \boldsymbol{s}_j^P,\ \boldsymbol{t}_j^P := \boldsymbol{P}_L \boldsymbol{t}_j$
$\omega_j^P := \dfrac{\left(\boldsymbol{t}_j^P, \boldsymbol{s}_j^P\right)_2}{\left(\boldsymbol{t}_j^P, \boldsymbol{t}_j^P\right)_2}$
$\boldsymbol{x}_{j+1}^P := \boldsymbol{x}_j^P + \alpha_j^P \boldsymbol{p}_j^P + \omega_j^P \boldsymbol{s}_j^P$ (5.9.6)
$\boldsymbol{r}_{j+1} := \boldsymbol{s}_j - \omega_j^P \boldsymbol{t}_j,\ \boldsymbol{r}_{j+1}^P := \boldsymbol{s}_j^P - \omega_j^P \boldsymbol{t}_j^P$
$\rho_{j+1}^P := \left(\boldsymbol{r}_{j+1}^P, \boldsymbol{r}_0^P\right)_2,\ \beta_j^P := \dfrac{\alpha_j^P}{\omega_j^P} \dfrac{\rho_{j+1}^P}{\rho_j^P}$
$\boldsymbol{p}_{j+1}^P := \boldsymbol{r}_{j+1}^P + \beta_j^P \left(\boldsymbol{p}_j^P - \omega_j^P \boldsymbol{v}_j^P\right),\ j := j+1$
$\boldsymbol{x}_j := \boldsymbol{P}_R \boldsymbol{x}_j^P$ (5.9.7)

5.10 Vergleich der Präkonditionierer

Zur Analyse der Präkonditionierungstechniken betrachten wir wiederum das Modellproblem der Konvektions-Diffusions-Gleichung mit $N^2 = 10.000$ Punkten. Die Bilder 5.1 bis 5.5 zeigen die bereits im Abschnitt 4.3.2.10 diskutierten Konvergenzverläufe der einzelnen Projektionsverfahren für einen Diffusionsparameter $\varepsilon = 0.1$. Die zweite Kurve zeigt jeweils die durch eine Rechtspräkonditionierung mittels einer unvollständigen LU-Zerlegung erzielte Beschleunigung des Grundalgorithmus. Hierbei wurde die benötigte

Iterationszahl auf ca. 30% des jeweiligen Basisverfahrens reduziert. Obwohl die Verwendung einer unvollständigen LU-Zerlegung neben ihrer Berechnung stets zu einer Verdoppelung der Matrix-Vektor-Multiplikationen führt, ergibt sich insgesamt bei allen Gleichungssystemlösern eine Rechenzeitersparnis verglichen mit dem nicht präkonditionierten Verfahren.

In der Arbeit [50] wird ein Rechenzeitvergleich unterschiedlich präkonditionierter Krylov-Unterraum-Verfahren bei der Simulation reibungsfreier und reibungsbehafteter Strömungsfelder präsentiert. Bei der betrachteten großen Bandbreite verschiedenster Problemstellungen zeigte sich dabei das BiCGSTAB-Verfahren in Kombination mit einer unvollständigen LU-Zerlegung als sehr effizient, wobei die Nutzung der Präkonditionierung zu einer immensen Beschleunigung des Gesamtverfahrens führte.

Die Abbildungen 5.6 bis 5.10 korrespondieren mit der im Abschnitt 5.9 vorgestellten präkonditionierten Variante des BiCGSTAB-Verfahrens, wodurch ein Vergleich von links- und rechtsseitiger Präkonditionierung ermöglicht wird. Im Unterschied zu den vorangegangenen Abbildungen wurde die Konvektions-Diffusions-Gleichung mit einem Diffusionsparameter $\varepsilon = 0.01$ genutzt, wodurch der unsymmetrische Anteil der Matrix (1.0.9) einen größeren Einfluss verglichen zu $\varepsilon = 0.1$ besitzt. Zur Unterscheidung der Präkonditionierer führen wir die in der Tabelle 5.2 aufgelisteten Abkürzungen ein.

Abkürzung	Präkonditionierer
ILU	Unvollständige LU-Zerlegung
Jacobi	Jacobi-Präkonditionierer
GS	Gauß-Seidel-Präkonditionierer
SGS	Symm. Gauß-Seidel-Präkonditionierer
POLY(3)	Polynomialer Präkonditionierer gemäß (5.2.5) mit $m = 3$
Z_1	Zeilenskalierung gemäß Betragssummennorm
Z_2	Zeilenskalierung gemäß euklidischer Norm
S_1	Spaltenskalierung gemäß Betragssummennorm
S_2	Spaltenskalierung gemäß euklidischer Norm

Tabelle 5.2 Präkonditionierer und deren Abkürzung

Zudem wird durch den Zusatz L beziehungsweise R die Verwendung des jeweiligen Präkonditionierers in einer links- respektive rechtsseitigen Formulierung gekennzeichnet.

Die Präkonditionierer lassen sich aus dem Gesichtspunkt der Effizienz in drei Gruppen unterteilen. Zunächst fassen wir hierzu die in der Abbildung 5.6 aufgeführte unvollständige LU-Zerlegung und den ebenfalls im Bild 5.6 enthaltenen symmetrischen Gauß-Seidel-Präkonditionierer in der ersten Gruppe zusammen. Die zweite Gruppe beinhaltet alle in den Abbildungen 5.7, 5.9 und 5.10 dargestellten Präkonditionierer. Bezogen auf die Algorithmen der ersten Gruppe führen diese Methoden auf etwa die dreifache Anzahl an Iterationen. Die letzte Gruppe der für diesen Testfall ineffizienten Verfahren beinhaltet bei den untersuchten Techniken den in Abbildung 5.8 aufgeführten polynomialen Präkonditionierer. Diese Methode ergab eine deutlich höhere Iterationszahl und benötigt in der genutzten Form ($m = 3$) bezogen auf den Basisalgorithmus viermal so viele Matrix-Vektor-Multiplikationen. Desweiteren lassen sich die unvollständige QR-Zerlegung und die unvollständige Frobenius-Inverse in diese Gruppe einordnen. Beide Präkonditionierer erwiesen sich bereits bei ihrer Berechnung als unakzeptabel aufwendig und wurden daher in den Abbildungen nicht berücksichtigt. Eine Rechenzeitersparnis bei der Berechnung der Frobenius-Inversen kann allerdings durch die gute Parallelisierbarkeit dieser Methode erzielt werden.

Beim Vergleich der links- und rechtsseitigen Präkonditionierung ergaben sich keine gravierenden Unterschiede, wobei zumeist bei der rechtsseitigen Präkonditionierung eine geringfügig kleinere Iterationszahl vorlag.

Abschließend können wir feststellen, dass sich eine rechtsseitige Präkonditionierung auf der Basis einer unvollständigen LU-Zerlegung beziehungsweise des symmetrischen Gauß-Seidel-Verfahrens als eine sehr effiziente Vorgehensweise herausgestellt hat. Diese Ergebnisse decken sich hervorragend mit der in [51] präsentierten Studie unterschiedlicher Präkonditionierer im Kontext der Euler-Gleichungen. Der zum symmetrischen Gauß-Seidel-Verfahren assoziierte Präkonditionierer benötigt im Gegensatz zur unvollständigen LU-Zerlegung keinen Speicherplatz und ist zudem direkt durch die Matrix des Gleichungssystems gegeben, wodurch die Berechnung des Präkonditionierers entfällt. Im Sinne eines möglichst geringen Speicherplatzbedarfs stellt folglich das symmetrische Gauß-Seidel-Verfahren eine effiziente Alternative zur bewährten unvollständigen LU-Zerlegung dar.

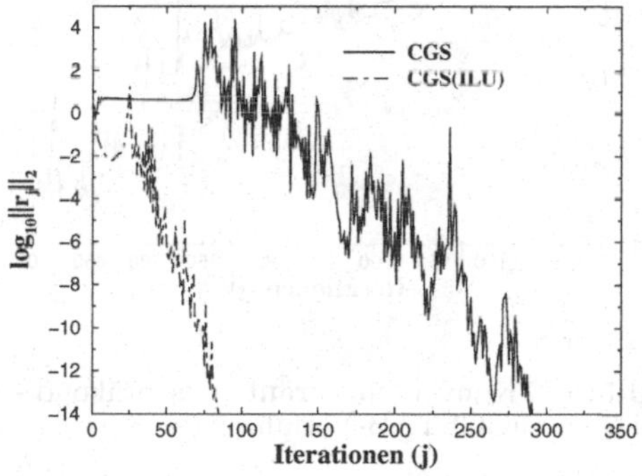

Bild 5.1 Konvergenzverlauf des CGS-Verfahrens

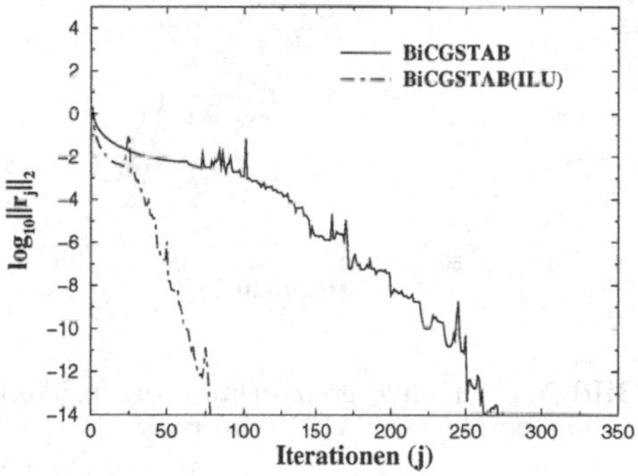

Bild 5.2 Konvergenzverlauf des BiCGSTAB-Verfahrens

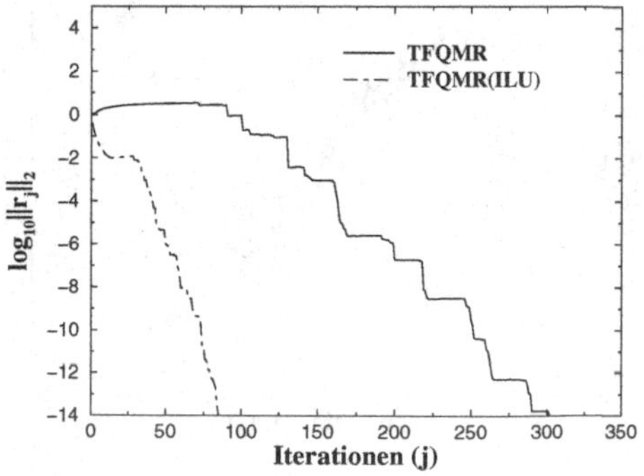

Bild 5.3 Konvergenzverlauf des TFQMR-Verfahrens

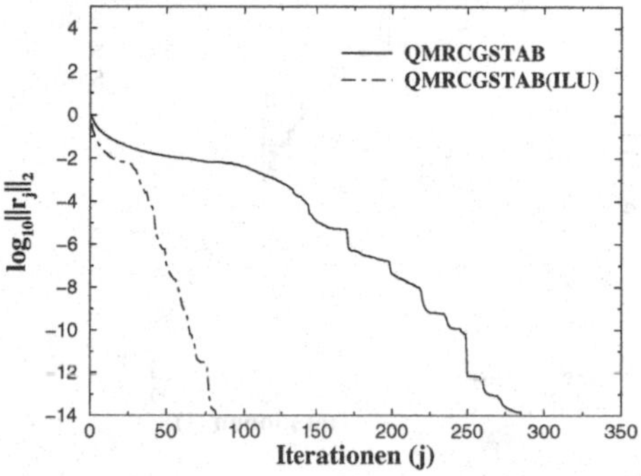

Bild 5.4 Konvergenzverlauf des QMRCGSTAB-Verfahrens

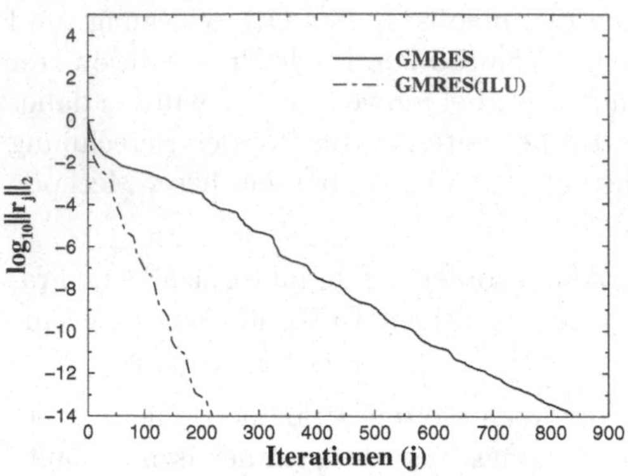

Bild 5.5 Konvergenzverlauf des GMRES-Verfahrens

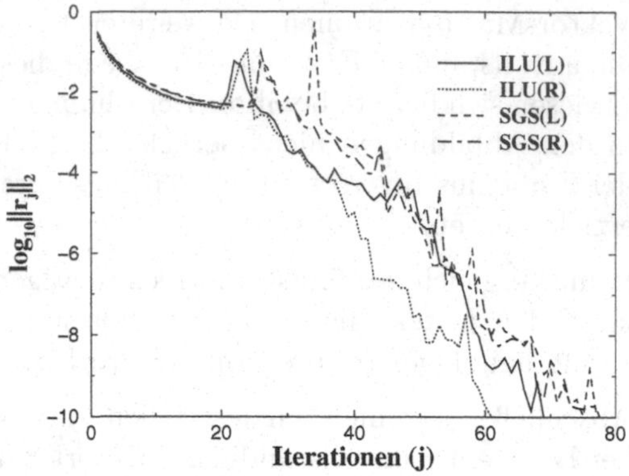

Bild 5.6 Konvergenzverläufe des präkonditionierten BiCGSTAB-Verfahrens

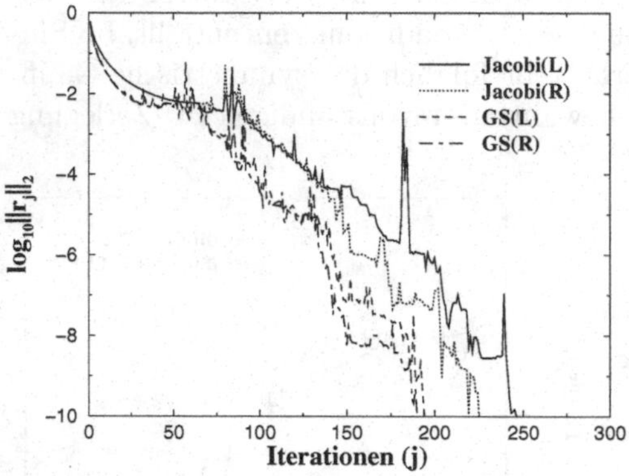

Bild 5.7 Konvergenzverläufe des präkonditionierten BiCGSTAB-Verfahrens

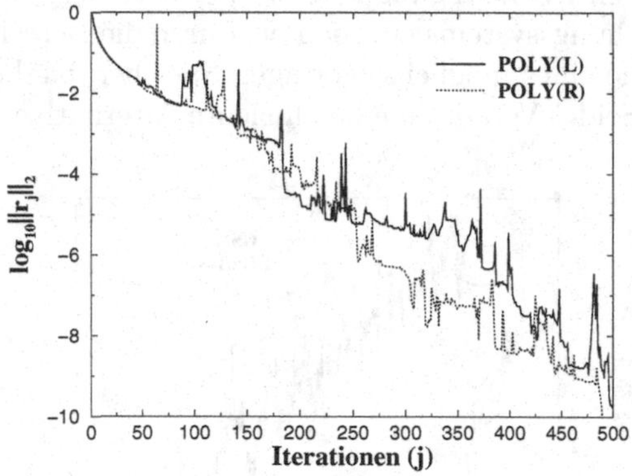

Bild 5.8 Konvergenzveräufe des präkonditionierten BiCGSTAB-Verfahrens

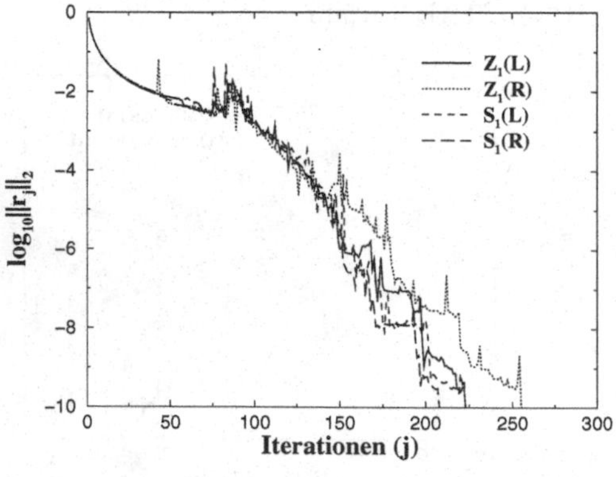

Bild 5.9 Konvergenzverläufe des präkonditionierten BiCGSTAB-Verfahrens

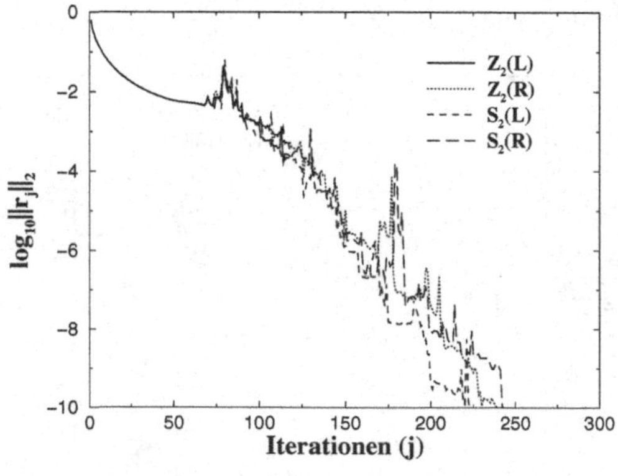

Bild 5.10 Konvergenzverläufe des präkonditionierten BiCGSTAB-Verfahrens

5.11 Übungsaufgaben

Aufgabe 1:
Zeigen Sie: Sei $\boldsymbol{P}_L = \boldsymbol{P}_R^T \in \mathbb{R}^{n\times n}$ regulär und $\boldsymbol{A} \in \mathbb{R}^{n\times n}$ symmetrisch und positiv definit, dann ist auch die Matrix

$$\boldsymbol{A}^P := \boldsymbol{P}_L \boldsymbol{A} \boldsymbol{P}_R$$

symmetrisch und positiv definit.

Aufgabe 2:
Berechnen Sie eine unvollständige LU-Zerlegung der Matrix

$$\boldsymbol{A} = \begin{pmatrix} 3 & 13 & 1 & 0 & 0 \\ 0 & 1 & 0 & 0 & 2 \\ 0 & 0 & 1 & 1 & 0 \\ 1 & 0 & 1 & 3 & 1 \\ 1 & 4 & 0 & 1 & 4 \end{pmatrix}$$

und vergleichen Sie diese mit einer vollständigen LU-Zerlegung, das heißt der LR-Zerlegung.

Aufgabe 3:
Bestimmen Sie die Präkonditionierer $\boldsymbol{P}_{Jac}$, $\boldsymbol{P}_{GS}$ und $\boldsymbol{P}_{SGS}$ zur Matrix

$$\boldsymbol{A} = \begin{pmatrix} 10 & 7 & 1 \\ 4 & 6 & 2 \\ 8 & 5 & 12 \end{pmatrix}$$

und ermitteln Sie die Konditionszahlen

$$\text{cond}_\infty(\boldsymbol{A}),\ \text{cond}_\infty(\boldsymbol{P}_{Jac}\boldsymbol{A}),\ \text{cond}_\infty(\boldsymbol{P}_{GS}\boldsymbol{A}) \text{ sowie } \text{cond}_\infty(\boldsymbol{P}_{SGS}\boldsymbol{A}).$$

Aufgabe 4:
Zeigen Sie, dass für eine symmetrische, positiv definite Matrix $\boldsymbol{A} \in \mathbb{R}^{n\times n}$ die beidseitige Präkonditionierung

$$\boldsymbol{A}^P = \boldsymbol{P}_L \boldsymbol{A} \boldsymbol{P}_R$$

mit

$$\boldsymbol{P}_L = \boldsymbol{P}_R^T = (\boldsymbol{D} + \boldsymbol{L})^{-1}\boldsymbol{D}^{1/2}$$

existiert. Berechnen Sie $\boldsymbol{A}^P$ für

$$\boldsymbol{A} = \begin{pmatrix} 10 & 4 & 1 \\ 4 & 12 & 2 \\ 1 & 2 & 6 \end{pmatrix}$$

und vergleichen Sie die Konditionszahlen $\text{cond}_\infty(\boldsymbol{A})$ und $\text{cond}_\infty(\boldsymbol{A}^P)$.

A Implementierungen in MATLAB

Innerhalb dieses Anhangs werden mögliche Implementierungen der häufig verwendeten Verfahren in MATLAB [1] vorgestellt. Die Algorithmen wurden von C. Vömel entwickelt und sind über

`http://www.springer.com/springer+spektrum/mathematik/book/978-3-658-07199-8`

öffentlich zugänglich.

Mit Ausnahme des Arnoldi-Algorithmus können alle aufgeführten Verfahren zur Lösung des Problems $\boldsymbol{Ax} = \boldsymbol{b}$ mit $\boldsymbol{A} \in \mathbb{R}^{n \times n}$, $\boldsymbol{b} \in \mathbb{R}^n$ unter Verwendung der Notationen

```
x = Name(A,b);
x = Name(A,b,tol);
x = Name(A,b,tol,maxit);
x = Name(A,b,tol,maxit,x0);
```

aufgerufen werden, wobei `Name` jeweils durch die gewünschte Verfahrensbezeichnung ersetzt werden muss. Es gelten hierbei für die obtionalen Angaben die in der folgenden Tabelle angegebenen Einstellungen.

Eingangsvariable	Beschreibung	Vorgabe
`tol`	Genauigkeitsvorgabe (Toleranz)	10^{-6}
`maxint`	Maximale Anzahl an Iterationen	$\min\{n,30\}$
`x0`	Startvektor	Nullvektor

Bei jeder dieser Methoden wird eine Überprüfung der Eingangsparameter und der Vorlage einer trivialen Lösung mittels der Programme Argumente.m respektive Trivial.m durchgeführt.

`Programm SteilsterAbstieg.m: Verfahren des steilsten Abstiegs`

```
function x = SteilsterAbstieg(A,b,tol,maxit,x0)
%
% CHECK THE INPUT ARGUMENTS
  Argumente

% CHECK FOR TRIVIAL SOLUTION
  Trivial

% MAIN ALGORITHM
%
```

```
  tolb = tol * normb;
  r = b - A * x;
% iterate
  for i = 1:maxit
    normr = norm(r);
    if (normr <= tolb)
%     konvergiert
      break
    end
    q = A*r;
    if (q == 0)
      error('Matrix ist singulaer.');
    end
    rtq = r'*q;
    if(rtq <=0)
      error('Matrix ist nicht positiv definit.');
    end
    lambda = (r'*r)/rtq;
    x = x + lambda * r;
    r = r - lambda * q;
  end
  normr = norm(b-A*x);
  if (normr > tolb)
     warning('Verfahren hat nicht konvergiert')
  end
  return
```

Programm KonjugGrad.m: CG-Verfahren

```
function x = KonjugGrad(A,b,tol,maxit,x0)
%
% CHECK THE INPUT ARGUMENTS
  Argumente

% CHECK FOR TRIVIAL SOLUTION
  Trivial

% MAIN ALGORITHM
%
  tolb = tol * normb;
  r = b - A * x;
  p = r;
  normr = norm(r);
  alpha = normr^2;
  % iterate
  for i = 1:maxit
    if (normr <= tolb)
%     converged
```

```
      break
    end
    v = A*p;
    if (v == 0)
      error('Matrix ist singulaer.');
    end
    vr = (v'*r);
    if(vr <=0)
      error('Matrix ist nicht positiv definit.');
    end
    lambda = alpha/vr;
    x = x + lambda * p;
    r = r - lambda * v;
    alpha2 = alpha;
    normr = norm(r);
    alpha = normr^2;
    p = r + alpha/alpha2 * p;
  end
  normr = norm(b-A*x);
  if (normr > tolb)
     warning('Verfahren hat nicht konvergiert')
  end
  return
```

Programm Arnoldi.m: Arnoldi-Algorithmus

```
function [V,H] =  Arnoldi(A,r0,m);
%
% INPUT VARIABLEN:
% ----------------
% V -- n*m orthogonale Matrix
% H -- m*m obere Hessenberg Matrix
%
% OUTPUT VARIABLEN:
% -----------------
% A: quadratische n*n Matrix.
% r0: Spaltenvemtor
% m: Anzahl der Spalten von Q und H

% CHECK THE INPUT ARGUMENTS
  if (nargin < 3)
    error('Funktion braucht mehr Parameter.');
  else
    [mm,n] = size(A);
    if (mm ~= n)
      error('Matrix ist nicht quadratisch.');
    end
    if ~isequal(size(r0),[mm,1])
```

```
      error('r0 hat nicht die richtige Dimension.');
    end
    if ((m > n)||(m<=0))
      error('Falsche Spaltenanzahl.');
    end
  end
%
% MAIN ALGORITHM
%
  V = zeros(n,m);
  H = zeros(m,m);
  w = r0;
  normw = norm(w);
  if (normw == 0)
    error('Arnoldi break-down.');
  end
  V(:,1) = w/normw;
  for j = 1:m
    w = A*V(:,j);
    H(1:j,j) = V(:,1:j)'*w;
    w = w - V(:,1:j)*H(1:j,j);
    if(j == m), break; end
    normw = norm(w);
    if (normw == 0)
      error('Arnoldi break-down.');
    end
    V(:,j+1) = w/normw;
    H(j+1,j) = normw;
  end
  return
```

Programm RestartedFOM.m: Restarted FOM

```
function x = RestartedFOM(A,b,tol,maxit,x0)
%
% CHECK THE INPUT ARGUMENTS
  Argumente

% CHECK FOR TRIVIAL SOLUTION
  Trivial

% MAIN ALGORITHM
%
  tolb = tol * normb;
  r = b - A * x;
  normr = norm(r);
% iterate
  for i = 1:maxit
```

```
    if (normr <= tolb)
%     converged
      break
    end
    [V,H] = Arnoldi(A,r,i);
    e = normr*eye(i,1);
    alpha = H\e;
    x = x + V * alpha;
    r = b - A * x;
    normr = norm(r);
  end
  if (normr > tolb)
     warning('Verfahren hat nicht konvergiert')
  end
  return
```

Programm Gmres.m: GMRES-Algorithmus

```
function x = Gmres(A,b,tol,maxit,x0)
%
% CHECK THE INPUT ARGUMENTS
  Argumente

% CHECK FOR TRIVIAL SOLUTION
  Trivial

% MAIN ALGORITHM
%
  tolb = tol * normb;
  r = b - A * x;
  normr = norm(r);
  Gamma=normr*eye(maxit+1,1);
% Hessenberg Matrix
  H = zeros(maxit+1);
% orthogonale Basis
  V = zeros(n,maxit+1);
% Givensparameter
  c=zeros(maxit+1,1);
  s=zeros(maxit+1,1);
% Dimension des Krylovraums
  kdim = 0;

  V(:,1) = r/normr;
% iterate
  for j = 1:maxit
    if (normr <= tolb)
%     converged
%     berechne
```

```
      break
    else
      kdim = kdim+1;
    end
    w = A*V(:,j);
%   Modified Gram-Schmidt
    for i =1:j
      H(i,j) = w'*V(:,i);
      w = w - H(i,j)*V(:,i);
    end
    H(j+1,j) = norm(w);
%   transformiere j-te Spalte der Hessenbergmatrix mit akkumulierten
%   Givensrotationen (H wird mit R ueberschrieben)
    for i = 1:j-1
      H(i:i+1,j) = [c(i),s(i);-s(i),c(i)] * H(i:i+1,j);
    end
    beta=norm(H(j:j+1,j));
    if(beta ~= 0)
         V(:,j+1)=w/H(j+1,j);
    else
%      'happy breakdown'
    end
    if beta~=0
%        Berechne neue Givensrotation
         s(j)=H(j+1,j)/beta;
         c(j)=H(j,j)/beta;
%        Anwendung auf  H(j:j+1,j)
         H(j,j) = beta;
         H(j+1,j)=0;
%        Anwendung auf  b(j:j+1,j)
         Gamma(j+1) = -s(j)*Gamma(j);
         Gamma(j) = c(j)*Gamma(j);
    end
    normr = abs(Gamma(j+1));
  end
% Berechne die Basiskoeffizienten, loese H*Alpha = Gamma
  Alpha = H(1:kdim,1:kdim)\Gamma(1:kdim);
  x = x + V(:,1:kdim) * Alpha;
  r = b - A*x;
  normr = norm(r);
  if (normr > tolb)
     warning('Verfahren hat nicht konvergiert')
  end
  return
```

Programm Bicg.m: BiCG-Algorithmus

```
function x = Bicg(A,b,tol,maxit,x0)
%
% CHECK THE INPUT ARGUMENTS
  Argumente

% CHECK FOR TRIVIAL SOLUTION
  Trivial

% MAIN ALGORITHM
%
  tolb = tol * normb;
  r = b - A * x;
  p = r;
  rstar = r;
  pstar = r;
  w = r'*rstar;
% iterate
  for i = 1:maxit
    normr = norm(r);
    if (normr <= tolb)
%     converged
      break
    end
    v = A*p;
    vp = (v'*pstar);
    if(vp ==0)
      error('Bicg break-down.');
    end
    if(w ==0)
      error('Bicg Loesung stagniert.');
    end
    alpha = w/vp;
    x = x + alpha * p;
    r = r - alpha * v;
    rstar = rstar - alpha * A' * pstar;
    w1 = r'*rstar;
    beta = w1/w;
    p = r + beta * p;
    pstar = rstar + beta * pstar;
    w = w1;
  end
  normr = norm(b-A*x);
  if (normr > tolb)
     warning('Verfahren hat nicht konvergiert')
  end
  return
```

Programm Cgs.m: CGS-Algorithmus

```
function x = Cgs(A,b,tol,maxit,x0)
%
% CHECK THE INPUT ARGUMENTS
  Argumente
% CHECK FOR TRIVIAL SOLUTION
  Trivial

% MAIN ALGORITHM
%
  tolb = tol * normb;
  r0 = b - A * x;
  r = r0;
  rr0 = r'*r0;
  p = r;
  u = r;
% iterate
  for i = 1:maxit
    normr = norm(r);
    if (normr <= tolb)
%     konvergiert
      break
    end
    v = A*p;
    vr0 = v'*r0;
    if(vr0 ==0)
      error('Cgs break-down.');
    end
    if(rr0 ==0)
      error('Cgs Loesung stagniert.');
    end
    alpha = rr0/vr0;
    q = u - alpha * v;
    t = u + q;
    x = x + alpha * t;
    r = r - alpha * A * t;
    r1r0 = r'*r0;
    beta = r1r0/rr0;
    u = r + beta * q;
    p = u + beta * ( q + beta * p );
    rr0 = r1r0;
  end
  normr = norm(b-A*x);
  if ( normr > tolb)
     warning('Verfahren hat nicht konvergiert')
  end
  return
```

Programm Bicgstab.m: BiCGSTAB-Algorithmus

```
function x = Bicgstab(A,b,tol,maxit,x0)
%
% CHECK THE INPUT ARGUMENTS
  Argumente

% CHECK FOR TRIVIAL SOLUTION
  Trivial

% MAIN ALGORITHM
%
  tolb = tol * normb;
  r0 = b - A * x;
  r = r0;
  rr0 = r'*r0;
  p = r;
% iterate
  for i = 1:maxit
    normr = norm(r);
    if (normr <= tolb)
%     converged
      break
    end
    v = A*p;
    vr0 = v'*r0;
    if(vr0 ==0)
      error('Bicgstab break-down.');
    end
    if(rr0 ==0)
      error('Bicgstab Loesung stagniert.');
    end
    alpha = rr0/vr0;
    s = r - alpha * v;
    t = A * s;
    ts = s'*t;
    tt = t'*t;
    if((tt ==0)||(ts==0))
      error('Bicgstab break-down.');
    end
    omega = ts/tt;
    x = x + alpha * p + omega * s;
    r = s - omega * t;
    r1r0 = r'*r0;
    beta = (alpha*r1r0)/(omega*rr0);
    p = r + beta * (p - omega * v);
    rr0 = r1r0;
  end
```

```
  normr = norm(b-A*x);
  if (normr > tolb)
     warning('Verfahren hat nicht konvergiert')
  end
  return
```

Programm Tfqmr.m: TFQMR-Algorithmus

```
function x = Tfqmr(A,b,tol,maxit,x0)
%
% CHECK THE INPUT ARGUMENTS
  Argumente

% CHECK FOR TRIVIAL SOLUTION
  Trivial

% MAIN ALGORITHM
%
  tolb = tol * normb;
  r0 = b - A * x;
  y1 = r0;
  w = r0;
  tau = norm(r0);

  if(tau > tolb)
    v = A * y1;
    d = zeros(n,1);
    eta = 0;
    theta = 0;
    rho1 = tau^2;

    for j = 1:maxit
      rho2 = v'*r0;
      if(rho2 ==0)
        error('Tfqmr break-down.');
      end
      if(rho1 ==0)
        error('Tfqmr Loesung stagniert.');
      end
      alpha = rho1/rho2;
      y2 = y1 - alpha * v;
      for m=2*j-1:2*j
        w = w - alpha * A * y1;
        d = y1 + theta^2*eta/alpha * d;
        theta = norm(w)/tau;
        c = 1/sqrt(1+theta^2);
        eta = c^2*alpha;
```

```
        x = x + eta * d;
        tau = tau * theta * c;
        if (sqrt(m+1)*tau <= tolb)
%         konvergiert
          break
        end
        y1 = y2;
      end
      rho2 = w'*r0;
      beta = rho2/rho1;
      y1= w + beta * y2;
      v = A*y1 + beta *(A*y2+beta*v);
      rho1 = rho2;
    end
  end
  normr = norm(b-A*x);
  if (normr > tolb)
     warning('Verfahren hat nicht konvergiert')
  end
  return
```

Programm Qmrcgstab.m: QMRCGSTAB-Algorithmus

```
function x = Qmrcgstab(A,b,tol,maxit,x0)
%
% CHECK THE INPUT ARGUMENTS
  Argumente

% CHECK FOR TRIVIAL SOLUTION
  Trivial

% MAIN ALGORITHM
%
  tolb = tol * normb;
  r0 = b - A * x;
  p = r0;
  tau = norm(r0);
  v = A * p;
  r = r0;
  if(tau > tolb)
    d = zeros(n,1);
    eta = 0;
    theta = 0;
    rho1 = tau^2;
    for j = 1:maxit
      rho2 = v'*r0;
      if(rho2 ==0)
        error('Qmrcgstab break-down.');
```

```
      end
      if(rho1 ==0)
        error('Qmrcgstab Loesung stagniert.');
      end
      alpha = rho1/rho2;
      s = r - alpha * v ;
%     Erster Quasi-Minimierungsschritt
      theta2 = norm(s)/tau;
      c = 1/sqrt(1+(theta2)^2);
      tau2 = tau * theta2 * c;
      eta2 = c^2 * alpha;
      d2 = p + ((theta^2)*eta/alpha) * d;
      x2 = x + eta2 * d2;
%     Berechne t, omega, und das update des Residuums
      t = A * s;
      uu = s'*t;
      vv = t'*t;
      if( v==0)
        error('Matrix ist singulaer.');
      end
      omega = uu/vv;
      if( omega==0 )
        error('Qmrcgstab Loesung stagniert.');
      end
      r = s - omega * t;
%     Zweiter Quasi-Minimierungsschritt
      theta = norm(r)/tau2;
      c = 1/sqrt(1+theta^2);
      tau = tau2 * theta * c;
      eta = c^2 * omega;
      d = s + (((theta2)^2)*eta2/omega) * d2;
      x = x2 + eta * d;
      if (sqrt(2*j+1)*abs(tau) <= tolb)
%       konvergiert
        break
      end
      rho2 = r'*r0;
      if(rho2 ==0)
        error('Qmrcgstab Loesung stagniert.');
      end
      beta = (alpha*rho2)/(omega*rho1);
      p = r + beta * (p - omega * v);
      v = A * p;
      rho1 = rho2;
    end
  end
  normr = norm(b-A*x);
  if (normr > tolb)
```

```
    warning('Verfahren hat nicht konvergiert')
  end
  return
```

Programm Argumente.m: Überprüfung der Eingangsparameter

```
if (nargin < 2)
  error('Funktion braucht mehr Parameter.');
else
  [m,n] = size(A);
  if (m ~= n)
    error('Matrix ist nicht quadratisch.');
  end
  if ~isequal(size(b),[m,1])
    error('Rechte Seite hat nicht die richtige Dimension.');
  end
end
if (nargin < 3) | isempty(tol)
  tol = 1.0e-6;
end
if (nargin < 4) | isempty(maxit)
  maxit = min(n,30);
end
if (nargin < 5) | isempty(x0)
  x = zeros(n,1);
else
  if ~isequal(size(x0),[n,1])
    error('Startvector x0 hat nicht die richtige Dimension.');
  end
  x = x0;
end
```

Programm Trivial.m: Überprüfung auf triviale Lösung

```
normb = norm(b);
if (normb == 0)
  x = zeros(n,1);
  return
end
```

Literaturverzeichnis

[1] *MATLAB*. http://www.mathworks.com.

[2] K. Ajmani, W.-F. Ng, M. Liou. Preconditioned Conjugate Gradient Methods for the Navier-Stokes Equations. *J. Comput. Phys.*, 110: 68–81, 1994.

[3] E. Anderson, Z. Bai, C. Bischof, S. Blackford, J. Demmel, J. Dongarra, J. Du Croz, A. Greenbaum, S. Hammarling, A. McKenney, D. Sorensen. *LAPACK Users' Guide*. SIAM, Philadelphia, 3. edition , 1999.

[4] A. Arnone, M.-S. Liou, L. A. Povinelli. Integration of Navier-Stokes Equations Using Dual Time Stepping and a Multigrid. *AIAA Journal*, 33 (6): 985–990, 1995.

[5] S. F. Ashby, T. A. Manteuffel, P. E. Saylor. Adaptive Polynomial Preconditioning for Hermitian Indefinite Linear Systems. *BIT*, 29: 583–609, 1989.

[6] O. Axelsson. A survey of preconditioned iterative methods for linear systems of algebraic equations. *BIT*, 25: 166–187, 1985.

[7] O. Axelsson. *Iterative Solution Methods*. Cambridge University Press, Cambridge, 1996.

[8] R. Barrett, M. Berry, T. Chan, J. Demmel, J. Donato, J. Dongarra, V. Eijkhout, R. Pozo, C. Romine, H. van der Vorst. *Templates for the Solution of Linear Systems*. SIAM, Philadelphia, 1994.

[9] M. Benzi. Preconditioning Techniques for Large Linear Systems: A Survey. *J. Comput. Phys.*, 182: 418–477, 2002.

[10] M. Benzi, M. Tuma. A comparative study of Sparse Approximate Inverse Preconditioners. *Los Alamos National Laboratory Technical Report*, LA-UR-98-24, 1998.

[11] A. Brandt. Guide to Multigrid Development. In *Multigrid Methods*, (Eds.) W. Hackbusch, U. Trottenberg, number 960 in Lecture Notes in Mathematics, pp. 220–312, Berlin, Heidelberg, New York, 1981. Springer.

[12] C. Brezinski, M. Redivo-Zaglia. Look-ahead in BiCGSTAB and other product methods for linear systems. *BIT*, 35: 169–201, 1995.

[13] C. Brezinski, M. Redivo-Zaglia, H. Sadok. A breakdown-free Lanczos type algorithm for solving linear systems. *Numer. Math.*, 63: 29–38, 1992.

[14] C. Brezinski, H. Sadok. Avoiding breakdown in the cgs algorithm. *Numerical Algorithms*, 1: 199–206, 1991.

[15] W. L. Briggs. *A Multigrid Tutorial*. SIAM, Philadelphia, 1987.

[16] W. Bunse, A. Bunse-Gerstner. *Numerische lineare Algebra*. Teubner Verlag, Stuttgart, 1985.

[17] K. Burg, H. Haf, F. Wille, A. Meister. *Höhere Mathematik für Ingenieure (Band II, Lineare Algebra).* Springer Vieweg, Wiesbaden, 7. edition , 2011.

[18] T. F. Chan, E. Gallopoulos, V. Simoncini, T. Szeto, C. H. Tong. A quasi-minimal residual variant of the Bi-CGSTAB algorithm for nonsymmetric systems. *SIAM J. Sci. Comput.*, 15 (2): 338–347, 1994.

[19] A. J. Chorin. A Numerical Method for Solving Incompressible Viscous Flow Problems. *J. Comput. Phys.*, 2: 12–26, 1967.

[20] J. Demmel. *Applied Numerical Linear Algebra.* SIAM, Philadelphia, 1997.

[21] P. Deuflhard, A. Hohmann. *Numerische Mathematik I.* de Gruyter, Berlin, New York, 4. überarb. edition , 2008.

[22] P. F. Dubois, A. Greenbaum, G. H. Rodrigue. Approximating the inverse of a matrix for use in iterative algorithms on vector processors. *Computing*, 22: 257–268, 1979.

[23] W. S. Edwards, L. S. Tuckerman, R. A. Friesner, D. C. Sorensen. Krylov Methods for the Incompressible Navier-Stokes Equations. *J. Comput. Phys.*, 110: 82–102, 1994.

[24] J. H. Ferziger, M. Perić. *Computational Methods for Fluid Dynamics.* Springer, Berlin, Heidelberg, 2002.

[25] K. Graf F. von Finckenstein. *Einführung in die Numerische Mathematik.* Hanser, München, 1. edition , 1977.

[26] B. Fischer. *Polynomial Based Iteration Methods for Symmetric Linear Systems.* Advances in Numerical Mathematics. Wiley-Teubner, Stuttgart, 1996.

[27] R. W. Fletcher. Conjugate Gradients Methods for Indefinite Systems. In *Dundee Biennial Conference on Numerical Analysis*, (Ed.) G. A. Watson, pp. 73–89, New York, 1975. Springer.

[28] R. W. Freund. Conjugate Gradient-Type Methods for Linear Systems with Complex Symmetric Coefficient Matrices. *SIAM J. Sci. Stat. Comput.*, 13 (1): 425–448, 1992.

[29] R. W. Freund. A Transpose-Free Quasi-Minimal Residual Algorithm for Non-Hermitian Linear Systems. *SIAM J. Sci. Comput.*, 14 (2): 470–482, 1993.

[30] R. W. Freund, N. M. Nachtigal. QMR: A quasi-minimal residual method for non-Hermitian linear systems. *Numer. Math.*, 60: 315–339, 1991.

[31] A. L. Gaitonde. A dual-time method for the solution of the unsteady Euler equations. *The Aeronautical Journal of the Royal Aeronautical Society*, 98: 283–291, 1994.

[32] (Eds.) G. Golub, A. Greenbaum, M. Luskin. Transpose-Free Quasi-Minimal Residual Methods for Non-Hermitian Linear Systems, volume 60 of *The IMA Volumes in Mathematics and its Applications, Recent Advances in Iterative Methods*, New York, 1994. Springer.

[33] G. H. GOLUB, C. VAN LOAN. *Matrix Computations.* The John Hopkins University Press, Baltimore, Maryland, 3. edition , 1996.

[34] A. GREENBAUM. *Iterative Methods for Solving Linear Systems.* SIAM, Philadelphia, 1997.

[35] M. J. GROTE, T. HUCKLE. Parallel Preconditioning with Sparse Approximate Inverses. *SIAM J. Sci. Comput.*, 18(3): 838–853, 1997.

[36] W. HACKBUSCH. *Multi-Grid Methods and Applications*, volume 4 of *Springer Series in Computational Mathematics.* Spinger, Berlin, Heidelberg, New York, Tokio, 1985.

[37] W. HACKBUSCH. *Integralgleichungen: Theorie und Numerik.* Teubner, Stuttgart, 1989.

[38] W. HACKBUSCH. *Iterative Lösung großer schwachbesetzter Gleichungssysteme.* Teubner, Stuttgart, 2., überarb. und erw. edition , 1993.

[39] M. R. HESTENES, E. STIEFEL. Methods of Conjugate Gradients for Solving Linear Systems. *NBS J. Res.*, 49: 409–436, 1952.

[40] M. HOCHBRUCK, C. LUBICH. Error analysis of Krylov methods in a nutshell. *SIAM J. Sci. Comp.*, 19: 695–701, 1998.

[41] E. ISSMAN, G. DEGREZ. Acceleration of compressible flow solvers by Krylov subspace methods. Von Karman Institute for Fluid Dynamics, Lecture Series 1995-14, Rhode-Saint-Genèse, March 1995.

[42] O. G. JOHNSON, C. A. MICCHELLI, G. PAUL. Polynomial preconditioners for conjugate gradient calculations. *SIAM J. Numer. Anal.*, 20: 362–376, 1983.

[43] W. JOUBERT. Lanczos Methods for the Solution of Nonsymmetric Systems of Linear Equations. *SIAM J. Matrix Anal. Appl.*, 13 (3): 926–943, 1992.

[44] C.T. KELLEY. *Iterative Methods for Linear and Nonlinear Equations.* SIAM, Philadelphia, PA, 1995.

[45] R. KRESS. *Linear Integral Equations*, volume 82 of *Applied Mathematical Sciences.* Springer, New York, Berlin, Heidelberg, 3. edition , 2014.

[46] C. LANCZOS. An iterative method for the solution of the eigenvalue problem of linear differential and integral operators. *J. Res. Nat. Bur. Standards*, 45: 255–282, 1950.

[47] C. LANCZOS. Solution of systems of linear equations by minimized iterations. *J. Res. Nat. Bur. Standards*, 49: 33–53, 1952.

[48] T. A. MANTEUFFEL. An incomplete factorization technique for positive definite linear systems. *Math. Comp.*, 34: 473–497, 1980.

[49] J. A. MEIJERNINK, H. A. VAN DER VORST. An Iterative Solution Method for Linear Systems of which the Coefficient Matrix is a Symmetric M-Matrix. *Mathematics of Computation*, 31 (137): 148–162, 1977.

[50] A. MEISTER. Comparison of Different Krylov Subspace Methods Embedded in an Implicit Finite Volume Scheme for the Computation of Viscous and Inviscid Flow Fields on Unstructured Grids. *J. Comput. Phys.*, 140: 311–345, 1998.

[51] A. MEISTER, C. VÖMEL. Efficient Preconditioning of Linear Systems arising from the Discretization of Hyperbolic Conservation Laws. *Advances in Computational Mathematics*, Vol.14 (1): 49–73, 2001.

[52] A. MEISTER, J. WITZEL. Krylov Subspace Methods in Computational Fluid Dynamics. *Surv. Math. Ind.*, 10 (3): 231–267, 2002.

[53] G. MEURANT. *Computer Solution of Large Linear Systems.* North-Holland, Amsterdam, 1999.

[54] N. M. NACHTIGAL, S. C. REDDY, L. N. TREFETHEN. How fast are nonsymmetric matrix iterations? *SIAM J. Matrix Anal. Appl.*, 13 (3): 778–795, 1992.

[55] G. OPFER. *Numerische Mathematik für Anfänger.* Vieweg+Teubner, Wiesbaden, 5. edition , 2008.

[56] C. C. PAIGE, M. A. SAUNDERS. Solution of Sparse Indefinite Systems of Linear Equations. *SIAM J. Num. Anal.*, 12 (4): 617–629, 1975.

[57] B. N. PARLETT, D. R. TAYLOR, Z. A. LIOU. A Look-Ahead Lanczos Algorithm for Unsymmetric Matrices. *Math Comp.*, 44: 105–124, 1985.

[58] G. RADICATI, Y. ROBERT, S. SUCCI. Iterative Algorithms for the Solution of Nonsymmetric Systems in the Modelling of Weak Plasma Turbulence. *J. Comput. Phys.*, 80: 489–497, 1989.

[59] J. K. REID. On the method of conjugate gradients for the solution of large sparse systems of linear equations. In *Large sparse sets of linear equations*, (Ed.) J. K. REID, London, New York, 1971. Academic Press.

[60] Y. SAAD. Practical use of some Krylov Subspace Methods for Solving Indefinite and Nonsymmetric Linear Systems. *SIAM J. Sci. Stat. Comput.*, 5 (1): 203–228, 1984.

[61] Y. SAAD. Practical use of polynomial preconditionings for the conjugate gradient method. *SIAM J. Sci. Stat. Comput.*, 6(4): 865–881, 1985.

[62] Y. SAAD. Krylov subspace techniques, conjugate gradients, preconditioning and sparse matrix solvers. *von Karman Institute of Fluid Dynamics, Lecture Series*, 1994–05, 1994.

[63] Y. SAAD. *Iterative Methods for Sparse Linear Systems.* SIAM, Philadelphia, 2. edition , 2003.

[64] Y. SAAD, M. H. SCHULTZ. GMRES: A generalized minimal residual algorithm for solving nonsymmetric linear systems. *SIAM J. Sci. Stat. Comput.*, 7: 856–869, 1986.

[65] H. R. SCHWARZ, N. KÖCKLER. *Numerische Mathematik.* Vieweg+Teubner, Wiesbaden, 8. edition , 2011.

[66] G. L. G. Sleijpen, D. R. Fokkema. BiCGSTAB(ℓ) for Linear Systems involving Unsymmetric Matrices with Complex Spectrum. *Electronic Transactions on Numerical Analysis*, 1: 11–32, 1993.

[67] A. van der Sluis. Condition Numbers and Equilibration of Matrices. *Numerische Mathematik*, 14: 14–23, 1969.

[68] A. van der Sluis. Condition, Equilibration and Pivoting in Linear Algebraic Systems. *Numerische Mathematik*, 15: 74–86, 1970.

[69] P. Sonneveld. CGS: A fast Lanczos-Type Solver for Nonsymmetric Linear Systems. *SIAM J. Sci. Stat. Comput.*, 10 (1): 36–52, 1989.

[70] J. Stoer, R. Bulirsch. *Numerische Mathematik II.* Springer, Berlin, Heidelberg, New York, 6. edition , 2011.

[71] L. N. Trefethen, D. Bau. *Numerical Linear Algebra.* SIAM, Philadelphia, 1997.

[72] H. A. van der Vorst. The convergence behaviour of preconditioned CG and CG-S in the presence of rounding errors. *Lecture Notes in Mathematics*, 1457: 126–136, 1990.

[73] H. A. van der Vorst. BI-CGSTAB: A fast and smoothly converging variant of BI-CG for the solution of nonsymmetric linear systems. *SIAM J. Sci. Stat. Comput.*, 13: 631–644, 1992.

[74] H. A. van der Vorst. *Iterative Krylov Methods for Large Linear Systems*, volume 13 of *Cambridge Monographs on Applied and Computational Mathematics.* Cambridge University Press, Cambridge, 2009.

[75] H. F. Walker. Implementation of the GMRES Method using Householder Transformations. *SIAM J. Sci. Comput.*, 9 (1): 152–163, 1988.

[76] R. Weiss. *Parameter-Free Iterative Linear Solvers.* Akademie Verlag, Berlin, 1. edition , 1996.

[77] R. Weiss, H. Häfner, W. Schönauer. LINSOL (LINear SOLver) Description and User's Guide for parallelized version. IB Nr. 61/95, Rechenzentrum der Universität Karlsruhe, 1995.

[78] J.H. Wilkinson, C. Reinsch. *Linear Algebra. Handbook for automatic computation, Vol 2. Grundlehren der mathematischen Wissenschaften in Einzeldarstellungen*, volume 186. Springer, Berlin, Heidelberg, New York, 1971.

Index